普通高等院校"十二五"规划教材

环境科学概论

徐慧 陈林 主 编

李艳 曹雯雯 副主编

中国铁道出版社有限公司

CHINA RAILWAY PUBLISHING HOUSE CO., LTD.

内 容 提 要

本书主要论述了环境概念、类型及环境科学的发生发展过程；介绍了在人类活动影响下的大气、水和土壤等主要环境要素的污染特征与规律，固体废物污染与处置以及物理污染与防治；阐述了环境管理的理论和最新管理手段，环境监测和环境评价的基本理论与主要技术；探讨了当今世界所面临的全球环境变化问题以及人类应对环境问题所做的必然选择——可持续发展、循环经济、低碳经济的观点和战略意义。

本书适合作为普通高等院校环境科学、环境工程、冶金工程、资源与环境规划等专业的基础课程教材，也可作为环境科学公选课教材，同时还可供从事环境保护工作的专业人员参考。

图书在版编目（CIP）数据

环境科学概论/徐慧，陈林主编 . —北京：中国铁道
出版社，2014.1（2024.7 重印）
普通高等院校"十二五"规划教材
ISBN 978 − 7 − 113 − 17894 − 9

Ⅰ . ①环…　Ⅱ . ①徐… ②陈…　Ⅲ . ①环境科学–高
等学校–教材　Ⅳ . ①X

中国版本图书馆 CIP 数据核字（2014）第 009477 号

书　　　名：环境科学概论
作　　　者：徐 慧 陈 林

策划编辑：潘星泉　　　　　　　　　　　编辑部电话：（010）51873090
责任编辑：潘星泉
编辑助理：张宇富
封面设计：刘　颖
责任校对：汤淑梅
责任印制：樊启鹏

出版发行：中国铁道出版社有限公司（100054，北京市西城区右安门西街 8 号）
网　　址：https://www.tdpress.com/51eds/
印　　刷：北京铭成印刷有限公司
版　　次：2014 年 1 月第 1 版　　　2024 年 7 月第 4 次印刷
开　　本：787 mm×1 092 mm　1/16　印张：18.25　字数：461 千
书　　号：ISBN 978 − 7 − 113 − 17894 − 9
定　　价：35.00 元

前　言

　　自产业革命以来，人类在经济发展和社会文明上取得了巨大成就。与此同时，人类对自然界的改造也达到空前的广度、深度和强度。人口、资源、环境、发展问题，是人类在21世纪面临的巨大挑战。因此在保护生态、环境，发展循环经济、低碳经济，走可持续发展道路成为当前和今后相当长的时间内我国经济和社会发展面临的重大问题。环境科学是在人们亟待解决环境问题的社会需求下，迅速发展起来的。随着环境科学理论和实践的不断完善，控制环境污染的技术和措施不断发展，人类对环境问题有了进一步的认识。

　　环境科学自诞生之日起就是一门交叉性较强的学科。该学科的发展除了遵循其自身的发展规律外，还必须不断吸取其他相关学科的理论和方法，才能不断完善。随着可持续发展理论、循环经济、低碳经济的提出，以及环境问题全球化影响的日趋显著，该学科在人类发展进程中的重要性日益凸现。它不仅与自然科学学科、工程学科紧密交叉，而且还与社会、管理、政治等人文学科相互渗透，从而使得当前环境科学学科的发展呈现出较强的综合性和交叉性特点。

　　环境科学经过40余年的发展历程，特别是可持续发展理论的提出和不断完善，使得现代环境科学特有的体系框架和基础理论日趋成熟。但由于该课程涉及面广、发展迅速，不同高校的教学内容差异较大，教学组织方式和教学方法也存在不同，因此，作者在注意把握学科发展趋势和整合各种教学方法及理论的基础上编写了此教材。

　　本教材由江西理工大学徐慧、陈林担任主编，由沈阳理工大学李艳、哈尔滨石油学院曹雯雯担任副主编。编写分工如下：第1～2章由曹雯雯编写，第4章、第7～9章由陈林编写，第3章和第6章由李艳编写，第5章、第10～12章由徐慧编写，全书由徐慧统稿。由于书中涉及的学科领域广泛，编者的知识领域水平所限，疏漏、不妥甚至错误之处在所难免，敬请读者批评指正。

　　在本书编写过程中，参阅并引用国内外许多学者的文献、研究成果及图表资料，在此，对这些资料的作者表示衷心感谢！

目　录

第一章　绪　论

第一节　环　境

一、环境

常可听到人们对诸如社会环境、生活环境、学习环境、投资与经营环境、环境保护等问题的议论，但是在不同的背景下，不同的人、不同的行业、不同的学科，对环境的解释是各不相同的。环境在不同的场合中，既可以被描绘为一个有限的范围，又可以被描绘为几乎是无限的空间或者要素。

宇宙中任何事物的存在都要占据一定的空间并和位于其周围的其他各种事物发生直接或间接的联系。因此，从一般意义上讲，所谓环境，总是相对于某个要研究的事物，即中心事物而言的，把该中心事物存在的空间以及在该空间中围绕该中心事物的，与该中心事物有着直接或间接联系的其他事物构成的整体，称做该中心事物的环境。此定义的内涵包括：

（1）环境总是对某中心事物而言的。不同的中心事物有不同的环境且只有该中心事物存在时，才有该中心事物的环境。

（2）环境是一个整体的概念。围绕中心事物的外部空间、条件和状况等，其总和构成了中心事物的环境。某单独的因子只是环境的组成部分之一。

（3）环境的空间伸缩性大。某中心事物环境的大小与设定要研究的空间范围大小有关。

（4）环境是可以互设的。宇宙中每一个事物因为都可被设定为中心事物，因而都具有它自己的环境，在这种环境中，它是主体，即中心事物。同时，它也可以成为别的中心事物环境的一个组成部分，在这种环境中，它只是客体。

从哲学的角度看，环境是一个相对于主体而言的客体。环境与其主体是相互依存的。环境因主体的不同而不同，随主体的变化而变化，是一个人为的可变的概念。明确主体是正确把握环境概念及其实质的前提。

人类生存环境由大到小、由远及近地分为聚落环境、地理环境、地质环境和宇宙环境，从而形成一个庞大的系统。

1. 聚落环境

聚落环境是人类有计划、有目的地利用和改造自然环境而创造出来的生存环境，它是与人类工作和生活关系最密切最直接的环境。人生大部分时间是在聚落环境中度过的，因此聚落环境特别被人们所关心和重视。聚落环境的发展，为人类提供了越来越方便的工作和生活环境，同时，也往往因为聚落环境中人口密集、活动频繁造成环境污染。

2. 地理环境

地理环境是自然环境和人文环境两个部分的统一体。地理环境是由岩石、土壤、水、大气、生物等要素有机组成的综合体；人文环境是指人类为求生存和发展而在地球表面上进行的各种活动的分布和组合，包括人口、民族、政治、社团、经济、交通、军事、社会行为等。

3. 地质环境

地质环境为人类提供了大量的生产资料——丰富的矿产资源，这些资源是难以再生的，随着生产的发展，大量的矿产资源引入地理环境中。地质环境与地理环境是有区别的，地质环境是指地面以下的地壳层，可延伸到地核内部，而地理环境主要是指对人类影响较大的地表环境。

4. 宇宙环境

宇宙环境是由广漠的空间和存在于其中的各种天体以及弥漫物质组成，几近真空，环境科学中是指地球大气圈以外的环境，或称为空间环境，宇宙环境是迄今为止人类对其认识还很不足，有待于进一步开发和利用的极其广阔的领域。

二、人类环境

环境科学和环境保护领域所研究、保护的环境，其中心事物是人类，是以人类为主体的外部世界，即人类生存、繁衍所必需的、相适应的环境，因而称之为人类环境。

（一）人类环境

指人群周围的境况及其中可以直接、间接影响人类生活和发展的各种自然因素和社会因素的总体，包括自然因素的各种物质、现象和过程，以及人类历史中的社会、经济成分。可以说，人类环境既包含了自然因素，又包含了社会和经济因素。

（二）人类环境的组成

包括自然环境和人工环境两部分。自然环境是指一切直接或间接影响人类的，自然形成的物质、能量和现象的总体，即由地球环境及其外围空间环境所组成的，包括阳光、温度、地磁、空气、气候、水、土壤、岩石、动植物、微生物以及太阳的稳定性、地壳的稳定性、大气力量、水循环、水土演变等自然因素的总和。人工环境是指由于人类的活动而形成的环境要素，包括由人工形成的物质、能量和精神产品，以及人类活动中形成的人与人之间的关系或称上层建筑，包括综合生产力、技术进步、人工构筑物、人工产品和能量、政治体制、社会行为、宗教信仰、文化与地方因素等。

（三）人类环境的简要分类

从系统论的观点来看，人类环境是由若干个规模大小不同、复杂程度有别、等级高低有序、彼此交错重叠、彼此互相转化变换的子系统所组成，是一个具有程序性和层次结构的网络。人们可以从不同的角度或以不同的原则，按照人类环境的组成和结构关系，将其划分为一系列层次。因而，在环境科学的研究与环境保护的实际工作中，人们对环境的称呼多种多样。其分类方式主要有：

1. 按环境的主体分

可分为人类环境和生态环境。人类环境：以人为主体；生态环境：以生物为主体。

2. 按环境的要素分

可分为自然环境与社会环境两大类。其中，自然环境包括大气环境、水体环境、土壤环境、海洋环境、地质环境、生态环境、流域环境等；社会环境包括聚居环境（如院落、村镇，城市）、生产环境（如厂矿、农场）、交通环境（如车站、港口）、文化环境（如学校、文化生态保护区、风景名胜区）等。

3. 按人类对环境的作用分

依是否作用可分为人工环境和天然环境；依作用的性质或方式可分为生活环境、工业环境、农业环境、旅游环境等。

4. 按环境范围的大小分

由近及远可将其分为聚落环境、地理环境、地质环境、宇宙环境（星际环境）。其中，聚落环境又可进一步细分为居室环境、院落环境、村落环境、城市环境、区域环境等；地理环境是指位于地球的表层，围绕人类的自然地理环境和人文地理环境的统一体。

（四）环境的法律定义

立法对专门术语的解释不能含糊。如果有关术语未在立法上作出明确解释，在法律适用时人们便会按照自己的理解去解释和适用法律，从而导致对概念理解的歧义以至于法律适用的偏差。

环境的定义，是环境立法所要解决的立法技术问题之一，因为其直接影响着环境立法的目的、范围及其效果，并且反映着一定时期人类对环境概念内涵和外延的思想认识。环境立法也将环境的范畴定义在以人类为中心的环境范围内。

目前，世界各国环境立法中对环境的定义有以下三种基本方式：

1. 演绎法

这种方法是将环境的定义在立法上作扩充性、概括性的解释。如1991年保加利亚《环境保护法》第1节之（1）增补条款对"环境"所下的定义是："相互联系并影响生态平衡与生活质量、人体健康、历史文化遗产，以及自然风光和人类基因要素及元素的综合体。"

2. 枚举法

这种方法是将环境的定义只在环境基本法上作一一列举，而将具体范畴留待于单项立法解释。例如，1993年日本《环境基本法》对环境只作了列举性的规定，环境即大气、水、土壤、静稳（peace and sabilization）、森林、农地、水边地、野生生物物种、生态系统的多样性等。我国1979年颁布的《中华人民共和国环境保护法》（试行）中规定："本法所称的环境是指：大气、水、土地、矿藏、森林、草原、野生动物、野生植物、名胜古迹、风景游览区、温泉、疗养区、自然保护区、生活居住区等。"

3. 综合法

这种方法是将环境的定义在立法上用概括加列举相结合的方式解释，给予界定。例如，美国《国家环境政策法》（1969年）规定："该法所称的环境包括天然环境和人工改造过的环境，其中包括但不限于空气和水——包括海域、港湾、河口和淡水；陆地环境——森林、干地、湿地、山脉、城市、郊区和农村环境。"英国《环境保护法》（1990年）第一条规定："环境是由下列媒介的全部或者部分组成的，也就是指大气、水和土地；大气的媒介包括建筑物内的空气和其他高于或者低于地面的自然或者人为构造物内的空气。"我国现行的，即1989年12月颁布施行的《中华人民共和国环境保护法》也采用了这种方式，其第二条规定："本法所称的环境，是指影响人类生存和发展的各种天然的和经过人工改造的自然要素的总体，包括大气、水、海洋、土地、矿藏、森林、草原、野生生物、自然遗迹、人文遗迹、自然保护区、风景名胜区、城市和乡村等。"

三、环境要素与环境质量

（一）环境要素的概念

环境要素又称环境基质，是构成人类生存环境整体的各个独立的、性质不同而又服从整体演化规律的基本物质组分。环境要素可分为自然环境要素和人工环境要素。其中自然环境要素通常指水、大气、生物、阳光、岩石、土壤等。

环境要素组成环境结构单元，环境结构单元又组成环境整体或环境系统。例如，由水组成江、河、湖、海等水体，全部水体组成水圈；由大气组成大气层，整个大气层总称为大气圈；由生物体组成生物群落，全部生物群落构成生物圈等。

（二）环境要素的基本属性

环境要素具有一些十分重要的特点。它们不仅是制约各环境要素间互相联系、互相作用的基本关系，而且是认识环境、评价环境、改造环境的基本依据。环境要素的基本属性可概括如下：

1. 最差（小）因子限制律

在这里，最差（小）因子限制律是针对环境质量而言。这个定律是由德国化学家 J. V. 李比西于1804年首先提出，20世纪初英国科学家布来克曼所发展而趋于完善。该定律指出："整体环境的质量，不能由环境诸要素的平均状态决定，而是受环境诸要素中那个与最优状态差距最大的要素所控制"。就如在"木桶原理"中，最短的木板决定该木桶的装水量一样，即环境质量的好坏取决于诸要素中处于"最低状态"的那个要素，而不能用其余处于良好状态的环境要素去替代，去弥补。因此，在改进环境质量时，必须对环境诸要素的优劣状态进行数值分类，遵循由差到优的顺序依次改进，使之均衡地达到最佳状态。

2. 等值性

各个环境要素，无论其本身在规模或数量上如何不同，但只要是一个独立的要素，那么对于环境质量的限制作用并无质的差异。各个环境要素对环境质量的限制，在它们处于最差状态时，具有等值性。

3. 整体性大于各个体之和

一处环境的性质，不等于组成该环境的诸要素性质的相加之和，而是比这个"和"丰富得多，复杂得多，也就是说，环境的整体性大于环境诸要素之和。环境诸要素互相联系、互相作用产生的整体效应，是在个体效应基础上的质的飞跃。研究环境要素不但要研究单个要素的作用，还要探讨整个环境的作用机制，综合分析和归纳整体效应的表现。

4. 互相联系及互相依赖

环境诸要素在地球演化史上的出现，有先后之别，但它们又是相互联系、相互依存的。从演化的意义上看，某些要素孕育着其他要素。岩石圈的形成为大气圈的出现提供了条件；岩石圈和大气圈的存在，又为水圈的产生提供了条件；岩石圈、大气圈和水圈孕育了生物圈，而生物圈又会影响岩石圈、大气圈和水圈的变化。

（三）环境质量

所谓环境质量，一般是指在一个具体的环境内，环境的总体或环境的某些要素，对人群的生存和繁衍以及社会经济发展的适宜程度，是反映人群的具体要求而形成的对环境评定的一种概念。人们常用"环境质量"的好坏来表示环境遭受污染的程度。

环境质量是对环境状况的一种描述，这种状况的形成，有来自自然的原因，也有来自人为的原因，而且从某种意义上说，后者是更重要的原因。人为原因包括废物排放、资源利用的合理与否、人群的规模和文化状态等。

环境质量包括环境综合质量和各种环境要素的质量，如大气环境质量、水环境质量、土壤环境质量、城市环境质量、生产环境质量、文化环境质量等。环境质量是不断变化的，也是可以改善的。环境质量通常要通过选择一定的环境指标，并对其量化表达，也就是进行环境质量评价，来表征环境质量。

四、环境的功能与特性

（一）环境的特点

自古以来，环境似乎一直是一种公共财产，人们可以自由地、免费地、长期地使用而不必付出任何代价。这种认识及其引导的行为方式，其弊端已愈来愈突显。随着人们对自然环境作为一种公用品或公共财产的特点，有了更多的理解，这种状况需要迫切地改变。

1. 稀缺性

一些不可再生资源（如煤、石油、矿藏等）会逐渐耗竭。即使空气和水等可再生资源遭到了污染，人们再想寻求干净的、无损于人体健康的空气和淡水也并非容易。

2. 非独占性与非排它性

如空气，每个人都可以享受，而且在一定限度内，在享用的同时也不会降低其他人的可利用性。

3. 外部性

社会之所以往往不能在经济产值同环境质量之间建立起一种适当的、均衡的经济联系，其原因就在于，许多污染引起的费用并非由污染者来承担。这称之为"外部性"。结果，环境污染与生态破坏这种"外部性"的费用并没有反映在造成这些污染（或破坏）的生产成本之中。只要污染的代价不是由污染者来承担或由其产品的消费者来承担的现象继续存在，社会经济活动所创造的福利中间的一部分，总会在再分配的过程中，从污染受害者手中转移到社会的其他一些人（如污染者）的手里。如果污染的总代价（资源、生态与公众健康的损失）超过了污染者及其产品的消费者所获得的利益，这样的生产活动便是"无效"劳动，即社会的总财富并没有由于进行了该生产活动而得到增加。

例如，公用的牧场问题，由于牧场是公用的，而牲畜是个人的，所以当牲畜的头数已经超过草地承载力时，每个牧民都还认为，继续增加他所拥有的牲畜头数，对他个人来说是有利的。增加一头或更多牲畜的全部效益都归他个人所有，而草场过度放牧的绝大部分代价却由其他牧民分担了。由于所有的牧民都会这样想和这样做，结果公用牧场上的这种个人自由给全体牧民带来了灾难，也严重影响了畜牧业的发展和草原地区的生态环境。

（二）环境的功能

人们对环境的作用与价值是逐步认识的。迄今为止，人们认识到，自然环境至少有以下四大功能。

1. 提供资源

人们的衣、食、住、行和生产所需的各种原料，无一不是取自自然要素，如煤、石油、天然气、粮食等。环境是人类从事生产的物质基础，也是各种生物生存的基本条件。

2. 消纳废物

限于经济、技术条件和人们的认识，有些副产品不能被利用，而成为废弃物排入环境。环境通过各种各样的物理、化学、生物反应，容纳、稀释、转化这些废弃物，并由存在于大气、水体和土壤中的大量微生物将其中的一些有机物分解成为无机物，又重新进入不同元素的循环中。这个过程，称之为环境的自净过程。如果环境不具备这种消纳废弃物的能力，即环境若没有这种自净功能的话，整个自然界早就充斥了废弃物。

3. 提供美学与精神享受

环境不仅能为经济活动提供物质资源，还能满足人们对舒适性的要求。清洁的空气和水既是工农业生产必需的要素，也是人们健康愉快生活的基本需求。全世界有许多优美的自然与人文景观，如中国的黄山风景区，美国的黄石公园，埃及的金字塔等，每年吸引着成千上万的游客。优美舒适的环境使人们心情愉快，精神放松，有利于提高人的身体素质，以便更有效地工作。经济越增长，人们对于环境舒适性的要求越高。

4. 作为生命支持系统

人类不可能孤零零地生活在这个星球上。自然界中，由上千万种生物物种及其生态群落和各种各样环境因素构成的系统正在支持着人类的生存。1995 年，美国"生物圈 2 号"试验的失败，说明人类离不开地球环境这个生命支持系统。

（三）自然资本

从国家层面来考察，自然环境上述四大功能的综合体，构成了一国的自然资本。世界银行于 1995 年向全球公布了新的衡量可持续发展的指标体系，并宣称："这一新体系在确定国家发展战略时，不仅是用收入（INCOM），而是用财富（WEALTH）作为出发点。"并将自然资本列为四种财富资本之一，从而充分肯定了环境的价值。

1. 衡量国家财富的四种资本

（1）产品资本或人造资本。指的是所使用的机器、厂房、道路以及所生产的产品与所提供的服务等，这在以往一直用 GDP 来表示。它代表可转换为市场需求的能力。

（2）自然资本。包括水资源、农田、草原、森林、自然保护区、非木材的森林价值、金属与矿产以及石油、煤与天然气等。它代表生存与发展的物质基础。

（3）人力资本或人力资源。包括种类不同的劳动力、知识与技能，对教育、保健与营养方面的投资等。它代表对于生产力发展的创造潜能。

（4）社会资本。指的是一个社会能够发挥作用的文化基础、社会关系和制度等。它代表国家或地区的组织能力与稳定程度。

2. 自然资本的价值

国民生产总值（GDP）只能反映产品资本，而可持续发展理论则尤其重视自然资本及人力资本的作用及其价值，强调自然资本是人类能否生存与永续发展的基础。过去传统的价值理论均未赋予自然资源以价值的概念，人们在使用自然资源过程中也从未考虑其成本，结果造成了自然资源的过度消耗。自然资源的使用价值与存在价值及其本身的有限性、稀缺性决定了自然的极高价值。自然资本的价值如何衡量？目前环境经济学已经发展了一系列方法用来估算这些价值（如生产价格法、成本法、净价法、间接定价法等）。

（四）环境系统的功能特性

环境作为一个整体或系统，是由复杂多样的子系统所组合。各子系统及其组成成分之间，存在着相互作用，并构成一定的网络结构。正是这种网络结构，使环境具有整体功能，形成集体效应，起着协同作用。环境系统是一个复杂的，有时、空、量、序变化的动态系统和开放系统，系统内外存在着物质和能量的变化和交换。系统的组成和结构越复杂，其稳定性越大，越容易保持平衡；反之，系统越简单，稳定性越小，越不容易保持平衡。环境系统各组成成分之间具有相互作用的机制，这种相互作用越复杂，彼此的调节能力就越强，反之越弱。

环境系统在行使诸多功能的过程中，具有不容忽视的特性。

1. 整体性

又称环境的系统性，是指各环境要素或环境各组成部分之间，因有其相互确定的数量与空间位置，并以特定的相互作用而构成的具有特定结构与功能的系统。环境的整体性体现在环境系统的结构与功能上。

整体性是环境的最基本特性，正是由于环境具有整体性，才会表现出其他特性，这是因为人类或生物的生存是受多种因素综合作用的结果。另一方面，两种或两种以上的环境因素同时产生作用，其结果不一定等于各因素单独作用之和，因为各因素之间可能存在相成或拮抗的作用。

整体性告诉人们，人与地球环境是一个整体，地球的任一部分，或任一系统，都是人类环境的组成部分。各部分之间存在着紧密的相互联系、相互制约关系。局部地区的环境污染或破坏，总会对其他地区造成影响和危害。所以人类的生存环境及其保护，从整体上看是没有地区界线、省界和国界的。

2. 区域性

是指环境的区域差异。具体来说，就是环境因地理位置的不同或空间范围的差异，会有不同的差异。环境的区域性不仅体现了环境在地理位置上的变化，而且还反映了区域经济、社会、文化、历史等的多样性。

3. 变动性

是指环境在自然的、人类社会行为的，或两者的共同作用下，环境的内部结构与外部状态，通过各环境要素或各组成部分之间的物质、能量流动网络以及彼此关联的变化规律，在不同的时刻呈现出不同的状态，即始终处于不断变化之中。变动是绝对的。

4. 稳定性

由于人类环境存在连续不断的、巨大和高速的物质、能量和信息的流动，表现出其对人类活动的干扰与压力，具有一定的自我调节功能。稳定是相对的。

5. 有限性

有限性主要指人类环境的稳定性有限、资源有限、容纳污染物质的能力有限（或对污染物质的自净能力有限）。人类开发活动产生的污染物或污染因素，进入环境的量超越环境容量或环境自净能力时，就会导致环境质量恶化，出现环境污染。

与环境容纳污染物质有关的几个概念如下：

环境本底值——环境在未受到人类干扰的情况下，环境中化学元素及物质和能量分布的正常值。以前也称做环境背景值。

环境自净能力——环境对于进入其内部的污染物质或污染因素，具有一定的迁移、扩散和同化、异化的能力。

环境自净作用——环境对于进入其内部的污染物质或污染因素，通过一系列物理的、化学的和生物的作用，将污染物逐步清除出去，从而达到自然净化的目的。

环境容量——在人类生存和自然环境不致受害的前提下，环境可容纳污染物质的最大负荷量。由于环境的时、空、量、序的变化，导致物质和能量的不同分布和组合，使环境容量发生变化，其变化幅度的大小，表现出环境的可塑性和适应性。环境容量可作为一种资源进行开发利用，如美国的"泡泡政策"。但因为环境容量的大小，与其组成成分和结构、污染物的数量及其物理和化学性质有关，与特定的环境及其功能要求有关，很复杂，要想弄清不同地区、不同时间、不同功能要求的各种具体环境的容量，需要大量的研究工作和人力物力的投入。若没有科学依据，将某具体环境的容量定得高或低，都是有害的。

环境承载力（Environmental Bearing Capacity）——是在一定时期、范围和环境条件下，维持人–环境系统不发生引起环境功能破坏的质的改变，即维系人与环境和谐的前提下，环境系统所能承受的人类活动的阈值。通过环境承载力来度量人与环境的和谐程度主要有自然资源供给指标、社会支持条件指标、污染承受能力指标等三大类指标。

6. 不可逆性

人类的环境系统在其运行过程中，存在两个基本过程：能量流动和物质循环。后一过程是可逆的，但前一过程不可逆，因此根据热力学理论，整个过程是不可逆的。所以环境一旦遭到破坏，利用物质循环规律，可以实现局部的恢复，但不能彻底回到原来的状态。

7. 隐显性

环境污染与环境破坏对人们的影响，其后果的显现，要有一个过程，需要经过一段时间，有时甚至是较长的时间。

8. 灾害放大性

污染物进入环境后，会发生迁移和转化，并通过这种迁移和转化与其他环境要素和物质（包括环境中原有的物质、其他各种污染物、各种反应的中间产物等）发生化学的和物理的，或物理化学的作用。迁移是指污染物在环境中发生空间位置和范围的变化，这种变化往往伴随着污染物在环境中浓度的变化。污染物迁移的方式主要有以下几种：物理迁移、化学迁移和生物迁移。化学迁移一般都包含着物理迁移，而生物迁移又都包含着化学迁移和物理迁移。物理迁移就是污染物在环境中的机械运动，如随水流、气流的运动和扩散，在重力作用下的沉降等。化学迁移是指污染物经过化学过程发生的迁移，包括溶解、离解、氧化还原、水解、络合、螯合、化学沉淀等。生物迁移是指污染物通过有机体的吸收、新陈代谢、生育、死亡等生理过程实现的迁移。有的污染物（如一些重金属元素、有机氯等稳定的有机化合物）一旦被生物吸收，就很难被排出生物体外，这些物质就会在生物体内积累，使得生物体中该污染物的含量达到物理环境的数百倍、数千倍甚至数百万倍，这种现象称作生物富集。同一食物链上的生物，处于高位营养级的生物体内某元素或难分解的化合物的浓度高于低位营养级的生物体内的浓度且随营养级的增高而不断增大的现象，称作生物放大。

污染物的转化是指污染物在环境中经过物理、化学或生物的作用改变其存在形态或转变为不同物质的过程。污染物的转化必然伴随着它的迁移。污染物的转化可分为物理转化、化学转化和生物化学转化。物理转化包括污染物的相变、渗透、吸附、放射性衰变等。化学转化则以光化学反应、氧化还原反应及水解反应和络合反应最为常见。生物化学转化就是代谢反应。

污染物的迁移转化受其本身的物理化学性质和它所处的环境条件的影响，其迁移的速率、范围和转化的快慢、产物以及迁移转化的主导形式等都会变化。

污染物经过上述一系列复杂的迁移和转化，使其影响范围和程度进一步扩大，从而导致无论从深度和广度来看，其危害性或灾害性都会明显放大。

综上所述，作为具有高度智能的人类，是干扰和调控环境的一个重要因素，因此要求人们应正确地掌握环境的组成和结构、环境的功能和演变规律，努力使人口、经济、社会和环境协调发展。如果违背环境的功能和特性，不遵循客观的自然规律、经济规律和社会规律，则环境质量恶化，生态环境破坏，自然资源枯竭，人类必然受到自然界的惩罚。

第二节 环境问题

一、环境问题的概念和分类

（一）概念

环境问题指的是任何不利于人类生存和发展的环境结构和功能的变化。从广义上理解：由自然力或人力引起环境结构和功能的改变，最后直接或间接影响人类生存和发展的一切客观存在的问题，都是环境问题。从狭义上理解：是由于人类的生产和生活活动所引起的环境结构和功能的改变，反过来直接或间接影响人类生存和发展的客观存在的问题。

（二）分类

第一环境问题：又称原生环境问题，是指由自然力引起的环境问题。

第二环境问题：又称次生环境问题，是指由人类活动引起的环境问题。

第三环境问题：又称社会环境问题，是指由发展不足所引起的环境问题。如住房紧张、交通拥挤、贫困等。

环境科学主要研究由人类活动所引起的次生环境问题，如各种环境污染、资源破坏、人类干扰所引发的生态系统失调等。

二、环境问题的基本类型

（一）自然灾害

自然灾害是自然环境自身变化所引起的，主要受自然力的操控，在人类失去控制能力的情况下，使人类生存和发展的环境受到一定的损害，一般也称原生环境问题或第一环境问题。如地震、海啸、洪涝灾害、干旱、滑坡、太阳黑子的大量活动等。

（二）环境破坏（或称生态破坏）

是指由于人类不恰当地开发利用环境，包括过度地开发利用自然资源和兴建工程项目而造成的生态退化及由此衍生的环境效应，导致了环境结构和功能的变化，从而对人类生存发展以及环境本身发展产生不利影响的现象。主要包括：水土流失、风蚀，土地退化（土地沙漠化、荒漠化、石漠化，土壤盐碱化、潜育化），森林锐减，生物多样性减少，淡水资源紧缺，湖泊富营养化，地下水漏斗，地面下沉等。

（三）资源耗竭

自然资源是人类生存发展不可缺少的物质依托和条件，也是实现可持续发展首先要解决的问题之一。

全球资源匮乏主要表现为：可利用土地资源紧缺、森林资源不断减少、淡水资源严重不足、生物多样性资源严重减少、某些重要矿产资源（包括能源）濒临枯竭等。

（四）环境污染

环境污染是指由于人为的或自然的因素，使得有害物质或者因子进入环境，并在环境中扩散、迁移、转化，破坏了环境系统正常的结构和功能，降低了环境质量，对人类生存和发展或者环境系统本身产生不利影响的现象。

从法律意义讲，环境污染是指由于人类活动向环境中排放了物质或能量，使环境中这些物质或能量的浓度或含量，超过了国家所颁布的环境质量标准的现象。

因而，在实际的环境管理工作中，通常以环境质量标准为尺度，来评定环境是否发生污染以及受污染的程度。但由于社会、经济、技术等方面存在着差异，世界各国所制定和使用的环境质量标准也有所不同，因而各国在衡量环境是否发生污染以及受污染的程度方面也存在着一定的差别。

1. 环境污染的分类

按照引起污染的途径可分为：天然污染、人为污染。

按照污染因子的性质可分为：化学污染、生物污染和物理污染。

按照被污染的环境要素可分为：大气污染、水体污染、土壤污染、海洋污染、地下水污染等。

按照污染产生的原因可分为：工业污染、农业污染、交通污染、生活污染等。

按照污染物的形态可分为：废气（气态）污染、废水（液态）污染、固体废弃物污染。

按照污染涉及的范围可分为：局部污染、区域性污染、全球污染等。

按照引起污染的物质可分为：砷污染、汞污染、镉污染、铬污染、多氯联苯污染、食品添加剂污染、氟污染、农药污染等。（物质可按类别或具体物质名称来命名污染类型，如重金属污染，可细分为汞污染、镉污染、铬污染、砷污染；农药的类型也很多，如 DDT、六六六、有机氯、有机磷农药等）。

2. 污染源

造成环境污染的污染物发生源称之为污染源。它通常指向环境排放有害物质或对环境产生有害物质的场所、设备和装置。或将排放污染物的设备、设施或场所，即污染物的来源处，称为污染源。

污染源可按以下方式进行分类：

按污染源能否移动分为固定污染源、流动污染源；

按污染源在社会生活中的用途分为工业污染源、农业污染源、生活污染源、交通运输污染源等；

按污染源引起的环境污染的种类分为大气污染源、水污染源、噪声污染源、固体废弃物污染源、热污染源、放射性污染源、病原体污染源等；

按排放污染物的空间分布方式分为点污染源（集中一个点或可当作一个点的排放方式，主要指城市和工业污染源）、面污染源（在一个较大面积范围排放污染物，常指农业上施用化肥、农药所造成的污染）；

按污染源引起污染的频率分为偶发性污染源、经常性污染源；

按污染源是否需要特别管制分为一般性污染源、特殊性污染源；

按污染源排放污染物质的量分为小污染源、中污染源、大污染源。

3. 污染物

凡是进入环境后能引起环境污染的物质或者能量，均称为污染物。

污染物可按以下方式进行分类：

按来源分为自然污染物、人为污染物；

按被污染的环境要素分为大气污染物、水体污染物、土壤污染物等；

按污染物的性质分为物理性污染物、化学性污染物、生物性污染物；

按污染物的状态分为气态污染物、液态污染物、固态污染物；

按污染物的毒性分为无毒污染物、有毒污染物；

按污染物来源的部门或部门性质分为工业污染物、农业污染物、生活污染物等；

按是否是由排入环境中的污染物转化而来分为一次污染物和二次污染物。

一次污染物又称原发性污染物，即由污染源直接排入环境且排入环境后，其物理、化学性质没有发生变化的污染物。二次污染物又称继发性污染物，是指那些并非由污染源直接排入环境，而是由排入环境中的污染物与环境中原有物质或者排入环境中的其他污染物反应后形成的，其物理和化学性质同一次污染物不同的污染物。一般来说，二次污染物比一次污染物的成分更复杂，危害性更大。

（五）人口过快增长

在人类影响环境的诸多要素中，人口是最主要、最根本的因素。人口问题是产生一切环境问题的根源。人口问题是一个复杂的社会问题，也是人类生态学的一个基本问题。对"弱小的地球"来说，最近几十年来世界人口按指数规律增长，导致目前供养的人口已超过70亿，其环境与资源的压力可想而知。

我国的人口基数大，虽然目前的增长速度在减缓，但仍然让我们的国土承受着巨大的压力，随着我国工业化、城镇化的发展，人们生活水平与消费能力的提高，该压力将愈来愈重。我国的人口问题不仅是环境与资源的问题，还有一系列的社会问题也愈来愈突显，例如，就业问题、老龄化社会的养老问题、人口出生性别比增高问题、人口质量问题等。比如，人口质量是一个民族精神面貌、文化修养、心理素质、道德水准和体质健康状况等方面的综合反映，人口质量问题是我国走向现代化进程中必须要解决的瓶颈问题之一。因此，控制人口对于加速我国经济与社会发展以及环境保护都具有重大意义。

三、环境问题的产生与发展

随着人类的出现，生产力的发展和人类文明的提高，环境问题也相伴产生且不断发展，并由小范围、低程度危害，发展到大范围、对人类生存造成不容忽视的危害，即由轻度污染、轻度破坏、轻度危害向重污染、重破坏、重危害方向发展。老的环境问题解决了，又会出现新的环境问题。人类与环境这一对矛盾，是不断运动、不断变化、永无止境的。

导致环境问题日益严重化的原因，是复杂的，既有人口激增的因素，又有人类片面追求经济增长的思想认识、社会经济体制、生产与生活方式、城市化和生产力布局、科学技术、世界经济秩序等方面的因素。需要人类去深入反思各种原因，并不断地予以更正。

环境问题贯穿于人类发展的整个阶段，在不同的历史阶段，由于生产方式和生产力水平的差异，环境问题的类型、影响范围和程度也不尽一致。依据环境问题产生的先后和轻重程度，环境问题的发生和发展，可大致分为以下三个阶段：

1. 生态环境早期破坏阶段（产业革命以前，即 1784 年之前）

环境问题可以说在古代就有了。西亚的美索不达米亚，中国的黄河流域，是人类文明的发祥地。由于大规模地毁林垦荒，而又不注意培育林木，造成严重的水土流失，以致良田美地逐渐沦为贫瘠土壤。在世界人口数量不多、生产规模不大时，人类活动对环境的影响并不太大，即使发生环境问题也是局部性的。

2. 城市环境问题突出和"公害"加剧阶段（1784 年的产业革命之后—1984 年发现南极臭氧洞时）

产业革命以后，社会生产力的迅速发展，机器的广泛使用，为人类创造了大量财富，而工业生产排出的废弃物却造成了环境污染。19 世纪下半叶，世界最大工业中心之一的伦敦，曾多次发生因排放煤烟引起的严重的烟雾事件。正如恩格斯所指出的，人类对自然界的"每一次胜利，在第一步都确实取得了预期的结果，但是在第二步和第三步却有了完全不同的、出乎预料的影响，常常把第一个结果又取消了"。

在产业化（主要是工业化）和城市化的发展过程中，出现了"城市病"这样的环境问题。所谓"城市病"是指城市基础设施落后，跟不上城市工业和人口发展的需要。城市基础设施主要是水（供水、排水）、电（供电、电信）、热（供热、排热）、气（供气、排气）、路（道路和交通），此外还包括环境建设、城市防灾、园林绿化等。城市基础设施是城市社会化生产和居民生活的基本条件。城市基础设施落后，就会出现道路堵塞、交通拥挤、供水不足、排水不畅、电灯不亮、电话不畅、"三废"成灾、污染严重等"城市病"的症状。

此阶段，还出现了人们常说的"八大公害"事件。

3. 全球性环境问题阶段——当代环境问题阶段（1984 年—至今）

所谓全球性环境问题，是指对全球产生直接影响的，或具有普遍性，随后又发展为对全球造成危害的环境问题。这些问题包括人口过快增长问题、城市化问题、淡水资源短缺问题、植被破坏物种灭绝问题、海洋污染问题、危险废弃物越境转移问题和全球变暖、臭氧层破坏、酸沉降等全球性大气环境问题，以及世纪之交暴发的食品安全问题。三大全球性大气环境问题是这一阶段环境问题的核心。上述问题可归结为三大块：全球性、广域性的环境污染；大面积的生态破坏；突发性的严重污染事件和危险废弃物越境转移。

当代环境问题阶段呈现出四个特点：

（1）影响的范围与性质不同。现在的环境问题，已不仅是对某个国家或地区造成危害，而是对人类赖以生存的整个地球环境造成危害，已影响到整个人类的生存与发展。因此，国际社会都在大声疾呼保护环境，保卫人类生存的家园。

（2）人们关心的重点不同。现在，人们不仅关心环境污染对人体健康的影响，更关心生态破坏对人类的生存与可持续发展的威胁。

（3）重视环境问题的国家不同。以前是经济发达国家比较重视，现在又包括众多的发展中国家，各国都在重视环境保护问题。但在国际环境事务中，由于各国的发展程度不同，历史上对环境的干扰程度不同，因而经常采用"共同但有差别"的责任原则。

（4）解决问题的难易程度不同。一是环境污染的主要责任者直观性减弱。之前的环境问题，污染来源比较少，来龙去脉都可以察清楚，只要一个工厂、一个地区、一个国家下决心，采取措施，污染就可以得到控制和解决。而现在出现的环境问题，污染源和破坏源众多，不仅分布广，且来源杂，既来自人类的经济活动，又来自人类的日常活动；既来自发达国家，也来自发展中国家。解决这些环境问题只靠一国的努力很难奏效，需要众多的国家，甚至全球的共同努力才行。二是从治理技术的角度来看，过去的环境问题可以使用常规技术解决，而当前的环境问题却需要许多新型技术。但迄今为止，有些环境问题还缺乏经济、高效的新型治理技术。

也有人将当代环境问题的特点总结为：全球化、综合化、社会化、高科技化、积累化、政治化。

四、环境问题的性质与实质

（一）性质

（1）具有不可根除和不断发展的属性。它与人类的欲望、经济的发展、科技的进步同时产生，同时发展，呈现孪生关系。那种认为"随着科技进步，经济实力雄厚，人类环境问题就不存在了"的观点，显然是幼稚的。

（2）环境问题范围广泛而全面。它存在于人类生产、生活、政治、工业、农业、科技等全部领域中。

（3）环境问题对人类行为具有反馈作用。它使人类的生产方式、生活方式、思维方式等一系列问题发生新变化。

（4）具有可控性。通过教育，提高人们的环境意识，充分发挥人类的智慧和创造力，借助法律、经济和技术手段，把环境问题控制在最小的范围内。若环境问题不可控，人类就无从谈起环境管理、治理、修复等环保工作。

（二）实质

可从三个角度来探讨这个问题：

（1）从自然科学的角度来看，环境问题的实质，一是人类经济活动索取资源的速度超过了资源本身及其替代品的再生速度；二是人类向环境排放废弃物的数量超过了环境的自净能力。这是因为：环境容量是有限的；自然资源的补给和再生、增加都是需要时间的，一旦超过了极限，要想恢复是困难的，有时甚至是不可逆转的。

（2）从经济学角度看，环境问题实质上也是一个经济问题。这是基于：其一，环境问题是随经济活动开展而产生的，它是经济活动的副产品。经济活动需要从环境中开采资源，因此会造成生态破坏，经济活动所排放的废弃物，又造成环境污染。其二，环境问题又使人类遭受到巨大经济损失，且限制了经济的进一步发展。其三，环境问题的最终解决还有待于经济的进一步发展，经济的发展，为解决环境问题奠定了物质基础。因为解决环境问题需要大量的人力、物力、财力的投入，否则环境问题是无法解决的。

（3）从社会学角度来看，环境问题的实质还是一个社会问题。因为环境问题关系到人类身体的健康，关系到人类生活质量的好坏，也关系到社会的稳定等。

所以，环境问题是社会、经济、环境之间的协调发展问题以及资源的合理开发利用问题，其实质可表述为：环境问题的实质是由于人类活动超出了环境的承受能力，进而引发为人类的经济问题和社会问题，是人类自然的，而且是自觉的建设人类文明的问题。

总之，了解环境问题的产生和发展，掌握当代环境问题的特点、性质与实质，有助于人们找到解决环境问题的途径。从根本上说，这些途径主要体现为：需要控制人口并不断提高人口素质；需要增强环境意识，强化环境管理；需要经济的发展，增加投入；需要科技的进步；需要经过长期的努力。

五、当前中国面临的环境问题

当前人类所面临的主要环境问题是人口问题、资源问题、生态破坏问题和环境污染问题。它们之间相互关联、相互影响，成为当今世界环境科学所关注的主要问题。

人口的急剧增加可以认为是当前环境的首要问题。近百年来，世界人口的增长速度达到了人类历史上的高峰，目前世界人口已接近 70 亿人。众所周知，人既是生存者，又是消费者。从生存者的角度来说，任何生产都需要大量的自然资源来支持，如农业生产要有耕地，工业生产要有能源、各类矿产资源、各类生物资源等。随着人口增加、生产规模的扩大，一方面需要资源继续或急剧增大；一方面在任何生产中都将有废物排出，随着生产规模的增大而使环境污染加重。从消费者的角度讲，随着人口的增加和人类生活水平的提高，人类对土地的占用（住、生产食物）越来越大，对各类资源（如不可再生的能源和矿物、水资源等）的需求也急剧增加，因此导致排出的废弃物量也在不断增加，从而加重了环境污染。地球上一切资源都是有限的，即使是可恢复的资源（如水、可再生的生物资源），也有一定的再生速度，在每年中是有一定可供量的。尤其是土地资源不仅其总面积有限，人类难以改变，而且还是不可迁移和不可重复利用的。如果人口急剧增加，超过了地球环境的合理承载能力，则必然造成生态破坏和环境污染。这些现象在地球上的某些地区已经出现，并正是人们要研究和改善的问题。

资源问题是当今人类发展所面临的另一个主要问题。众所周知，自然资源是人类生存发展不可缺少的物质依托和条件。然而，随着全球人口的增长和经济的发展，对资源的需求与日俱增，人类正受到某些资源短缺或耗竭的严重挑战。全球资源匮乏和危机主要表现为土地资源在不断减少和退化，森林资源在不断缩小，淡水资源出现严重不足，生物多样性在减少，某些矿产资源频临枯竭等。

生态破坏是指人类不合理开发、利用自然资源和兴建工程项目而引起的生态环境的退化及由此而衍生的有关环境效应，从而对人类的生存环境产生不利影响的现象。全球性的生态环境破坏主要包括森林减少、土地退化、水土流失、沙漠化、物种消失等。

环境污染作为全球性的重要环境问题，主要是指温室气体过量排放造成的气候变化、臭氧层破坏、广泛的大气污染和酸沉降、有毒有害化学物质的污染危害及其越境转移、海洋污染等。

六、世界面临的主要环境问题

当前，世界面临的主要环境问题有以下几方面。

全球气候变暖：人口的增加和人类生产活动规模的扩大，导致向大气释放的二氧化碳、甲烷、一氧化二氮、氯氟碳化合物、四氯化碳、一氧化碳等温室气体不断增加，致使大气的组成发生变化，大气质量受到影响，气候有逐渐变暖的趋势。全球气候变暖，将会对全球产生各种不同的影响，较高的温度可使极地冰川融化，导致海平面每 10 年升高 6 cm，致使一些海岸地区被淹没。全球变暖也可导致降雨和大气环流发生变化，致使气候反常，造成旱涝灾害。总之全球气候变化将对人类生活产生一系列重大影响。

臭氧层的耗损与破坏：在离地球表面 10～50 km 的大气平流层中集中了地球上 90% 的臭氧气体，在离地面 25 km 处臭氧浓度最大，形成了厚度约为 3 mm 的臭氧集中层，称为臭氧层。它能吸收太阳的紫外线，以保护地球上的生命免遭过量紫外线的伤害，并将能量贮存在上层大气，起到调节气候的作用。但臭氧层是一个很脆弱的大气层，如果进入一些破坏臭氧的气体，它们就会和臭氧发生化学作用，臭氧层就会遭到破坏。1985 年英国南极考察队在南纬 60°地区观测发现臭氧层空洞，引起世界各国极大关注。1989 年，科学家又在北极上空发现臭氧层遭到严重破坏。臭氧层被破坏，将增加地面受到紫外线辐射的强度，给地球上的生命带来很大的危害。研究表明，紫外线辐射能破坏生物蛋白质和基因物质脱氧核糖核酸，造成细胞死亡；使人类皮肤癌发病率增高；伤害眼睛，导致白内障而使眼睛失明；抑制植物如大豆、瓜类、蔬菜等的生长，并穿透 10 m 深的水层，杀死浮游生物和微生物，从而危及水中生物的食物链和自由氧的来源，影响生态平衡和水体的自净能力。

生物多样性减少：《生物多样性公约》指出，生物多样性"是指所有来源的形形色色的生物体，这些来源包括陆地、海洋和其他水生生态系统及其所构成的生态综合体；它包括物种内部、物种之间和生态系统的多样性。"在漫长的生物进化过程中会产生一些新的物种，同时，随着生态环境条件的变化，也会使一些物种消失。所以说，生物多样性是在不断变化的。近百年来，由于人口的急剧增加和人类对资源的不合理开发，加之环境污染等原因，地球上的各种生物及其生态系统受到了极大的冲击，生物多样性也受到了很大的损害。有关学者估计，世界上每年至少有 5 万种生物物种灭绝，平均每天灭绝的物种达 140 个。

酸雨蔓延：酸雨是指大气降水中酸碱度低于 5.6 的雨、雪或其他形式的降水。这是大气污染的一种表现。酸雨对人类环境的影响是多方面的。酸雨降落到河流、湖泊中，会妨碍水中鱼、虾的成长，以致鱼虾减少或绝迹；酸雨还会导致土壤酸化，破坏土壤的营养，使土壤贫脊化，危害植物的生长，造成作物减产，危害森林的生长。此外，酸雨还腐蚀建筑材料，有关资料表明，近十几年来，酸雨地区的一些古迹特别是石刻、石雕或铜塑像的损坏超过以往百年以上，甚至千年以上。世界目前已有三大酸雨区，我国华南酸雨区是唯一尚未治理的。

森林锐减：在今天的地球上，我们的绿色屏障——森林正以平均每年 4000 平方公里的速度消失。森林的减少使其涵养水源的功能受到破坏，造成了物种的减少和水土流失，对二氧化碳的吸收减少又加剧了温室效应。

土地荒漠化：全球每年有 600 万 hm² 的土地变成沙漠。每年经济损失 423 亿美元。全球共有干旱、半干旱土地 50 亿 hm²，其中 33 亿遭到荒漠化威胁。致使每年有 600 万 hm² 的农田、900 万 hm² 的牧区失去生产力。人类文明的摇篮底格里斯河、幼发拉底河流域，由沃土变成荒漠。中国的黄河，水土流失亦十分严重。

大气污染：大气污染的主要因子为悬浮颗粒物、一氧化碳、臭氧、二氧化碳、氮氧化物、铅等。大气污染导致每年有 30～70 万人因烟尘污染提前死亡，2500 万的儿童患慢性喉炎，400～700 万的农村妇女儿童受害。

水污染：水是人们日常最需要，接触最多的物质之一，然而如今也成了危险品。

目前，全球每天有多达 6000 名少年儿童因饮用水卫生状况恶劣而死亡。水污染问题已经成为目前世界上最为紧迫的卫生危机之一。水污染问题在那些人口急剧增长的发展中国家尤为严重，农村人口大幅度地向城市集中，是导致全球水污染现象日益严重的主要原因。

水污染不仅加剧了灌溉可用水资源的短缺，成为粮食生产用水的一个重要制约因素，而且直接影响到饮水安全、粮食生产和农作物安全，造成了巨大经济损失。由此可见全球水污染情况日益严重，应该及时的防控、处理，以达到良性循环。

海洋污染：人类活动使近海区的氮和磷增加了 50% ~ 200%；过量营养物导致沿海藻类大量生长；波罗的海、北海、黑海、东中国海等出现赤潮。海洋污染导致赤潮频繁发生，破坏了红树林、珊瑚礁、海草，使近海鱼虾锐减，渔业损失惨重。

危险性废物越境转移：危险性废物是指除放射性废物以外，具有化学活性或毒性、爆炸性、腐蚀性和其他对人类生存环境存在有害特性的废物。美国在《资源保护与回收法》中规定，所谓危险废物是指一种固体废物和几种固体的混合物，因其数量和浓度较高，可能造成或导致人类死亡率上升，或引起严重的难以治愈疾病或致残的废物。

解决全球环境问题的基本原则：

（1）正确处理环境保护与发展的关系。环境保护和经济发展是一个有机联系的整体，既不能离开发展，片面地强调保护和改善环境，也不能不顾生态环境而盲目地追求发展。尤其对广大发展中国家来讲，只能在适度经济增长的前提下，寻求适合本国国情的解决环境问题的途径和方法。

（2）明确国际环境问题主要责任。目前存在的全球性环境问题，主要是发达国家在过去一两个世纪中追求工业化造成的后果。他们对全球环境问题负有不容推卸的主要责任，也理应承担更多的义务。

（3）维护各国资源主权，应遵循不干涉他国内政的原则。1972 年第一次国际环保大会《斯德哥尔摩宣言》第 21 条明确规定：各国对其自然资源的保护、开发、利用是各国的内部事务。

（4）发展中国家的广泛参与是非常必要的。在目前的国际环境事务中，存在着忽视发展中国家具体困难的倾向，他们的呼声得不到充分反映，因此，有必要采取措施，确保发展中国家能够充分参与国际环境领域中的活动与合作。

（5）应充分考虑发展中国家的特殊情况和需要。发展中国家还面临一些更为迫切的局部环境问题，既有因资金短缺、技术落后和人口增长所造成的诸如土地退化、沙漠化、森林锐减、水土流失等自然生态恶化问题，也有因工业发展引起的环境污染、酸沉降、水资源短缺等问题。

第三节　环境科学

一、环境科学的概念与发展简述

（一）环境科学的概念

环境科学是研究人类社会发展活动与环境演化之间相互作用关系及其规律，寻求人类社会与环境协同演化、持续发展途径与方法的科学。即环境科学是以"人类 - 环境"系统为其特定的研究对象，是研究"人类 - 环境"系统发生和发展、调节和控制、改造和利用的科学。

人类给予环境的影响有正面影响也有负面影响，环境又反过来作用于人类。环境科学就是由于负面影响通过环境损及人体健康，人类为了解决面临的环境问题，为了创造更适宜、更美好的环境而逐渐发展起来的。最早提出"环境科学"这一名词的是美国学者，是 1956 年于美国普林斯顿大学召开的一次宇航会议上提出，当时所提出的"环境科学"主要指研究宇宙飞船中的人工环境，与现在的环境科学显然不同。就世界范围来说，环境科学成为一门科学还是近三四十年的事情。环境科学是一门年轻而具有活力的学科，它的兴起和发展，标志着人类对环境的认识、利用和改造进入了一个新的阶段。

（二）环境科学的发展简史

虽然环境科学的名称出现得比较晚，但人类对环境问题的关注与研究，却比较早。19 世纪中叶以后，随着社会经济的发展，环境问题逐渐受到人们的重视，地学、生物学、物理学、医学和一些工程技术学科的学者分别从本学科研究的角度开始对环境问题进行探索和研究。如德国植物学家 C. N. 弗拉斯在 1847 年出版的《各个时代的气候和植物界》中，论述了人类活动影响到植物界和气候的变化；美国学者 G. P. 马什在 1864 的出版的《人的自然》中，从全球观点出发论述人类活动对地理环境的影响，特别是对森林、水、土壤和野生动植物的影响，并呼吁开展对它们的保护运动。英国生物学家 C. R. 达尔文在 1859 年出版的《物种起源》中，论证了生物进化同环境的变化有很大关系，生物只有适应环境才能生存。公共卫生学从 20 世纪 20年代开始注意环境污染对人群健康的危害，例如，1775 年英国医生认为扫烟囱工人易患阴囊癌与接触煤烟有关，1915 年日本学者极胜三郎用试验证明煤焦油可诱发皮肤癌，从此环境因素致癌成为公共卫生学的重要研究课题之一。1850 年人们开始用化学消毒法杀灭饮水中的病菌，1897 年英国建立了污水处理厂，消烟除尘技术在 19 世纪末期已有所发展，20 世纪初开始采用布袋除尘器和旋风除尘器。这些基础科学和应用技术的进展为环境问题的解决做出了最初的尝试。

20 世纪 50 年代以来，社会生产力和科学技术突飞猛进，人口数量激增，人类征服自然界的能力大大增强，环境的反作用便日益显露出来，环境质量逐渐恶化，环境公害事件频频发生，环境问题得到了社会各界的广泛关注（如 1962 年美国蕾切尔·卡尔逊博士的《寂静的春天》面世及其轰动效应，引起人类的深深思索；1970 年前后罗马俱乐部发表的《增长的极限》和《生存的战略》，1972 年及其后联合国发表的《人类环境宣言》《只有一个地球》《我们共同的未来》等，都具有重要意义；其中，《只有一个地球》是环境科学中一部最著名的绪论性著作），环境科学开始出现并迅速发展。包括地学、化学、物理、生物、医学、工程学、社会学、经济学、法学等学科的科学家，分别在各自原有学科的基础上，运用原有学科的理论和方法，研究环境问题。通过研究产生了广泛分布于其他学科中的环境科学分支学科，如环境地学、环境化学、环境物理学、环境生物学、环境毒理学、环境流行病学、环境医学、环境工程学、环境系统工程学、环境伦理学、环境社会学、环境管理学、环境经济学、环境法学等，形成了以环境问题为中心，探讨环境问题产生、演化和解决机制，几乎无所不包的环境科学学科群，在此基础上孕育产生了环境科学。1968 年国际科学联合会理事会设立了环境问题科学委员会，20 世纪70 年代出现了以环境科学为书名的综合性专著。在 20 世纪 50 ～ 60 年代，环境科学侧重于自然科学和工程技术方面，后来逐渐扩展到社会科学、经济科学等方面。

二、环境科学的研究对象和任务

某一科学能不能称为一门有别于其他科学的独立学科，取决于它是否有特定的研究对象，而环境科学就是一门有特定研究对象的综合性新兴学科。

环境科学是以"人类－环境"系统为特定的研究对象。它是研究"人类－环境"系统的发生、发展和调控的科学。"人类－环境"系统，即人类与环境所构成的对立统一体，是一个以人类为中心的生态系统。

20 世纪 70 年代以来，人们在控制环境污染方面取得了一定成果，某些地区的环境质量也有所改善。这证明环境问题是可以解决的，环境污染的危害是可以防治的。

随着人类在控制环境污染方面所取得的进展，环境科学这一新兴学科也日趋成熟，并形成自己的基础理论和研究方法。环境科学从分门别类研究环境和环境问题，逐步发展到从整体上进行综合研究。例如，关于生态平衡的问题，如果单从生态系统的自然演变过程来研究，是不能充分阐明其演变规律的。只有把生态系统和人类经济社会系统作为一个整体来研究，才能彻底揭示生态平衡问题的本质，阐明从平衡到不平衡，从不平衡到新的平衡的发展规律。人类要掌握并运用这一发展规律，有目的地控制生态系统的演变过程，使生态系统的发展越来越适宜人类的生存和发展。通过这种研究，逐渐形成生态系统和经济社会系统相互关系的理论。环境科学的方法论也在发展。例如，在环境质量评价中，逐步建立起一个将历史研究同现状研究结合起来，将微观研究同宏观研究结合起来，将静态研究同动态研究结合起来的研究方法；并且运用数学统计理论、数学模式和规范的评价程序，形成一套基本上能够全面、准确地评定环境质量的评价方法。

环境科学的研究领域，在 20 世纪 50～60 年代侧重于自然科学和工程技术方面，目前已扩大到社会学、经济学、法学等社会科学方面。对环境问题的系统研究，要运用地学、生物学、化学、物理学、医学、工程学、数学以及社会学、经济学、法学等多种学科的知识。所以，环境科学是一门综合性很强的学科，横跨自然科学、社会科学与工程技术领域。环境科学在宏观上研究人类同环境之间的相互作用、相互促进、相互制约的对立统一关系，揭示社会经济发展和环境保护协调发展的基本规律；在微观上研究环境中的物质，尤其是人类活动排放的污染物的分子、原子等微小粒子在有机体内迁移、转化和蓄积的过程及其运动规律，探索它们对生命的影响及其作用机理等。

环境是一个有机的整体，环境污染又是极其复杂、涉及面相当广泛的问题。在现阶段，环境科学主要是运用自然科学、社会科学和技术科学领域有关学科的理论、技术和方法来研究环境问题，形成与有关学科相互渗透、交叉的分支学科。环境科学的各个分支学科虽然各有特点，但又互相渗透，互相依存，它们是环境科学不可分割的组成部分。环境科学现有的各分支学科，正处于蓬勃发展时期。这些分支学科在深入探讨环境科学的基础理论，解决环境问题的途径和方法的过程中，还将出现更多的新的分支学科。

环境科学的主要任务是：

第一，探索全球范围内环境演化的规律。环境总是不断地演化，环境变异也随时随地发生。在人类改造自然的过程中，为使环境向有利于人类的方向发展，就必须了解环境变化的过程，包括环境的基本特性、环境结构的形式和演化机理等。

第二，揭示人类活动同自然生态之间的关系。环境为人类提供生存条件，其中包括提供发展经济的物质资源。人类通过生产和消费活动，不断影响环境的质量。在人类生产和消费活动中物质和能量的迁移、转化过程是异常复杂的。但物质和能量的输入同输出之间必须保持相对平衡。这个平衡包括两项内容。一是排入环境的废弃物不能超过环境自净能力，以免造成环境污染，损害环境质量。二是从环境中获取可更新资源不能超过其再生增殖能力，以保障永续利用；从环境中获取不可更新资源要做到合理开发和利用。因此，社会经济发展规划中必须列入环境保护的内容，有关社会经济发展的决策必须考虑生态学的要求，以求得人类和环境的协调发展。

第三，探索环境变化对人类生存的影响。环境变化是由物理、化学、生物和社会因素以及其相互作用所引起的。因此，必须研究污染物在环境中的物理、化学变化过程，在生态系统中迁移转化的机理，以及进入人体后发生的各种作用，包括致畸作用、致突变作用和致癌作用。同时，必须研究环境退化同物质循环之间的关系。这些研究可为保护人类生存环境，制定各项环境标准，控制污染物的排放量提供依据。

第四，研究区域环境污染综合防治的技术措施和管理措施。20世纪工业发达国家防治污染经历了几个阶段：20世纪50年代主要是治理污染源（末端治理）；20世纪60年代转向区域性污染的综合治理；20世纪70年代侧重预防，强调区域规划和合理布局；20世纪90年代可持续发展、清洁生产等逐渐成为人类共同的选择，推动了环境科学向更加综合的方向发展。引起环境问题的因素很多，实践证明需要综合运用多种工程技术措施和管理手段，从区域环境的整体出发，调节并控制人类和环境之间的相互关系，利用系统分析和系统工程的方法寻找解决环境问题的最优方案。

三、环境科学的特点和研究方法

（一）环境科学的特点

由于人类社会自然支持系统的有限性和全球的整体化，人类面临着人口膨胀、资源匮乏、环境污染、生态恶化以及温室效应、臭氧层破坏、酸雨、森林锐减、物种灭绝、土地退化、淡水资源短缺等一系列重大的全球性环境问题。正如前面所述，环境科学是以"人类－环境"系统为研究对象，研究它们对立统一关系的发生与发展、调节与控制、利用与改造的科学。环境科学所涉及的学科面广，具有自然科学、社会科学与技术科学交叉渗透的广泛基础，几乎涉及现代科学的各个领域；环境科学研究范围涉及一个国家、地区甚至全球人类经济活动和社会行为的各个领域，涉及管理部门、经济部门、科技部门、军事部门及文化教育等人类社会的各个方面。同时，环境系统本身是一个多层次相互交错的网络结构系统，每个子系统都可能自成一个环境系统分支，并可能相互影响或制约。因此，环境科学也更清晰地体现了其综合性、整体性、系统性和复杂性的学科特点。

（二）环境科学的研究方法

环境科学是在人们认识到环境问题已经成为全球性重大问题后产生和发展起来的。可以说环境科学是在其他学科交叉、综合的基础上，不断充实和完善的理论体系。一方面，环境科学的发展为人类解决环境问题提供了新思路、新方法；另一方面，环境科学也会在新问题、新认识面前，不断纠正自己的错误和不足，提出新的理论和方法，以解决人类发展进程中出现的环境和发展问题。

环境科学研究方法最初从重视人与自然的矛盾入手，围绕着环境质量对自然环境进行研究，在自然科学和技术科学领域寻求环境问题的解决方案，来自各学科的科学家分别用本学科的理论和方法研究环境问题，形成了环境化学、环境地学、环境生物学、环境经济学、环境医学和环境工程学等一系列交叉和分支学科，遵循的模式基本上是问题出现—技术解决。但是，这种头痛医头、脚痛医脚的模式很快出现了问题，环境问题不但没有得到遏制，反而越来越严重并且逐步全球化。在此形势下，环境科学的理论及研究方法也迅速发展，逐步与管理学、经济学、法学等学科交叉，社会科学与自然科学的有效结合为环境科学的方法论提供了更为宽广的发展空间。例如，在环境质量评价中，逐步建立起一个将环境的历史研究同现状研究结合起来，将微观研究同宏观研究结合起来，将静态研究同动态研究结合起来的研究方法；并且运用数学统计理论、数学模式和规范的评价程序，形成能够全面、准确地评定环境质量的评价方法。

环境科学现有的各分支学科，正处于蓬勃发展时期。这些分支学科在深入探讨环境科学的基础理论，解决环境问题的途径和方法的过程中，还将出现更多新的分支学科及研究方法。例如，在研究污染对微生物生命活动和种群结构的影响，以及由于微生物种群的变化而引起的环境变化方面，推动了环境微生物学的出现。这种发展将使环境科学成为一个枝繁叶茂的庞大学科体系，也将使环境科学这一新兴学科更为成熟。

（三）环境科学的分科

环境科学是一门综合性很强的学科，由于环境问题的重要性和综合性，许多自然科学、社会科学和技术科学部门都已积极参与到环境科学的研究中，形成了许多相互渗透、相互交叉的分支学科。属于自然科学方面的有环境地学、环境土壤学、环境生物学、环境生态学、环境化学、环境物理学和环境医学；属于社会科学方面的有环境法学、环境经济学和环境管理学等；属于工程科学方面的有环境工程学、大气污染控制工程、水体污染控制工积、环境系统工程、环境生态工程等。

第四节　环境与健康

人是自然界的产物，在自然状况下，人体与自然界之间保持着一种和谐关系。人体通过新陈代谢和周围环境进行物质和能量的交换，人体中各种化学元素的平均含量与地壳中各种化学元素的含量相同，具有明显的相关性，即地壳含量高的元素在人体血液中含量也高，地壳含量少的元素在人体血液中的含量也低。这是人类在漫长的进化过程中适应环境的结果。自然界处在不断变化之中，但这种变化是缓慢的，人和生物有足够的时间来适应这种变化。

一、人体与环境的关系

人类的出现，开创了地球历史的新纪元。人类同一切生物一样，要从环境中获取生活所需的一切。人类在利用并改造自然的同时，应记住人类只是环境的一个组成部分，应认清人类的物质、精神生活与环境不可分离，应明白人类的生命形成于环境，又深受环境的影响。

环境是人类的共同财富，人类和环境的关系密不可分，人类赖以生存和生活的客观条件是环境，脱离了环境这一客体，人类将无法生存，更谈不上发展。

1. 人体通过新陈代谢与周围环境进行物质和能量的交换

人类生活在地球的表面，这里包含一切生命体生存、发展、繁殖所必需的各种优越条件：新鲜而洁净的空气、丰富的水源、肥沃的土壤、充足的阳光、适宜的气候以及其他各种自然资源。人体通过新陈代谢与周围环境进行物质和能量的交换。

从组成人体的元素看，人体90%以上是由碳、氢、氧、氮等多种元素组成。此外，还有一些微量元素，到目前已经发现了60多种，其质量不到人体质量的1%，主要有铁、铜、锌、锰、钴、氟、碘等。据科学家分析，人体内微量元素的种类和海洋中所含元素的种类相似。这为海洋是生命起源的说法提供了论据。地球化学家们也发现人体血液中化学元素的含量和地壳岩石中化学元素的含量具有相关性。这种人体化学元素组成与环境化学元素组成具有很高统一性的现象，证明了人体和自然环境关系十分密切。

2. 人体与环境间保持动态平衡

人体与环境间进行物质和能量交换的四大要素是空气、水、土壤和生物营养物（如食物）。环境中的这四大要素可以维持人类的生命。如果环境污染造成某些化学物质突然增加，就会破坏人类与环境的和谐关系，破坏体内原有的平衡状态，引起疾病。

外界环境条件发生变化时，如果变化比较小，没有超过环境的自洁能力和人体的自我调节能力，人体便可自我调节。如高山缺氧，通过提高呼吸频率即可解决。但如果外界条件变化比较大，致使生态平衡失调，超过人体的忍受限度，就可能引起中毒、致病等现象。

人类一出生，就要和环境打交道，就要不断的接触空气、声音、水、阳光、热量……没有这些，人类就无法生存。人类产生于特定的环境中，同时人类在生存繁衍的进程中也在不断地改造着环境。环境可以影响人类的生存、成长、发育、繁殖，人类则通过自己的活动影响环境。两者之间形成一种相互作用、相互协调、相互影响、相互制约的辩证统一关系。

二、环境污染对人体的影响

（一）环境污染源

通常将能够产生物理的（声、光、热、辐射、淤泥沉积等）、化学的（各类单质、无机物及有机物）、生物的（霉菌、细菌、病毒等）有害物质的设备、装置、场所等，称为污染源。根据污染物的来源，一般将污染源分为四大类：工业污染源、交通运输污染源、农业污染源和生活污染源。

（二）环境污染物

是指人们在生产、生活过程中排入大气、水、土壤中并引起环境污染或导致环境破坏的物质。环境污染物主要来自生产性污染物（如三废、农药、化学品等）、生活性污染物（如污水、粪便、废弃物等）和放行污染物。这些污染物根据其属性可以分为化学性的、物理性的和生物性的。

（三）污染的特征

（1）影响范围大：环境污染涉及的地区广，人口多，人员组成成分复杂，可以包括老幼病残甚至胎儿。

（2）作用时间长：接触者可能长时间不断地暴露在被污染的环境中。

（3）污染浓度低、情况复杂：进入环境中的污染物经常是多种污染物并存，联合作用于人体。一方面由于污染物的浓度低，对人体不会产生强烈的刺激作用；另一方面由于污染物种类繁多，可能产生复杂的联合作用，形成复合效应。该效应不是各污染物的毒性相加，而是各污染物单独效应的累积，表现为拮抗作用或协同作用，即两种污染物联合作用时，一种污染物能减弱或加强另一种污染物的毒性。

（4）污染容易治理难：环境一旦被污染，要想恢复原状，费力大、代价高，而且难以奏效，甚至还有重新污染的可能。

（四）环境污染对人体健康的影响程度

环境污染物对机体的危害程度主要取决于以下几个因素：

（1）剂量：剂量通常是指进入机体的有害物质的数量。与机体出现各种有害效应关系最为密切的是有害物质到达机体靶器官或靶组织的数量。随着环境有害因素剂量的增加，其在机体内产生的有害的生物学效应增强，这就是剂量 – 效应（dose – effect）关系。对人体非必需元素和有毒元素的摄入都可引起异常反应，必须制定相应的最高允许限量（如甲基汞在人体内达 25 mg 即感觉异常）。

人体所需必须元素的摄入也必须适量才行。如人体中氟的含量大约在 1 mg/kg，小于 0.5 mg/kg 会使龋齿病增加，若大于 2 mg/kg 则氟斑牙病增多，大于 8 mg/kg 就会导致慢性氟中毒。

（2）作用时间：很多环境污染物在机体内有蓄积性，随着作用时间的延长，毒性的蓄积性将加大，达到一定浓度时，就会引起异常反应并发展成为疾病，这一剂量作为人体最高容许限量被称为中毒阈值（threshold）。

（3）多因素联合：当环境受到污染时，污染物通常不是单一的。几种污染物同时作用于人体时，必须考虑它们的联合作用和综合影响，可以有协同作用和拮抗作用两种类型。协同作用是相互作用，增大危害。如 O_3 与 NO_x、OH^- 等结合作用形成光化学烟雾，飘尘（又称可吸入颗粒物）中金属催化氧化 SO_2 形成硫酸烟雾，CO 和 H_2S 相互促进中毒。拮抗作用是阻止毒物摄入和降低污染毒性。如 Se 阻止鱼体中甲基汞的生成，Zn 能拮抗 Cd 对肾小管的损害。

（4）个体敏感性：人的健康状况、生理状态、遗传因素等均可影响人体对环境异常变化的反应。此外，不同的性别、年龄、其他疾病和职业等因素也可影响人体对环境异常变化的反应。如在 1952 年伦敦烟雾事件死亡人数中，心肺疾病患者占 80%。

（5）环境污染物在人体中的转化：化学性污染物对人体的影响最大，在人体内的迁移变化过程相对也比较复杂。

① 侵入和吸收：侵入途径主要有呼吸道、消化道、皮肤、黏膜、伤口等，其中呼吸道最重要。

② 分布与蓄积：污染物进入人体经吸收后由血液带到人体各器官和组织，由于各种毒物的化学结构和理化特性不同，它们在人体内某些器官表现出不同的亲和力，使毒物蓄积在某些器官和组织内。C 和血液表现出极大的亲和力，CO 与血红蛋白结合生成碳氧血红蛋白，造成组织缺氧，使人感到头晕、头痛、恶心，甚至昏迷致死，这就是 CO 中毒。污染物长期隐藏在组织内逐渐积累的现象称为蓄积。某种毒物首先在某一器官中蓄积并达到毒作用的临界度，这一器官就是该毒物的靶器官。如骨髓是 Cd 的靶器官，脂肪是农药等有机物的靶器官，脑是甲基汞的靶器官，甲状腺是碘的靶器官，肝脏是 As 和 Hg 的靶器官。

③ 毒物的生物转化：毒物在某些酶作用下的代谢转化过程称为生物转化作用。其中以肝脏最为重要。生物转化过程可以分为两步进行：首先进行氧化、还原和水解，即物质在酶的催化作用下发生上述反应，生成一级代谢产物；然后这些产物再与内源性物质（激素、脂肪酸、维生素甘氨酸等）结合生成酸性的二级代谢产物。在生物代谢过程中可能会发生两种反应：一是降解反应，使毒性降低或消失，并从体内排出；二是激活反应，使毒物变成致突变物或致癌物，使毒性增加。

④ 毒物的排泄：毒物经生化转化后排出体外的主要途径有排尿、排便和呼吸，少量经汗液、乳汁、唾液等分泌物排出。

环境污染物作用于人群时，并不是所有的人都出现同样的毒性反应。由于个人的身体素质不同、抵抗能力不同，肌体反应在客观上呈金字塔形式分布，其中大多数人可能仅体内有污染物负荷或出现意义不明的生理性变化，只有少部分人出现亚临床化，只有极少数人发病甚至死亡。环境医学的一项重要任务就是及早发现亚临床变化和保护敏感人群。

三、环境污染对人体健康的危害

(一) 环境的健康效应

地球表层各种环境要素均是由化学元素组成的。由于某种原因使局部地区出现化学元素分布不均匀，导致各种化学元素之间比例失调，使人体从环境摄入的元素量过多或过少，超出人体所能承受的变动范围，从而引起某些地方病，称为地球化学疾病。环境的健康效应是指各种环境因素（主要是指化学元素量的变化）作用于人体，引起人体健康状况发生相应的生理性、病理性改变的效应。环境病是环境的健康效应中一种比较严重的病理性改变。环境病可以分为两大类。

1. 原生环境病（地方病）

发生在某一特定地区，同某一自然环境有密切关系的环境病，称为地方病。地方病多发生在经济不发达，同外界物质交流少以及保健条件差的地区。主要有以下几种：

（1）地方性甲状腺肿：有缺碘性和高碘性两种（人体中含碘 $20 \sim 50$ mg）。例如，地方性克汀病（地方性呆小病）就属于缺碘性。呆小、聋哑、瘫痪是甲状腺肿最严重的并发症。

（2）地方性克山病（地方性心脏病）：1953 年黑龙江省克山县发现以损害心肌为特点的疾病，可以引起肌体血液循环障碍、心律失常、心力衰竭，死亡率很高。病因尚不清楚，初步认为是体内缺硒引起的。

（3）地方性氟中毒（地方性氟骨病）：主要是饮水和食物中含氟过高引起的。氟在体内与钙结合形成 CaF_2，影响牙齿的钙化，使牙齿钙化不全、牙釉质受损，生成氟斑牙。摄入氟量过大则会出现氟骨病，出现关节痛，重度患者会出现关节畸形，造成残疾。

（4）地方性大骨节病：多分布在山区、半山区，有报道认为该病与缺硒有关。

另外硬水与心血管疾病有相关的关系。硬水地区比软水地区心血管疾病死亡率高。

2. 次生环境病（公害病）

由环境污染引起的地方性环境病称为次生环境病（公害病）。目前常见的有以下几种：

（1）水俣病：日本熊本县水湾的汞中毒引起。主要表现为严重的精神迟钝、协调障碍、步行困难、肌肉萎缩等症状。到 1979 年确认受害 1400 人，死亡 60 多人。

（2）骨痛病：日本富山县神通川流域的镉中毒引起，又称痛痛病。

（3）油症儿：日本九州市由多氯联苯（PCB）引起的米糠油事件。主要表现为痤疮样皮疹、眼睑浮肿、黏膜色素沉着、黄疸、四肢麻木、胃肠道混乱等症状。

（4）小头症：在日本广岛距离原子弹爆炸中心 1200 m 处，经受核辐射的 11 个孕妇中有 7 个生下小头的畸形儿，另外 4 个因混凝土的屏蔽而受到辐射较少。

（5）海豹儿：20 世纪 60 年代初，沙利度胺（反应停）作为镇静化学药物在欧洲广为销售。孕妇因服用该药而导致新生儿肢体畸形（又称海豹畸形），还有其他畸形现象。受该药物影响的儿童约 1 万人。

（6）四日哮喘病：由日本四日市化学烟雾引起。该市石油冶炼和工业燃油产生的有毒金属粉尘，重金属微粒与 SO_2、NO_x 形成各种酸性烟雾，严重污染城市空气。全市哮喘病患者中慢性支气管炎占 25%，支气管哮喘占 30%，哮喘支气管炎占 10%，肺气肿和其他呼吸道疾病占 5%。

（7）黑脚病：主要表现为间歇性的脚趾发冷、发白、疼痛和间歇性跛行，一般是大脚指先发病，然后向中心发展，皮肤变黑坏死，最后自发脱落或手术切除。

(8) 现代饮食病：现代人过分追求食品的色、香、味、形，向食品中加入大量防腐剂、杀菌剂、漂白剂、抗氧化剂、甜味剂、调味剂、着色剂等。多数都有一定的毒性，过多地摄入会在体内积累，对人体产生危害，构成一种特殊的现代饮食病。

(二) 环境污染对人体健康的危害

1. 急性危害

环境污染物在短时间内大量进入环境，使得暴露人群在较短时间内出现不良反应、急性中毒、突然发病甚至死亡。世界上发达国家在工业化进程中，由于未重视环境保护，曾多次发生工业污染所造成的急性中毒事件，这些突发的事件对人体健康带来了严重危害和巨大损失。进入 20 世纪 80 年代后，发展中国家工业化进程的步伐加快，常因工业设计的不合理，生产负荷过重或事故性废气、污水 (如含 Cl_2、NH_3、H_2S、HCN 等) 排放，导致在工厂附近生活的居民发生急性中毒事件。因工厂污水中农药、氟化物、砷化物和含铬物质的排放，而引发地面水或地下水的污染，从而导致的人、畜、水生生物急性中毒事件屡见不鲜。此外，发达国家通过经济合作、贸易等形式，将一些可能排放剧毒化学性污染物或本国禁止开设的工厂设置在其他国家，从而达到将环境污染转移的目的。

2. 慢性危害

在多数情况下，环境污染物都处于较低浓度，不易被察觉。环境中有害因素 (污染物) 以低浓度、长时间反复作用于人的机体所产生的危害，称为慢性危害。

在污染物长期作用下，人的机体免疫功能、对环境因素的抵抗力将明显减弱，对生物感染的敏感性将会增加，导致人体健康状况逐步下降，表现为人群中患病率、死亡率增加，儿童生长发育受到影响。在小剂量环境污染物长期作用下，可直接造成机体某种慢性疾病。如慢性阻塞性肺部疾患，它包括慢性支气管炎、支气管哮喘、哮喘性支气管炎、肺气肿及其续发病。

环境污染中有些污染物如铅、汞、镉、砷、氟及其化合物和某些脂溶性强又不易降解的有机化合物，如有机氯类 (如 DDT 等) 能较长时间储存在人体的组织和器官中，尽管溶度低，但由于能在体内持续性蓄积，因此会导致受污染的人群体内浓度明显增加。当人的肌体出现异常 (如患病) 时，蓄积在人体靶器官中的毒物就会溢出造成人的机体的损害。同时，人的机体内有毒物质还可能通过胚胎或人奶传递给胚胎和婴幼儿，对下一代的健康产生危害。

当环境中同时存在多种有害污染物时，在长期作用下，可能出现污染物的慢性联合作用，产生更大的毒性，如氟铝、氟砷联合作用等。

3. 远期危害

某些有致癌、致畸变、致突变作用的化学物质，如砷、铬、铍、苯、胺、苯并 [a] 芘和其他多环芳烃、卤代烃等导致环境污染后，这些化学物质可进入各种食品、大气、水体和土壤中，通过食物链进入人体中，并长期在体内蓄积，最终诱发癌症，造成发病甚至死亡，还可能通过遗传引起胎儿畸形或行为异常。有些人认为，致过敏也是环境污染物造成的远期危害之一。

思 考 题

1. 社会因素也是人类环境的组成部分之一，试述其理论意义与实际作用。

2. 环境、自然资源和生态系统在概念上有何区别与联系？对它们的保护在目的上有什么异同？

3. 试分析人类环境的组成、结构、功能和特性等诸方面因素的内在联系。

4. 试分析我国当前环境问题的特点及主要成因，并建构解决路径图。

5. 解析人口、资源与环境三大危机之间的关系。

6. 人类已召开了四次全球性环境会议，也召开了如世界气候大会等重要环境会议，请对这些会议的背景、主题等进行了解。今后这类会议将越来越多、越来越频繁，我国在参会时，应当采取怎样的环境外交策略与手段，请阐述观点。

7. 概述历年世界环境日、世界地球日的主题及意义。

8. 中国的环境保护经历了哪些阶段？取得了哪些成效？

9. 环境科学的研究对象与有关的自然科学有何区别与联系？

10. 环境污染对人体产生哪些影响？又有哪些危害。

第二章　生态环境科学

第一节　概　述

生物的生存、活动、繁殖需要一定的空间、物质与能量。生物在长期进化过程中，逐渐形成对周围环境某些物理条件和化学成分，如空气、光照、水分、热量和无机盐类等的特殊需要。各种生物所需要的物质、能量以及它们所适应的理化条件是不同的，这种特性称为物种的生态特性。任何生物的生存都不是孤立的：同种个体之间有互助有竞争；植物、动物、微生物之间也存在复杂的相生相克关系。人类为满足自身的需要，不断改造环境，环境反过来又影响人类。应当指出，由于人口的快速增长和人类活动干扰对环境与资源造成的极大压力，人类与环境的关系问题越来越突出，人类迫切需要掌握生态学理论来调整人与自然、资源以及环境的关系，协调社会经济发展和生态环境的关系，促进可持续发展。

一、生态学概念

生态学（Ecology）一词最早是由德国生物学家恩斯特·赫克尔（Ernst Heinrich Haeckel）于1869年定义：生态学是研究生物体与其周围环境（包括非生物环境和生物环境）相互关系的科学。其他定义还有很多：生态学是研究生物（包括动物和植物）怎样生活和它们为什么按照自己生活方式生活的科学（埃尔顿，1927）；生态学是研究有机体的分布和多度的科学（Andrenathes，1954）；生态学是研究生态系统的结构与功能的科学（E. P. Odum, 1956）；生态学是研究生命系统之间相互作用及其机理的科学（马世骏，1980）；生态学是综合研究有机体、物理环境与人类社会的科学（E. P. Odum, 1997）。到20世纪30年代，已有不少生态学著作和教科书阐述了一些生态学的基本概念和论点，如种群、群落、食物链、生态演替、生态位、生物量、生态系统等。

生态学与环境学是既有区别又有联系的两个学科。生态学是以生物为中心，着重研究自然环境因素与生物的相互关系。环境学是以人类为中心，以人与环境的矛盾为研究对象，研究人类与环境关系的科学。

环境与生态在概念上是不同的。"环境"是指独立存在于某一主体对象（人或生物等中心事物）以外的所有客体总和，而"生态"则是指某一生物（或生物种群，或生物群落等）与其环境以及其他生物之间的相对状态或相互关系。两者的侧重点不同，环境单方面强调客体，而生态则强调主体与客体之间的相互关系。

二、生态学的规律与分支学科

（一）生态学的规律

（1）三定律。即美国科学家小米勒总结出的生态学三定律。生态学第一定律：人们的任何行动都不是孤立的，对自然界的任何侵犯都具有无数的效应，其中许多是不可预料的。这一定律是 G. 哈定（G. Hardin）提出的，可称为多效应原理。生态学第二定律：每一事物无不与其他事物相互联系和相互交融。此定律又称相互联系原理。生态学第三定律：人们所生产的任何物质均不应对地球上自然的生物地球化学循环有任何干扰。此定律称为勿干扰原理。

（2）一般规律。对生态学的一般规律，讨论和总结的文献资料很多，一般认为其规律主要有：①相互依存与相互制约规律；②物质循环转化与再生规律；③物质输入输出的动态平衡规律；④相互适应与补偿的协同进化规律；⑤环境的有效极限规律；⑥种群的自然调节规律。《中国自然保护纲要》将生态学的基本规律归纳为六类：①"物物相关"律；②"相生相克"律；③"能流物复"律；④"负载定额"律；⑤"协调稳定"律；⑥"时空有宜"律。

（二）生态学的简要分科

（1）按所研究的生物类别分，有微生物生态学、植物生态学、动物生态学、人类生态学等。

（2）按生物系统的结构层次分，有分子生态学、个体生态学、种群生态学、群落生态学、生态系统生态学、全球生态学等。

（3）按生物栖居的环境类别分，有陆地生态学和水域生态学。前者可分为森林生态学、草原生态学、荒漠生态学等；后者可分为海洋生态学、湖沼生态学、河流生态学等；还有更细的划分，如植物根际生态学、肠道生态学等。

生态学与非生命科学相结合的，有数学生态学、化学生态学、物理生态学、地理生态学、经济生态学、生态工程学、文化生态学、人居生态学、生态哲学、生态伦理学、生态政治学、生态美学、生态安全学等；生态学与生命科学其他分支相结合的，有生理生态学、行为生态学、遗传生态学、进化生态学、古生态学等。

应用性分支学科有：农业生态学、医学生态学、工业资源生态学、污染生态学（环境保护生态学）、城市生态学、景观生态学等。

三、生态学近年来的发展

由于世界上的生态系统大都受人类活动的影响，社会经济生产系统与生态系统相互交织，实际形成了庞大的复合系统。随着社会经济和现代工业化的高速发展，自然资源、人口、粮食和环境等一系列影响社会生产和生活的问题日益突出，为了寻找解决这些问题的科学依据和有效措施，国际生物科学联合会（IUBS）制定了"国际生物计划（IBP）"，对陆地和水域生态系统的结构、功能和生物生产力进行生态学研究。1972 年联合国教科文组织设立人与生物圈（MAB）国际组织，制定"人与生物圈"规划，组织各参加国开展与森林、草原、海洋、湖泊等生态系统有关的科学研究。生态系统保持协作组（ECG）的中心任务是研究生态平衡与自然环境保护，以及维持改进生态系统的生物生产力。许多国家都设立了生态学和环境科学的研究机构。

20 世纪 50 年代以来，生态学吸收了数学、物理、化学、工程技术科学以及人文社会科学的研究成果，数理化方法、精密灵敏的仪器（如遥感技术、地理信息系统、全球定位系统等）和电子计算机的应用，使其研究方法经过描述——实验——物质定量三个过程，向精确定量方向前进；也使生态学的研究深度和广度、研究领域的时空跨度，得以不断拓展，从而使研究人员能更广泛、深入地探索生物与环境之间相互作用的物质基础，对复杂的生态现象进行定量、连续的观测分析。应用模拟和模型方法来研究大尺度、多因素的大系统，使生态学的研究内容从注重结构和功能的静态描述向注重过程与预测的动态分析方向发展。系统论、控制论、信息论的概念和方法的引入，促进了生态学理论的发展。整体概念的发展，以及与其他学科的交叉融合，使其产生出如系统生态学等的众多新分支。由此，生态学已成为一门有自己的研究对象、任务和方法的比较完整和独立的学科，也创立了自己独立研究的理论主体与理论体系。

当代生态学研究更加紧密地结合社会和生产中的实际问题，不断突破其初始时期以生物为中心的学科界定，愈来愈注意走近大众，与生产实践和社会发展的需要相结合，并成为政府决策与行动的基础。当生态学介入生产与社会发展问题时，特别是涉及可持续发展问题时，就不可避免地与政策、经济、法律以及美学、道德、伦理等方面相结合，甚至进入哲学领域的更深层次的思考。可以说：生态学已经成为在解决当前社会和环境问题时广泛应用的名词和象征。如今，由于人类生存与发展的紧密相关而产生了多个生态学的研究热点，如生物多样性的研究、全球气候变化等全球性生态问题的研究、生态系统服务价值的研究、生态系统调控机制的研究、生态系统退化机制的研究、生态足迹的研究、受损生态系统的恢复与重建研究、城市生态研究、景观生态研究、污染生态研究、人类生态研究、生态系统可持续发展研究等。

四、生态学原理在解决人类环境问题中的应用

生态学原理是保护环境的基础，也是解决人类面临的各种重大环境问题的主要依据。

（一）应用思路

人类应用生态学原理来解决发展问题的基本思路：模仿自然生态系统的生物生产、能量流动、物质循环和信息传递，逐步使人类的生产和生活方式，以自然能流为主，尽量减少人工附加能源，寻求以尽量小的消耗产生最大的综合效益，解决目前人类面临的各种环境危机。较为流行的几种思路如下所述：

1. 实施可持续发展

1987 年世界环境与发展委员会提出"满足当代人的需要，又不对后代满足其发展需要的能力构成威胁的发展"。可持续发展观念协调社会与人的发展之间的关系，包括生态环境、经济、社会的可持续发展，但最根本的是生态环境的可持续发展。

2. 人与自然和谐发展

事实上造成当代世界面临空前严重的生态危机的重要原因就是以往人类对自然的错误认识。工业文明以来，人类凭借自认为先进的"高科技"试图主宰、征服自然，这种严重错误的观念和行为，虽然带来了经济的飞跃，但造成的环境问题却是不可弥补的。人类是生物界中的一分子，因此必须与自然界和谐共生，共同发展。

3. 尊崇生态伦理道德观

大量而随意地破坏环境、消耗资源的发展道路是一种对后代和其他生物不负责任、不道德的发展模式。新型的生态伦理道德观应该是在发展经济的同时，人类行为不仅要有利于当代人类生存发展，还要为后代留下足够的发展空间。从生态学中分化出来的产业生态学、恢复生态学以及生态工程、城市生态建设等，都是生态学原理推广的成果。在计算经济生产中，不应认为自然资源是没有价值或无限的，而是应考虑到经济发展对环境的破坏影响，利用科技的进步，将破坏降低到最大限度，同时倡导一种有利于物质良性循环的消费方式，即适可而止、持续、

健康的消费观。

（二）应用举证

将生态学原理应用于环境保护事业，具体的方式方法有很多，而且还在不断的发展和完善。目前，较常见的应用例证有以下几种。

1. 全面考察人类活动对环境的影响

处于一定时空范围内的生态系统，都有其特定的能流和物流规律。只有顺从并利用这些自然规律来改造自然，人们才能持续地取得丰富而又合乎要求的资源来发展生产并保持洁净、优美和宁静的生活环境。因此，我们要按照生态学的整体性原理和全局性观念，对人类拟对生态系统实施的活动，进行全面考察和充分论证，要在时间和空间上全面考察其对环境可能产生的影响，不仅考虑现在，还要考虑未来，不仅考虑本地区，还要考虑有关的其他地区。全面审视活动的性质和强度是否超过生态系统的忍耐极限或调节复原的弹性范围。并由此决定对该项活动应采取的对策，以防患于未然，避免招致生态平衡的破坏，引起不利的环境后果。

2. 充分利用生态系统的调节能力

生态系统的生产者、消费者和分解者在不断进行能量流动和物质循环的过程中，受到自然因素或人类活动的影响时，系统具有保持其自身相对稳定的能力。在环境污染的防治中，这种调节能力又称为生态系统的自净能力。人类有目的地、广泛地、充分地利用好这种能力，应该包括三个基本层次：一是要充分利用好环境容量，将排污以及其他环境干扰活动控制在环境容量的许可范围内，使环境不致出现问题；二是采取科学措施，如植树造林等，提高环境对污染物的承载负荷，增加环境容量；三是在处理污染物时，或已产生环境污染并需要进行人工治污时，应尽量考虑采用投资省、处理效果好的生态模式来处理或治理，即人工构筑生态系统并利用其自净能力来发挥作用。例如，利用土壤及其中的微生物和植物根系对污染物的综合净化能力，来处理城市污水和一些工业废水。

土地处理系统是以治理水污染为目的，以土地为处理构筑物，利用土壤—微生物—植物组成的生态系统对污染物进行一系列物理、化学和生物学的净化过程，使污水得到净化。同时通过该系统中营养物质和水分的循环利用，促进绿色植物的生长繁殖，从而实现污水的无害化、资源化的生态系统工程。土地处理系统一般包括：预处理、水量调节与贮存、配水和布水、土地处理田、种植的植物、排水、监测等七个部分。土地处理系统的净化机制包括植物根系的吸收、转化、降解与合成等作用；土地中真菌、细菌等微生物还原的降解、转化等作用；土壤中有机和无机胶体的物理化学吸附、络合和沉淀等作用；土壤的离子交换作用；土壤的机械截留过滤作用；土壤的气体扩散或蒸发作用。土地处理系统的净化效果取决于施加负荷、土壤、作物、气候、设计目的和运行条件等许多因素。

3. 编制生态规划

生态规划是指在编制国家或地区的发展规划时，不是单纯考虑经济因素，而是将其与地球物理因素、生态因素和社会因素等紧密结合在一起考虑，使国家和地区的发展顺应环境条件，不致使当地的生态平衡遭受重大破坏。地球物理因素包括大地构造运动、气象情况、水资源、空气的扩散作用等；生态因素包括绿地现状、植物覆盖率、生物种类、食物情况等；社会因素包括工农业活动、消费水平和方式、公民福利以及城市发展和城市活动等。

4. 发展生态工艺

依据生态学原理，重新构建人类的生产方式和生活方式，是近期的研究热点，也是人们一直在积极倡导的。循环经济、低碳经济、低碳生活、清洁生产等概念也应运而生，并得到了人类地努力实施。

在工业生产领域，积极提倡生态工艺和闭路循环工艺等工艺类型。其中，生态工艺是从整体出发考虑问题，不仅要求在生产过程中输入的物质和能量获得最大限度的利用，即资源和能源的浪费最少，排出的废弃物最少，而且是这些废弃物完全能被自然界的动植物所分解、吸收或利用。闭路循环工艺要求把两个以上的流程组合成一个闭路体系，使一个过程中产生的废料或副产品成为另一过程的原料，从而使废物减少到生态系统的自净能力限度以内。在农业生产领域，积极提倡生态农场模式，如中国生态农业第一村——北京东南郊大兴区留民营村，即是典型之一。生态农场是利用人、生物与环境之间的能量转换定律和生物之间的共生、互养规律，结合本地资源结构，建立一个或多个"一业为主、综合发展、多级转换、良性循环"的高效无废料系统。

清洁生产是一种新的创造性的思想，该思想将整体预防的环境战略持续应用于生产过程、产品和服务中，以增加生态效率和减少人类及环境的风险。其中，对生产过程，要求节约原材料和能源，淘汰有毒原材料，减少降低所有废弃物的数量和毒性；对产品，要求减少从原材料提炼到产品最终处置的全生命周期的不利影响；对服务，要求将环境因素纳入设计和所提供的服务中。

5. 利用生物来监测和评价环境质量

由于生物经受着环境中各种物质的影响和侵害，因此它们不仅可以反映出环境中各种物质的综合影响，而且也能反映出环境污染的历史状况。利用生物在污染环境下所发生的信息，来判断环境污染状况，因其具有综合性、真实性、长期性、灵敏性、简单易行等特点，故可弥补化学监测和仪器监测存在的不足。利用植物对大气进行监测和评价，利用水生生物监测和评价水体污染，目前已得到了较广泛的应用。

第二节　生　态　系　统

一、生态系统的基本概念与特点

(一) 基本概念

在自然界，任何生物群落都不是孤立存在的，它们总是通过能量和物质的交换与其生存的环境不可分割地相互联系相互作用，共同形成一种统一的整体。1935 年，英国植物生态学家坦斯利（A. G. Tansley）提出了生态系统（ecosystem）的概念。后来，美国生态学家奥德姆（E. P. Odum）给生态系统下了一个更完整的定义：生态系统是指生物群落与生存环境之间，以及生物群落内的生物之间密切联系、相互作用，通过物质交换、能量转化和信息传递，成为占据一定空间、具有一定结构、执行一定功能的动态平衡整体。简言之，在一定空间内，生物和它们的非生物环境（物理环境）之间进行着连续的能量和物质交换所形成的统一体，就是生态系统。它是一个生态学功能单位。

自然界中生态系统多种多样，大小不一。小至一滴湖水、一条小沟、一个小池塘、一个花丛，大至森林、草原、湖泊、海洋以至整个生物圈，都是一个生态系统。人们既可以从类型上去理解，例如，森林、草原、荒漠、冻原、沼泽、河流、海洋、湖泊、农田和城市等；也可以从区域上去理解，例如，分布有森林、灌丛、草地和溪流的一个山地地区或是包含着农田、人工林、草地、河流、池塘和村落与城镇的一片平原地区都是生态系统。整个地理壳便是由大大小小各种不同的生态系统镶嵌而成。生态系统是地理壳的基本组成单位，其面积大小很悬殊，其中最大的生态系统就是生物圈，它实质上等于地理壳。

从人类的角度理解，生态系统包括人类本身和人类的生命支持系统——大气、水、生物、土壤和岩石，这些要素也在相互作用构成一个整体，即人类的自然环境。除了上述自然生态系统以外，还存在许多人工生态系统，例如，农田、果园以及宇宙飞船和用于生态学试验的各种封闭的微宇宙（又称微生态系统，如美国的生物圈 2 号）。

任何一个能够维持其机能正常运转的生态系统都必须依赖外界环境提供输入（太阳辐射能和营养物质）和接受输出（热、排泄物等），其行为经常受到外部环境的影响，所以它是一个开放系统。生态系统并不是完全被动地接受环境的影响，在正常情况下即在一定限度内，生态系统本身都具有反馈机能，使其能够自动调节，逐渐修复与调整因外界干扰而受到的损伤，维持正常的结构与功能，保持其相对平衡状态。因此，生态系统又是一个控制系统或反馈系统。一个健康的生态系统是稳定的和可持续的：在时间上能够维持其组织结构和自治，也能够维持对胁迫的恢复力。健康的生态系统能够维持其复杂性同时也能满足人类的需求。

生态系统的提出，使人们对自然界的认识提升到了更高水平。生态系统的研究为人们观察分析复杂的自然界提供了有力手段，并且成为解决现代人类所面临的环境污染、人口增长和自然资源的利用与保护等重大问题的理论基础。

（二）特点

生态系统是一种有生命的系统，与一般的系统比较，具有以下特点：

（1）生态系统中必须有生命存在。生态系统的组成不仅包括无生命的环境成分，还包括有生命的生物成分。只有在有生命的情况下，才有生态系统的存在。

（2）生态系统是具有一定地区特点的空间结构。生态系统通常与特定的空间相联系，不同空间有不同的环境因子，从而形成了不同的生物群落，因而具有一定的地域性。

（3）生态系统具有一定的时间变化特征。由于生物具有生长、发育、繁殖和衰亡的特性，使生态系统也表现出从简单到复杂、从低级到高级的更替演变规律。

（4）生态系统的代谢活动是通过生产者、消费者和分解者这三大功能群参与的物质循环和能量转化过程而完成的。

（5）生态系统处于一种复杂的动态平衡之中。生态系统中的生物种内、种间以及生物与环境之间的相互关系，不断发展变化，使生态系统处于一种动态平衡之中。任何自然力和人类活动对生态系统的某一环节或环境因子产生影响，都会导致生态系统的剧烈变化，从而影响系统的生态平衡。

（6）各种生态系统都是程度不同的开放系统。生态系统不断从外界输入物质和能量，经过转化变为输出，从而维持着生态系统的有序状态。各种生态系统的最重要的外界输入是太阳光能。

（7）具有自我调节的能力。生态系统受到外力的胁迫或破坏，在一定范围内可以自我调节和恢复，趋向于达到一种稳态或平衡状态。调节主要是通过反馈进行的。

当生态系统中某一成分发生变化时，必然会引起其他成分出现相应的变化，这种变化又会反过来影响最初发生变化的成分，使其变化减弱或增强，这种过程就称为反馈。负反馈能够使生态系统趋于平衡或稳态。生态系统中的反馈现象十分复杂，既表现在生物组分与环境之间，也表现于生物各组分之间，以及结构与功能之间等。

当生态系统受到外界干扰破坏时，只要不过分严重，一般都可通过自我调节使系统得到修复，维持其稳定与平衡。系统内物种数目越多，结构越复杂，自我调节能力越强。但是，生态系统的自我调节能力是有限度的。当外界压力很大，使系统的变化超过了自我调节能力的限度即"生态阈限"时，其自我调节能力随之下降，以至消失。此时，系统结构被破坏，功能受阻，以致整个系统受到伤害甚至崩溃，即通常所说的生态平衡失调。

二、生态系统的组成、类型和结构

（一）生态系统的组成

生态系统是一个多成分的极其复杂的大系统，包括以下六种组分：

（1）无机物：包括氮、氧、二氧化碳和各种无机盐等。

（2）有机化合物：包括蛋白质、糖类、脂类和土壤腐殖质等。

（3）气候等环境现象与运动因素：包括温度、湿度、风和降水等，来自宇宙的太阳辐射也可归入此类。

（4）生产者：指能进行光合作用的各种绿色植物、蓝绿藻和某些细菌。又称为自养生物。它们通过叶绿素吸收太阳光能进行光合作用，把从环境中摄取的无机物质合成为有机物质，并将太阳光能转化为化学能贮存在有机物质中，为地球上其他一切生物提供得以生存的食物。它们是有机物质的最初制造者，是自养生物。

（5）消费者：指以其他生物为食的各种动物（植食动物、肉食动物、杂食动物和寄生动物等）。它们不能自己生产食物，只能直接或间接利用植物所制造的现成有机物，取得营养物质和能量，维持其生存，是异养生物。

（6）分解者：指分解动植物残体、粪便和各种有机物的细菌、真菌、原生动物以及食腐动物（如蚯蚓和秃鹫）等。它们依靠分解动植物的排泄物和死亡的有机残体取得能量和营养物质，同时把复杂的有机物降解为简单的无机化合物或元素，归还到环境中，被生产者有机体再次利用，所以它们又称为还原者有机体。分解者有机体广泛分布于生态系统中，时刻不停地促使自然界的物质发生循环，是异养生物。

这些组分可分为生物成分和非生物成分两大类。生物成分按照其获取能量的方式以及在生态系统中的功能可划分为三大类群：生产者（自养生物）、消费者（异养生物）和分解者（又称还原者）。但是有些生物成分与非生物成分交织在一起，难以划分。例如，土壤中既含有矿物无机成分，又含有以腐殖质为代表的有机物，是生态系统中物质循环的重要养分库。

（二）生态系统的类型

地球表面的生态系统多种多样，人们可以从不同角度把生态系统分成若干种类型。

（1）按生态系统形成的原动力和影响力，可分为自然生态系统、半自然生态系统和人工生态系统三类。凡是未受人类干预和扶持，在一定空间和时间范围内，依靠生物和环境本身的自我调节能力来维持相对稳定的生态系统，均属自然生态系统。如原始森林、冻原、海洋等生态系统；按人类的需求建立起来，受人类活动强烈干预的生态系统称为人工生态系统，如城市、农田、人工林、人工气候室等；经过了人为干预，但仍保持了一定自然状态的生态系统称为半自然生态系统，如天然放牧的草原、人类经营和管理的天然林等。

（2）按生态系统的环境性质和形态特征，可分为水生生态系统和陆地生态系统两类。水生生态系统根据水体的理化性质不同分为淡水生态系统（包括：流水水生生态系统、静水水生生态系统）和海洋生态系统（包括：海岸生态系统、浅海生态系统、珊瑚礁生态系统、远洋生态系统）；陆地生态系统根据纬度地带和光照、水分、热量等环境因素，分为森林生态系统（包括：温带针叶林生态系统、温带落叶林生态系统、热带森林生态系统等）、草原生态系统（包括：干草原生态系统、湿草原生态系统、稀树干草原生态系统）、荒漠生态系统、冻原生态系统（包括：极地冻原生态系统、高山冻原生态系统）、农田生态系统、城市生态系统等。陆地生态系统有鲜明的空间结构，在空间上有明显的垂直和水平分布，即具有三维的空间结构和二维的水平结构。

（三）生态系统的结构

构成生态系统的各个组分，尤其是生物组分的种类、数量和空间配置，在一定时期内通过相互联系和相互作用而处于相对稳定的有序状态。通常把生态系统构成要素的组成、数量及其在时间、空间上的分布和能量、物质转换循环的有序状态称为生态系统结构。

1. 形态结构

生物种类、种群数量、种的空间配置（水平分布、垂直分布）、群落的时间变化（发育、季相）等构成了生态系统的形态结构。例如，在一个特定边界的森林生态系统中，其动物、植物和微生物的种类和数量基本上是稳定的。同时，在空间分布上，自上而下存在明显的成层现象，即地上有乔木、灌木、草本和苔藓，地下有浅根系、深根系及其根际微生物。

在森林中栖息的各种动物，也都有各自相对固定的空间位置，如许多鸟类在树上营巢，不少兽类在地面筑窝，鼠类则在地下掘洞栖息。从水平分布看，林缘、林内植物和动物的分布也明显不同。此外，从时间变化看，随着春夏秋冬的季节变化，动植物和微生物的生长发育发生相应的变化并使整个森林生态系统出现春夏绿树成荫、鸟语花香，秋冬落叶满地、鸟兽留连的季相交替。

生态系统的形态结构是生态系统作为一个统一整体的基本骨架，它不仅影响着生态系统营养结构的形成，而且对系统内的能量转化方式、物质循环利用和信息传递途径都会产生导向作用。

2. 营养结构

生态系统的营养结构是指生态系统各组分之间建立起来的营养供求关系。当从食物对象的角度研究营养结构时，生态系统的营养结构实质上是由生物食物链所形成的食物网构成。

（1）食物链和食物网。植物所固定的能量通过一系列的取食和被取食关系在生态系统中传递，这种生物之间存在的单方向营养和能量的传递关系（食物营养供求序列）称为食物链。食物链是生态系统营养结构的具体表现形式之一，是生态系统营养结构的基本单元，是系统内物质循环利用、能量转化和信息传递的主要渠道。我国民谚所说的"大鱼吃小鱼，小鱼吃虾米"就是食物链的生动写照。

生态系统中一般都存在着两种食物链：捕食食物链和腐食食物链。前者以活的动植物为起点，后者以死的生物或腐屑为起点。在陆地生态系统和许多水生生态系统中，能量流动主要通过腐食食物链，净初级生产量中只有很少一部分通向捕食食物链。只有在某些水生生态系统中，例如，在一些由浮游藻类和滤食性原生动物组成食物链的湖泊中，捕食食物链才成为能量流动的主要渠道。其他的还有碎食性食物链、寄生性食物链、混合食物链（又称杂食食物链）等。

自然界中实际存在的取食关系要复杂得多。例如，小鸟不仅吃昆虫，也吃野果；野兔不仅被狐狸捕食，也被其他食肉兽捕食。因此，许多食物链经常互相交叉，形成一张无形的网络，把许多生物包括在内，这种复杂的捕食关系就是食物网。食物网是指由多条食物链相联而成的食物供求网络关系。一般来说，食物网越复杂，生态系统就越稳定。因为食物网中某个环节（物种）缺失时，其他相应环节能起补偿作用。相反，食物网越简单，生态系统越不稳定。例如，某个生态系统中只有一条食物链：林草→鹿→狼。如果狼被消灭，没有天敌的鹿将会大量繁殖，超过林草的承载力，草地和森林遭到破坏，鹿群也被饿死，结果整个生态系统遭到破坏。这正是美国亚利桑那州一个林区曾经发生的情况。如果当地还存在另一种食肉动物，鹿群的大量增长就能刺激这种食肉动物的繁殖，从而减少鹿群的数量，使健康的生态系统得以维持。

食物网现象及其规律的揭示，在生态学上具有以下重要意义：食物网在自然界是普遍存在的，它使生态系统中的各种生物成分之间产生直接或间接的联系；食物网中的生物种类多、成分复杂，食物网的组成和结构往往具有多样性和复杂性，这对于增加生态系统的稳定性和持续性非常重要；食物网在本质上体现生态系统中生物之间一系列捕食与被捕食的相互关系，它不仅维持着生态系统的相对平衡，而且是推动生物进化、促进自然界不断发展演变的强大动力。

（2）营养级和生态金字塔。尽管食物链和食物网在理论上反映了生态系统中物种和物种间的营养关系，但这种关系是如此复杂，迄今尚未有一种食物网能如实地反映出自然界食物网的复杂性。为了研究方便和更真实地描述生态系统中能量流动和物种循环，生态学家提出了营养级的概念。

某个营养级就是食物链某一环节上全部生物种的总和，是处在某一营养层次上一类生物和另一营养层次上另一类生物的关系。例如，所有绿色植物和自养生物均处于食物链的第一环节，构成第一营养级；所有以生产者为食的动物属于第二营养级，又称植食动物营养级；所有以植食动物为食的肉食动物属于第三营养级；以上还可能有第四（第二级肉食营养级）和第五营养级等。生态系统中的物质和能量通过营养级向上传递。不同的生态系统往往具有不同数目的营养级，一般为 3 ~ 5 个营养级。在一个生态系统中，不同营养级的组合就是营养结构。

当能量在食物网中流动时，其转移效率极低。下级营养级所储存的能量只有大约 10% 能够被上一级营养级所利用。其余大部分能量被消耗在该营养级的呼吸作用上，并以热量的形式释放到大气中。这在生态学上称为 10% 定律或 1/10 律。这一规律是由著名的美国生态学家林德曼在明尼苏达 Cedet Beog 湖的研究中发现。

生态金字塔（ecological pyramid）把生态系统中各个营养级有机体的个体数量、生物量或能量，按营养级位顺序排列并绘制成图，其形似金字塔，故称生态金字塔或生态锥体。它指各个营养级之间某种数量关系，这种数量关系可采用生物量单位、能量单位或个体数量单位，采用这些单位构成的生态金字塔分别称为生物量金字塔、能量金字塔和数量金字塔。

（四）生态系统的生产量和生物量

生态系统的一个主要特征就是能够通过生产者有机体生产有机物质和固定太阳能，为系统的其他成分和生产者本身所利用，维持生态系统的正常运转。由于绿色植物是有机物质的最初制造者，而植物物质是能量的最初和最基本的储存者，所以绿色植物被称为生态系统的初级生产者。其生产量称为初级生产量。植物在地表单位面积和单位时间内经光合作用生产的有机物质数量称作总初级生产量。可是总初级生产量并未全部积存下来，植物通过呼吸作用分解和消耗了其中一部分有机物质和包含的能量，剩余部分才用于积累，并形成各种组织和器官。绿色植物在呼吸之后剩余的这部分有机物质的数量称作净初级生产量。即净初级生产量等于总初级生产量减去植物呼吸消耗量。只有净初级生产量才有可能被人或其他动物所利用。

净初级生产量日积月累，到任一观测时刻为止，单位面积上积存的有机物质的数量称为生物量。但这也只是理论上的数值，实际上在植物生物量的积累过程中，一部分净生产量被动物所食，一部分已被分解者腐烂，余下的只是其中的一部分，这部分有机物质被称作现存量，它比生物量小。通常对这二者不加区分，作为同义语使用。严格说来，生态系统的生物量除植物部分外，还应包括动物和微生物的有机物质数量，只因后者的数值很小（地球上全部动物的生物量仅占全部植物生物量的1‰），又难以测定，常略去不计。地球上净初级生产量并不是均匀分布的，不仅因生态系统类型不同而有很大差异，而且同一类型在不同年份也常有变化。

次级生产量。植物通过光合作用只能生产出植物有机物质，那么动物的肉、蛋、奶、毛皮、血液、蹄、角以及内脏器官是从哪里来的呢？这些构成动物身体的有机物质显然不是光合作用生产出来的，而是靠吃植物，吃其他动物和吃一切现成的有机物质产生而来。这类生产，在生态系统中是第二次的有机物质生产和能量固定，被称为次级生产量。

三、生态系统的功能

生态系统具有三大功能：能量流动、物质循环和信息传递。

（一）能量流动

地球是一个开放系统，存在着能量的输入和输出。能量输入的根本来源是太阳能，食物是光合作用新近固定和储存的太阳能，化石燃料则是过去地质年代固定和储存的太阳能。

光合作用是植物固定太阳能的唯一有效途径，其全过程很复杂，包括100多步化学反应，但其总反应式却非常简明：

$$6CO_2 + 12H_2O \longrightarrow C_6H_{12}O_6 + 6O_2 + 6H_2O$$

能够通过光合作用制造食物分子的植物被称为"自养生物"，主要是绿色植物。其他生物靠自养生物取得其生存所必须的食物分子，这些生物称为"异养生物"。例如，食草的动物和昆虫，它们是绿色植物的消费者。它们无法固定太阳能，只能直接（如食草兽）或间接（如食肉兽）从绿色植物中获取含有丰富能量的化学物质，然后通过"呼吸作用"把能量从这些化学物质中释放出来。

呼吸作用也包括70多步反应，但其总反应式同样非常简明：

$$C_6H_{12}O_6 + 6O_2 \longrightarrow ATP + 6CO_2 + 6H_2O + 热量$$

生成物中的ATP即三磷酸腺苷，是生物化学反应中通用的能量，可保存供未来之需，也可构成和补充细胞的结构以及执行各种各样的细胞功能。

除太阳辐射能外，对生态系统所补加的一切其他形式的能量统称辅助能。在自然生态系统中，辅助能的作用不明显，输入量小到可以忽略不计。但是，在半自然生态系统，特别是人工生态系统中，人类为了达到特定的目的，往往需要人为地引入大量辅助能，包括人工输入的各种物化能（输入系统中的有机物质或无机物质所含能量）和动力能（使用有机或无机动力所直接消耗的能量）。研究表明，农业生态系统辅助能输入量已达到整个系统能量输入总量的42.1%，高的可达61.8%。辅助能在生态系统中的作用是多方面的，概括起来主要有三：其一是维持部分生物的生命；其二是改善生物的生活环境；其三是改变生态系统中各种生物组分的比例关系。

能量流动途径。生态系统的能量流动，通常是沿着生产者→消费者→分解者进行单方向流动，在能量流动过程中，由于存在呼吸消耗、排泄、分泌和不可食、未采食及未利用等"浪费"现象，从而使生态系统中上一营养级的能量只有少部分能够流到下一营养级，形成下一营养级的有机体。实际上，在生态系统中，某一营养级的采食"浪费"部分，基本上进入腐生食物链由分解者还原，并以热能的方式返回环境。

生态系统中的能量流动都是按照热力学第一定律和第二定律进行的。根据热力学第一定律，能量可以从一种形式转化为另一种形式，在转化过程中，能量既不会消失，也不会增加，这就是能量守恒原理。根据热力学第二定律，能量的流动总是从集中到分散，从能量高向能量低传递。在传递过程中总会有部分能量成为无用能被释放出去。能量在生态系统中的传递规律：生态系统通过光合作用所增加的能量必定等于环境中太阳所减少的能量，总能量不会改变。对生态系统来说，当能量以食物的形式在生物之间传递时，食物中相当部分能量将被降解为热而消散掉，其余则用于合成新的组织作为潜能储存下来。

地球生物圈中能量的转移是热力学定律的极好说明。据测定，进入地球大气圈的太阳能为每分钟每平方厘米8.368 J。其中约30%被反射回去，20%被大气吸收，其余的46%到达地面。地球表面大部分地区没有植物，到达绿色植物上的太阳辐射只有10%左右。植物叶面又反射一部分，能被植物利用的太阳能只有1%左右。就是这极其微小的部分每年能制造出$(1500 \sim 2000) \times 10^8$ t有机物质（干重），是绿色植物提供给全球消费者的有机物总量。绿色植物实现了从辐射能向化学能的转化，然后以有机质的形式通过食物链把能量传递给草食性动物，再传递给肉食性动物。动植物死亡后，其躯体被微生物分解，把复杂的有机物转化为简单的无机物，同时把有机物中储存的能量释放到环境中去。生产者、消费者和分解者的呼吸作用也要消耗部分能量，被消耗的能量也以热量的形式释放到环境中。这就是全球生态系统中能量的流动。

能量在营养级之间的流动有以下两个特点：

（1）能量在流动过程中会急剧减少，这有两方面的原因：一是生物对较低营养级的资源利用率不高；二是每一个营养级生物的呼吸都会消耗相当多的能量，这些能量最终都将以热量的形式释放到环境中去。

（2）生态系统中能量流动的方向是单方向的和不可逆转的，即能量将一去不返，后面营养级中的能量不能被前面营养级中的生物所利用，所有的能量迟早都会通过生物呼吸被耗散掉。

在热力学定律的约束下，自然界中大大小小的生态系统处于完美的和谐之中。如果没有人类过分的干预，这些生态金字塔不会在短期内遭到破坏。

自然界的生存竞争，包括种间和种内的竞争，使生态系统更趋完美：种间竞争使一物种中的病弱者首先被消灭（例如，病弱的羊最先被狼捕杀）；种内竞争（例如，雄兽之间的争斗）使一物种中的佼佼者基因遗传后代，保证了该物种的进化。

大自然赋予生物多样性使生态系统更加和谐。由于这种多样性，每种生物都会在生态系统中找到适宜的栖息地。当某种病害来袭时，只有某些敏感的物种遭到伤害。灾害过后，幸存的物种可能使生态系统得以复苏。

不幸的是，这种生态平衡虽然很巧妙，但亦很脆弱，易遭外力破坏。人类虽无力改变热力学定律，但往往能轻易地破坏生态金字塔和生物多样性，使不少地区陷入"生态危机"之中。

（二）物质循环

生态系统的物质循环又称生物地球化学循环（biogeochemical cycles）。生物地球化学循环是指地球上各种化学元素和营养物质在自然动力和生命动力的作用下，在不同层次的生态系统内，乃至整个生物圈里，沿特定的途径从环境到生物体，再从生物体到环境，周而复始地不断进行流动的过程。根据循环物质涉及的范围不同，生物地球化学循环可分为地质大循环和生物小循环两个密切联系、相辅相成的过程。

地质大循环是指物质或元素经生物体的吸收作用，从环境进入生物有机体内，然后生物有机体以死体、残体或排泄物形式将物质或元素返回环境，进而加入五大自然圈的循环。五大自然圈是指大气圈、水圈、岩石圈、土壤圈和生物圈。地质大循环的特点是物质循环历时长、范围广，而且呈闭合式循环。例如，整个大气圈中的 CO_2 通过地质大循环，约需 300 年循环一次；O_2 约需 2000 年循环一次；水圈中的水（包括占地球表面积 71% 的海洋），通过生物圈生物的吸收、排泄、蒸发、蒸腾，约需 200 万年循环一次；至于由岩石土壤风化出来的矿物元素，通过地质大循环循环一次则需更长的时间，有的长达几亿年。

生物小循环是指环境中元素和物质经初级生产者吸收作用，继而被各级消费者转化和分解者还原，并返回到环境中。其中部分很快又被初级生产者再次吸收利用，如此不断地循环。生物小循环的特点是历时短、范围小，而且呈开放式循环，即在循环过程中，有一些物质和元素沿循环路线进入地质大循环；同时部分来自地质大循环的物质和元素又进入生物小循环。

生态系统除了需要能量外，还需要水和各种矿物元素。这是由于生态系统所需要的能量必须固定和保存在由这些无机物构成的有机物中，才能够沿着食物链从一个营养级传递到另一个营养级，供各类生物需要。否则，能量就会自由地散失掉。其次，水和各种矿质营养元素也是构成生物有机体的基本物质。因此，对生态系统来说，物质同能量一样重要。

有机体中几乎可以找到地壳中存在的全部 90 多种天然元素。但是，对生命必须的元素只有大约 24 种，即碳、氧、氮、氢、钙、硫、磷、钠、钾、氯、镁、铁、碘、铜、锰、锌、钴、铬、锡、钼、氟、硅、硒、钒，可能还有镍、溴、铝和硼。上述元素中的 4 种，即碳、氢、氧和氮，占生物有机体组成的 99% 以上，在生命中起着最关键的作用，被称为"关键元素"或"能量元素"。其他元素分为两类：大量（常量）元素和微量元素。其中的微量元素虽然数量少，但其作用不亚于常量元素，一旦缺少，动植物就不能生长。反之，微量元素过多也会造成危害。当前的环境污染问题，有些就是由于某些微量元素过多引起的。这些基本元素首先被植物从空气、水、土壤中吸收利用，然后以有机物的形式从一个营养级传递到下一个营养级。当动植物有机体死亡后被分解者生物分解时，它们又以无机形式的矿质元素归还到环境中，再次被植物重新吸收利用。这样，矿质养分不同于能量的单向流动，而是在生态系统内一次又一次地利用、再利用，即发生循环。

能量流动和物质循环都是借助于生物之间的取食过程进行的，在生态系统中，能量流动和物质循环是紧密地结合在一起同时进行的，它们把各个组分有机地联结成为一个整体，从而维持了生态系统的持续存在。在整个地球上，极其复杂的能量流和物质流网络系统把各种自然成分和自然地理单元联系起来，形成更大更复杂的整体——地理壳或生物圈。

物质循环的库与流。物质在运动过程中被暂时固定、贮存的场所称为库。生态系统中各个组分都是物质循环的库。因此，生态系统物质循环的库可分为植物库、动物库、大气库、土壤库和水体库等。但在生物地球化学循环中，物质循环的库可归为两大类：其一是贮存库（reservoir pool），它容积较大，物质交换活动缓慢，一般为非生物成分的环境库；其二是交换库（exchange pool），它容积较小，与外界物质交换活跃，一般为生物成分。例如，在一个水生生态系统中，水体中含有磷，水体是磷的贮存库；浮游生物体内含有磷，浮游生物是磷的交换库。物质在库与库之间的转移运动状态称为流。生态系统中的能流、物流、信息流，不仅使系统各组分密切联系起来，而且使系统与外界环境联系起来。没有库，环境资源不能被吸收、固定，转化为各种产物；没有流，库与库之间不能联系、沟通，则物质循环短路，生命无以维持，生态系统必将瓦解。

全球的物质循环可分为三种类型：水循环、气体循环、沉积型循环。物质循环的特点是循环式，与能量流动的单方向性不同。

1. 水循环

水循环是水分子从水体和陆地表面通过蒸发进入到大气，然后遇冷凝结，以雨、雪等形式又回到地球表面的运动。水循环的生态学意义在于通过它的循环为陆地生物、淡水生物和人类提供淡水来源。水还是很好的溶剂，绝大多数物质都是先溶于水，才能迁移并被生物利用。因此其他物质的循环都是与水循环结合在一起进行的。可以说，水循环是地球上太阳能所推动的各种循环中的一个中心循环。没有水循环，生命就不能维持，生态系统也无法开启。

2. 碳循环

碳是构成生物体的基本元素，占生物总质量的约25%。在无机环境中，以二氧化碳和碳酸盐的形式存在。

生态系统中碳循环的基本形式是大气中的CO_2通过生产者的光合作用生成碳水化合物，其中一部分作为能量为植物本身所消耗，植物呼吸作用或发酵过程中产生的CO_2通过叶面和根部释放回到大气圈，然后再被植物利用。植物通过光合作用从大气中摄取碳的速率和通过呼吸作用把碳释放给大气的速率大体相同。

碳水化合物的另一部分被动物消耗，食物氧化产生的CO_2通过动物的呼吸作用回到大气圈。动物死亡后，经微生物分解产生的CO_2也回到大气中，再被植物利用。这是碳循环的第二种形式。

生物残体埋藏在地层中，经漫长的地质作用形成煤、石油和天然气等化石燃料。它们通过燃烧和火山活动放出大量CO_2，进入生态系统的碳循环。这是碳循环的第三种形式。

上述循环的三种形式是同时进行的。在生态系统中，碳循环的速度很快，有的只需几分钟或几小时，一般多在几周或几个月内即可完成。

除了大气以外，碳的另一个储存库是海洋。海洋是一个重要的储存库，它的含碳量是大气含碳量的50倍。更重要的是，海洋对于调节大气中的含碳量起着非常重要的作用。森林也是生物碳库的主要储存库，相当于目前地球大气含碳量的2/3。

CO_2在大气圈和水圈之间的界面上通过扩散作用而互相交换着，如果大气中CO_2发生局部短缺，就会引起一系列的补偿反应，水圈里溶解态的CO_2就会更多地进入大气圈。同样，如果水圈里的碳酸氢根离子在光合作用中被植物耗尽，也可从大气中得到补充。总之，碳在生态系统中的含量过高或过低，都能通过碳循环的自我调节机制而得到调整并恢复到原来的平衡状态。

3. 氮循环

氮是形成蛋白质、氨基酸和核酸的主要成分，是生命的基本元素。

大气中含量丰富的氮绝大部分不能被生物直接利用。大气中的氮进入生物有机体的主要途径有四种：①生物固氮（豆科植物、细菌、藻类等）；②工业固氮（合成氨）；③岩浆固氮（火山活动）；④大气固氮（闪电、宇宙线作用）。其中第一种能使大气中的氮直接进入生物有机体，其他则以氮肥的形式或随雨水间接地进入生物有机体。

进入植物体内的氮化合物与复杂的碳化合物结合形成氨基酸，随后形成蛋白质和核酸，构成植物有机质的重要组成部分。植物死亡后，一部分氮直接回归土壤，经微生物分解重新被植物利用；另一部分作为食物进入动物体内，动物的排泄物和尸体经微生物分解后归还土壤或大气，从而完成氮循环。

在全球的氮循环中，通过上述四种途径的固氮作用，每年进入生物圈的氮为 92×10^6 t，经反硝化作用（含氮化合物还原成亚硝酸盐和氮气的过程）回归大气的氮每年为 83×10^6 t。二者之差 9×10^6 t 代表着生物圈固氮的速度，这些被固定的氮分布在土壤、海洋、河流、湖泊、地下水和生物体中。

4. 硫循环

地球中的硫大部分储存在岩石、矿物和海底沉积物中，以黄铁矿、石膏和水合硫酸钙的形式存在。

大气圈中天然状态的硫包括 H_2S、SO_2 和硫酸盐。H_2S 来自火山活动、沼泽、稻田和潮滩中有机物的嫌气（缺氧）分解等途径；SO_2 来自火山喷发的气体；大气圈中硫酸盐（如硫酸铵）则来自海水的蒸发。

大气圈中硫的 1/3（包括硫酸盐的 99%）来自人类活动，其中的 2/3 来自含硫化石燃料（煤和石油）的燃烧，其余来自炼油、冶金工业和其他工业过程。

进入大气圈的 H_2S 和 SO_2 均可氧化成 SO_3，进一步与水汽反应生成硫酸。SO_2 和 SO_3 也可与大气圈中的其他化学品反应生成亚硫酸盐和硫酸盐。这些硫酸和硫酸盐都是酸沉降的组成部分。

5. 沉积型循环——磷循环

生态系统中磷是生物的重要营养成分，主要以磷酸盐形式存在。磷元素是动物骨骼、牙齿和贝壳的重要组分。

生态系统中的磷具有不同于上述元素的特点。第一，它的主要来源是磷酸盐类岩石和含磷的沉积物（如鸟粪等）。它们通过风化和采矿进入水循环，变成可溶性磷酸盐被植物吸收利用，进入食物链。但生态系统中可利用的磷很少，因为磷酸盐难溶于水，地球上含磷的岩石也不多。因此，在许多土壤和水体中，缺磷常常是植物生长的限制性因素。另一方面，水体中磷的过度增加又可能引起富营养化。第二，它在循环过程中和微生物的关系不像碳和氮那样密切。生物死亡后，躯体中的磷酸盐逐渐释放出来，回到土壤和海洋中去。第三，磷不能进行大气迁移，因为在地表的温度和压力下，磷及其化合物不以气态存在。虽然磷酸盐的颗粒能被风吹扬至远距离，但它并不是构成大气的组分。

动物从植物或其他动物中获取磷，其排泄物和遗体腐解后，其中的有机磷转化为无机形式的可溶性磷酸盐，又回到土壤和水体中，接着其中的一部分再次被植物利用，纳入食物链进行循环；另一部分随水流进入海洋，最终在海底成为含磷沉积岩。经过漫长的地质作用海底抬升成为陆地，完成磷的大循环。这是第一种途径，这种循环规模很大，历时漫长。

由海到陆循环的另一途径是通过鸟类，如鹈鹕和鸬鹚等食鱼鸟，摄取海洋生物中的磷酸盐，它们的排泄物在特殊的地点形成鸟粪磷矿，是高质量的商品磷肥。当然，与磷酸盐从陆向海的大规模迁移相比，这种反向迁移在数量上很微小。

人类对磷循环的干扰表现在两方面。第一，大量开采磷矿制造磷肥和洗涤剂。第二，通过农田退水、大型养殖场排水和城市污水，将大量磷酸盐排放到水环境中，造成水中蓝菌、藻类和水生植物的爆炸性生长，在陆地淡水水体中称为"藻花"或"水华"，在海洋中称为"赤潮"，是富营养化的极端表现。

（三）信息传递

自然生态系统中的生物体通过产生和接收形、声、色、光、气、电、磁等信号，并以气体、水体、土体为媒介，频繁地转换和传递信息，形成了自然生态系统的信息网。例如，动物的眼睛、耳朵、毛发、皮肤等都能感知，并通过神经系统做出反应，引导动物产生移动、捕食、斗殴、残杀、逃脱、迁移、性交等行为。部分植物如含羞草、捕虫草也有类似的感觉功能，从而调节着生物本身的行为。

人工生态系统保留了自然生态系统的这种信息网的特点，并且还增加了知识形态的信息，如文化知识和技术，这类信息通过广播、电视、电讯、出版、邮电、计算机等方式，建立了有效的人工信息网，使科学技术这一生产力在生态系统中发挥更大的作用。

1. 生态系统中的信息形式

（1）物理信息。物理信息由声、光和颜色等构成。例如，动物的叫声可以传递惊慌、警告、安全和求偶等信息；某些光和颜色可以向昆虫和鱼类提供食物信息。

（2）化学信息。化学信息是由生物代谢作用产物（尤其是分泌物）组成的化学物质。同种动物间释放的化学物质能传递求偶、行踪和划定活动范围等信息。

（3）营养信息。营养信息由食物和养分构成。通过营养交换的形式，可以将信息从一个种群传递给另一个种群。食物网和食物链就是一个营养信息系统。

（4）行为信息。无论是同一种群还是不同种群，它们的个体之间都存在行为信息的表现。不同的行为动作传递不同的信息。例如，某些动物以飞行姿势和舞蹈动作传递觅食和求偶信息，以鸣叫和动作传递警戒信息等。

2. 生态系统信息传递过程

一个生态系统是否能高效持续发展，在相当程度上取决于其信息的生产量、信息获取量、信息获取手段、信息加工与处理能力、信息传递与利用效果，以及信息反馈效能；或者说取决于生态系统的信息流状态。生态系统信息传递过程主要由三个基本环节构成：信源的信息产生、信道的信息传输和信宿的信息接收。多个信息过程相连就形成生态系统的信息网。当信息在信息网中不断被转换和传递时，就形成了生态系统的信息流。

（1）生态系统中的自然信息流主要发生在环境与动植物之间、植物与植物之间、植物与动物之间，以及动物与动物之间。

环境与动植物的信息关系：天体运行引起的日照时间长短、月亮和恒星的位置、地球的磁场和重力等的变化，都是生物感应的重要信息，分别可以成为植物生殖发育的信号、候鸟飞行方向的信号和植物生长方向的信号。实验表明：莴苣种子在 600 ～ 900 nm 红光（R）下发芽率很高，而在 720 ～ 780 nm 的远红外光（FR）下几乎不发芽。

植物与植物间的信息联系：研究表明植物与植物之间有丰富的信息联系。例如，甘蔗、玉米、棉花能分泌一种含两个内酯的萜类化合物——独脚金酚（strigol），只要其他条件合适，浓度在 1×10^{-6} mol/L，就能促进寄生植物黄独脚金（Sriga hermonthica）50% 的种子发芽。没有寄主的信息，寄生植物的种子在土壤中 10 年也不丧失发芽力，只要一获得寄主植物的化学信息就迅速发芽。

植物与动物之间的信息联系：植物的花通过其色、香、味来吸引传粉昆虫。植物的果实则通过其色、香、味来吸引传播种子的鸟类。研究表明，粉红色、紫色和蓝色的花能吸引较多的蜜蜂和黄蜂，黄色的花能吸引较多蝇类和甲虫，白色的花能吸引不少夜间活动的蛾类，红色的花则能吸引较多蝴蝶。

动物与动物之间的信息联系：动物的信息发送和接收的机制更完备，物理、化学和生物信号都可以在动物间传递。领域性动物，如雄豹，常在领域边缘用自己的尿作为警告同类不要侵犯的信息。有 200 多种昆虫可以向体外分泌性信息素，异性同种昆虫接受到数个信息分子，就可以产生反应，并追踪到信源，进行交配繁殖。此外，动物还可通过无声的身体语言和有声的发声器官语言来表达各种意图。例如，蜜蜂的"舞蹈"语言。采了花粉的工蜂在蜂巢上面"跳舞"，其他个体在这个工蜂的后面采集有关方向和距离的信息，了解蜜源信息，然后直飞蜜源。当蜜源在附近，蜜蜂跳舞的轨迹是圆形；当蜜源的位置在百米以外，蜜蜂舞蹈的轨迹是第一个半圆＋直线＋第二个半圆。蜜蜂用摆尾频率作距离信号，摆动频率越慢蜜源距离越远。舞蹈直线轨迹与地球磁力线的夹角等于蜜源与太阳的夹角，为蜜源方向提供信息。

（2）生态系统中的人工信息流主要包括人类模仿自然、用于控制生物的信息和人类采集并供人类分析判断的信息。

人工模仿自然信息：利用人工光源或暗室控制日长变化，从而达到控制植物花期的方法已经在花卉生产和作物育种中广泛应用。人工合成的昆虫体外性激素已经成功应用到害虫预测预报、迷惑昆虫和诱捕害虫上。如果人类能更深入了解自然信息流机制，并适当加以利用，就一定可以起到事半功倍的作用。

人工采集和生成的信息：为了更好地了解生态系统的状况，提出适当的调整措施，传统的方法是肉眼直接观察和收获信息，用头脑加工信息和用口头直接传递信息。例如，有经验的农民下田看作物生长，通过叶色、叶姿就可以判断下一步栽培措施，除了自己动手外，还把情况和判断告诉别人。先进的方法是用自动或半自动采集设备信息，用计算机加工信息，并用专用信息传输渠道准确地传送到远近不同的用户。例如，用我国研制的风云 2 号卫星自动采集南海生成台风信息，经过计算机表明其未来可能登陆范围和时间，并通过电视系统传到千家万户。

四、生态平衡

生态平衡是指在一定时间内生态系统中的生物和环境之间、生物各个种群之间，通过能量流动、物质循环和信息传递，使它们相互之间达到高度适应、协调和统一的状态。也就是说当生态系统处于平衡状态时，系统内各组成成分之间保持一定的比例关系，能量、物质的输入与输出在较长时间内趋于相等，结构和功能处于相对稳定状态，在受到外来干扰时，能通过自我调节恢复到初始的稳定状态。在生态系统内部，生产者、消费者、分解者和非生物环境之间，在一定时间内保持能量与物质输入、输出动态的相对稳定状态。

生态系统为什么能够保持动态的、相对的平衡状态呢？关键在于生态系统具有自动调节能力。生态系统的自动调节能力有大有小。生态系统的成分越单纯，营养结构越简单，自动调节能力就越小，生态平衡就越容易被破坏；生态系统的生物种类越多，食物网和营养结构越复杂便越稳定。因此，生态系统的稳定性与系统内的多样性和复杂性是相联的。

（一）生态平衡的特点

1. 生态平衡是一种动态平衡

生态平衡是一种动态的平衡，这种动态性主要体现在三个方面：

（1）生态系统中的生物与生物、生物与环境以及环境各因子之间，不停地在进行着能量的流动与物质的循环。

（2）环境总是处在不断的变化中。

（3）生态系统也在不断地发展和进化。在给以足够的时间和外部环境保持相对稳定的情况下，生态系统总是按照一定规律向着组成、结构和功能更加复杂化的方向演进，即生物量由少到多、食物链由简单到复杂、群落由一种类型演替为另一种类型等。在发展的早期阶段，系统的生物种类少，食物链短，结构简单，对外界干扰反应敏感，抵御能力小，是比较脆弱和不稳定的。当生态系统逐渐演替进入到成熟时期时，则系统的生物种类多，食物链较长，结构复杂，对外界的干扰有较强的抗御能力，稳定程度高。这是由于系统经过长期演化，通过自然选择和生态适应，各种生物都占据有一定的生态位，彼此间关系比较协调且依赖紧密，并与非生物环境共同形成结构较为完整、功能比较完善的自然整体，外来生物物种的侵入比较困难；另外，由于复杂的食物网结构可使能量和物质通过多种途径进行流动，一个环节或途径发生了损伤或中断，还可由其他方面的调节所抵消或得到缓冲，因此不致使整个系统受到伤害。

综上所述，生态平衡不是静止的，总会因系统中某一部分先发生改变，引起不平衡，然后依靠生态系统的自我调节能力使其又进入新的平衡状态。正是这种从平衡到不平衡到又建立新的平衡的反复过程，推动了生态系统整体和各组成部分的发展与进化。

2. 生态平衡是一种相对平衡

生态平衡是一种相对平衡，任何生态系统都不是孤立的，都会与外界发生直接或间接的联系，会经常遭到外界的干扰。生态系统对外界的干扰和压力具有一定的弹性，其自我调节能力也是有限度的，如果外界的干扰或压力在其所能忍受的范围内，当这种干扰或压力去除后，它可通过自我调节能力而恢复原初的稳定状态；如果外界的干扰或压力超出其所能承受的极限，自我调节能力也就遭到了破坏，生态系统就会衰退，甚至崩溃，可谓之生态失调或生态平衡的破坏。通常把生态系统所能承受压力的极限称为"阈限"。例如，草原应有合理的载畜量，超过了最大适宜载畜量，草原就会退化；森林应有合理的采伐量，采伐量超过生长量，必然引起森林的衰退；污染物的排放量不能超过环境的自净能力，否则就会造成环境污染，危及生物的正常生活，甚至导致生物死亡等。

（二）人类活动对生态平衡的影响

破坏生态平衡的因素有自然因素和人为因素。自然因素如水灾、旱灾、地震、台风、山崩、海啸等。人为因素是造成生态平衡失调的主要原因。

作为生物圈一分子的人类，对生态环境的影响力目前已经超过自然力量，而且主要是负面影响，成为破坏生态平衡的主要因素。人类对生物圈的破坏性活动主要表现在三个方面：一是大规模地把自然生态系统转变为人工生态系统，严重干扰和损害了生物圈的正常运转，农业开发和城市化是这种影响的典型代表；二是大量取用生物圈中的各种资源，包括生物的和非生物的，严重破坏了生态平衡，森林砍伐、水资源过度利用是其典型例子；三是向生物圈中超量输入人类活动所产生的产品和废物，严重污染和毒害了生物圈的物理环境和生物组分，包括人类自己，化肥、杀虫剂、除草剂、"三废"是其代表。

人类活动对生态平衡的破坏性作用，主要有以下三方面：

（1）使环境因素发生改变。如人类的生产和生活活动产生大量的废气、废水、垃圾等，不断排放到环境中；人类对自然资源不合理利用或掠夺性利用，例如，盲目开荒、滥砍森林、水面过围、草原超载等，都会使环境质量恶化，产生近期或远期效应，使生态平衡失调。

（2）使生物种类发生改变。在生态系统中，盲目增加一个物种，有可能使生态平衡遭受破坏。例如，美国于1929年开凿了韦兰运河，把内陆水系与海洋沟通，导致八目鳗进入内陆水系，使鳟鱼年产量由2000万千克减至5000千克，严重破坏了内陆水产资源。在生态系统中，减少一个物种，也有可能使生态平衡遭到破坏。20世纪50年代中国曾大量捕杀过麻雀，致使一些地区虫害严重。究其原因，就在于害虫天敌麻雀被捕杀，害虫失去了自然抑制因素。

（3）对生物信息系统的破坏。生物与生物之间彼此靠信息联系才能保持其集群性和正常的繁衍。人为地向环境中施放某种物质，干扰或破坏了生物间的信息联系，有可能使生态平衡失调或遭到破坏。例如，自然界中有许多昆虫靠分泌释放性外激素引诱同种雄性成虫交尾，如果人们向大气中排放的污染物能与之发生化学反应，则雌虫的性外激素就失去了引诱雄虫的生理活性，结果势必影响昆虫交尾和繁殖，最后导致种群数量下降甚至消失。

（三）有意识地建立新的生态平衡

生态平衡的破坏往往会带来严重的后果。因此，人类应当首选的是：积极采取措施，保持自然界原有的生态平衡，这样才能从生态系统中获得持续稳定的产量，才能使人与自然和谐地发展。

但人类也应从自然界中受到启示，不要消极地看待生态平衡，维护生态平衡不只是保持其原初稳定状态，而应是发挥主观能动性，一方面去维护适合人类需要的生态平衡（如建立自然保护区），另一方面在遵循生态平衡规律的前提下，有意识地打破不符合自身要求的旧平衡，建立新的生态平衡，使生态系统结构更合理、功能更完善、效益更高，朝着更有益于人类的方向发展。有目的地使生态系统建立起新的生态平衡，对人类的生产和生活也具有长远的重要意义。例如，把沙漠改造成绿洲。例如，大力开展植树造林，不仅能够美化环境、改善气候，还能使鸟类等动物的种类和数量增加。再例如，我国南方某些地区搞的桑基鱼塘，就是人工建立的高产稳产的农业生态系统：人们将部分低洼稻田挖深作塘，塘内养鱼；提高并加宽塘基，在塘基上种桑，用来养蚕；这样可以做到蚕粪养鱼，鱼粪肥塘、塘泥肥田、肥桑，从而获得稻、鱼、蚕茧三丰收。

第三节 全球性生态热点问题

全球性生态热点问题是指在全球范围内出现的环境质量问题，这些问题都是超越国界的国际性生态环境问题，主要有：温室效应与气候变暖；臭氧层破坏；酸雨；土地沙漠化；生物多样性减少；森林锐减；矿产资源短缺；海洋污染；有毒有害物质越境转移。

20 世纪以来，随着工业化与城市化的强度和广度急剧上升，人类活动对大自然的干扰已经给地球环境造成了极大的损害。这种人为干扰有别于正常、缓慢的全球变化和快速的瞬时扰动。长期以来，其按指数关系增长的影响远远超过了自然变化的速率。它通过人地系统中能量流动和物质循环模式的改变，引起了大气、水、岩石、土壤、生物等各圈层的扰动及化学成分的改变。此外，人类活动的影响还通过有毒、有害元素在生态系统不同层次中的积累、微量元素在不同环境库之间迁移转化速度的改变等，在敏感有机体和人群的病变中显现出来。然而许多严重影响全球环境变化的物质，如氯氟烃、哈龙等，却全部源于人类自身活动的排放。人类赖以生存的生态环境正渐趋退化。

一、温室效应与气候变暖

在大气中含有微量的二氧化碳。二氧化碳有一个特性，就是对于来自太阳的短波辐射开绿灯，允许它们通过大气层到达地球表面。短波辐射到达地面后，会使地面温度升高。地面温度升高后，就要以长波辐射的形式向外散发热量。而二氧化碳对于来自地面的长波辐射则能吸收，不让其通过，同时把热量以长波辐射的形式又反射给地面。这样就使热量滞留于地球表面。这种现象类似于玻璃温室的作用，所以称为温室效应。能产生温室效应的气体还有甲烷、氧化亚氮等。温室效应并不是完全有害的。如果没有温室效应，地球的平均表面温度，就不是现在的15℃，而是 −18℃，人类的生存环境将极为恶劣，不适宜人类的生存。由于人类大量燃烧矿物燃料，如煤、石油、天然气等，向大气排放的二氧化碳越来越多，致使温室效应不断加剧，从而使全球气候变暖。

目前人类由于燃烧矿物燃料向大气排放的二氧化碳每年高达 65 亿 t。中国是排放二氧化碳的第二大国。科学监测表明，最近 100 年来，大气中的二氧化碳的平均含量确实升高了。19 世纪中叶，大气中的二氧化碳的含量是万分之二点八，目前已上升到了万分之三点五。二氧化碳增加将会使温室效应加剧。全球变暖最主要的危害就是导致南北两极的冰盖融化，而冰盖融化以后会导致海平面上升。据科学家预测，如果人类对二氧化碳的排放不加限制，到 2100 年，全球气温将上升 2 ~ 5℃，海平面将升高 30 ~ 100 cm，由此会带来灾难性后果。海拔低的岛屿和沿海大陆就会葬身海底，如上海、纽约、曼谷、威尼斯等许多大城市可能被海水淹没而成为海底城市。现在人类排放的二氧化碳总量在大气层中越积越多，已是不容置疑的事实。那全球是不是在变暖呢？据观测，近一个世纪以来，全球平均地面气温确实上升了，上升了 0.3 ~ 0.6℃，尤其是自 20 世纪 80 年代以来特别明显。1986 年以来，地球年平均气温连续 11 年高于多年平均值，且呈逐步上升趋势。我国也是如此，自 1986 年以来已连续出现 11 个暖冬。据科学家观测最近 100 多年来，地球上的冰川确实大幅度的后退了，海平面也确实上升了 14 ~ 15 cm。当然，气候变化因素是特别复杂的，那么全球变暖这个现象究竟是自然的波动还是温室效应所致？科学界还存在争论。但是有一点不容置疑，就是二氧化碳在大气中积累确实会导致气候变暖。例如，八大行星中的金星上的温度高达四五百摄氏度，为什么金星的温度这么高呢？这是因为金星大气圈中的二氧化碳含量特别高，温室效应非常强大，导致金星气温很高。二氧化碳在大气中的积累肯定会导致全球变暖。如果人类不及早采取措施，不防患于未然，将会后患无穷。

二、臭氧层破坏

太阳是一个巨大的热体，表面温度高达 6000℃，是地球取之不尽的能量来源。人类肉眼可以看到的"赤橙黄绿青蓝紫"的七彩光是可见光范围的太阳辐射，实际上到达地面的太阳光还有红外线和紫外线等。太阳辐射的紫外光中有一部分能量极高，如果到达地球表面，就可能破坏生物分子的蛋白质和基因物质，即 DNA，造成细胞破坏和死亡。

地球的大气层就像过滤器和保护伞，将太阳辐射中的有害部分阻挡在大气层之外，使地球成为人类生存的家园。完成这一工作的，就是今天人们广为关注的"臭氧层"。所以，臭氧层是保护地球生命的天然屏障，人们贴切地称它为"生命之伞"。

科学家最早在南极地区发现了严重的臭氧层破坏。在过去 10～15 年间，每到春天南极上空平流层的臭氧都会发生急剧的大规模耗损。极地上空臭氧层的中心地带，近 95% 的臭氧被破坏。从地面向上观测，高空的臭氧层已极其稀薄，与周围相比像是形成了一个"洞"，"臭氧空洞"因此而得名的。1995 年，南极地区的臭氧空洞面积已达 2500 万 km^2，相当于两个欧洲大陆的面积。1998 年，南极地区的臭氧空洞的持续时间超过 100 天，是南极地区臭氧空洞发现以来持续时间最长的纪录。更为糟糕的是，目前，不仅在南极，在北极、西伯利亚、南美洲南部上空也发现有臭氧层变薄的臭氧洞。

氟利昂是消耗臭氧引起臭氧空洞的元凶。氟利昂是 20 世纪 20 年代合成的，其化学性质稳定，不具有可燃性和毒性，被当作制冷剂、发泡剂和清洗剂，广泛应用于家用电器、泡沫塑料、日用化学晶、汽车、消防器材等领域。20 世纪 80 年代后期，氟利昂的生产达到了高峰，产量达到了 144 万 t。在对氟利昂实行控制之前，全世界向大气中排放的氟利昂已达到了 2000 万 t。由于它们在大气中的平均寿命达数百年，所以大部分排放的氟利昂仍留在大气层中。

臭氧层破坏的危害：

（1）对居民和游客身体健康的危害。臭氧破坏可使皮肤癌和白内障患者增加，损伤人的免疫力，使传染病的发病率增加。据估计，臭氧每减少 1%，皮肤癌的发病率将提高 2%～4%，白内障的患者将增加 0.6%～3%。澳大利亚 2900 多万人口，有近百万人患有皮肤癌或有皮肤癌前期症状；还有大量的白内障患者，其原因就是臭氧层被破坏，造成太阳光异常强烈。另据报道，离南极洲臭氧空洞最近的火地岛皮肤癌发病率已上升了 20%。

据美国环保局估算，臭氧空洞如不立即弥补，从现在起到 2075 年之间，全球患皮肤癌的人将增加 1.63 亿～3.08 亿人，其中有 350 万～650 万人将因此死亡。由于南极洲臭氧空洞的不断扩大，离南极洲最近的智利居民出门时在身体暴露部分要涂抹防晒油，戴上墨镜，否则半个小时皮肤就会晒成粉红色，还会痛痒，眼睛也受不了。而那些没有防护的动物，许多都成了瞎子，失去了生存能力。臭氧层破坏对海滨旅游地和海滨度假地造成直接威胁。近些年来不少西方游客因此而远离海滨。

（2）破坏生态系统。对农作物的研究表明，过量的紫外线辐射将会减弱光合作用，使农作物产量下降，质量变劣。据科学家计算，由于臭氧空洞的出现，世界上将有 1/4 的植物物种灭绝，1%的农作物颗粒无收。

紫外线还会殃及海洋生物的生存，损害整个水生生态系统。据报道，南极洲过强的太阳紫外线杀死了许多海洋浮游生物，使企鹅找不到足够的食物来喂养小企鹅，已有数以千计的小企鹅因此饿死。

三、酸雨

煤炭等燃料在燃烧时以气体形式排出硫和氮的氧化物，这些氧化物与空气中的水蒸气结合后形成高腐蚀性的硫酸和硝酸，又与雨、雪、雾一起回落到地面，形成酸雨，又称"酸沉降"。酸雨是大气污染的产物，促使其形成的主要是二氧化硫（SO_2）。

酸雨于1971年在日本东京首次被发现。20世纪90年代初，其污染范围日益扩大，北欧、中欧、东欧、北美、南美乃至亚、非地区都已出现酸雨。目前全球已形成三大酸雨区：美国和加拿大地区、北欧地区、中国南方地区。

我国是世界第三大重酸雨区。20世纪80年代，我国的酸雨主要发生在以重庆、贵阳和柳州为代表的川贵两广地区，到90年代中期，酸雨已发展到长江以南、青藏高原以东及四川盆地的广大地区，酸雨面积扩大了100多万km^2。以长沙、赣州、南昌、怀化为代表的华中酸雨区现已成为全国酸雨污染最严重的地区，已到了逢雨必酸的程度。以南京、上海、杭州、福州、青岛和厦门为代表的华东沿海地区也成为我国主要的酸雨区。华北、东北的局部地区也出现酸性降水。酸雨在我国几呈燎原之势，危害面积已占全国面积的30%左右，其发展速度十分惊人，并继续呈逐年加重的趋势。大气污染造成了巨大的经济损失，制约了经济的发展。仅酸雨造成的经济损失，1995年就达到1165亿元，约占当年国民生产总值的2%。

酸雨对环境的危害，具体表现在以下几个方面：

（1）酸雨对水生生态系统的危害。酸雨落进湖里，会使湖水酸化，先是造成浮游生物、软体动物死亡，无脊椎动物减少，许多鱼卵不能孵化，然后是多种鱼类逐渐消失，最后使湖水变成一潭死水。

（2）酸雨对陆地生态系统的危害。酸雨可以使整片森林、农田变成荒芜之地。四川峨眉山金顶冷杉林的死亡率高达40%，湖南武陵源国家重点名胜区内，大量杉木枯黄，森林景观败落萧条，酸雨是最大的"祸首"。在我国西南地区，因酸雨造成的"青山"变成"秃岭"的事件时有发生。酸雨对生态系统的危害，不但影响了农作物产量，而且破坏了生态平衡。

在欧洲，已有1000万hm^2森林遭受酸雨破坏，5000万hm^2损伤，森林破坏造成的经济损失达90亿美元。在美国，每年因酸雨造成的农业损失达35亿美元。

（3）酸雨对历史文物古迹造成损害。酸雨还会侵蚀建筑材料，严重破坏历史文物古迹。用洁白大理石建成的拥有2000年历史的雅典古城堡，在酸雨的侵蚀下，浮雕、神像变得蓬头垢面，斑驳模糊；意大利威尼斯古建筑严重受损；印度著名的泰姬陵出现剥落现象；英国圣保罗教堂的石料平均被蚀去3 cm；法国各种纪念碑每年受酸雨腐蚀损失巨大。因此人们给酸雨取了个名字叫"空中死神"，德国人称它为"绿色的鼠疫"。

四、土地沙漠化

土地沙漠化是指干旱、半干旱地区生态平衡遭到破坏而使绿色原野逐步变成类似沙漠的现象。

土地沙漠化是当前世界最严重的环境危机之一。目前地球上有 45 亿 hm² （1 hm² = 10⁴ m²）的土地存在着不同程度的沙漠化问题，至少有 2/3 的国家和地区受到沙漠化的影响。全世界每年有 500 万～700 万 hm² 具有生产能力的土地变成沙漠，由此造成的农业损失达 260 亿美元。全球有 10 亿人口生活在沙漠化地区，其中 1.35 亿人口面临失去耕地和生存条件的威胁。

目前非洲有 36 个国家不同程度地受到干旱和沙漠化的影响，根据联合国环境规划署的调查，在撒哈拉南侧每年有 150 万 hm² 的土地变成荒漠。在 1958—1975 年间，仅苏丹撒哈拉沙漠就向南蔓延了 90～100 km。

亚洲总共有 35% 的生产用地受到沙漠化影响。遭受沙漠化影响最严重的国家依次是中国、阿富汗、蒙古、巴基斯坦和印度。

我国是沙漠化相当严重的国家之一，沙漠化缩小了中华民族宝贵的生存和发展空间。我国现有沙漠化土地面积 262 万 km²，占全国陆地面积的 27.3%，相当于 14 个广东省的面积。50 年来，全国已有 66.7 万 hm² 耕地、235 万 hm² 草地和 639 万 hm² 林地变成流沙。风沙的步步进逼，使农牧民失去生存的空间，被迫迁往他乡。因此可以说，荒漠化已经成为我国危害最大的自然灾害和环境问题。

沙漠化的成因：土地沙漠化是自然因素和人为活动综合作用的结果。自然因素主要是指异常的气候条件，特别是严重的干旱造成植被退化，风蚀加快，引起沙漠化。人为因素主要指过度放牧、乱砍滥伐（树木）、开垦草地并进行连续耕作等，造成植被破坏，地表裸露，加快风蚀或雨蚀。干旱是沙漠化形成的原因之一，但从根本上讲，人类不合理的活动才是造成沙漠化的主要原因。

沙漠化的危害：沙漠化造成土地资源严重丧失、土地生产能力下降、生物多样性减少，影响全球气候，严重影响社会经济。沙漠化是导致贫困、难民潮、社会不稳定乃至冲突和战争的因素。因沙漠化而被迫背井离乡的现象是全球性的，每年人数多达 300 万。20 世纪 80 年代非洲撒哈拉地区发生的大灾荒，是沙漠化所引起的最引人注目的一次环境灾害，难民的悲惨景象震惊了全世界。在干旱沙漠区的 21 个国家中，至少有上百万人被饥饿和四处蔓延的疾病夺去了生命，有上千万人背井离乡，沦为"生态难民"。这场饥荒即源于连续的干旱和人为的破坏而导致的沙漠化的扩大。

五、生物多样性减少

自地球上出现生命以来，已经历了约 35 亿年漫长的进化过程。其间，大约先后形成过 10 亿个物种，但大多都灭绝了。物种周而复始地形成、灭绝本是自然规律，但这一规律却迅速地随着人类社会的发展而被无情地摧毁。据专家们估计，从恐龙灭绝以来，当前地球上生物多样性损失的速度比历史上任何时候都快，现在鸟类和哺乳动物的灭绝速度是过去的 100 倍甚至 1000 倍。据估计，现在每年至少有 5 万个物种，即每天 140 个、每 10 min 一个物种从地球上灭绝。而在正常情况下，如果没有人类对大自然的侵害，物种的灭绝每年只有一个。20 世纪 90 年代初，联合国环境规划署首次评估生物多样性的状况，得出的结论是：在可以预见的未来，5% ～ 20% 的动植物种群可能受到灭绝的威胁。国际上其他一些研究也表明，如果目前的灭绝趋势继续下去，在下一个 25 年间，地球上每 10 年要有 5% ～ 10% 的物种消失。

生物多样性减少的因素：

1. 生境的破坏或消失

大面积森林被采伐、火烧和农垦，草地遭受过度放牧和垦殖，导致了物种生境的大量丧失，保留下来的生境也支离破碎，对野生生物造成了毁灭性影响。例如，由于砍伐森林等人类活动，虎的栖息地被逐渐分割、隔离，其分布区域正在缩小，全球虎类种群和数量急剧减少。虎有 8 个亚种，即东北虎、华南虎、印度虎、苏门虎、爪哇虎、黑海虎、东南亚虎、巴厘虎，其中爪哇虎、巴厘虎和里海虎已经灭绝，华南虎将要灭绝。在我国的重要林区，如大、小兴安岭以及云南、四川、湖南等地，森林面积呈现减少趋势，而这些地方恰恰是东北虎、华南虎的栖息地，由于森林大面积减少，虎随之销声匿迹。

2. 对动物的非法捕猎

现在，动物走私在世界各地屡有发生。动物走私成为世界上除军火走私和毒品之外的第三大非法贸易。世界动物走私的年利润大约有 1000 亿美元，其中，濒危动物的年交易额至少达 20 亿到 30 亿美元。由于巨额暴利的诱惑，走私分子纷纷把魔掌伸向野生动物，致使大量野生动物濒临灭绝。

3. 外来物种引进

外来物种的不当引人或侵人，会大大改变原有的生态系统，使原生的物种受到严重威胁。

地球生物圈里的各种生物，都是互相依存、互相制约的；这是在漫长的生物进化过程中形成的；生物圈中繁多的生物种类，井然有序地分布和生存着，如果在一些生物协调、稳定的生存环境里引进或消灭一个物种，就会扰乱生物之间的平衡，造成很大的混乱和损失。

澳大利亚是在距今 2 亿年前后脱离非洲、亚洲大陆，漂移到太平洋中，成为世界上一大孤岛的。因此，大洋洲大陆的生物之间形成的相生相克关系，与其他大陆大不相同。若轻易变动一个物种，便会因扰乱生物间的制约关系而引起灾难性后果。1787 年，有一个叫菲利浦的船长，带了一些仙人掌在澳大利亚种植，用以培养胭脂虫，作为生产染料的原料。不料一些仙人掌流失到了外面。由于澳大利亚本来没有仙人掌这种"怪物"，它们便肆无忌惮地蔓延开来。到 1925 年，它们演化成了近 20 个野生品种，茂密的仙人掌占据了大片土地，成为当地一大灾难。后来人们从仙人掌的原产地，引进了吃这种植物的昆虫，这才遏制了它们的蔓延。

20 世纪 30 年代传人我国的水葫芦，曾为绿化水面、提供猪饲料等做过贡献。但水葫芦生长速度极快，在很短的时间内就形成一个单一群落，导致河道堵塞，影响鱼类生长。直到从美洲引进了两种专食它们的天敌，才遏制了它们的疯狂生长势头。

自然界的生态平衡是通过食物链控制的，即所谓的"一物降一物"。外来物种如果没有天故，食物链就会被切断，它就会像一匹脱缰的野马失去控制，引发可怕的"生态癌症"。因此，引进外来物种应十分谨慎，必须进行可行性试验，而且一定要引进天敌与之相配套。

六、森林锐减

森林可以说是人类的摇篮，人类的祖先正是从森林里走出来的。由于人类对森林的过度采伐，现在世界上的森林资源在迅速的减少。据联合国粮农组织统计，现在全世界每年就有 1200 万 hm^2 的森林消失，平均每分钟就有 20 hm^2 的森林化为乌有。现在全世界森林锐减的地区都是在发展中国家，由于贫困所迫，他们不得已，用宝贵的森林资源换取外汇，如印度尼西亚、菲律宾、泰国等东南亚国家，出口木材是他们外汇收入的一大来源，他们只要能挣到钱，就不会去保护森林资源。日本是世界上第六大木材消费国，然而他们很少砍伐自己的森林，现在日本的森林覆盖率是 70% 左右。他们从东南亚进口大量的木材，每年约 1 亿 t。虽然说日本的森林保护的很好，可是东南亚地区的森林以每年几百万 hm² 的速度减少。森林锐减的另一个原因就是在亚非拉的一些发展中国家大约有 20 多亿农村人口，他们是用木柴作生活燃料。为了得到薪柴，他们年复一年的砍树，最后连草皮也不放过。森林锐减的第三个原因就是毁林开荒。

七、矿产资源短缺

资源和能源短缺问题已经在大多数国家甚至全球范围出现。这种现象的出现，主要是人类无计划、不合理地大规模开采所至。从目前石油、煤、水利和核能发展的情况来看，要满足这种需求量是十分困难的。因此，在新能源（如太阳能、快中子反应堆电站、核聚变电站等）开发利用尚未取得较大突破之前，世界能源供应将日趋紧张。此外，其他不可再生性矿产资源的储量也在日益减少，这些资源终究会被消耗殆尽。

八、海洋污染

人类活动使近海区的氮和磷增加 50% ~ 200%；过量营养物导致沿海藻类大量生长；波罗的海、北海、黑海、东中国海等出赤潮。海洋污染导致赤潮频繁发生，破坏了红树林、珊瑚礁、海草，使近海鱼虾锐减，渔业损失惨重。

九、有毒有害物质越境转移

有毒有害物质是指除放射性废物以外，具有化学性或毒性、爆炸性、腐蚀性和其他对人类生存环境存在有害特性的废物。美国在资源保护与回收法中规定，所谓危险废物是指一种固体废物和几种固体的混合物，因其数量和浓度较高，可能造成或导致人类死亡率上升，或引起严重的难以治愈疾病或致残的废物。其中，有毒化学品污染市场上有 7 ~ 8 万种化学品。对人体健康和生态环境有危害的约有 3.5 万种。其中有致癌、致畸、致突变作用的 500 余种。随着工农业生产的发展，如今每年又有 1000 ~ 2000 种新的化学品投入市场。由于化学品的广泛使用，全球的大气、水体、土壤乃至生物都受到了不同程度的污染、毒害，连南极的企鹅也未能幸免。自 20 世纪 50 年代以来，涉及有毒有害化学品的污染事件日益增多，如果不采取有效防治措施，将对人类和动植物造成严重的危害。

第四节　我国生态环境保护

我国人口众多、人均资源相对缺乏，环境压力大。改革开放以后，我国经济长期保持快速增长，粗放式经济增长造成了对环境的巨大破坏，基本状况是：总体在恶化，局部在改善，治理能力远远赶不上破坏速度，生态赤字逐渐扩大。另外由于中国现代人口数量增长迅猛，既成为中国现代化进程的最大障碍，又成为中国生态环境的最大压力。迫于生存，人们毁林开荒，围湖造田，乱采滥挖，破坏植被，众多人口的不合理活动超过了大自然许多支持系统的支付能力、输出能力和承载力。中国工业化开展时间晚，起点低，又面临赶超发达国家的繁重任务，因此，目前中国经济不仅以资本高投入支持经济高速增长，而且以资源高消费、环境高代价换取经济繁荣，重视近利，失之远谋；重视经济，忽视生态，短期性经济行为为中国生态环境带来长期性、积累性后果，所以生态环境的污染也对我国公众的生存状况带来了很大影响。因此实现环境成本内部化以解决环境问题，对于实现经济可持续发展、实现人与环境的和谐发展具有重要意义。

一、我国生态环境现状

在过去的十年中，尽管经济增长速度不减，中国完成环境保护和生态建设领域目标的情况总体来看还较"十五"期间为好。这种"较好"的依据是：在《国民经济和社会发展第十一个五年规划纲要》中提出的与生态环境相关的三个约束性指标均在 2008 年和 2009 年提前完成，"十一五"规划将有望成为首个环保指标如期完成的五年计划（规划）；而且，这种"较好"是有环境保护能力作支撑的：相对"十五"末期，目前全国已新增城市污水处理能力 1149 万 $t/$ 日，新增燃煤脱硫机组装机容量 9712 万 kW，关停小火电 1669 万 kW，财政性环境保护投入约占 GDP 的 1.5%。

这种"较好"还可以更直接地从全国环境质量的变化上看出。水环境方面，从地表水环境质量来看，尽管全国地表水污染依然严重，但大江大河水环境质量总体上呈稳定状态，且淮河流域总体水质由重度污染变为中度污染，水质有所好转；大气环境方面，113 个环境保护重点城市空气质量有所提高，达标城市比例显著上升，大气中 SO_2 浓度下降。酸雨发生情况也能反映这种"较好"：2008 年酸雨分布主要集中在长江以南，四川、云南以东的区域，与 2007 年相比，全国酸雨分布区域保持稳定，城市酸雨发生频率降低；生态建设方面，2009 年公布的第三次全国荒漠化沙化监测结果显示，中国防沙治沙出现了历史性转折——中国荒漠化土地面积首次实现净减少，由 20 世纪末年均扩展近 1 万 km^2 转变为现在年均缩减 7585 km^2，沙化土地由年均扩展 3436 km^2 转变为年均缩减 1283 km^2；2009 年公布的第七次全国森林资源清查结果显示，截至 2008 年，中国森林覆盖率达到 20.36%，提前两年达到"十一五"规划目标。另外，"十一五"期间中国北方平均沙尘日数也比常年同期（平均 5.5 天）偏少，而草原植被总体生长状况基本稳定。可以说，全国生态恶化的趋势得到初步遏制。

总体来说，相对"十五"期间，"十一五"期间中国的生态和环境变化态势是稳中有好——环境质量基本保持平稳状态，生态恶化趋势初步得到遏制，某些区域的少数指标开始转好。这与 20 世纪 90 年代以来呈现的"局部好转、整体恶化"情况相比，有质的变化；也比一些发达国家在这个发展阶段环境质量的变化更好。在工业化、城市化中期就已经基本终止了环境恶化的趋势。

不过，应该看到，这种"稳中有好"是 20 世纪 90 年代以来经济发展方式转型和环境治理、生态建设工作共同致力的累积成果，只是由于发展阶段的变化、治理力度的加大以及相关监测的阶段性才使得总体态势的变化在"十一五"期间初露端倪；还应该看到，尽管环境保护和生态建设取得了较大成绩，环境质量仍有四方面问题比较突出：一是地表水的污染依然严重，七大水系水质总体为中度污染，湖泊富营养化问题突出，近岸海域水质总体为轻度污染。2008 年中国地表水 746 个国控断面，Ⅰ到Ⅲ类水的比例为 47.7%，Ⅴ类或劣Ⅴ类水的比例为 23%，且人口密集地区作为饮用水源的水体环境质量没有得到显著改善。二是部分城市空气污染仍然较重，重点城市未达到空气质量二级标准的城市比例较高，城市空气质量优良率天数没有很大的提高。三是农村环境问题日益突出，生活污染加剧，面源污染加重，工矿污染凸显，饮水安全存在隐患，农村环境呈现出"小污易成大污、小污已成大害"的局面。四是中国依然是一个"缺林少绿"的国家，全国荒漠化土地面积仍高达 263.62 万 km^2，森林覆盖率仍未达到世界平均水平。而且，值得警惕的是，在中国人群总体健康水平显著提高的大背景下，"十一五"期间一些与环境污染相关的疾病的死亡率或患病率出现了持续上升趋势。从与已知历史情况的比对中可发现，中国已进入环境污染导致健康损害高发期——既有突发性环境污染事故导致的健康损害（如陕西凤翔血铅污染事件、湖南浏阳镉污染事件），也有慢性累积效应导致的健康损害（如农村局部地区癌症高发、某些省出生缺陷发生率有所上升等）。环境与健康问题如果不能及时处理，将会成为影响经济、社会持续和稳定发展的重要危险因素，环境保护的成果也会一损俱损。

总之，尽管"十一五"期间生态建设和环境保护工作的绩效比"十五"要好，但考虑到公众对良好环境质量的诉求与日俱增以及基本公共服务均等化的要求，考虑到环境污染已成为影响人群健康的重要危险因素，因此环境质量的改善仍不尽如人意；另外，中国的消费模式离生态文明的要求差之甚远，相关法规和民俗的制约不够，传统文化中的一些不足再加上某些外来不良影响导致的铺张奢靡之风依然盛行；环境治理能力上的地区差距、城乡差距仍然较大，导致环境治理乃至环境质量与现代化程度同步的地区差别、城乡差别开始显现。因此，未来环境保护和生态建设的压力仍然较大。

二、我国生态环境现状形成的原因

我国生态环境现状为环境质量稳中有好但改善缓慢，既反映了环境治理措施的有效，也反映了环境治理难以迅速显著见效，这种状况既与中国的发展阶段和增长方式有关，也与环境治理的制度建设和实施力度有关。

（一）稳中有好的经验总结

在分析环境质量改善缓慢的原因之前，有必要先总结"十一五"期间环境质量"稳中有好"的经验，以便保持。这种经验可用"三个减排"概括：结构减排、工程减排、监管减排。

经济增长方式的"绿色化"对完成减排指标贡献最大。产业结构的调整和技术进步使得万元 GDP 产值的污染物排放量显著下降，两个市场、两种资源也减轻了工矿污染。这种"绿色化"与环境保护参与宏观调控不无关系，这种参与包括：环境保护形成硬约束并以规划、考核、审批等硬手段体现，尤其依托环境影响评价一票否决制度建立起来的"区域限批"制度，对各地调整产业结构起到了一定作用，而节能减排约束性指标、环境保护与领导干部政绩考核挂钩以及主体功能区划的配套政策等也使得环境保护更易于与经济发展相协调。

依靠工程手段的环境治理也取得了显著成效。环境污染治理投资逐年增加，2008 年已占当年 GDP 的 1.49%。根据环保部环境规划院的研究，"十一五"规划实施以来，污水处理厂建设运营贡献的减排量占全国 COD 减排量的 50%，燃煤电厂脱硫贡献的减排量占全国 SO_2 减排量的 60% 以上。环境监管力度较以往也有所加大，"十一五"期间的若干制度建设有了突破。例如，通过总量核查、目标责任状、流域规划评估等措施，严格落实了地方政府环境保护责任，一些地方推行的河长制、断面目标考核补偿等切实调动了地方政府抓好环境保护工作的积极性。又如，污染源普查和强化对污染源的监控等措施使得减排有了依据，有了基层控制力量等。

综上所述，"十一五"环保相关指标完成得较好，既是环保、林业、水利、建设、农业等环保、生态相关部门努力的结果，更是各产业部门实施"环境友好型"发展的成绩。而且，"十一五"期间在经济高速增长的同时，环境质量面上的情况稳中有好，这种成就实际是"十五"

以来工作绩效的积累。如果能继续保持，未来这些治理措施的效果将更大更广地显现。

（二）环境质量改善缓慢的成因分析

（1）发展阶段和增长方式的影响。发展阶段和发展方式决定了资源、环境问题的表现方式和程度。一个国家在不同的发展阶段，面对的资源、环境问题是不同的。对正处于工业化、城市化中期的中国来讲，既不可能不大量需要重化工业产品，也不可能不以自己为主发展相对高污染、高能耗的重化工业。

经济增长方式的转变需要一个过程。尽管工业各行业随着技术进步，单位产值（或产品产量）污染排放强度会降低，但是由于经济规模仍在快速增长，污染物排放总量仍会居高不下。从国际分工看，中国在国际产业链中大多处于低端，因而以资源环境密集型产品出口为导向的，以量取胜的粗放型贸易增长模式在中国仍是主流，而这一外贸增长模式成为中国目前粗放而不可持续生产和消费方式的加速器，加剧了中国资源环境压力——虽然中国对外贸易经济价值核算是顺差但部分行业的资源环境核算上却在产生"逆差"。据估算，约30%的二氧化硫、25%的烟尘和20%的化学需氧量的排放源于出口贸易，承担了发达国家巨大的转移排放。"十一五"期间中国 SO_2 污染物排放量中，如果忽略生产结构与贸易结构的差异性，每年对外贸易造成的 SO_2 "逆差"约为150万 t，占中国每年 SO_2 排放总量的近6%。如果考虑生产结构与贸易结构的差异性，由于贸易增速远高于生产增速，由外贸拉动的 SO_2 "逆差"将更高。另外，这个阶段的消费转型也使环境问题难以迅速解决。

另外，当经济处在上升期时，容易出现对未来需求预期过高而因此出现投资过度的问题。进入重化工业高速发展阶段后，产业链条加长，中间需求环节（钢铁、机械等）、基础需求环节（能源等）对最终需求环节（汽车、住宅等）容易产生过高估计，从而在一定程度上加剧预期过高、投资过度的问题。而中间和基础需求环节是重化工业中污染相对较重的环节。

总之，发展阶段和增长方式的影响是中国环境质量改善缓慢的主要原因。

（2）相关机制建设还未跟上，未形成合力。"十一五"期间的若干制度建设有了突破，但这些制度有相当数量尚未进入操作层面，而对节能减排影响更直接的节能准入、落后产能退出机制尚未完全建立，环境保护的政策协调机制有了进展但未达到基本国策应有的程度。在高耗能、高排放行业增长较快的情况下，污染排放量仍然与经济指标增长具有高相关性。

（3）环境保护部门（以下简称环保部门）的资源配置没有"以人体健康为本"，且法规执行力度和环境监管能力不适应形势发展的需要。

2003年中央人口资源环境座谈会明确指示："环境保护工作，要着眼于人民喝上干净的水、呼吸清洁的空气、吃上放心的食物，在良好的环境中生产生活，坚持预防为主、防治结合，集中力量先行解决危害群众健康的突出问题"。但环保部门的行政资源配置效率不高，以人体健康为本的环保宗旨没有贯彻落实到位：目前的环境管理不是以满足人体健康要求的环境质量为控制目标，而是以完成指定的常规污染物（COD 和 SO_2）减排指标为考核目标，对人体健康威胁最大的三类物质（有毒有害有机物、重金属、放射性物质）却未纳入减排目标。

环境保护法规执行不力、环境监管不到位现象仍在前置环节和治理过程中普遍存在。在前置环节上，环境管理基本制度难以落实。例如，有的县级环保部门审批的建设项目环评执行率只有30%～40%，即使履行了环评手续的企业，也有一半没有做到建设项目环保设施"三同时"。有关部门对8省（区）亿元以上新开工建设项目的调查结果显示，约有40%的项目在征用土地、环境评估、审核程序等方面不同程度地存在违法违规现象；在治理过程中，环保部门缺乏执行能力——至今无一部法律法规赋予环保部门强制执行权，这就大大降低了环保执法的威力和时效性。

综合三方面原因可以看出，加大环保投入和执法力度只能治标，转变经济增长方式、调整环境保护工作重点并在全社会形成环境保护的合力才能治本。

三、我国生态环境问题的解决方法

基于目前主要存在的环境问题，提出六方面政策建议：

（1）统筹经济发展与环境保护的关系，以主体功能区划为依据，合理布局产业，解决重点区域问题。由于中国仍处于工业化中期，难以限制对资源、环境压力较大的产业的发展，为此应以主体功能区划为依据，加强地区分类指导，以环境容量确定产业布局，以污染防治优化产业结构，对四类主体功能区制定分类管理的环境政策和评价指标体系，逐步实行环境分类管理，不同区域采用不同政策，以合理利用环境容量，确保产业结构和产业发展规模与资源环境承载力相适应。

（2）优化制度建设，强化政策导向，通过产业政策和治理行动积极调整产业结构、构建绿色贸易体系。调整优化产业结构，构建环境友好型产业体系，是保护环境的治本之策。为此，应强化政策导向，在产业政策上强化环境准入。在确定钢铁、有色、建材、电力、轻工等重点行业准入条件时充分考虑环境保护要求，新建项目必须符合国家规定的准入条件和排放标准。已无环境容量的区域，禁止新建增加污染物排放量的项目。另外，还应转变贸易增长方式，构建绿色贸易体系，缓解资源环境压力。

（3）加大执法监察力度，完善政策协调体制，落实相关部门和领导干部责任。一是加强国家监察，完善环境执法监督体系。二是落实单位和领导负责，综合运用约束机制和激励机制，促进地方政府、企业和其他组织严格执行环境法规与标准，自觉治理污染，保护生态。三是要强化遵守环境保护法规在其他部门工作中的前置性门槛作用，并通过建立部门间信息共享和协调联动机制增强环境监管的协调性、整体性。

（4）以"人体健康为本"，优化环境保护相关行政资源配置并形成以人群健康影响为依据的环境管理制度。把"以人体健康为本"作为环保部门落实以人为本的科学发展观的原则，按照"以人体健康为本"的目标需求来配置环境保护行政资源，优先解决易于导致人群健康损害的污染。环保部门在环境污染监测和治理的对象上要从目前的传统污染物（如 COD、SO_2 和颗粒物 PM10）"压倒一切"的模式逐渐、分区域的向兼顾有毒有害有机物、重金属、放射性物质以及细颗粒物（PM2.5）等对人体健康更具危害性的污染物控制模式转变。为此，要把构建国家环境与健康综合监测体系作为新时期环境保护工作的重要内容，并尽快在全国范围内开展主要环境因素及环境所致健康损害调查，基本弄清中国环境污染所致健康损害的种类、程度、性质及分布情况，掌握环境污染所致疾病谱，依据风险评估制订国家环境与健康风险等级区划，确定特征污染物和优先控制污染物名单，将其纳入常规监测体系并形成以健康影响为依据的环境管理制度，实行对环境质量的健康风险管理，对八项环境管理制度进行健康化改造。

（5）通过技术进步提高环境保护水平和环境管理效能。在目前的发展阶段，在重化工业仍然不得不大力发展的情况下，国家应通过产业、财税等方面的政策激励高污染行业的技术进步，以提高单位环境容量资源的经济产出，减小发展带来的环境压力；同时，要大力推动环保产业的技术进步，以提高环境保护水平和环境管理效能。

（6）进行农村环境重点整治。以农村聚居点人居环境质量为重点，构建城乡一体化生态环境保护格局。党的十七届三中全会提出推进城乡一体化制度建设："尽快在城乡规划、产业布局、基础设施建设、公共服务一体化等方面取得突破，促进公共资源在城乡之间均衡配置，生产要素在城乡之间自由流动，推动城乡经济社会发展融合。"从资源配置上看，要有效推进公共资源均等配置，应统筹安排城乡生态环境保护，推动编制农村环境综合整治规划，将环境监测和治理体系覆盖到农村，加大农村聚居点人居环境综合整治的资金支持力度；从生产要素流动看，工业下乡必须符合农业农村生态环境保护的要求，并控制污染企业向农村转移。

思 考 题

1. 生态学具有哪些规律？这些规律对于指导生产活动和环境保护有何意义？
2. 如何理解生态学基本原理与环境科学之间的关系？
3. 试举例说明，为什么利用生态学原理解决环境保护问题时，其核心思想是整体观点？
4. 何谓生态系统，它具有哪些结构与功能特性？研究生态系统的结构功能对环境保护有何意义？
5. 试论述生态平衡失调的特征，引起失调的因素，以及调节机制。
6. 试论述我国发展生态经济的必要性与发展路径。
7. 什么叫温室效应，产生原因是什么？
8. 请谈谈生物多样性减少的主要原因是什么？
9. 目前我国生态环境的现状是怎样的？有哪些解决办法。
10. 名词解释：人工湿地系统、生态位、生态演替、生态足迹、生态服务、循环经济、碳排放、碳汇。

第三章　可持续发展与环境

由于人口的迅速增加，生产的不断发展和工业的不断集中，使得自然界的财富在被大量索取的同时，投向周围的废弃物也越来越多。人类所面临的人口猛增、粮食短缺、能源紧张、资源破坏和环境污染等问题日益恶化，导致生态危机逐步加剧，经济增长速度下降，局部地区社会动荡，这就迫使人类重新审视自己在生态系统中的位置，并努力寻求长期生存和发展的道路。可持续发展是 20 世纪 80 年代随着对全球环境与发展问题的广泛讨论而提出的一个新概念。可以说可持续发展概念的提出彻底改变了人们的传统发展观和思维方式。作为人类社会新的发展战略，迅速得到了世界各国的普遍接受和认同，进而成为全球促进经济发展的动力和追求文明进步的目标。

第一节　可持续发展理论的形成

可持续发展思想的产生、形成和提出，是人们在解决以环境为中心的许多社会问题的过程中，对产生的这些问题的根源进行理性思考的结果。它是人类为了推动社会全面进步，在经历了长期的探索和努力，吸取了正反两方面的经验和教训后所选择的正确道路。

一、传统发展观及其演变

发展是当今世界的主旋律，从根本上说，是整个人类社会历史的首要基本问题。一部人类文明史，就是人类文明发展的历史。诚然，在人类社会的发展中，人们对发展的理解和认识也有一个演变的过程。

（一）传统的发展现

从农牧业的产生到实现工业化的漫长历史时期里，人们一直把社会的发展等同于经济的增长。尤其是在第二次世界大战之后，在重建经济的强烈冲击下追求经济的高速增长，成了世界各国普遍追求的发展战略，认为发展等于经济增长。这种单纯追求经济增长的发展观，使人类社会生存和发展的物质技术基础得到全面改观，也使人类社会生活的各个领域相应发生了巨大变化。但是，伴随着生产力水平的提高，这种单纯追求经济增长的发展模式带来了严重的后果：地球上的大片原始森林被砍伐，森林覆盖率迅速下降；地面植被被破坏，沙漠化速度加快，土壤侵蚀加剧；大量矿藏被掠夺式开采，大批自然资源迅速减少甚至枯竭；工业中的废物大量直接进入大气圈、水圈和生物圈，造成了严重的环境污染；人类自身生产的无节制，导致了人口剧增，大大加重了对生存环境的压力。这种经济增长没有建立在环境的可承载能力基础之上，没有确保那些支持经济长期增长的资源和环境基础受到保护和发展，相反，有的甚至以牺牲环境为代价谋求发展，其结果导致了生态系统的失衡乃至崩溃，使得经济发展因失去健全的生态基础而难以持续。在国民生产总值指标中，既没有反映自然资源消耗和环境质量的指标，也没有揭示一个国家为经济发展所付出的资源和环境代价，相反，环境越是污染，资源消耗越快，经济增长就越迅速。例如，污染引发的疾病增加了人们医疗方面的开支，污染引起的腐蚀加快了耐用品的更新，治理污染又要花费大量的资金，这些都累计在国民生产总值之内，"促进"了国民生产总值的增长。因此，传统发展模式所表现出来的经济繁荣带有很大虚假性。

（二）可持续发展的提出

面对一系列严重威胁人类生存与发展的社会问题，人们开始重新审视自己所走过的历程，对传统的发展观进行反思和总结。1972 年联合国在瑞典斯德哥尔库召开了"人类环境会议"，通过了《人类环境宣言》，呼吁各国政府和人民为维护和改善人类环境，造福人民、造福后代而共同努力。这是世界各国政府共同讨论当代环境问题，探讨保护全球环境战略的第一次国际会议，标志着人们的发展观已有了新的变化，即发展不能撇开人类生活的环境，不能只是经济增长，必须保护环境，治理污染，恢复生态平衡。这次会议之后，环境保护和污染治理在世界各国都程度不同地有所行动。但是，这一阶段强调的是单纯的环境问题，还没有深刻地将环境与经济和社会的发展很好地联系起来，环境与发展的问题并没有得到解决，就环境去治理环境。摆脱不了人类面临的困境；因此，还没有从根本上找到解决问题的出路。

在人们对传统发展观进行反思和突出强调环境保护发展观的形成过程中，随着对这一问题认识的逐步深化，萌发并形成了可持续发展思想。可持续发展的提法首次出现在 1980 年发表的世界自然保护大纲文献里，提出了"可持续发展的生命资源保护问题"。虽然这个文献对可持续发展作了较系统的阐述，但并没有形成一个完整的概念。之后，世界自然保护联盟为了使世界自然保护大纲中的提法更进一步深化，又发表了名为《保护地球》的具有国际影响的文件，文件针对一个时期以来使用可持续发展概念存在的混乱现象，对可持续发展作了进一步的解释和阐述，认为可持续发展应是"改进入类的生存质量，同时不要超过支持发展的生态系统的负荷能力。"但其阐述不够确切和完整。1983 年联合国第 38 届大会上通过决议，委托挪威前首相布伦特兰夫人为首的世界环境与发展委员会，与环境规划署合作编制环境前景文献。经过几年调查研究，该委员会于 1987 年向联合国提交了一份《我们共同的未来》的报告，对可持续发展思想进行了更为全面和系统的阐述。并在总结以往经验的基础上，对可持续发展的概念作出了更为全面的说明。1989 年，联大期间，经过一系列南北谈判和磋商，通过了有关决议，统一了对可持续发展的共同认识，作出了授权于 1992 年召开最高级别的"联合国环境与发展大会"以促进全球"可持续发展"的决定。经全体联合国成员国的共同努力，1992 年 6 月在巴西的里约热内卢召开了"联合国环境与发展大会"。在这个有 183 个国家政府首脑参加的会议上，正式提出了"可持续发展"的概念，制定并通过了《里约环境与发展宣言》（简称《里约宣言》）和《21 世纪行动议程》等重要文件，总结了人类社会发展的历程，正式把可持续发展作为指导各国社会发展的指导方针。

可持续发展理论的提出，是人类对环境与发展的一种新的认识；环境与发展密不可分，两者相辅相成。要促进发展，就必须同时考虑环境的保护和治理；而环境污染问题的彻底解决，也必须通过经济的发展，在发展进程中加以解决。这里的发展，不是原来意义上的发展，而是指必须转变传统的发展模式和消费方式，从发展中寻找可行的途径。发展模式的转变，是指由资源消耗型发展模式逐步转变成资源节约型发展模式，即依靠科技进步，节约资源与能源，减少废物排放，实行清洁生产和文明消费，建立经济、社会、资源和环境的协调。

可持续发展的意义，不仅在于它为人们提供了一个社会经济发展可供选择的战略模式，更为重要的是它为人类的生存和发展提供了一个新的思维方式，它反映了在工业文明、科技进步、经济增长的冲击下，人类对自身发展与自然持续之间关系的科学理解和深刻反思。

二、可持续发展战略的完善和实施

1992 年 6 月，根据当时的环境与发展形势的需要，同时也为了纪念联合国人类环境会议 20 周年，"联合国环境与发展大会"在巴西里约热内卢召开。共有 183 个国家的代表团和 70 个国际组织的代表出席了会议，102 位国家元首或政府首脑到会讲话。会议通过了《里约宣言》（又名《地球宪章》）和《21 世纪行动议程》两个纲领性文件。前者是开展全球环境与发展领域合作的框架性文件，是为了保护地球永恒的活力和整体性，建立一种新的、公平的全球伙伴关系的"关于国家和公共行为基准"的宣言。它提出了实现可持续发展的 27 条基本原则；后者则是全球范围内可持续发展的行动计划，它旨在建立 21 世纪世界各国在人类活动对环境产生影响的各个方面的行动规则，为保障人类共同的未来提供一个全球性措施的战略框架。此外，各国政府代表还签署了联合国《气候变化框架公约》等国际文件及有关国际公约。可持续发展再次得到世界最广泛和最高级别的政治承诺。

2002 年 8 月，"可持续发展世界首脑会议"于南非约翰内斯堡召开，191 个国家派团参加了这次会议，其中 104 个国家元首或政府首脑参加了这次会议。这次会议的主要目的是回顾《21 世纪行动议程》的执行情况、取得的进展和存在的问题，并制定一项新的可持续发展行动计划，同时也是为了纪念"联合国环境与发展大会"召开 10 周年。经过长时间的讨论和复杂谈判，会议通过了《关于可持续发展的约翰内斯堡宣言》和《可持续发展世界首脑会议实施计划》这一重要文件。

这次会议是 1992 年里约热内卢"联合国环境与发展大会"的后续。"联合国环境与发展大会"召开 10 年来，世界范围内贫富分化更趋严重，人类在健康、生物多样性、农业生产、水和能源 5 大领域面临非常严重的挑战，全球可持续发展状况有恶化的趋势。

在作为这次首脑会议政治宣言的《约翰内斯堡可持续发展承诺》中，各国承诺将不遗余力地执行可持续发展的战略，把世界建成一个以人为本，人类与自然协调发展的美好社会。《执行计划》指出，当今世界面临的最严重的全球性挑战是贫困问题，消除贫困是全球可持续发展必不可少的条件。

与"联合国环境与发展大会"通过的《21 世纪行动议程》相比，这次首脑会议设立的目标更加明确，并在多数项目上确立了行动时间表，其中包括：到 2020 年最大限度地减少有毒化学物质的危害；到 2015 年将全球绝大多数受损渔业资源恢复到可持续利用的最高水平；在 2015 年之前，将全球无法得到足够卫生设施的人口降低一半；到 2010 年大幅度降低生物多样性消失的速度；以及到 2005 年开始实施下一代人资源保护战略等。

可以这样说，"联合国环境与发展大会"通过的《21 世纪行动议程》为全球可持续发展指明了大方向，而"可持续发展世界首脑会议"通过的《执行计划》则提出了诸多明确目标，并设立了相应的时间表。而且，"可持续发展世界首脑会议"把消除贫困纳入可持续发展理念之中，并作为这次首脑会议的主旋律之一，是"联合国环境与发展大会"10 年来的最大进步，也标志着人类的可持续发展理念提高到了一个新的层次。

第二节　可持续发展理论的内涵与特征

可持续发展首先是从环境保护的角度来倡导保护人类社会进步与发展的，它明确提出要变革人类沿袭已久的生产方式，并调整现行的国际经济关系。这种调整和变革要求按照可持续的要求进行设计和运行，这几乎涉及经济发展和社会生活的所有方面，包含了当代和后代的需求、国家主权与国际公平、自然资源与生态承载力、环境与发展相结合等重要内容。就理性设计而言，可持续发展具体表现在：工业应当是高产低耗、能源应当被清洁利用、粮食需要保障长期供给、人口与资源应当保持相对平衡、经济与社会与环境协调发展等等。

一、可持续发展战略的基本思想

以往人们对"发展"的理解往往局限于经济领域，把发展狭义的理解为经济的增长，即国民生产总值的提高、物质财富的增多及人民生活水平的改善等等。但可持续发展是一个涉及经济、社会、文化、技术及自然环境的综合概念。它是一种立足于环境和自然资源角度提出的关于人类长期发展的战略和模式。这并不是一般意义上所指的在时间和空间上的连线，而是特别强调环境承载能力和资源的永续利用对发展的重要性和必要性。它的基本思想主要包括以下三个方面。

(一) 可持续发展鼓励经济增长

它强调经济增长的必要性，必须通过经济增长提高当代人福利水平，增强国家实力和社会财富。但可持续发展不仅要重视经济发展的数量，更要追求经济增长的质量。这就是说经济发展包括数量增长和质量提高两部分。数量的增长是有限的，而依靠科技技术的进步，提高经济活动中的效益和质量，采取科学经济增长方式才是可持续的。因此，可持续发展要求重新审视如何实现经济增长。要达到具有可持续意义的经济增长，必须审视谁用能源和原料的方式，改变传统的以"高投入、高消耗、高污染"为特征的生产模式和消费模式，实施清洁生产和文明消费，从而减少每单位经济活动造成的环境。环境退化的原因产生与经济活动，其解决的方法也必须依靠经济过程。

(二) 可持续发展的标志是资源的永续利用和良好的生态环境

经济和社会发展不能超越资源和环境的承载能力。可持续发展以自然资源为基础，同生态环境相协调。它要求在严格控制人口增长、提高人口素质和保护环境、资源永续利用的条件下，进行经济建设、保证以可持续的方式使用自然资源和环境成本，使人类的发展控制在地球的承载力之内。可持续发展强调发展是有限条件的，没有限制就没有可持续发展。要实现可持续发展，必须使自然资源的耗竭速率低于资源的再生速率，必须通过转变模式，从根本上解决环境问题。如果经济决策中能够将环境影响全面系统地考虑进去，这一目的是能够达到的。如果处理不当，环境退化和资源破坏的成本就非常巨大，甚至会抵消经济增长的成果而适得其反。

(三) 可持续发展的目标是谋求社会的全面进步

发展不仅仅是经济问题，单纯追求产值的经济增长不能体现发展的内涵。可持续发展的观念认为，世界各国的发展阶段和发展目标可以不同，但发展的本质应当包括改善人类生活质量，提高人类健康水平，创造一个保障人们平等、自由、教育和免受暴力的社会环境。这就是说，在人类可持续发展系统中，经济发展是基础，自然环境是条件，社会进步才是目的。而这三者又是相互影响的综合体，只要社会在每个时间段内都能保持与经济资源和环境的协调，这个社会就符合可持续发展的要求。显然，在新的世纪里，人类共同追求的目标，是以人为本的自然–经济–社会复合系统的持续、稳定、健康的发展。

二、可持续发展的基本原则

可持续发展具有十分丰富的内涵。就其社会观而言，主张公平分配，既满足当代人又满足后代人的基本需求；就其经济观而言，主张建立在保护地球自然系统基础上的持续经济发展；就其自然观而言，主张人类与自然和谐相处。所体现的基本原则有以下六点。

（一）公平性原则

所谓的公平性是指机会选择的平等性。这里的公平具有两方面的含义：一方面是指代际公平性，即世代人之间的纵向公平性，另一方面是指同代人之间的横向公平性。可持续发展不仅要实现当代人之间的公平，而且也要实现当代人与未来各代人之间的公平。这是可持续发展与传统发展模式的根本区别之一。公平性在传统发展模式中没有得到足够的重视。可持续发展要求当代人在考虑自己的需求与消费同时，也要对未来各代人的需求与消费负起历史的责任，因为同后代人相比，当代人在资源开发和利用方面处于一种无竞争的主宰地位。各代人之间的公平要求任何一代都不能处于支配的地位，即各代人都应有同样的选择的机会空间。

（二）持续性原则

这里的可持续性是指生态系统受到某种干扰时能保持其生产率的能力。可持续发展有着许多制约因素，其主要限制因素是资源与环境。资源与环境是人类生存与发展的基础和条件，离开了这一基础和条件，人类的生存和发展就无从谈起。因此，资源的持续利用和生态系统的可持续性保持是人类社会可持续发展的首要条件。人类发展必须以不损害支持地球生命的大气、水、土壤、生物等自然条件为前提，必须充分考虑资源的临界性，必须适应资源与环境的承载能力。换言之，人类在经济社会的发展进程中，需要根据持续性原则调整自己的生活方式，确定自身的消耗标准，而不是盲目地、过度的生产、消费。可持续发展的可持续原则从某一个侧面反映了可持续发展的公平性原则。

（三）可持续发展的和谐性原则

可持续发展不仅强调公平性，同时也要求具有和谐性，正如《我们共同的未来》报告中所指出的，"从广义上说，可持续发展的战略就是要促进人类之间及人类与自然之间的和谐。"如果每个人在考虑和安排自己的行动时，都能考虑到这一行动对其他人（包括后代人）及生态环境的影响，并能真诚的按"和谐性"原则行事，那么人类与自然之间就能保持一种互惠共存的关系，也只能这样，可持续发展才能实现。

（四）可持续发展的需求性原则

传统发展模式以传统经济学为支柱，所追求的目标是经济的增长，他忽视了资源的有限性，立足于市场而发展生产。这种发展模式不仅是世界资源环境承受着前所未有的压力而不断恶化，而且人类所需要的一些基本物质仍然不能得到满足。而可持续发展则坚持公平性和长期的可持续性，立足于人的需求和发展，强调人的需求而不是市场商品。可持续发展是要满足所有人的基本要求，向所有的人提供实现美好生活愿望的机会。

人类需求是由社会和文化条件所确定的，是主观因素和客观因素相互作用，共同决定的结果，与人的价值和动机有关。首先，人类需求是一种系统，这一系统是人类的各种需求相互联系，相互作用而形成的一个统一整体；其次，人类需求是一个动态变化过程，在不同的时期和不同的文化阶段，旧的需求系统将不断的被新的需求系统所代替。

（五）可持续发展的高效性原则

可持续发展的公平性原则，可持续性原则，和谐性原则和需求性原则实际上已经隐含了高效性原则。事实上，前四项原则已经构成了可持续发展高效性的基础。不同于传统经济学，这里的高效性不仅是根据其经济生产率来衡量，更重要的是根据人们的需求得到满足的程度来衡量，是人类整体发展的综合和总体的高效。

（六）可持续发展的阶跃性原则

可持续发展是以满足当代人和未来各代人的需求为目标，而随着时间的推移和社会的不断发展，人类的需求内容和层次将不断增加和提高，所以可持续发展本身隐含着不断地从低层次向高层次的阶跃性过程。

第三节　可持续发展的指标体系

目前，尽管可持续发展在很大程度上被人们、尤其是各国政府所接受，但是，可操作性需要探讨。比如，如何测定和评价可持续发展的状态和程度，就需要一个可持续发展指标体系。

一、建立可持续发展指标体系的目标与原则

所谓指标就是综合反映社会某一方面情况绝对数、相对数或平均数的定量化信息。所有指标都必须具备两个要素：一是要尽可能地把信息定量化，使得这些信息清楚和明了；二是要能够简化那些反映复杂现象的信息，即使得所表征的信息具有代表性，又便于人们了解和掌握。

指标可以分为数量指标和质量指标两种。例如，人口数量、产品质量、排污总量等就是数量指标。把相应的数量指标进行对比，可以得到一定的派生指标，以反映现在达到的平均水平和相对水平，这就是质量指标。例如，人口密度、出生率、死亡率、单位产品成本等都属于质量指标。质量指标可以反映现象之间的内在联系和比例关系。

（一）建立指标体系的目标

通过建立可持续发展指标体系构建评估信息系统，监测和揭示区域发展过程中的社会经济问题和环境问题，分析各种结果的原因，评价可持续发展水平，引导政府更好的贯彻可持续发展战略。同时为区域发展趋势的研究和分析，为发展战略和发展规划的指定提供科学依据。这就是建立指标体系的目标。

（二）建立指标体系的原则

1. 科学性原则

指标体系要具备客观性，覆盖面要广，能综合地反映影响区域可持续发展的各种因素（如自然资源利用是否合理，经济系统是否高效，社会系统是否健康，生态环境系统是否向良性循环方向发展），以及决策、管理水平等。

2. 层次性原则

由于区域可持续发展是一个复杂的系统，它可分为若干子系统，从而在各个层次上进行调

控和管理。因此，应在不同的层次上采用不同的指标。

3. 相关性原则

从可持续发展的角度来看，不管是表征哪一方面水平和状态的指标，相互间都有着密切的关联，因此，可持续发展的任何指标都必须体现于与其他指标之间的内在联系。

4. 简明性原则

指标体系中的指标内容应简单明了、具有较强的可比性并容易获取。指标不同于统计数据和监测数据，必须经过加工和处理使之能够清晰、明了地反映问题。

二、可持续发展指标体系

（一）可持续发展指标体系框架

一般认为，可持续发展包括三个关键要素，即经济、社会和环境。可持续发展的指标体系就是要为人们提供环境和自然资源的变化状况，提供环境与社会经济体系之间相互作用方面的信息。有关方面为此提出了可持续发展指标体系的驱动力－状态－响应框架。

驱动力指标反映的是对可持续发展有影响的人类活动、进程和方式，即表明环境问题的原因；状态指标用来衡量由于人类行为而导致的环境质量或环境状态的变化，即描述可持续发展的状况；响应指标是对可持续发展状况变化所作的选择和反应，即显示社会及其制度机制为减轻诸如资源破坏等所作的努力。

（二）可持续发展指标体系框架的设计

可持续发展指标体系必须具有以下三个方面的功能：

（1）能够描述和表征出某一时刻的各个发展的各个方面的现状；

（2）能够描述和反映出某一时刻发展的各个方面的变化趋势；

（3）能够描述和体现发展的各个方面的协调程度。

也就是说，可持续发展的指标体系反映的是社会－经济－环境之间的相互关系，即三者之间的驱动力－状态－响应关系。根据指标体系的层次性原则，可持续发展指标体系应该包括全球、国家、地区（省、市、县）以及社区四个层次，它们分别涵盖以下几个主要方面：一是社会系统，主要有科学、文化、人群福利水平或生活质量等社会发展指标，包括食物、住房、居住环境、基础设施、就业、卫生、教育、培训、社会安全等；二是经济系统，包括经济发展水平、经济结构、规模、效益等；三是环境系统，包括资源存量、消耗、环境质量等；四是制度安排，包括政策、规划、计划等。

（三）联合国可持续发展指标体系

1992 年世界环境与发展大会以来，许多国家按大会要求，纷纷研究自己的可持续发展指标体系，目的是检验和评估国家发展趋向是否可持续，并以此进一步促进可持续发展战略的实施。作为全球实施可持续发展战略的重大举措，联合国也成立了可持续发展委员会，其任务是审议各国执行"21 世纪议程"的情况，并对联合国有关环境与发展的项目和计划在高层次进行协调。为了对各国在可持续发展方面的成绩与问题有一个较为可观的衡量标准，该委员会制定了联合国可持续发展指标体系。

联合国可持续发展指标体系由驱动力指标、状态指标、响应指标构成。驱动力指标主要包括就业率、人口净增长率、成人识字率、可安全饮水的人口占总人口的比率、运输燃料的人均消费、人均实际 GDP 增长率、GDP 用于投资的份额、矿藏储量的消耗、人均能源消费量、人均水消费量、排入海域的氮磷数量、土地利用的变化、农药和化肥的使用、人均可耕地面积、温室气体等大气污染物排放量等；状态指标主要包括贫困度、人口密度、人均居住面积、已探明矿产资源储量、原材料使用强度、水中的 BOD 和 COD 含量、土地条件的变化、植被指数、受荒漠化、盐碱和洪涝灾害影响的土地面积、森林面积、濒危物种占本国全部物种的比率、SO_2 等主要大气污染浓度、人均垃圾处理量、每百万人中拥有的科学家和工程师人数、每百户居民拥有电话数量等；响应指标主要包括人口出生率、教育投资占 GDP 的比率、再生能源消费量和非再生能源消费量的比率、环保投资占 GDP 的比率、污染处理范围、垃圾处理的支出、科学研究费用占 GDP 的比率等。

当然，由于可持续发展的内容涉及面广，且非常复杂，加之人们对可持续发展的认识还在不断加深，该指标体系未必符合每个具体国家的实际情况。要建立一套无论从理论上还是从实践上都比较科学的指标体系，尚需要进行深入的研究和探讨。

三、有关改进衡量发展指标的新思路

目前还没有一个普遍实用的体系可供操作，下面介绍一些新思路。

国内生产总值是基于市场交易的常用经济增长测度，是许多宏观经济政策分析与决策的基础。但是，从可持续发展的观点看，它存在着明显的缺陷，如忽略收入分配状况、忽略市场活动以及不能体现环境退化等状况。为了克服其缺陷，使衡量发展的指标更具科学性，不少权威的世界性组织和专家学者都提出了一些衡量发展的新思路。

（一）衡量国家（地区）财富的新标准

1995 年，世界银行颁布了一项衡量国家（地区）财富的新标准，即一国的国家财富由三个主要资本组成：人造资本、自然资本和人力资本。

1. 人造资本

人造资本为通常经济统计和核算中的资本，包括机械设备、运输设备、基础设施、建筑物等人工创造的固定资产。

2. 自然资本

自然资本指的是大自然为人类提供的自然财富，如土地、森林、空气、水、矿产资源等。可持续发展就是要保护这些财富，至少应保证它们在安全的或可更新的范围之内。很多人造资本是以大量消耗自然资本来换取的，所以应该从中扣除自然资本的价值。如果将自然资本的消耗计算在内，一些人造资本的生产未必是经济的。

3. 人力资本

人力资本指的是人的生产能力，它包括人的体力、受教育程度、身体状况、能力水平等各个方面。人力资本不仅与人的先天素质有关，而且与人的受教育水平、健康水平等有直接关系。因此，人力资本是可以通过投入人造资本来获得增长的。

从这一指标中可以看出，财富的真正含义在于：一是国家生产出来的财富，减去国民消费，再减去产品投资的折旧和消耗掉的自然资源。这就是说，一个国家可以使用和消耗本国的自然资源，但必须在使其自然生态保持稳定的前提下，能够高效地将自然资源转化为人力资本和人造资本，保证人造资本和人力资本的增长能补偿自然资本的消耗。如果自然资源减少后，人力资源和人造资本并没有增加，那么这种消耗就是一种纯浪费型的消耗。

　　该方法更多地纳入了绿色国民经济核算的基本概念，特别是纳入了资源和环境核算的一些研究成果，通过对宏观经济指标的修正，试图从经济学的角度去阐明环境与发展的关系，并通过货币化度量一个国家或地区总资本存量（或人均资本存量）的变化，以此来判断一个国家或地区发展是否具有可持续性，能够比较真实地反映一个国家和地区的财富。

（二）人文发展指数

　　联合国开发计划署（UNDP）于 1990 年 5 月在第一份《人类发展报告》中，首次公布了人文发展指数（HDI），用以衡量一个国家的进步程度。它由收入、寿命、教育三个衡量指标构成。收入是指人均 GDP 的多少；寿命反映了营养和环境质量状况；教育是指公众受教育程度，也就是可持续性发展的潜力。收入通过估算实际人均国内生产总值的购买力来测算；寿命根据人口的平均预期寿命来测算；教育通过成人识字率和大、中、小学综合入学率的加权平均数来衡量。

　　虽然"人类发展"并不等同于"可持续发展"，但该指数的提出仍有许多有益的启示。HDI强调了国家发展应从传统的以物为中心转向以人为中心，强调了追求合理的生活水平并不等同于对物质的无限占有，向传统的消费观念提出了挑战。HDI 将收入与发展指标相结合，人类在健康、教育等方面的社会发展是对收入衡量发展水平的重要补充，倡导各国更好的投资于民，关注人们生活质量的改善，这些都是与可持续发展原则相一致的。

　　"人文发展指数"进一步确认了一个经过多年争论并被世界初步认识到的道理："经济增长不等于真正意义上的发展，而后者才是正确的目标。"

（三）绿色国民账户

　　从环境的角度来看，当前的国民核算体系存在三个方面的问题。一是国民账户未能准确反映社会福利状况，没有考虑资源状态的变化；二是人类活动所使用自然资源的真实成本没有计入常规的国民账户；三是国民账户未计入环境损失。因此，要解决这些问题，有必要建立一种新的国民账户体系。

　　近年来，世界银行与联合国统计局合作，试图将环境问题纳入当前正在修订的国民账户体系框架中，已建立经过环境调整的国内生产净值（EDP）和经过环境调整的净国内收入（EDI）统计体系。目前，已有一个试用性的框架问世，称为"经过环境调整的经济账户体系（SEEA）"。其目的在于，在尽可能保持现有国民账户体系的概念和原则的情况下，将环境数据结合到现存的国民账户信息体系中。环境成本、环境收益、自然资产以及环境保护支出均与以国民账户体系相一致的形式，作为附属账户内容列出。简单来说，SEEA 寻求在保护现有国民账户体系完整性的基础上，通过增加附属账户内容，鼓励收集和汇入有关自然资源与环境的信息。SEEA 的一个重点在于，它能够利用其他测度的信息，如利用区域或部门水平上的实物资源账目。因此，附属账户是实现最终计算 EDP 和 EDI 的一个重大进展。

　　一般来说，国内生产净值（NDP）为最终消费品，加上净资本形成，加上出口，减去进口。这一计算方法在于忽略了环境与自然资源的耗减。如果将这一部分加以环境因素的调整，我们便可以得到调整后的国内生产净值，即 EDP 为最终消费品，加上产品资产的净资本积累，加上非资产的净资本积累，减去环境资产的耗减和退化，加上出口，减去进口。

第四节　我国可持续发展战略

一、我国实施可持续发展战略的发展思路

我们进行可持续发展研究或提出解决实际问题的对策，都需要对相关的诸因素进行考察和综合分析，找出诸因素的本质联系，以经济、社会、科技与人口、资源、环境的协调发展为目标，保持在经济快速增长前提下，实现资源的综合利用和可持续发展，改善生态和环境质量，大力发展清洁工业和生态农业，探索地方可持续发展模式，建立资源节约型可持续发展的经济体制，推动可持续发展进程，从中得出诸因素相结合的最佳结论（联系点、侧重点、结合途径等），用以指导经济实践，促进国民经济走向整体优化，为了达到国民经济整体优化、不断提高综合经济效益、协调人口、资源、环境协调发展，最终实现经济可持续发展的目标，当前应着重抓好以下几点。

（1）坚持可持续发展的新观念，正确处理经济建设与人口、资源、生态、环境的关系。2002年8月26日至9月4日，"可持续发展世界首脑会议"在南非约翰内斯堡举行，这次会议通过了10年前巴西里约热内卢宣言的《执行计划》和作为本次大会政治宣言的《约翰内斯堡可持续发展承诺》，与会各国首脑重申了对于实施可持续发展的郑重承诺，并为实现全球可持续发展注入新的活力。《中国国民经济和社会发展第十一个五年计划纲要》中再一次强调"坚持经济和社会协调发展"是一条重要的基本指导方针，明确"要高度重视人口、资源、生态环境问题，抓紧解决好粮食、水、石油等战略资源问题，把贯彻可持续发展战略提高到一个新的水平。"这就是说，这个"新阶段"或"新的水平"要以经济繁荣，内外开放，结构优化，布局合理，资源节约，环境优美，人口适度，效益良好，持续发展为目标。观念是行动的先导，更新观念不仅是领导者的需要，更是全体国民的需要。没有全社会新的共识和协调行动，经济的可持续发展只能是一句空话。人类社会的进步，要求人们科学地认识"发展"这一永恒的范畴。首先，明确"发展"是一个全面性的范畴。当代的发展绝不是唯经济的发展，而是包括经济、社会、人口、文化、科技、教育、环境等全面而协调的发展，第二，明确"发展"是一个持续性的范畴。当代的发展绝不是一代人、几代人的发展，而是指在保持对资源和环境持续利用基础上使当代人和子孙后代能够永续下去的发展。我们亟需唤起全社会自觉地爱护自然、保护环境的理念，在行动上时时刻刻都关注自然、经济、社会的协调发展。

第十届全国人民代表大会第五次会议于2007年3月5日至16日在北京隆重举行，国务院总理温家宝向大会作政府工作报告。政府工作报告中明确指出"在现代化建设中必须坚持走可持续发展道路"，要求"正确处理经济发展同人口、资源、环境的关系，使社会发展从片面的经济增长向经济、社会、自然协调发展过渡，迈向经济、社会可持续发展的新阶段。"按照经济、社会可持续发展的要求，中国必须将经济效益、社会效益、生态效益、环境效益统一起来，把目前经济效益和长远经济效益统一起来，做到既造福当代，又泽及子孙。因此，我们必须切实地把控制人口、节约资源、爱护生态、保护环境放到重要位置上。根据我国的国情，继续采取有效的计划生育措施，不断增强人口意识、资源意识、环境意识、继续实施人口强国战略；选择有利于节约资源和保护环境的产业结构，大力倡导和发展节水型、节地型经济；保护生态环境和自然环境，反对破坏生态和浪费资源，选择有利于节约资源和保护环境的消费方式，大力倡

导和推动节水型、节地型消费；不断强化对生态破坏和环境污染的治理，制订科学的产业政策，严格控制重污染产业，限制轻污染企业，鼓励和促进无污染企业发展；加强生态环境评价和资源资产化研究，将资源和环境成本反映到市场价格之中。综上所述，通过合理的开发和节约使用资源，有效防治多种污染，保护和改善环境，维护生态系统平衡，控制人口规模，制定和实施切实可行的政策，使人口增长与社会生产力发展相适应。

（2）推进经济结构调整，全面提高企业素质。发展是硬道理，是解决我国所有问题的关键，必须使国民经济保持较快的发展速度，发展必须有新思想、新方法、有市场、有效益，才能健康的发展。现在，我国已经进入必须通过结构调整才能促进经济持续、健康发展的阶段。所以我们必须按照"十一五"计划和远景规划的要求，坚持调整产业结构、地区结构和城乡结构，着力抓好产业结构这个关键，以提高经济效益为中心，以提高国民经济的整体素质和国际竞争力，实现可持续发展为目标，全方位地对经济结构进行战略性调整。这个战略性经济结构调整的主要内容包括：加强农业基础地位，促进农村经济全面发展；优化工业结构，增强国际竞争力；发展服务业，提高供给能力和水平；加速发展信息产业，大力推进信息化；加强基础设施建设，改善布局和结构；实施西部大开发战略，促进地区协调发展；集中力量支持粮食主产区发展粮食产业，提高种粮农民收入；继续推进农业结构调整，挖掘农业内部增收潜力；发展农村第二、第三产业，拓宽农民增收渠道；实施城镇化战略，促进城乡共同进步等。

在市场经济发展中，企业处于主体地位，因而它理所当然也就是经济可持续发展的主体。企业怎样才能提高综合经济效益，走上速度与效益、经济与环境高度统一的道路呢？关键是全面提高企业的素质。为此需要做到：深化企业改革，进行企业制度创新，逐步实现企业制度现代化；积极采用新技术、新设备、新工艺，提高工作效率，逐步实现技术现代化；认真改善企业的生产环境，深化企业内部制度改革；认真改善企业的经营管理，实施绿色经营战略，提高企业管理的素质，逐步实现管理现代化；加强职工队伍的培训和教育，增加高档次人才的输入，不断提高劳动者的素质，逐步实现人才的现代化。当然，为了促进企业素质的全面提高，除了企业本身的因素以外，还需要外部环境相配套。如转变政府职能，形成有利于市场公平竞争和资源优化配置的经济运行机制，建立和健全社会保障制度，建立和健全规范的法规体系等。可见，企业素质的全面提高，靠单一的措施是解决不好的，必须通过综合性的配套措施，才能有效地达到预期的目的。

（3）搞好综合整治，加快生态修复。治理环境变化，提高林草植被的覆盖率，发展我国林草业不仅是一个技术性问题，更是一个包含观念、资金、人才、管理、机遇、政策、法规在内的综合性问题。为此：①更新观念，以国家生态安全的高度来认识林草建设的重要性。抓紧实施好退耕还林（草）等六大生态工程，加大退耕还林还牧，落实目标责任制，宣传退耕政策，加强工程管理，搞好苗木供应，注重科技支撑，确保退耕工程质量，强化配套措施，巩固退耕成果。重现绿色植物的生机，更好地恢复生态系统功能。②保护好现有的林草资源。没有保护，也就谈不上林草资源的开发利用，只能是对林草植被的破坏。因此造成的生态环境问题就会不可逆转地摧毁人类的生存基础，林草栽植后应实行乡村或个人承包制，谁种树（草），谁收益，对地方官员政绩考核一定要进行生态核算，要将生态效益作为考核干部的重要指标。运用经济手段，除了收费这种惩罚性措施外，还应增加环保补贴这种奖励性措施。加强自然资源的管理，提高人们的环保意识，进一步加强生态学知识的普及与教育，大力发展生态农业，建立无公害产品生产基地。推进生态家园的富民计划。③贯彻可持续经营的科学理念是生态重建的支撑点。一是加强干旱地区用水的管理；二是科学管理"生态公共产品"的付费问题；三是加强调整农林草结构的管理；四是规范林草苗木市场；五是严格执行《退耕还林（草）条例》。④建立生态示范区。我国从 1995 年以来，分 7 批建立了 314 个生态建设试点，生态示范区的建设，对解决许多环境问题开辟了道路，积累了经验，对基层可持续发展产生了很大的影响。取得明显的环境效益，而且一些生态环境区结合环境整治，进行农村结构调整，设计了符合当地实际的生态经济产业。⑤健全生态治理建设稳定的投入机制，利用国家加大对环境恢复与整治投入的机遇，推进并鼓励企业的承包、购买、股份制、股份合作制等形式参与建设，还要争取国内社会各界有识之士的赞助，争取国外友人的支持，从而实现投资经营的多元化，社会化。在建设中推行招标制、承包制、监理制、报帐制、审计制，通过 GPS 卫星定位系统、计算机网络管理和监测等科技手段，提高工程建设水平。⑥缓解环境脆弱区的人口压力，人口的数量与质量直接关系到人类与自然界之间是否能够协调发展，必须做到人类与社会的协调。从数量上控制人口出生率，掌握好人口增长与物质资料增长的协调关系；从质量上提高人口的综合素质，尤其是要把握好人口生育质量，加快人口与环境的立法，合理开发利用自然资源，求得人类自我发展的协调，最终协调好人类与自然的和谐发展关系。⑦转变放牧方式，必须进行休牧、禁牧。推行先进的实用技术，建设"草库仓"，兴建一批生态牧业基地，逐步扭转生态环境恶化的趋势，应采取引种入牧，大力发展人工草地和高产饲料地，依靠人工草地和农田系统中的秸秆及饲料粮的办法来减轻缺草临界期的放牧压力。⑧抵御外来物种入侵。紧急启动并积极开展相关的基础与应用研究，查清我国目前入侵的种类、数量和分布区域、成灾潜势对当前生态系统的影响。建立国家防生物入侵协调机制，把农业、林业、环保、海洋、贸易、卫生、国防、司法、教育、科研等有关部门联系在一起，协同攻关。防患于未然，根除于立足未稳，控制于扩散前沿，治理科学得当。迅速建立反国际贸易技术壁垒机制，以阻止有害生物的入侵危害。

（4）加强计划生育，提高农民素质。人口多是我国的基本国情，也是长期困扰我国经济社会发展的突出矛盾。控制人口增长，提高人口素质，是我国长期的战略性任务。由于人口增长的惯性作用，在未来较长时期内，全国人口仍将呈继续增长趋势。鉴于目前全国未来人口增长势头，控制人口增长仍然是全国当务之急。首先，培养计划生育队伍，增加对计划生育事业的投入。坚持计划生育的基本国策，党政一把手对计划生育工作亲自抓、负总责，继续实行目标管理，严格奖惩。把计划生育与发展经济，帮助群众劳动致富和建立幸福文明家庭相结合。各级政府要解决好计划生育事业经费，多方筹集资金，兑现独生子女保健费，落实"养老保险"，逐步建立农村计划生育社会保障机制；稳定计划生育队伍，减少计划生育工作的难度；其次，积极探索和建立人口宏观调控体系，提高计划生育服务水平。力争到 2010 年将人口控制在 14 亿以内（不含港澳台）。综合运用人口与经济社会发展政策，保持现行计划生育政策的稳定性和连续性。大力提倡优生优育，全面提高出生人口素质。全面实施出生人口缺陷干预工程，普遍开展婚前检查，提高计划生育、优生优育和生殖健康技术水平。加强农村基础医疗保健，支持贫困地区开展生殖健康和计划生育优质服务；再次，坚持避孕节育为主，强化服务功能，培养一支能吃苦耐劳、作风过硬的计划生育队伍，加强岗位培训，重视发挥计划生育协会以及群众团体在计划生育工作中的作用。建立健全各级计划生育技术服务网络，达到人员、技术、房舍、设备四落实。开展优生优育宣传，定期为独生子女进行健康检查等，拓宽服务项目，减少病残儿的出生，重视计划生育新技术、新药品的开发、研究和推广应用。坚持经常性工作为主，实行规范化管理。提高管理水平，认真落实生育证发放、出生统计上报、单月孕检等专项制度；及时兑现奖罚政策；流动人口的计划生育管理实行综合治理，相关部门互相配合，齐抓共管。

农村教育在全面建设小康社会中具有基础性、先导性、全局性的重要作用。我国是一个农业大国，70% 以上的人口在农村，农村教育在全国经济社会发展中占有举足轻重的地位。没有农村教育的健康发展，就没有农民素质的提高，就没有农村经济社会的快速发展，目前，农村教育的整体水平明显落后于城市，而且城乡教育差距还有进一步拉大的趋势，直接影响"三农"问题的解决，制约经济社会的发展。教育发展、人力资本积累和经济社会发展是密切相连的。只有加速发展农村教育，大力开发人力资源，提高劳动者素质，才能将沉重的人口负担转化为人力资源优势，才能从根本上解决"三农"问题，促进城乡经济社会协调发展。①要加大政府投入力度，建立长期、稳定的农村教育经费保障体制，确保财政依法增加对义务教育的投入，确保义务教育经费不低于农村税费改革前的水平，确保农村中小学财政预算公用经费基本满足需要，真正做到"保工资、保安全、保运转"。②要大力推进"三教统筹""农科教结合"，实施强县富民和促进农村劳动力的转移两大工程，推进农村经济结构调整、农业产业化经营、农业先进实用技术推广和农村富余劳动力转移，更好地为"三农"服务。③要突出抓好教育体制改革，完善"以县为主"的农村义务教育管理体制，务实各级政府特别是县级政府的责任，明确"以县为主"不是县级惟一，省、市政府和乡、村都有办好农村教育的责任。要坚持为农服务的方向，深化农村教育教学改革，紧密结合农村实际，以课程改革为突破口，全面推进素质教育，努力提高教育质量和办学效益。④各级政府要把发展农村教育作为实践"三个代表"重要思想的"民心工程"来抓，将农村教育列入政府重要议事日程，与经济工作并重齐抓，认真研究农村教育存在的矛盾和困难。各级政府一把手要担负起农村教育工作第一责任人的重任，精心规划本辖区的农村教育发展和改革，建立健全表彰奖励和责任追究制度。

（5）牢固树立"三性"发展思想，加强和完善环境保护的法制建设。中国是一个人口大国、环境大国和资源大国，也是一个存在人口膨胀问题、环境污染问题和资源紧缺问题的国家。进入 20 世纪 70 年代以后，中国的人口膨胀、环境污染和资源紧缺已经不再是孤立的人口问题、环境问题和资源问题，而是名副其实的"人口、环境、资源综合症"，并且这种深层次的"人口、环境、资源问题综合症"已经成为中华民族振兴和经济可持续发展的制约因素。各级领导要牢固树立全面性、综合性和战略性的"三性"经济指导思想。把握时代脉搏，紧跟时代步伐，突出发展主题，牢固树立"发展是硬道理"，在实际工作中，我们要始终坚持"三性"和"三效并重"的原则。新中国成立以后，经过 50 多年的发展，我国经济、社会发展虽然取得了辉煌的成就，但至今仍未走出资源型的经济发展模式。经济发展面临人口、资源、生态和环境的巨大压力，速度、效益和结构很不协调，仍然是一种"高投入、高消耗、低产出、低效益"的粗放型发展的经济。在新世纪里，我们必须走出这个死胡同，才有可能开创中华民族的新辉煌。为此，在经济指导思想上，我们需要遵循可持续发展的基本理论和方法，充分考虑综合经济统一体中的每个子系统，注意把方方面面综合起来进行分析。着眼于全局和长远作出正确的决策。

鉴于我国生态破坏、环境污染的严重性，借鉴环保先进国家的基本经验，我们必须通过强化法制建设，使环境得到有效的保护。为达到此目的，第一，立法要全。环境法律法规的内容，既要体现在宪法和环保基本法律中，又要体现在专门性环保法律法规和环保行政法规中，还要体现在我国政府缔结或参加的国际环保公约中，争取在较短的时期内，形成一个完整的环保法律体系。开展对现行政策和法规的全面评价，制定可持续发展法律、政策体系，突出经济、社会与环境之间的联系与协调。通过法规约束、政策引导和调控，推进经济与社会和环境的协调发展。建立可持续发展法律体系，并注意与国际法的衔接；在进行政府机构改革和经济体制改革中，把强化自然资源和环境保护工作作为各级政府的一项基本职能。第二，执法要严。严格执行有关法律，包括《环境法》《土地法》《森林法》《草原法》《水土保持法》《水法》等，对于违反环保法律法规的行为，必须做到严格执法。对违法者决不能心慈手软，绝不能姑息迁就，绝不允许"以情代法""以言代法"，切实保证环保法律法规产生应有的良好效果。加强环境保护机构的建设，组织业务培训，提高决策管理者的素质；广泛深入地开发环境保护的宣传教育活动，普及环境科学知识，提高全民族的环境意识。第三，监督要公。完善人大代表，政协委员的监督对环境执法的检查制度，加强环保制度，实施政务公开，吸收公众代表作为人民法院的环境陪审员，建立环境侵权公益诉讼制度。

二、可持续的环境战略是可持续发展战略的重要组成部分

环境问题之所以越来越严重，是由于人类长期以来用了大量消耗资源和能源来谋求经济增长的不可持久的发展模式。可持续的环境战略是可持续发展战略的重要组成部分，具有什么样的环境战略，可以透视出一个国家有什么样的发展战略。可持续的环境战略是一个全新的内容，它与传统的环境战略存在着本质上的差别。作为可持续发展战略的一个子战略，可持续的环境战略涉及社会、经济、资源、科技、教育等各个领域的各个方面。可持续的环境战略有两个方面的涵义：一是国家或区域环境保护的可持续性，包括环境保护政策、对策、法律、法规和标准之间的连续性、一致性，以及环境政策、对策、法律、法规对环境保护影响的相对稳定性和持久性；二是环境保护对社会、经济发展的持续影响和持续促进作用，这两个方面构成了国家可持续环境战略的完整内涵。

环境保护的可持续是可持续的环境战略的基础，没有环境保护的可持续就没有环境保护对社会、经济发展的持续促进作用。影响环境保护的可持续性有很多因素，如环境政策是否具有连续性和稳定性，环境保护的法律、法规是否具有连续性和稳定性，国家环境管理体制是否具有连续性和稳定性，国家的环境保护方针、政策、对策之间是否具有连续性和一致性等。

环境保护与经济建设是一种既对立又统一的关系，实现环境保护对经济建设的持续促进，就是要通过环境保护调整人们的经济行为和生产方式，变对立关系为统一关系以促进自然再生产、经济再生产、社会再生产三种再生产的和谐运行，实现区域社会的可持续发展。

三、可持续的环境战略内容

1. 污染防治与生态保护并重

污染防治与生态保护并重是在 1996 年第四次全国环境保护会议上确定下来的新战略，是对中国过去 20 多年来以污染防治为重心的环境保护战略的重新调整，是中国环境问题的发展以及对环境问题认识不断深化的结果。传统的环境保护战略都是围绕污染防治而制定的，有其历史的局限性和必然性。但是，随着经济的增长、人口的增加和城市化进程的加快，中国的环境形势日趋严峻，以城市为中心的环境污染正在加剧并向农村蔓延，生态破坏的范围在扩大，程度

在加重。区域性和流域性的环境污染与生态破坏已成为制约区域经济发展、影响社会稳定、威胁人民健康的重要因素。

环境问题产生的原因是多方面的：人口增加与经济增长加快了资源的消耗速度；产业和产品结构的不合理导致严重的环境污染；只强调开发不注重保护的资源管理战略导致了严重的资源浪费和生态破坏；规划布局不当和城市化进程加快带来了一系列的城市环境问题。环境问题的表现形式也是综合性的：既有生产领域的环境问题，又有消费领域的环境问题；既有工业污染问题，又有生态破坏问题。特别是生态破坏对人类的生存与发展所产生的影响更严重、更持久、不断恶化的生态环境大大削弱了自然系统的再生产能力，严重破坏了国民经济赖以持续发展的生态基础。因此由以污染防治为中心转变到污染防治与生态保护并重上来，并不是环境保护重点的转移，而是中心的调整。既在今后的较长时期内，工业污染防治仍然是我国环境保护工作的重点之一，但污染防治并不是环境保护工作的全部，不是环境保护工作的中心。在继续抓好工业污染防治的同时，还要加强生态保护和生态建设，对破坏了的生态系统进行重建，以进行结构性修复。

2. 以防为主实施全过程控制

对环境污染和生态破坏实施全过程控制，就是从源头上控制环境问题的产生，包括三个方面的内容：

（1）经济决策的全过程控制，经济决策是可持续发展决策的重要组成部分。它涉及环境与发展的方方面面，已不是传统意义上的纯经济领域的决策问题。对经济决策进行全过程控制是实施环境污染与生态破坏全过程控制的先决条件，它要求建立环境与发展综合决策机制，对区域经济政策进行环境影响评价，在宏观经济决策层面将未来可能的环境污染与生态破坏问题控制在最低的限制。经济决策要考虑经济总量与经济结构两个方面内容。确定经济发展的总量时，要充分考虑环境、资源的持续支撑能力，发展的速度要服从于发展的可持续性，发展的数量要服从于发展的质量。确定经济结构时，既要考虑经济结构的合理性，又要考虑产业结构的合理性，还要考虑到区域产业结构之间的关系，从有利于可持续发展的角度进行决策来实现经济结构和产业结构的优化，促进经济增长方式的转变。经济决策的全过程控制还包括对决策方案实施的监督与反馈控制，通过监督与反馈加强对经济决策的宏观调控与管理，使之不断完善和更加有效。

（2）物质流通领域的全过程控制。物质流通是在生产和消费两个领域中完成的，污染物也是在这两个领域中产生的。对污染物的全过程控制包括生产领域和消费领域的全过程控制。生产领域全过程控制是从资源的开发与管理开始，到产品的开发、生产方向的确定、生产方式的选择、企业生产管理对策的选择等。消费领域的全过程控制包括消费方式的选择、消费结构的调整、消费市场的管理、消费过程的环境保护对策的选择等。现在世界上很多国家，包括中国在内都有先后建立了环境标志产品制度，实行产品的市场环境准入。然而，产品进入市场后，还要运用经济法规手段，加强环境管理，如推行垃圾袋装化、消费型的污染付费制度等。

（3）企业生产的全过程控制。企业是环境污染与破坏的制造者，实施企业生产的全过程控制是有效防治工业污染的关键，要通过清洁生产来实现。清洁生产是国家环境政策、产业政策、资源政策、经济政策和环境科技等在污染防治方面的综合体现，是实施污染物总量控制的根本性措施，是贯彻"三同步、在统一"方针、转变企业投资方向、解决工业环境问题、推进经济持续增长的根本途径和最终出路。

从全球环境保护的发展进程看，清洁生产是一种必然的选择过程，无论是发达国家还是发展中国家，都把清洁生产作为防治工业环境污染的一个策略。当然，由于世界各国的经济发展水平和科技发展水平的差异，有些国家已经进入了污染的全过程控制阶段即清洁生产阶段，有些国家还正处于研究和探索阶段。可以相信，在加快污染物总量控制的步伐和不断推进经济增长方式转变进程的新形势下，清洁生产必将成为中国企业发展的一种自觉选择。

3. 以流域环境综合治理带动区域环境保护

中国的环境问题错综复杂，从环境问题产生的范围看，既有区域性环境问题，又有流域性环境问题，还有行业性环境问题。从环境问题的表现形式看，既有环境污染，又有生态破坏。在所有这些环境问题中，流域环境问题最具代表性。不论是跨省的流域，还是跨县域的流域，或是跨乡镇的流域，都集环境污染和生态破坏于一身，集区域环境问题和行业环境问题于一体。因此，解决流域环境问题能充分体现和贯彻污染防治与生态保护并重的战略，有利于建立和完善区域与行业治理相结合的大系统管理模式。从流域环境综合治理入手，可以推动城市、乡镇、农业、生态和海洋环境保护工作，促进区域和行业污染防治，实现区域资源的合理开发、利用与保护，从而促进流域经济的发展。以流域环境综合治理带动区域环境保护是当今世界的环境保护战略之一，也是中国环境保护战略的重要组成部分。

思 考 题

1. 论述可持续发展理论的形成过程。
2. 简述可持续发展战略的内涵和特征。
3. 论述中国可持续发展政策的发展过程和成就。
4. 可持续发展的理念对你有什么启示。

第四章 清洁生产

第一节 概述

一、清洁生产的产生背景

随着工业革命的不断进步，它在给人类带来巨大财富的同时，也在高速消耗着地球上的资源，在向大自然无止境地排放危害人类健康和破坏生态环境的各类污染物。伴随着生产规模的不断扩大，工业污染、资源锐减、生态环境破坏日趋严重。20世纪中期出现的"八大公害事件"就是有力的证据；从20世纪70年代开始，人类就广泛注意由于工业发展带来的一系列环境问题，并采取了一些治理措施。经过多年的发展，人们发现虽然投入了大量的人力、物力、财力，但是治理效果并不理想，20世纪以来的"十大公害事件"，又一次给人类敲响了警钟。因此，发达国家的一些企业相继尝试运用如"污染预防""废物最小化""减废技术""源削减""零排放技术""零废物生产"和"环境友好技术"等方法和措施，来提高生产过程中的资源利用效率、削减污染物以减轻对环境和公众的危害。这些实践取得了良好的环境效益和经济效益，使人们认识到革新工艺过程及产品的重要性。在总结工业污染防治理论和实践的基础上，联合国环境规划署（UNEP）于1989年提出了清洁生产的战略和推广计划。在联合国工业发展组织（UNIDO）、联合国开发计划署（UNDP）的共同努力下，清洁生产正式走上了国际化的推行道路。

1998年10月，在汉城清洁生产会议上签署了《国际清洁生产宣言》，宣言认识到实现可持续发展是共同的责任，保护地球环境必须实施并不断改进可持续生产和消费的实践，相信清洁生产以及其他例如"生态效率""绿色生产力"及"污染预防"等预防性战略是更佳的选择；同时认识到清洁生产意味着将一个综合的预防战略，持续地应用于生产过程、产品及服务中，以实现经济、社会、健康、安全及环境的效益。

发达国家通过治理污染的实践，逐步认识到防治工业污染不能只依靠治理排污口（末端）的污染，要从根本上解决工业污染问题，必须"预防为主"，将污染物消除在生产过程之中，实行工业生产全过程控制。不少发达国家的政府和各大企业集团（公司）都纷纷研究开发和采用清洁工艺（少废无废技术），开辟污染预防的新途径，把推行清洁生产作为经济和环境协调发展的一项战略措施。清洁生产一经提出，在世界范围内就得到许多国家和组织的积极推进和实践，其最大的生命力在于可取得环境效益和经济效益的"双赢"，它是实现经济与环境协调发展的根本途径。

我国在清洁生产方面也进行了大量有益的探索和实践：早在20世纪70年代初就提出了"预防为主，防治结合""综合利用，化害为利"的环境保护方引，该方针充分体现和概括了清洁的基本内容，80 年代，开始推行少废和无废的清洁生产过程，在 90 年代提出的《中国环境与发展十大对策》中强调了清洁生产的重要性，1994 年将清洁生产明确写入《中国 21 世纪议程》，1999 年 3 月，在全国人大九届二次会议通过的朱镕基总理的《政府工作报告》中提出"鼓励清洁生产"，这是国家最高级别会议首次提出清洁生产，再次充分表明我国政府已将实施污染预防，推行清洁生产提上国家议事日程。2003 年 1 月 1 日，我国开始实施《中华人民共和国清洁生产促进法》。进一步表明清洁生产已成为我国工业污染防治工作战略转变的重要内容，成为我国实现可持续发展战略的重要措施和手段"。

2012 年 2 月 29 日，第十一届全国人民代表大会常务委员会第 25 次会议通过了关于修改《中华人民共和国清洁生产促进法》的决定，自 2012 年 7 月 1 日起施行。

二、清洁生产的含义

不同国家，不同地区，对清洁生产有着不同的界定：联合国环境规划署与环境规划中心（UNEP IE/PAC）综合各种说法，采用了"清洁生产"这一术语，来表征从原料、生产工艺到产品使用全过程的广义的污染防治途径，给出了以下定义：清洁生产是一种新的创造性的思想，该思想将整体预防的环境战略持续应用于生产过程、产品和服务中、以增加生态效率和减少人类及环境的风险。清洁生产包括清洁的生产过程和清洁的产品两方面内容。对生产过程而言，清洁生产包括节约原材料，并在全部排放物离开生产过程以前就减少它们的数量，实现生产过程的无污染或少污染；对产品而言，清洁生产则是采用生命周期分析，使得从原料获得直至产品最终处置的一系列过程中，都尽可能对环境影响最小。

根据经济可持续发展对资源和环境的要求，清洁生产谋求达到两个目标：通过减少废物和污染物的排放，促进工业产品的生产、消耗过程与环境相容，降低工业活动对人类和环境的风险；通过资源的综合利用，短缺资源的代用，二次能源的利用，以及节能、降耗、节水，合理利用自然资源，减缓资源的耗竭。

我国在 1994 年通过的《中国 21 世纪议程》将清洁生产定义为：清洁生产是指既可满足人们的需要，又可合理使用自然资源和能源，并保护环境的生产方法和措施，其实质是一种物料和能源消耗最小的人类活动的规划和管理，将废物减量化、资源化和无害化，或消灭于生产过程之中。由此可见，清洁生产的概念不仅包括技术上的可行性，还包括经济上的可盈利性，体现了经济效益、环境效益和社会效益的统一。2003 年，《中华人民共和国清洁生产促进法》中，把清洁生产界定为：清洁生产是指不断采取改进设计、使用清洁的能源和原料、采用先进的工艺技术与设备、改善管理、综合利用等措施，从源头削减污染，提高资源利用效率，减少或者避免生产、服务和产品使用过程中污染物的产生和排放，以减轻或者消除对人类健康和环境的危害。

虽然对清洁生产有不同的定义，但是本质是相同的，遵循四个方面的原则：减量化原则，即资源消耗最少、污染物产生和排放最小；资源化原则，即"三废"最大限度转化为产品；再利用原则，即对生产和流通中产生的废弃物，作为再生资源充分回收利用；无害化原则，尽最大可能减少有害原料的使用以及有害物质的产生和排放。

总之，清洁生产是时代的要求，是世界工业发展的一种大趋势，是相对于粗放的传统工业生产模式的一种方式，概括地说就是：低消耗、低污染、高产出，是实现经济效益、社会效益与环境效益相统一的工业生产的基本模式。

三、清洁生产的目的、内容与重要性

清洁生产是控制环境污染的有效手段，它彻底改变了过去被动的、滞后的污染控制手段，强调在污染产生之前就予以削减，经过多年来国内外实践证明，具有效率高，可获得一定的经济效益，同时大大降低末端处理负担，提高企业市场竞争力等优点。清洁生产的目的主要体现在两个方面：清洁生产是一个系统工程，一方面它提倡通过工艺改造、设备更新、废弃物回收利用等途径，实现"节能、降耗、减污、增效"，从而降低生产成本，提高企业的综合效益，另一方面它强调提高企业的管理水平，提高包括管理人员、工程技术人员、操作工人在内的所有员工在经济观念、环境意识、参与管理意识、技术水平、职业道德等方面的素质。同时，清洁生产还可有效改善操作工人的劳动环境和操作条件，减轻生产过程对员工健康的影响，为企业树立良好的社会形象，促使公众对其产品的支持，提高企业的市场竞争力。

清洁生产的主要内容有以下三个方面。

(1) 清洁的能源：包括常规能源的清洁利用，采用各种方法对常规的能源采取清洁利用的方法，如采用洁煤技术，逐步提高液体燃料、天然气的使用比例；可再生能源的利用，对沼气、水力资源等再生能源的利用；新能源的开发，如太阳能、风能、地热、潮汐能、燃料电池等；各种节能技术的开发利用，如在能耗大的化工冶金行业采用热电联产技术，提高能源利用率。

(2) 清洁的生产过程：尽量少用和不用有毒有害的原料；采用无毒、无害的中间产品；选用少废、无废工艺和高效设备；尽量减少生产过程中的各种危险性因素，如高温、高压、低温、低压、易燃、易爆、强噪声、强振动等；采用可靠和简单的生产操作和控制方法；对物料进行内部循环利用；完善生产管理，不断提高科学管理水平。

(3) 清洁的产品：产品设计应考虑节约原材料和能源，少用昂贵和稀缺的原料；产品在使用过程中以及使用后不含危害人体健康和破坏生态环境的因素；产品包装的合理设计；产品使用后易于回收、重复使用和再生；产品使用寿命和使用功能合理。

清洁生产的重要性在回顾和总结工业化的基础上，提出的关于产品和生产过程预防污染的一种全新战略、它综合考虑了生产和消费过程的环境风险、成本和经济效益，是社会经济发展和环境保护对策演变到一定阶段的必然结果。首先，清洁生产是实现可持续发展的必然选择和重要保障。清洁生产强调从源头抓起，着眼于全过程校制。不仅尽可能地提高资源能源利用率和原材料转化率，减少对资源的消耗率浪费，从而保障资源的利用，而且通过清洁生产，把污染消除在生产过程中，可以尽可能地减少污染物的产生量和排放量，大大减少对人类的危害和对环境的污染，改善环境质量。其次，清洁生产是工业文明的重要过程和标志。清洁生产强调提高企业的管理水平，提高包括管理人员、工程技术人员、操作工人在内的所有员工的经济观念、环境意识、参与管理意识、技术水平、职业道德等力面的素质。同时，清洁生产还可有效改善操作工人的劳动环境和操作条件，减轻生产过程对员工健康的影响、为企业树立良好的社会形象，促使公众对其产品的支持。借助各各种相关理论和技术，在产品的整个生命周期的各个环节采取预防措施，通过将生产技术、生产过程及经营管理等方面与物流、能量、信息等要素有机结合起来，并优化运行方式，从而实现最小的环境影响。再次，开展清洁生产是促进环境保护产业发展的重要举措。企业当前环境质量状况不断恶化，

在对环境改善的呼声日益增高的情况下，环境保护产业是当前一个重要的发展趋势，是未来我国新的经济增长点，而开展清洁生产活动可以大大提高对环境保护产业的需求，促进环境保护产业的发展。

第二节　清洁生产审核与评价

根据国家发展和改革委员会、国家环境保护总局 2004 年 8 月 16 日发布的《清洁生产审核暂行办法》，清洁生产审核的定义为："本办法所称清洁生产审核，是指按照一定程序，对生产和服务过程进行调查和诊断，找出能耗高、物耗高、污染重的原因，提出减少有毒有害物料的使用、产生，降低能耗、物耗以及废物产生的方案，进而选定技术、经济及环境可行的清洁生产方案的过程。"根据清洁生产原理，企业为达到清洁生产的目的，可提出多个清洁生产技术方案，在决策前，须对各个方案进行科学、客观的评价，筛选出既有明显经济效益，又有显著环境效益的可行性方案，这个过程称为清洁生产评价。清洁生产评价是通过对企业的生产从原材料的选取、生产过程到产品服务的全过程进行综合评价，判断出企业清洁生产总体水平以及主要环节的清洁生产水平，并针对清洁生产水平较低的环节提出相应的对策和措施。清洁生产审核是对企业现在的和计划进行的工业生产实行预防污染的分析和评估。其目的有两个：①判定企业中不符合清洁生产的地方和做法；②提出方案解决这些问题，从而实现清洁生产。通过对企业清洁生产审核，对企业生产全过程的重点（或优先）环节产生的污染进行定量检测，找出高物耗、高能耗、高污染的原因，然后有的放矢地提出对策、制订方案，减少和防止污染物的产生。

重点企业清洁生产审核的目的有以下几个方面。

（1）促进各地实现"一控双达标"目标，稳定"一控双达标"成果。按惩前毖后、治病救人的原则，改善环保局和不达标、被曝光、污染严重企业的对立关系。

（2）核实企业的排放情况，削减污染物排放总量，切实改变污染控制模式。

（3）通过清洁生产审核和实施清洁生产方案，削减企业物耗、能耗、污染物产生量和排放量，削减有毒有害物质的使用量和排放量，减少末端设施的压力，使企业高质量达标。

（4）确认企业达标的可能性和付出的成本。为政府按照法律程序对屡次不能达标者或达标无望企业实施关、停、并、转提供依据。

（5）通过强制性清洁生产审核，从正反两个方面促进和带动自愿性清洁生产审核工作的全面展开。

（6）分析识别影响资源能源有效利用，造成废物产生，以及制约企业生态效率的原因或"瓶颈"问题。

（7）产生并确定企业从产品、原材料、技术工艺、生产运行管理、以及废物循环利用等多途径进行综合污染预防的机会、方案与实施计划；

（8）不断提高企业管理者与广大职工清洁生产的意识与参与程度，促进清洁生产在企业的持续改进。

（9）发现一些环境隐患，尽可能减少可能造成的环境影响和事故。

1. 清洁生产的审核

清洁生产审核是要判定出企业不符合清洁生产要求的地方和做法，并提出解决方案，达到节能、降耗、减污和增效的目的。

有效的清洁生产审核，可以全面评价企业并系统地指导企业生产全过程及其各个过程单元或环节的运行管理现状，掌握生产过程的原材料、能源与产品、废物（污染物）的输入输出状况。

清洁生产审核的原则有以下四点。

（1）以人为本，发动群众，依靠群众，进行清洁生产审核主要依靠本厂的领导、技术人员及全体工人。

（2）在清洁生产审核中边审边改，审核初期提出的无费、少费方案，应立即实施。

（3）注重实效，不图虚名，以取得经济实惠和改善环境为目标，不追求名誉和获奖。

（4）备选清洁生产方案的实施应循序渐进，量力而为，先易后难，贵在持久。

清洁生产审核的基本思路是以废物为切入点，以废物削减为主线。判别废物产生的部位；分析废物产生的原因；提出整改方案以减少或消除废物。如图4-1所示。

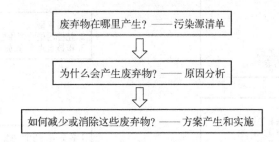

图4-1　清洁生产审核思路

清洁生产审核遵循的原则：以企业为主体的原则；自愿审核与强制性审核相结合的原则；企业自主审核与外部协助审核相结合的原则；因地制宜、注重实效、逐步开展的原则。清洁生产审核可以采用企业自我审核、外部专家指导审核和清洁生产审核咨询机构申核三种方式。企业自我审核是指在没有或很少外部帮助的前提下，主要依靠企业（或其他法人实体）内部技术力量完成整个清洁生产审核过程；外部专家指导审核是指在外部清洁生产专家和行业专家指导下，依靠企业内部技术力量完成整个清洁生产审核过程；清洁生产审核咨询机构审核是指企业委托清洁生产审核咨询机构，完成整个清洁生产审核过程。

根据清洁生产审核的思路，整个审核过程可分为七个阶段。

第一阶段：筹划和组织。主要是进行立传、培训、发动和准备工作；第二阶段：预评估。主要是选择审核重点和设计清洁生产目标；第三阶段：评估。主要是进行审核重点的物料平衡，并对污染物产生的原因进行分析；第四阶段：方案产生和筛选。主要是针对废物产生的原团，汇总所有的方案并进行筛选，编写中期审核报告；第五阶段：可行性分析。主要是对第四阶段筛选出的中/高费方案进行可行性分析，从而确定出可实施的清洁生产方案；第六阶段：方案实施。实施方案并分析、跟踪验证方案的实施放果；第七阶段：持续清治生产。制定计划和措施，在企业中持续推行清洁生产，最后编制企业清洁生产可实施报告。

企业清洁生产审核程序如图4-2所示。

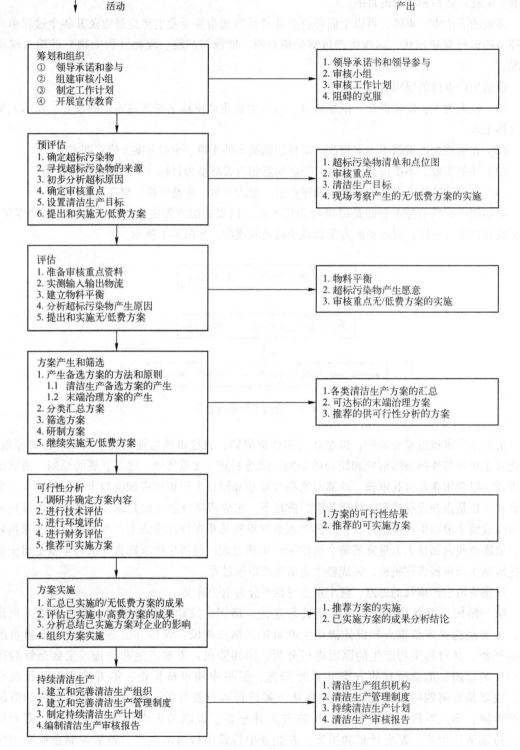

图4-2　重点企业清洁生产审核工作流程

重点企业清洁生产审核工作应注意的几个问题。

（1）选择好重点企业（与国家、当地重点工作紧密结合，要有助于解决当地突出的环境问题）。

（2）环保部门内部各处室之间要衔接好，综合运用各项环境保护法律法规，把公布名单、强制审核与限期治理、停产治理、环境应急等制度结合起来。

（3）提高中介机构的能力建设，各省、自治区、直辖市可各自制定规范管理清洁生产中介机构的办法。

（4）企业实施中高费方案给予资金支持。

（5）探索绩效考核（评审验收）的方式。

（6）对正反两方面的典型都要宣传。

2. 清洁生产的评价

从科学性、工程性、可操作性等多方面考虑，清洁生产评价内容包括七大方面：清洁原材料评价；清洁工艺评价；设备配置评价；清洁产品评价；二次污染和积累污染评价；清洁生产管理评价；推行清洁生产效益和效果评价。

清洁生产的评价指标是指国家、地区、部门和企业根据一定的科学性、经济条件，在一定时期内规定的清洁生产所必须达到的具体目标和水平，既是管理科学水平的标志，也是进行定量比较的尺度。清治生产指标体系的建立应当注意到指标体系的合理性和简洁性。为此应该遵循以下几个原则：相对性原则、生命周期原则、污染预防原则、定量化原则。

清洁生产评价指标体系应该把握三个环节的要求：（1）生产过程：要求节约能源和原材料，淘汰有害的原材料、减少和降低所有废物的数量和毒性；（2）产品：要求降低产品全生命周期（包括从原材料开采到寿命终结和处置）对环境的有害影响；（3）服务：要求将预防战略结合到环境设计和所提供的服务中。因此，清洁生产分析和评价主要应从工艺路线选择、节能降耗、减少污染物产生和排放等方面进行评述，同时还要兼顾环境经济效益的评价。按照生命周期分析的原则，清洁生产评价指标具体可分为六大类：生产工艺装备要求、资源能源利用指标、产品指标、污染物产生指标、废物回收利用指标和环境管理要求。六类指标既有定性指标也有定量指标，资源能源利用指标和污染物产生指标在清洁生产审核中是非常重要的两类指标，而其他四类指标属于定性指标或半定量指标。

清洁生产技术评价方法：由于技术的复杂性，行业与行业不同，每一个行业有多种产品，每一个产品的工艺也可能不同，工艺相同而原料不同，其清洁技术的评价指标体系也不相同。如何科学地建立清洁技术的评价方法和评价指标。清洁生产技术的评价方法可分为六个步骤：

（1）技术指标体系的设置。根据被评价技术所处的行业、生产的产品和所使用的原料确定其评价指标体系。虽然不同行业、不同产品的指标有较大差别，但都可以从原材料消耗、产品质量、环境污染源、综合利用及健康安全几个方面考虑。然后通过对被评价的工艺技术的调查甚至进行现场监测获取每一个指标的数值。

（2）技术指标权重的确定。由于技术指标重要性的差别，因此对工艺技术的环境、经济和技术的每一个指标赋予权重数值，不同的指标具有不同的权重。指标的权重可由层次分析法确定，层次分析法可分五步：建立层次结构模型；构造判断矩阵；层次单可分为排序及其一致性检验；层次总排序；层次单排序一致性检验。

（3）技术指标最大值和最小值的确定。构建了清洁技术的指标后，该指标体系中的各项因子数值与其标准数值进行评价。最优数值可能是最大数值，也可能是最小数值。

（4）清洁技术指标数据的标准化处理。根据确定的指标的最大数值和最小数值，对某一具体指标进行标准化无因次处理，采用线性插值，取最优值标准化处理后为1，最差数值处理后为0，优于最优数值者，标准化处理后其数值为1，差于最差数值者，标准化处理后其数值为0。介于最优数值和最差数值之间者，按照相关公式计算。

（5）技术指标的求和。将每一个技术指标相加，即得出该技术的指数和。

（6）被评价工艺技术的分类。根据国内外工艺技术发展的现状，大致分成五种类型：清洁生产工艺；传统先进工艺；一般工艺；落后工艺；淘汰工艺。并赋予指标数值范围，将被评价技术指标之和与上表各技术数值比较，得出该工艺技术的类型。

第三节　清洁生产的实施

实施清洁生产是一种新的环保战略，也是一种全新的思维方式，推行清洁生产是社会经济发展的必然趋势，必须对清洁生产有明确的认识。结合中国国情，参考国外实践，我国现阶段清洁生产的推动方式，要以行业中环境效益、经济效益和技术水平好的企业为龙头，由他们对其他企业产生直接影响，带动其他企业开展清洁生产。由于不同行业之间千差万别，同一行业不同企业的具体情况也不相同，因此企业在实施清洁生产过程中的侧重点各不相同，一般来说，企业实施清洁生产应遵循五项原则：环境影响最小化原则，资源消耗减量化原则，优先使用再生资源原则，循环利用原则，原料和产品无害化原则。

一、企业实行清洁生产的步骤

企业在实行清洁生产过程中，包括准备、审计、制定方案、实施方案和报告编写五个阶段：

（1）准备阶段：准备阶段是通过宣传教育使职工群众对清洁生产有一个初步的、比较正确的认识，消除思想上和观念上的一些障碍，使企业高层领导作出执行清洁生产的决定，同时组建清洁生产工作小组，制定工作计划，并作必要的物质准备。

（2）审计阶段：审计阶段是企业开展清洁生产的核心阶段。在对企业现状全面了解、分析的基础上，确定审计对象，并查清其能源、物料的使用量及损失量，污染物的排放量及产生的根源，以寻找清洁生产的基点并提出清洁生产的方案。很多企业的审计结果表明：对不同企业、不同的生产工业和不同的产品，通过清洁生产审计，对削减其对环境污染的影响是非常有效的。

（3）制定方案：在能量平衡计算及能量、物料损失分析等前期工作的基础上，全厂职工群策群力，以国内外同行业先进技术为基础，加之专家咨询指导，提出清洁生产方案。将征集来的方案汇总，综合分析，初选，按不同类型划分、归类方案，再通过权重加和排序，优选出技术水平高和可实施性较强的重点方案供可行性分析。对优选的重点方案进行技术、环境、经济方面的综合分析，以便确定可实施的清洁生产方案。从企业角度，按照国内现行的市场价格，计算出方案实施后在财务上的获利能力和偿还能力。经济可行性分析是在技术、环境可行性方案通过后进行的，是从企业角度，将拟选各方案的实施成本与取得的效益比较，确定其盈利能力，再选出投资少、经济效益最佳的方案。

（4）实施方案：①统筹安排，按计划实施，对所有可执行的方案，进行时间排序，量力制定切实可行的实施计划和进度安排；资金是执行清洁生产的必要条件，企业要广开财源，积极筹措，以充分的实力支持清洁生产。资金来源有：企业自有资金、贷款和滚动资金；清洁生产方案，必须认真、严格地实施，才能取得预期效果。②评估清洁生产方案实施效果：清洁生产方案实施后，要全面跟踪、评估、统计实施后的技术情况及经济、环境效益，为调整和制定后续方案积累可靠的经验。③持续清洁生产：清洁生产是一个相对的概念，企业预防污染也不可能做到一劳永逸。因此，应制定一个长期的预防污染计划，不断地开发研究新的清洁生产技术，同时，还要不断地对职工进行培训，以提高他们对清洁生产的认识，把清洁生产推向企业各个部门。制定持续的预防污染计划和削减废物的措施，研究与开发预防污染技术，不断对企业职工进行清洁生产的培训与教育，对已实施的清洁生产项目进行跟踪，进一步完善清洁生产的组织和管理制定。

（5）编写清洁生产报告：在实施清洁生产过程中，需随时汇总数据，评价实施效果，寻找新的清洁生产机会。阶段报告是企业开展清洁生产阶段性的工作报告，可按清洁生产实行过程和步骤顺序编写，这是清洁生产总结报告编制的依据和基础。清洁生产总结报告是对企业开展清洁生产的全面回顾和总结，是按实行清洁生产的步骤准备、审计、制定方案、实施方案四个阶段的工作成果，评估实施清洁生产取得的经济、环境和社会效益。

二、清洁生产实施的主要方法与途径

在实施清洁生产的过程中，企业占据着重要地位，是清洁生产的主体。但是，清洁生产战略的实施并不只是某方面的事情，而是涉及政府、企业、公众和社会等多因素的综合事件，是一项复杂的系统工程。主要有以下途径。

1. 改进生产工艺、更新落后设备

我国很多企业至今仍然在使用一些老工艺、老设备，工艺落后、设备陈旧，加上管理不善，布局不合理，物料利用率低下，能耗、水耗都很高，造成严重的资源浪费和环境污染。因此须遵循清洁生产的原则和要求，采用资源利用率高、污染物产生量少的工艺和设备，替代资源利用率低、污染物产生量多的工艺和设备。在原料规格、生产路线、工艺条件、设备选型和操作控制等方面加以合理改革，积极创造条件应用生物技术、机电一体化技术、高效催化技术、电子信息技术、树脂和膜分离技术等现代科学技术，创建新的生产工艺和开发新的流程，从而提高生产效率和效益，实现清洁生产，彻底根除在生产过程产生的污染。在工艺技术改造中采用先进技术和大型装胃，以期提高原材料利用率，发挥规模效益，在一定程度上可以帮助企业达到减污增效的目的。废物源的削减应与工艺开发话动充分结合，从产品研发阶段起就应考虑到减少废物量，从而减少工艺改造中设备改进的投资。通过改善设备和管线或重新设计生产设备来提高生产效率，减少废物量。如优选设备材料，提高可靠性、耐用性；提高设备的密闭性，以减少泄漏，采用节能的泵、风机、搅拌装置等。在不改变生产工艺或设备的条件下进行操作参数的调整，优化操作条件常常是最容易、最便宜的减少废物量的方法。大多数工艺设备都是采用最佳工艺参数，以取得最高的操作效率，因而在最佳工艺参数下操作，避免生产控制条件波动和非正常停车，大大减少废物量。

2. 改进原料、燃料和革新产品

优先选择产品生产和使用过程不产生或少产生污染物的物料作为生产原料，或是采用无

毒、无害或者低毒、低害的原料，替代毒性大、危害严重的原料。如纯化物料，替代粗制原料，可以减少产品生产过程中引起的质量问题，提高产品合格率，减少废品的产生率，同时也可以减少污染物的排放；加强物料的控制，在订货、贮存、运输、发放这些程序中，控制过量的、过期的和小再使用率的原料；准确计量物料的使用量，保证原料在生产过程产生有效的利用率，避免成为废品。采用清洁燃料替代高污染、低热值的燃料。如采用天然气代替煤、重油等，减少硫化物、氮化物的产生，降低单位产品热值消耗，充分利用能源，减少环境污染。

在产品设计过程中，把环境因素纳入产品开发的全过程，使其在使用过程中效率高、污染少，在使用后易回收再利用，在废弃后对环境危害小。贯彻实施"绿色设计""生态设计"等理念，延长产品生命周期设计，加强产品的耐用性、适应性、可靠性等，以利于长效使用以及易于维修和维护等；设计可回收性产品，也就是在设计时应考虑这种产品的未来回收及再利用问题，它包括可回收材料及其标志、可回收工艺及方法等，并与可拆卸设计相关。如一些发达国家已开始执行"汽车拆卸回收计划"，即在制造汽车零件时，就在零件上标出材料的代号，以便在回收废旧汽车时，进行分类和再生利用。

3. 资源循环利用及综合利用

实现清洁生产要求对生产过程中产生的固体废物、废水和废热等进行综合利用或者循环使用，流失的物料必须充分加以回收利用，返回生产工艺流程中或经适当处理后作为原料或副产品回收，建立从原料投入到废物循环回收利用的生产闭合系统，使工业生产不对环境构成任何危害。资源综合利用，增加了产品的生产，减少了原料费用、工业污染及其处置费用，降低了成本，提高了工业生产的经济效益，可见是全过程控制的关键；资源的综合利用，首先要对原料的每个组分列出清单，明确目前有用和将来有用的组分，制定利用的方案，对于目前有用的组分要考察它们的利用效益，对于目前无用的组分，显然在生产过程中将转化为废料，应将其列入科技开发的计划，以期尽早找到合适的用途，在原料的利用过程中应对每一个组分都建立物料平衡，掌握它们在生产过程中的流向；实现资源的综合利用，需要实行跨部门、跨行业的协作开发，可以采用的是建立原料开发区，组织以原料为中心的利用体系，按生态学原理，规划各种配套的工业，形成生产链，在区域范围内实现原料的物尽其用。

4. 必要的末端治理

在实践中，要实现完全由原料转变为产品，是十分困难的，难免有废弃物的产生和排放，因此需要对它们进行必要的处理和处置，使其对环境的危害降至最低，因而往往需要进行一定程度的末端治理。末端治理，只能成为一种采取其他措施之后的最后措施、以保证排放物能够达到国家或者地方规定的污染物排放标准和污染物排放总量控制指标。企业内部的末端处理，常常是作为集中处理前的预处理措施，在这种情况下，它的目标不再是达标排行，而只需处理到集中处理设施可接纳的程度即可。因此，必须做到三个方面，首先必须清浊分流，减少处理量，有利于组织再循环；其次，必须开展综合利用，从排放物中回收有用物质；再次，必须进行适当的预处理和减量化处理。如脱水、浓缩、包装、焚烧等。为实现有效的末端处理，应该开发出一些技术先进、处理效果好、投资少、见效快、可回收有用物质、有利于组织物料再循环的实用环保技术。目前，我国已经开发了一批适合国情的实用环保技术，需要进一步推广，同时，还有一些环保难题未得到很好的解决，需要环保部门、有关企业和工程技术人员继续共同努力。

5. 科学的管理

实践经验表明，目前的工业污染约有 40% 以上是由于生产过程中管理不善造成的。只要加强生产过程的科学管理、改进操作，不需花费很大的成本，便可获得明显减少废弃物和污染的效果。在企业管理中要建立一套健全的环境管理体系，使环境管理落实到企业中的各个层次，分解到生产过程的各个环节，贯穿于企业的全部经济活动中，与企业的计划管理、生产管理、财务管理、建设管理等专业管理紧密结合起来，使人为的资源浪费和污染物排放量减到最小。主要内容包括：安装必要的高质量监测仪表，加强计量监督，及时发现问题；加强设备检查维护、维修，杜绝跑、冒、滴、漏，建立有环境考核指标的岗位责任制与管理职责，防止生产事故；完善可靠详实的统计和审核；产品的全面质量管理，有效的生产调度，合理安排批量生产日程；改进操作方法，实现技术革新，节约用水、用电；原材料合理购进、储存与妥善保管；产品的合理销售、储存与运输；加强人员培训，提高职工素质；建立激励机制和公平的奖惩制度；组织安全文明生产。

三、清洁生产与 ISO 14000

1. ISO 14000 的内容、特点

ISO 14000 是一套一体化的国际标准，包括环境管理体系、环境审核，环境绩效评价、环境标志、产品生命周期等。

ISO 14000 系列标准是为促进全球环境质量的改善而制定的。它是通过一套环境管理的框架文件来加强组织（公司、企业）的环境意识，管理能力和保护措施，从而达到改善环境质量的目的。它目前是组织（公司、企业）自愿采用的标准，是（公司、企业）的自觉行为。在中国是采取第三方独立认证来验证组织（公司、企业）所生产的产品是否符合要求。其特点是：

（1）这套标准是以消费行为为根本动力，而不是以政府行为为动力。

（2）这是一个自愿性的标准，不带有任何强制性。

（3）这套标准没有绝对量的设置，而是按各国的环境法律、法规、标准执行。

（4）这套标准体系强制环境持续的改进，要求所涉及的组织不断改善其环境行为。

（5）这套标准要求管理过程程序化、文件化，强调管理行为和环境问题的可追溯性。

（6）这套标准体现出产品生命周期思想的应用。

2. 清洁生产与 ISO 14000 的关系

ISO 14000 系列标准的实施，有利于环境与经济的协调发展，这与企业推行清洁生产的目的是一致的。在 ISO 14001 标准的引言中明确提出："本标准的总目的是支持环境保护和预防污染，协调它们与社会需求和经济需求的关系。"ISO 14001 标准强调法律、法规的符合性，强调持续改进、污染预防和生命周期等基本内容。组织通过制定环境方针和目标指标、评价重要环境因素与持续改进达到节能、降耗、减污的目的。而清洁生产也是强调资源、能源的合理利用，鼓励企业在产品生产和服务方面最大限度的做到：节约能源，利用可再生能源和清洁能源，实现各种节能技术和措施，节约原材料，使用无毒、低毒和无害原料，循环利用物料等。在清洁生产方法上，以加强管理和依靠科技进步为手段，实现源头削减，改进生产工艺和现场回收利用；开发原材料替代品；改进生产工艺和流程，提高自动化生产水平，更新生产设备；设计和开发

新产品，提高产品寿命和回收利用率；合理安排生产进度，防止物料和能量消耗；总结生产经验，加强职工培训等。这些做法和措施，正是 ISO 14001 标准中控制的重要环境因素，不断取得环境绩效的基本做法和要求，是实行预防污染和持续改进的重要手段。

ISO 14000 与清洁生产是两个不同的概念，具体表现在如下方面。

（1）两者的侧重点不同：ISO 14000 系列标准侧重于管理，强调的是一个标准化的管理体系，为企业提供一种先进的环境管理模式；而清洁生产则着眼于生产全过程，以改进生产、减少污染为直接目标，尽管也强调管理，但技术含量高。

（2）两者的实施手段不同：ISO 14000 系列标准是以国家的法律法规为依据，采用优良的管理，促进技术改进；清洁生产主要采用技术改造，辅之以加强管理，并且存在明显的行业特点。某一清洁生产技术成熟，即可在本行业推广。

（3）审核方法不同：ISO 14000 环境管理体系标准的审核侧重于检查企业的环境管理状况，审核的对象为企业文件、记录及现场状况等具体内容；而清洁生产审核侧重于分析工艺流程、物料衡算等方法，发现排污部位和原因，确定审核重点，实施审核方案。

（4）审核认证不同：ISO 14000 系列标准的审核认证，必须由专门的审核人员和认证机构对企业的环境管理体系进行审核，企业达到标准即可取得认证证书；清洁生产审核是在现有的工艺、技术、设备、管理等基础上，尽可能的改进技术，提高资源、能源的利用水平，加强管理，改革产品体系，实现保护环境、提高经济效益的目的。

只有把环境管理体系与清洁生产有机的结合起来，改善环境管理，推行清洁生产，才有可能实现环境的可持续发展。

第四节　绿 色 技 术

绿色技术是随着环境问题的产生而产生的。20 世纪 70 年代中叶以来，殃及全球的温室效应、臭氧层破坏、酸雨为患、生态环境退化等给人类生存和发展带来了空前的威胁。环境问题日益受到各国的重视。1992 年 6 月 3 日至 14 日全球首脑会议的联合国环境与发展大会推出了可持续发展的观念。可持续发展指"既满足当代的需求，又不危及后代满足其需要的能力"，它强调的是环境与经济的协调发展，追求的是人与自然的和谐。随着人们环境意识的逐步增强以及环境保护事业的深入发展，国际上兴起了一股"绿色浪潮"。科学技术领域中出现了"绿色技术"这一新名词。

一、绿色技术的含义与内容

绿色技术（Green Technology）是指能减少污染、降低消耗、治理污染或改善生态的技术体系，是指根据环境价值并利用现代科技的全部潜力的技术。简单地说，对环境友好的所有科学技术都可以称为绿色科技，绿色化学是绿色科技的重要组成部分。绿色科技的发展经历了漫长的历史，也是科技发展的必然趋势，正式提出绿色科技的概念是在 20 世纪 90 年代，客观地讲，是公害事件和环境问题使科学家认识到绿色科技的重要性。这是一种较为概括、共性的说法，但恰当与否尚需时间检验。

绿色技术的内容包括清洁生产技术、治理污染技术和改善生态技术。

（1）按联合国环境规划署的定义，清洁生产是关于生产过程的一种新的、创造性的思维方式。清洁生产意味着对生产过程、产品和服务持续运用整体预防的环境战略，以期增加生态效率并降低人类和环境的风险。无疑地，清洁生产技术属于绿色技术。但绿色技术不能等同于清洁生产技术。

假定在一个孤立、封闭的地理系统，生态平衡，没有污染。由于地理系统内部的居民一直使用清洁生产技术，从不使用任何污染技术，因此，地理系统中人与自然关系处于和谐状态。这时，清洁生产技术等同于绿色技术。但在今天的地球表面，不存在严格孤立、封闭的地理系统。不同地理系统之间存在着相互影响、相互制约的关系，任何地理系统的污染都会影响毗邻地理系统。并且，人类在工业化进程中，一开始使用的技术具有高排放、高消耗和污染性质，造成了环境问题。正因为出现了环境问题，作为一种反思，才提出清洁生产技术概念。在已出现污染和地理系统呈开放的条件下，即使今后都采用清洁生产技术，也只能部分解决环境问题。理由是，清洁生产技术只能防止未来的污染，而不能消除已存在的污染。从这个意义上讲，清洁生产技术只是绿色技术的一部分，而不是绿色技术的全部。

（2）在功能上，治理污染技术与清洁生产技术互补。治理污染技术是通过分解、回收等方式清除环境污染物，即解决存在的污染问题，而清洁生产技术是保证未来不发生污染问题。

（3）在没有人为干扰的情况下，局部自然生态也可能出现恶化，如沙漠化、泥石流、湖泊沼泽化等。自然生态恶化同样会影响人类的生存，因此，需要相应的技术来改善自然生态，如沙漠植草、土石工程、湖泊疏浚等。尽管这些技术属于常规技术，但在功能上应划入绿色技术。

各国国情不同，经济发展和环境保护的重点也不一样。所以，在不同的国家，或国家的不同地区，绿色技术的主要内容不同。首先要识别经济发展过程中环境受到的风险；然后针对这些风险，确定发展绿色经济的重点领域，研究相应的绿色技术。表4-1列出了美国环保局识别的环境风险重点。

表4-1 美国环保局确定的主要环境风险

环境风险分类	环境风险	环境风险分类	环境风险
排序相对较高的风险	栖息地的变动与毁坏 物种灭绝和物种多样性的消失 平流层臭氧的损耗 全球气候变化	排序相对较低的风险	石油泄漏 地下水污染 放射性核素 酸性径流 热污染
排序相对居中的风险	除莠剂和杀虫剂 地表水体中的有毒物、营养物、BOD、酸沉降、空气中有毒物质	对人体健康的风险	大气中的污染物 化学品 室内污染 饮用水中的污染物

我国面临着相当严峻的环境问题和困难，如庞大的人口基数、有限的人均资源、资源利用效率低、环境污染和生态破坏严重、技术水平低等。经济建设是可持续发展的中心，经济发展又必须与人口、资源、环境相协调。

为了促进可持续发展，我国必须大力发展绿色技术。在国家环保局1996年制定的《中国跨世纪绿色工程规划》中，我国确定的环境保护重点行业有：煤炭、石油天然气、电力、冶金、有色金属、建材、化工、轻工、纺织、医药，这些行业的污染物排放量占全国工业污染物排放总量的 90% 以上，全国 3000 多家重点污染源也都集中在上述行业。我国要重点开发的绿色技术的主要内容包括：能源技术、材料技术、催化技术、分离技术、生物技术、资源回收技术等。

二、绿色技术的特征与体系

（一）绿色技术的特征：

绿色技术的主要特征表现为它的动态性、层次性与复杂性。

1. 绿色技术的动态性

绿色技术的动态性是指在不同条件下有不同的内容，这是由于技术因素是环境变迁的主要原因。技术因素可分为污染增强型技术，污染减少型技术和中性技术三种类型。人们在主观上希望尽可能采用污染减少型技术或发展绿色技术，但是，技术因素的演变是客观条件作用的结果，包括经济，自然，社会，技术发展等各个方面。

绿色技术动态性与四大因素有关，即环境、人口、经济与技术。

污染物 = 人口 × （产量/人口）× （污染物/产量）。

上面公式表示了污染物与人口数量、人均产量、生产技术水平之间的关系。如果采用增量方程，可表示为：

污染物排放的增长率 = 人口增长率 × 人均产量增长率 × 单位产量污染物排放增长率。

可见，环境质量与人口变迁、经济发展和技术水平三大因素相关。

从历史的发展长河看，自然环境一直处于不断变迁和自我演化的过程当中。技术因素是影响环境质量最积极最活跃的可变因素，它既是污染物排放的引起者，又是污染防治的创造者，它决定了环境质量的变化状况及趋势。技术因素有以下三种类型。

（1）污染增加型技术：指污染物排放量增长率超过产值增长率。

（2）污染减少型技术：指污染物排放量增长率低于产值增长率。

（3）中性技术：指污染物排放量增长率等于产值增长率。

工业化国家的发展历程表明：随着经济的发展，污染增加型技术减少，污染减少型技术增加。各国政府都希望尽可能采用污染减少型技术，或发展绿色技术。技术因素的演变是客观条件作用的结果，包括经济、自然、社会、技术发展等各个方面。因此，在不同条件下，绿色技术有不同的内容，这就是绿色技术的动态性。我国绿色技术的发展重点要从当前的经济发展水平和环境保护重点出发：一方面应当结合重点污染行业，发展减废技术；另一方面应当积极面对新科技浪潮，利用信息、医药、生物与航天等技术提供的广阔前景，为发展污染减少型技术寻找新的契机。

2. 绿色技术的层次性

绿色技术的层次性是指绿色技术思想的产业规划、企业经营、生产工业三个层次，他们既互相区别，又紧密联系。要成功的实施绿色技术，三个层次的实践缺一不可，而且必须相互协调。

产业规划的行为主体是国家各级政府。体现绿色思想的产业规划应当从可持续发展原则和地区的实际情况出发，在产业布局、产业结构等方面充分考虑经济与环境协调发展。

企业经营行为的主体是企业，动力来自于企业的决策管理层，实施效果则取决于整个企业的企业文化。因此，绿色技术的思想应当渗透到企业发展的意识和谋略中去，引导企业把追求目标和减轻对周围环境不利影响的目标结合起来。具体内容包括产品设计、原材料和能源选用、工艺改进、管理优化等方面。

绿色技术在生产工业层次中表现为工艺优化。从环境保护出发，不断进行工艺改进，提高资源能源利用率，减少废弃物排放，积极进行清洁生产，即对工艺和产品不断运用一种一体化的预防性环境战略，减轻其对人体和环境的风险。

3. 绿色技术的复杂性

绿色技术的复杂性主要表现在以下两个方面。

（1）广度上，绿色技术改进往往会引发多种效应，如环境效应、经济效应和社会效应。产业的综合影响是复杂的，如电动汽车采用蓄电电池代替汽油或柴油作为动力源，行驶中不排放 NO，CO 等有害气体，从这方面来说是一项绿色技术。但是把评价的范围扩大一些，发现在蓄电池的生产过程中，要耗用石油或煤炭等初级能源，生产过程排放出大量废水废气，显然存在污染转移的问题，把发生在行驶过程中的污染集中到了生产过程中。此外还存在废旧蓄电池的处置问题。国外学者研究发现，电动汽车启动性能弱于汽油车，容易造成路口交通堵塞。

（2）深度上，绿色技术改进与环境效应之间的联系不能只看表面，需要进行深入研究。例如，含磷洗衣粉"禁磷"以后，相关水域的磷浓度显著降低并保持在稳定水平。在一些湖泊中，生物多样性指数提高，藻类构成发生了有利于水质改善的变化。然而，随着对富营养化研究的深入，人们对"禁磷"有效性和科学性提出质疑。绿色和平运动委员会主席琼斯采用生命周期法评估认为，含磷洗衣粉与无磷洗衣粉对环境的负面影响大体相当，甚至后者大于前者。

（二）绿色技术的理论体系

绿色技术的理论体系包括绿色观念、绿色生产力、绿色设计、绿色生产、绿色化管理、合理处置等一系列相互联系的概念。

（1）绿色观念：应当体现绿色技术思想，同时又具体指导实践生产。宏观的绿色观念包括环境的全球性观念、持续发展的观念、人民群众参与的的观念、国情的观念。

（2）绿色生产力：是指国家和社会以耗用最少资源的方式来设计，制造与消费可以回收循环再利用的产品能力或活动的过程。发展绿色生产力，必须是在绿色观念的指导下，即在社会生产和生活领域中体现绿色观念。具体内容包括以绿色设计为本质，绿色制造为精神，绿色包装为体现，绿色行销为手段，绿色消费为目的，来全面协调和改革生产与消费的传统行为和习性，从根本上解决环境污染问题。

（3）绿色设计：也称为生态设计或为环境而设计。它是指设计时，对产品的生命周期进行综合考虑；少用材料，尽量选用可再生的原材料。产品生产和使用过程中的能耗低，不污染环境；产品使用后易于拆解，回收，再利用；使用方便，安全，寿命长。

（4）绿色生产：也称为清洁生产，即在产品的生产过程中，将综合预防的环境策略持续地用于生产过程和产品中，减少对人类和环境的风险。清洁生产是绿色技术思想在生产过程中的反应，两者在指导思想上是一样的，都体现了社会经济活动，特别是生产过程中体现环境保护的要求。两者涉及的范围也相当，都涵盖了产品生命周期的各个环节。绿色技术更多的表现为科学发展和环境价值观相结合而形成的理论体系，而清洁生产则是绿色科技理论体系在产品生产，尤其是在工业生产中的具体落实。

（5）绿色标准：是由国际标准化组织制定的 ISO 14000 体系，该体系的全称是环境管理工具及体系标准。内容包括：环境管理体系标准（EMS）、环境审核标准（EA）、环境标志标准（EL）、环境行为标准（EPE）、生命周期评估标准（LCA）、术语和定义、产品标准中的环境指标（EAPS0）。

（6）减少废弃物产生的技术称为浅绿色技术，处置废物的技术称为深绿色技术。随着经济发展和人们生活水平的提高，人均废弃物生产量在不断增加。因此，尽管废物减量化工作不断的进展，废物的最终处置（深绿色技术）仍具有重要意义。深绿色技术包括资源回收利用，以合理的方式处理废物两个方面。

（7）绿色标志：即环境标志。它的作用是表明符合环保要求和对生态环境无害，经专家委员会鉴定后由政府部门授予。环境标志是以市场调节来实现环境保护的举措，公众有意识的选择购买环境标识产品，就可以促使企业在生产过程中注意保护环境，减少对环境的污染和破坏，促使企业和生产环境标识产品作为获取经济利益的途经，从而达到预防污染的目的。

联邦德国（前西德）是世界上第一个推行环境标志计划的国家，从 1978 年至今，该国已对国内市场上的 75 类 4500 种以上的产品颁发了环境标志，德国的环境标志成为蓝色天使。1988 年加拿大、日本和美国也开始对产品进行环境论证并颁发类似的标志，加拿大称之为环境的选择，日本则称之为生态标志。绿色标志风靡全球，它提醒消费者，购买商品时不仅要考虑商品的价格和质量，还应当考虑有关的环境问题。

我国 1993 年 10 月 23 日开始实行环境标识制度，1994 年 5 月中国环境标识产品认证委员会正式成立，这是我国政府对环境产品实施认证的唯一合法机构，到 1996 年 3 月 20 日，经过严格的检测和认证，中国环境标识产品认证委员会宣布 11 个厂家的 6 类 18 种产品为我国第一批环境标识产品，其中有低氟氯烃的家用制冷器和无铅车用汽油，还有水性涂料、卫生纸、真丝绸和无汞镉铅充电电池等。如青海海尔集团电冰箱厂于 1990 年推出了一种新型的绿色冰箱，氟氯烃的用量减少了一半。这种冰箱很快就荣获"欧洲生态标志"，打开了销往欧洲的道路。到目前为止，我国有 140 多个企业的 400 余种产品获得了国家环保标志认证。

三、绿色产品

绿色象征着自然、生命、健康、舒适和活力，绿色使人感到如同回归自然。面对环境污染，人们选择绿色作为无污染、无公害和环境保护的代名词，它的自身含义是指无污染、无公害和有助于环境保护的产品，这就是绿色产品的概念。现实意义在于：人们对有益于环境和健康产品的呼吁和欢迎，以环境和健康效益为目标，积极利用科学技术的新成果，通过产品设计、生产技术、管理现代化等手段发展绿色产品。

绿色产品包括绿色科技产品和绿色化学产品，或者说包括绿色化学在内的、对环境友好的绿色科技产品都可以称为绿色产品，绿色化学产品是绿色科技产品的重要组成部分。

（一）绿色科技产品

绿色科技产品包括绿色汽车、绿色能源、绿色建筑、绿色冰箱、绿色材料等。

1. 绿色汽车

目前国际上与绿色汽车相类似的叫法有很多，如称之为"环保汽车"或"清洁汽车"等。通常是指那些开发过程无污染，使用健康且安全，不会破坏环境和生态，在特定的技术标准下生产出来的汽车产品。它对汽车生产基地、汽车能源、汽车尾气的要求，对汽车从成产、销售到废品回收的整个过程的要求，以及对环境、生产技术、安全等方面的要求，都有一定的国际标准。虽然叫法不同，但实质上差别不大，都是要求生产健康无污染的汽车，这是一种既追求保护环境，提高汽车安全性，又容易被广大消费者接受的产品。

对绿色汽车的研究主要是动力源的改进，集中表现在对蓄电池电动汽车、燃料电池汽车、太阳能电池的研究。代用燃料汽车开发的基本设想是，使用汽油和柴油以外的燃料，如天然气、醇类、氢等。目前出现的绿色汽车大致分为以下几种。

（1）电动汽车：低耗，低污染，高效率的优势使其在人们面前展现了良好的发展前景，美国把开发电动汽车作为振兴汽车工业的着力点。

（2）汽车天然车：排放大大低于以汽油为燃料的汽车，成本也比较低。这是一种理想的清洁能源汽车。

（3）氢能源汽车：采用氢作为燃料。氢能源电池的原理是利用电分解水时的逆反应，使氢气和空气中的氧气发生化学反应，产生水和电，从而实现高效率的低温发电，且余热的回收与再利用也简单易行。

（4）甲醇汽车：在煤少，油少的地区值得推广。

（5）太阳能汽车：节约能源，无污染，是最典型的绿色汽车。目前我国太阳能汽车的储备电能，电压等数据和设计水平，已经接近或超过了发达国家水平，是一种有望普及推广的新型交通工具。

（6）对环境污染小的新型汽油：壳牌石油公司开发出一种新型汽油，其中含有一种化学物质，使汽油能够充分燃烧，大大减少了有害气体的排放。

当今世界汽车工业的特点是竞争激烈，国际化集约生产趋势明显，少数几家公司正演变为国际性大集团。通用、福特、丰田全球三大汽车公司的汽车产量（轿车）约占世界汽车总量的37%左右，而全球十大汽车公司的轿车产量约占世界汽车总产量的75%。他们实力雄厚，技术先进，代表了世界汽车工业发展方向。一个共同特点是在汽车环境保护方面，作了大量的研究工作，投入了大量人力、物力和财力进行绿色汽车的开发研究。世界上实力雄厚的汽车集团公司如美国的通用、福特、克莱斯勒，日本的丰田、本田、三菱，德国的大众、奔驰，法国的雷诺、雪铁龙，韩国的现代、大宇，意大利的菲亚特和瑞典的沃尔沃等，这些大的汽车公司从汽车使用的能源和资源方面，开发电动汽车（EV）和代J料汽车（SFV），改善汽车对环境的污染，提倡使用零污染汽车。在汽车材料和车身结构方面进行全面优化，改善汽车发动机燃烧状况，广泛应用燃油电喷系统，极大地降低了汽车尾气排放。雷诺公司在汽车回收方面也不落人后，在1999年，雷诺公司就建立了"绿色网络"来回收它在欧洲地区商业机构中产生的废弃物，把汽车回收再利用、汽车材料可回收性、汽车安全性、降低成本、减轻质量、限制排放同改善外观一样，都作为优先考虑的问题，该公司初步回收目标达85%。菲亚特汽车公司和沃尔沃汽车公司都非常重视汽车回收再利用，并且做了大量工作。绿色汽车就其目前开发而言，大多在汽车所用能源上想了很多办法，如开发天然气汽车（CNGV）、液化石油气汽车（LPGV）以及电动汽车（EV）等，并且在汽车发动机燃烧、汽车尾气排放治理方面开展一些工作，都带来了很好的经济效益和社会效益。

由于绿色汽车本身具有优越性，因而它有着潜在而巨大的汽车市场。绿色汽车的开发是汽车工业新的经济增长点，可使汽车工业真正得到可持续发展。绿色汽车将给人类带来更加灿烂的文明，21 世纪将是绿色汽车的世界。

2. 绿色能源

绿色能源也称清洁能源，是环境保护和良好生态系统的象征和代名词。它可分为狭义和广义两种概念。狭义的绿色能源是指可再生能源，如水能、生物能、太阳能、风能、地热能和海洋能。这些能源消耗之后可以恢复补充，很少产生污染。广义的绿色能源则包括在能源的生产、及其消费过程中，选用对生态环境低污染或无污染的能源，如天然气、清洁煤和核能等。

大规模地开发利用可再生能源，大力鼓励可再生能源进入能源市场，已成为世界各国能源战略的重要组成部分。

欧盟自 20 世纪 90 年代初开始，就高度重视能源战略。按照欧盟的要求，到 2010 年，其成员国实现可再生能源的消费比例将达到 12%，可再生能源生产的电力提高到发电总量的22.1%。目前，可再生能源已分别占北欧国家挪威和瑞典能源供应的 45% 和 25%。法国政府多年来一直重视生物能源的开发和利用。法国农业部的公告显示，按照目前的生物能源发展的趋势，到 2010 年，法国可再生能源消费能够增加 50%，可再生能源生产的电力将达到 21%。

日本在 1973 年第一次石油危机以后，开始推行摆脱对石油依赖的政策，引进天然气和核能。在多样化方面，除了依靠大量采用核能发电取得成效外，2000 年以后风力发电和太阳能发电在日本被加快普及。

对于能源极度匮乏，所有原油都需要进口的韩国来说，可再生能源的研发更显得重要。韩国能源部此前宣布，在未来 3 年里，韩国公用事业部门将在可再生能源开发领域投入 11 亿美元，用于对抗不断飙升的石油价格和全球变暖带来的影响。

美国的能源政策一直都将促进可再生能源的开发利用，以及充分合理利用现有资源作为核心内容。为了扩大可再生能源市场，美国已经要求其联邦机构使用可再生能源的比例，在 2011年达到总能耗的 7.5%。

中国绿色能源资源丰富，开发利用潜力很大。据测算，在今后二三十年内，具备开发利用条件的可再生能源预计每年可达 8 亿吨标准煤。

在绿色能源中，太阳能资源取之不尽，清洁安全，是最理想的可再生能源。目前，国际上对太阳能的开发十分重视。到 2003 年底，全国已安装光伏电池约 5 万 kW，我国太阳能热水器使用量和生产量均居世界前列，2003 年使用量为 5200 万 m^2，约占世界总量的 40%，年产量达1200 万 m^2。据测算，中国拥有可开发太阳能达 1700 亿 t 标准煤。

风能是地球"与生俱来"的丰富资源，加快开发利用风能已成为全球能源界的共识。风能的利用主要是发电，目前风电在全球已发展为年产值超过 50 亿美元的大产业，50 多个国家正积极促进风能事业的发展。中国风力资源十分丰富，国家气象局提供资料显示，我国陆地上 10 m高度可供利用的风能资源为 2.53 亿 kW，陆地上 50 m 高度可利用的风力资源为 5 亿多 kW。世界公认，海上的风力资源是陆地上的 3～5 倍，即使按 1 倍计算，我国海上风力资源也超过 5 亿kW。我国 2003 年已建成并网风力发电装机容量 57 万 kW。风电设备制造技术已形成了批量生产能力，全国各地正在建设一批风力发电场。

此外，中国生物质能利用也已起步。目前，中国农村地区拥有户用沼气池 1300 多万口、年产沼气约 33 亿 m^3；大型沼气场 200 多处，年产沼气约 12 亿 m^3。生物质能发电装机容量 200 多万 kW，主要以蔗渣、稻壳等农业、林业废物和沼气、垃圾等发电。中国正进行从生物质能中制取固体、液体燃料的研究和试验。

我国的绿色能源已开始在我国的能源供应中发挥作用，在未来能源构成中更将发挥举足轻重的作用。绿色能源领域发展前景广阔，投资潜力巨大。同时更能有效地保护生态环境，利在当代业在千秋，因此也必将是企业可持续发展的必然选择。

3. 绿色建筑

绿色建筑是指为人们提供健康、舒适、安全的居住、工作和活动空间，同时在建筑全生命周期中（物料生产、建筑规划、设计、施工、运营维护和拆除、回用过程）实现高效率的利用资源（节能、节地、节水、节材），最低限度地影响环境的建筑物。

绿色建筑的基本内涵可归纳为：减轻建筑对环境的负荷，即节约能源及资源；提供安全、健康、舒适性良好的生活空间；与自然环境亲和，做到人及建筑与环境的和谐共处、永续发展。由此可见，绿色建筑是追求自然、建筑和人三者之间和谐统一，并且符合可持续发展要求的建筑。其核心内容是从材料的开采运输、项目选址、规划、设计、施工、运营到建筑拆除后垃圾的自然降解或回收再利用这一全过程，尽量减少能源、资源消耗，减少对环境的破坏；尽可能采用有利于提高居住品质的新技术、新材料。要有合理的选址与规划，尽量保护原有的生态系统，减少对周边环境的影响，并且充分考虑自然通风、日照、交通等因素；要实现资源的高效循环利用，尽量使用再生资源，尽可能采用太阳能、风能、地热、生物能等自然能源；尽量减少废水、废气、固体废弃物的排放，采用生态技术实现废物的无害化和资源化处理；控制室内空气中各种化学污染物质的含量，保证室内通风、日照条件好。

绿色建筑设计理念包括以下几个方面。

（1）节能能源：充分利用太阳能，采用节能的建筑围护结构以减少采暖和空调的使用。根据自然通风的原理设置风冷系统，使建筑能够有效地利用夏季的主导风向。建筑采用适应当地气候条件的平面形式及总体布局。

（2）节约资源：在建筑设计、建造和建筑材料的选择中，均考虑资源的合理使用和处置。要减少资源的使用，力求使资源可再生利用。节约水资源，包括绿化的节约用水。

（3）回归自然：绿色建筑外部要强调与周边环境相融合，和谐一致、动静互补，做到保护自然生态环境。

（4）舒适和健康的生活环境：建筑内部不使用对人体有害的建筑材料和装修材料。室内空气清新，温、湿度适当，使居住者感觉良好，身心健康。

（5）绿色建筑的建造特点包括：对建筑的地理条件有明确的要求，土壤中不存在有毒、有害物质，地温适宜，地下水纯净，地磁适中。

绿色建筑应尽量采用天然材料。建筑中采用的木材、树皮、竹材、石块、石灰、油漆等，要经过检验处理，确保对人体无害。

绿色建筑还要根据地理条件，设置太阳能采暖、热水、发电及风力发电装置，以充分利用环境提供的天然可再生能源。

随着全球气候的变暖，世界各国对建筑节能的关注程度正日益增加。人们越来越认识到，建筑使用能源所产生的 CO_2 是造成气候变暖的主要来源。节能建筑成为建筑发展的必然趋势，绿色建筑也应运而生。

4. 绿色冰箱

绿色冰箱是指不使用氟利昂（CFC）作制冷剂的冰箱。

电冰箱的氟利昂发泡剂和制冷剂是破坏臭氧层的有害气体，研制绿色冰箱正成为世界各国关注的问题。隔热材料是指冰箱（钢板）和内箱（ABS 树脂）之间箱体夹层的一种保温材料，最常用的是采用隔热性能好的发泡剂制作的泡沫材料。CFC－11 易于发泡，热传导率小，隔热效果好，每台冰箱平均需 1kg 发泡剂 CFC－11。1985 年科学家们首次在南极上空观测到臭氧层空洞，大量使用 CFC 物质，破坏大气臭氧层是对全球环境最严重的威胁之一，因而全世界发起了对 CFC 的禁用。发达国家已从 1996 年 1 月 1 日起停止使用 CFC－11，发展中国家也在 2000 年左右停止使用这种物质。目前对 CFC－11 的替代主要有两种方案，即 HCFC－141b 方案和环戊烷方案。HCFC－141b 的 ODP（Ozone Depletion Potential 即臭氧破坏潜能值）小，GWP（即全球升温潜能值）也小，但是，HCFC－141b 中仍含有氯原子，不能够成为 CFC－11 的最终替代物。环戊烷不属于 CFC，对臭氧层没有破坏，但导热系数比 HCFC－141b 高，隔热性能略差。

CFC－12 分子式为 CF_2Cl_2，作为一种安全高效的制冷剂用于电冰箱已有 60 多年历史，每台冰箱平均需要制冷剂约 0.2kg。由于 CFC－12 属于臭氧消耗物质和温室效应气体（CFC－12 的 GWP 为 CO2 的 7500 倍），同样受到禁用，目前的主要替代物质是 CFC－134a。欧洲从 1992 年开始使用 CFC－134a，采用 CFC－134a 后冰箱能耗会增加；欧洲一些企业认识到 CFC－134a 方案带来的麻烦，纷纷转向 R600 替代方案。R600 即异丁烷，分子式为 C_4H_{10}，ODP 和 GWP 均为零，无毒无污染，运行压力低，噪声小，能耗降低 5% ～ 10%，与水不发生化学反应，R_{600} 的主要缺点是它的易燃易爆性。

为了克服以上缺点，最好的办法是另辟蹊径，干脆将制冷剂和压缩机、冷凝器、蒸发器等统统不要，应用半导体制冷器来制造电冰箱。应用半导体制冷器的绿色电冰箱，不但彻底根治了氟利昂破坏臭氧层的源头，而且它还具有制冷快、体积小、没有机械和管道、无噪声、可靠性高等优点，能方便地实现制冷和制热，有着十分广阔的发展前景。

5. 绿色材料

新材料技术、电子信息技术与生物技术被视为未来的三大高新技术领域，可见材料科学在新技术革命中的地位日趋重要。第一次材料革命，人类开始用岩石制作刀具，将树木削成各种形状制成农具；第二次材料革命，人类从焙烧粘土制成各种容器开始，到 19 世纪末金属材料的大规模工业化生产；第三次材料革命，以 1909 年贝克兰成功地合成酚醛树脂为标志；第四次材料革命，20 世纪 40 年代玻璃纤维的问世，标志着新材料进入可设计阶段。即将到来的第五次材料革命：目前科学家们正在谋略开发能根据环境变化而改变自身特性的材料——智能材料。材料是技术进步的物质基础，新材料的开发已成为以信息为核心的新技术革命成功与否的关键。谁能最先研究开发具有特定功能的新材料谁就占领了技术、经济、军事的至高点。

现在要发展的是绿色材料，如可降解型材料、超导材料、纳米材料等。

可降解型材料：有生物降解型和光降解型。生物降解型塑料一般指具有一定机械强度并能在自然环境中全部或部分被微生物或细菌、霉类和藻类分解而不造成环境污染的新型塑料。生物降解的机理主要由细菌或其他水解酶将高分子量的聚合物分解成小分子量的碎片，然后进一步分解为二氧化碳和水等物质。光降解型塑料是指在日光照射或暴露于其他枪光源下时，发生裂化反应，从而失去机械强度并分解的塑料材料。制备光降解塑料是在高分子材料中加入可促进光降解的结构或基团，目前有共聚法和添加剂法两种。

超导材料：是指具有在一定的低温条件下呈现出电阻等于零以及排斥磁力线的性质的材料。现已发现有 28 种元素和几千种合金和化合物可以成为超导体。超导材料具有的优异特性使它从被发现之日起，就向人类展示了诱人的应用前景。但要实际应用超导材料又受到一系列因素的制约，这首先是它的临界参量，其次还有材料制作的工艺等问题。

纳米材料：根据欧盟委员会的定义，纳米材料是一种由基本颗粒组成的粉状或团块状天然或人工材料，这一基本颗粒的一个或多个三维尺寸在 1 nm ～ 100 nm 之间，并且这一基本颗粒的总数量在整个材料的所有颗粒总数中占 50% 以上。

（二）绿色化学产品

传统的绿色化学是指在制造和应用化学产品时应有效利用（最好可再生）原料，消除废物和避免使用有毒的和危险的试剂和溶剂。而今天的绿色化学是指能够保护环境的化学技术，它可通过使用自然能源，避免给环境造成负担、避免排放有害物质。利用太阳能为目的的光触媒和氢能源的制造和储藏技术的开发，并考虑节能、节省资源、减少废弃物排放量。

传统的化学工业给环境带来的污染已十分严重，目前全世界每年产生的有害废物达 3 亿吨～ 4 亿吨，不仅给环境造成危害，还威胁着人类的生存。严峻的现实使得各国必须寻找一条不破坏环境，不危害人类生存的可持续发展的道路。化学工业能否生产出对环境无害的化学品？甚至开发出不产生废物的工艺？绿色化学的口号最早产生于化学工业非常发达的美国。1990 年，美国通过了一个"防止污染行动"的法令。1991 年后，"绿色化学"由美国化学会（ACS）提出，并成为美国环保署（EPA）的中心口号，并得到了全世界的积极响应。

绿色化学产品的起始原料应来自可再生的原料，如农业废弃物，而产品本身必须不会引起环境或健康问题，包括不会对野生生物、有益昆虫或植物造成损害；当产品被使用后，应能循环再生或易于在环境中降解为无害物质。现介绍几种重要的绿色化学产品。

（1）绿色溶剂：超临界二氧化碳（CO_2）正成为一种"绿色"的化学替代物，是环保上可以接受的有机溶剂的替代物，它已在咖啡胶、咖啡因、废水处理和化学分析等方面得到应用，并正被考虑用于生产高聚物、生产药品和土壤污染治理等方面。超临界是一种更快速、更具选择性的溶剂萃取，是指在 30 min ～ 45 min 内萃取各种目的化合物的一整套方法。超临界 CO_2 萃取物较干净，溶剂用量少，如惠普公司生产的两种超临界液相萃取仪，就具有此特点。

（2）新型绿色燃料：生物柴油把植物油加工成高脂酸甲烷，成功地开发了与各种型号的柴油具有同等性能的生物柴油燃料。生物柴油燃料是用菜油或油脚加工而成，根据化学成分分析，生物柴油燃料是一种高脂酸甲烷，它是以不饱和油酸 C18 为主要成分的甘油分解而成的，其生产工艺主要分为三个阶段：产生酒精、中和、洗涤干燥，其中甲醇作为一种原料在生产过程中不断再生，使之得到充分利用，生产过程中可产生 10% 的副产品（甘油）。

（3）生物柴油：用农产品来保证能源供应，可摆脱对石油的单纯依赖；种植油菜，土地可轮作，有利于改善土质；生产过程中的各种副产品，如卵磷脂、甘油、油酸等均可进一步利用，有重要的环保和保健意义。生产生物柴油时，平均 1 t 脱胶菜籽油或油脚可产出 960 kg 生物柴油。

（4）绿色肥料：磁化肥燃煤电厂排放的粉煤灰逐年增多，目前年排放量已达 1.6 亿 t，粉煤灰不仅严重污染环境，而且灰场占用土地也日益增加，灰渣处理费用已日益成为燃煤厂的沉重负担。对粉煤灰加以研究利用、扬长避短是解决粉煤灰处理的重要途径。粉煤灰中含有一定的铁磁物质和矿物质，如果再加入一定比例的营养物质（如 N、P、K 等），经过磁化处理，就可以制成一种优质高效的农用肥料——磁性化肥。

我国磁性肥料的年产量已经达到 70 万 t 以上。按每亩施肥 50 kg，增产粮食 15% 计算，一座年产 4 万 t 的磁性肥料工厂，可解决 80 万亩耕地一季农作物对化肥的需求量，并可增产粮食 0.8 亿 kg，创造社会效益 8000 多万元。

（5）新型材料：甲壳素及其衍生物甲壳素又称甲壳质，在自然界约有 1000 亿 t，资源仅次于纤维素，主要原料是水产品加工废弃的蟹壳和虾壳。21 世纪将是甲壳质的时代，采用甲壳质作为原料，将之用作食品添加剂具有爽口的甜味，随着聚合度的增大，甜味、吸湿性、溶解度降低，可调节食品的保水性和水分活性。在医学上，用甲壳质制作的手术线强度好、不过敏、能被人体吸收，解除拆线造成的痛苦；甲壳质还可用作人造皮肤，创伤贴，具有柔软舒适、止痛止血功能；在化学与环保中，利用壳聚糖的螯合作用可有效地吸附或捕集溶液中的重金属离子。壳聚糖还可用作絮凝剂，处理城市污水及工业废水，有助于处理后剩余污泥的脱水，用壳聚糖絮凝剂沉淀的污泥脱水性能良好，是一种很有发展前景的污水处理剂。甲壳质粉末是制作干洗发剂的理想物质，甲壳质地膜具有伸缩性小、湿润状态下有足够的强度、在土壤中能分解的性能，是很有发展前途的地膜材料。壳聚糖制成的膜分离材料可以透过尿素、氨基酸等有机低分子，是一种理想的人工肾用膜。

（6）催化剂开发：催化剂可分为生物催化剂和化学催化剂等多种大类。催化剂的发展与开发趋势是从有害到低害或无害，在复杂聚合物的合成和改性方面，生物催化剂——酶的优点特别明显，酶催化可用于制作聚酯、聚丙烯酸、多糖、聚酚等其他多聚物。

总之，绿色化学的研究已成为国外企业、政府和学术界的重要研究与开发方向。这对我国既是严峻的挑战，也是难得的发展机遇。

思 考 题

一、名词解释

清洁生产　清洁生产的审核　绿色技术　ISO 14000　绿色能源　绿色建筑

二、问答题

1. 叙述清洁生产主要内容所包含的三个方面？
2. 清洁生产审核的原则是什么？
3. 清洁生产评价方法是如何进行的？
4. 清洁生产实施的五个阶段是怎样的？实施途径又是怎样的？
5. 清洁生产与 ISO 14000 的关系是怎样的？
6. 绿色技术的内容有哪些？
7. 绿色技术的特征与理论体系包括哪些？
8. 举例说明绿色科技产品是如何体现绿色的？

第五章　循环经济、低碳经济与可持续发展

第一节　循环经济

一、循环经济的起源与发展

循环经济的思想萌芽可以追溯到环境保护兴起的 20 世纪 60 年代。1962 年，美国生态学家卡尔逊发表了《寂静的春天》，指出生物界以及人类所面临的危险。循环经济先由美国经济学家 K·波尔丁提出，主要指在人、自然资源和科学技术的大系统内，在资源投入、企业生产、产品消费及其废弃物产生的全过程中，把传统的依赖资源消耗的线性增长经济，转变为依靠生态型资源循环来发展的经济。其"宇宙飞船理论"可以作为循环经济的早期代表。认为地球就像在太空中飞行的宇宙飞船，要靠不断消耗自身有限的资源而生存，如果不合理开发资源或破坏环境，就会像宇宙飞船那样走向毁灭。

我国从 20 世纪 90 年代引入了关于循环经济的思想，循环经济是 1992 年联合国环境与发展大会提出可持续发展道路之后，在经济和环境法制发达国家出现的一种新型经济发展模式，这一模式在这些国家已取得了巨大成效，并已成为国际社会推行可持续发展战略的一种有效模式。

二、循环经济的基本概念、特征及原则

（一）循环经济的概念

《中华人民共和国循环经济促进法》给出的定义是：在生产、流通和消费等过程中进行的减量化、再利用、资源化活动的总称。循环经济是人们对"大规模生产、大规模消费、大规模废弃"的传统经济发展模式深刻反思的产物，是一种试图有效平衡经济、社会与资源环境之间关系的新型发展模式。目前，循环经济模式已被国际社会普遍认同为从根本上消解长期以来环境与发展之间尖锐冲突，实现可持续发展战略的途径。

从性质方面表述，循环经济是一种生态友好型经济，是运用生态学规律来指导人类社会的经济活动，遵循自然生态系统的物质循环和能量流动规律，重新构造的经济系统，是相对于传统发展模式的新发展模式。从内容方面表述，循环经济是一种以物质的高效利用和充分循环利用为核心的经济发展模式。从特征方面表述，循环经济是一种低消耗、低排放、高效率的经济发展模式，是对"大量生产、大量消费、大量废弃"的传统发展模式的根本变革。从原则方面表述，循环经济是以"减量化、再利用、资源化学元素"为原则的经济发展模式。从形态方面表述，循环经济是物质闭环流动型经济，它把传统的依赖资源消耗的线性增长经济，转变为"资源－产品－消费－再生资源"的物质反复循环流动的经济。

（二）循环经济的特征

循环经济是追求更大经济效益，更少资源消耗，更低环境污染和更多劳动就业的先进经济模式。循环经济无论从观念、物质流动方式、环境保护方式、还是技术方式等方面，都充分体现出资源节约、环境友好，与自然相和谐的可持续发展特征，具体概括为以下特征。

1. 循环经济是将其价值与社会价值和生态环境价值相统一的经济模式

循环经济抛弃传统经济模式以人类为中心，征服自然，改造自然，追求单纯经济增长的发展观，倡导适应自然，追求人与自然相和谐的可持续发展观。它反对传统经济模式将人类社会经济系统与自然生态系统割裂开来的系统观，要求恢复经济、社会与自然生态系统作为一个大系统的完整性；它抛弃了传统经济模式片面追求经济价值，而忽略其所造成的社会价值和生态环境价值的损失、将三者孤立起来的价值观，树立自然生态系统是人类最主要的价值源泉、发展活动所创造的经济价值必须与其社会价值和生态环境价值相统一的新价值观。

2. 循环经济是将经济与社会、自然生态系统联结起来的全新的经济范畴

循环经济把经济活动的中心从单纯的以价值流循环为核心，转变为以价值流和物质流循环为双核心。在关注价值流循环和价值增值的基础上，更加关注物质流循环，即物质（特别是自然资源）的投入、产出、利用效率和流动模式。因此，循环经济的范围比较宽泛，不仅包括能够创造价值、带来价值增值的社会再生产的各个环节（生产、流通、分配、消费），而且包括全部有物质、能源消耗和废弃物产生的基本单位。因此，循环经济的内涵超越了传统的经济范畴，将经济与社会、自然生态系统联结起来的全新的更加广义的经济范畴。

3. 循环经济是资源环境低负荷的全新的可持续发展模式

循环经济与传统经济最根本的区别在于：从物质流向看，传统经济发展模式是一个从资源到废弃物的线形开环系统。而循环经济模式则克服了经济系统与自然生态系统相互割裂的弊端，要求将经济系统组织成"资源—产品—再生资源"的反馈式流程，强调构筑"经济食物链"和修复循环链，在社会生产、流通、消费和产生废物的各个环节循环利用资源，对废弃物进行回收利用、无害化及再资源化，以提高资源的利用率，使所有的物质和能源在这个不断进行的经济循环中得到合理和持久的利用，把人类的经济活动和社会活动等对自然环境的影响降低到尽可能小的程度。

4. 循环经济是全新的资源节约环境友好型技术方式

相对于传统经济高开发、高消耗、高排放、低利用，循环经济的技术经济特征是低开发、低消耗、低排放、高利用。即用尽量少的物质投入量来达到既定的生产和消费目的；延长和拓宽生产技术链，将污染尽可能地在企业内进行处理，减少生产过程的污染排放；要求产品和包装能以初始的形式被多次使用，对生产和生活用过的废旧产品全面回收，可重复利用的通过技术处理进行无限次的循环利用，最大限度地减少初次资源的开采，最大限度地利用不可再生资源，最大限度地减少造成污染的废弃物排放；对生产企业无法处理的废弃物集中回收、处理；对国民经济各部门以及社会生活各个领域产生的废弃物集中回收、处理。

5. 循环经济是动脉产业和静脉产业相结合的全新的产业链条

循环经济根据物质流向的不同，将物质流动分为两个不同的过程：即从原料开采到生产、流通、消费的过程；从生产或消费后的废弃物排放到废弃物的收集运输、分解分类及资源化或最终废弃处置的过程。仿照生物体内血液循环的概念，前者可称为动脉过程，后者称为静脉过程。相应的，承担动脉过程的产业称为动脉产业，承担静脉过程的产业称为静脉产业。

如果说传统经济的产业概念主要是指动脉产业，即以"资源－产品－废物排放"为特征的单向流动的线形产业的话，那么，循环经济的产业概念则不仅包括动脉产业，而且还包括静脉产业，即以"废物－再生－产品"为特征、将废弃物转换为再生资源的反馈式产业。因此，循环经济是把动脉产业和静脉产业有机结合起来的一个完整的、全新的产业体系。

（三）循环经济的三个原则

1. 减量化原则

减量化原则属于输入端控制原则，旨在用较少的原料和能源投入来达到预定的生产目的，在经济活动的源头就注重节约资源和减少污染。它要求在生产过程中通过管理技术的改进，减少进入生产和消费过程的物质和能量流量，因而也称之为减物质化。换言之，减量化原则要求在经济增长的过程中为使这种增长具有持续的和与环境相容的特性，人们必须学会在生产源头的输入端就充分考虑节省资源、提高资源的利用率、预防废物的产生。

在生产中，减量化原则要求制造商通过优化设计制造工艺等方法来减少产品的物质使用量，最终节约资源和减少污染排放。企业可以通过技术改造、采用先进的生产工艺、或实施清洁生产减少单位产品生产的原材料使用量和污染物的排放量。如制造轻型汽车代替重型汽车，既可节省资源，又可节省能源；采用替代动力能源代替石油作为汽车的燃料，则可减少甚至消除有害的尾气排放，更可降低尾气的治理费用和控制或缓解全球性"温室效应"；光纤技术能大幅度减少电话传轴线中对铜线的使用；改革产品的包装、淘汰一次性物品不仅可节省对资源的浪费，同时也可消减废弃物的排放等。在消费中，减量化原则提倡人们选择包装物较少的物品，购买耐用的可循环使用的物品而不是一次性物品，来减少垃圾的产生；减少对物品的过度需求，改变消费至上的生活方式，由过度消费向适度消费和绿色消费转变；在消费后注重对垃圾的分类处置，促进其资源化等。

2. 再利用原则

再利用原则属于过程性控制原则，目的是通过尽可能多次以及尽可能多种方式地使用产品，延长产品的服务寿命，来减少资源的使用量和污染物的排放量。

在生产中，再利用原则要求制造商提供的商品便于更换零部件，提倡拆解、修理和组装旧的或破损的物品。制造商可以进行标准化设计实现部分优化替代的技术，以防止因产品局部损坏而导致整个产品的报废。例如标准化设计能使计算机、电视机和其他电子装置中的电路非常容易和便捷地更换，而不必更换整个产品。

在消费中，再利用原则要求人们对消费品进行修理而不是频繁更换，提倡二手货市场化；人们可以将尚可维修和尚可使用的物品返回市场体系供别人使用或捐献自己不再需要的物品。例如，在发达国家，一些消费者常常喜欢从慈善组织购买二手或稍有损坏但并不影响使用的产品。纸板箱、玻璃瓶、塑料袋等包装物，可以通过修整、消毒后多次循环再利用，以节约能源和材料。

3. 再循环（资源化）原则

资源化原则是输出端控制原则，是指废弃物的资源化，使废弃物转化为再生原材料，重新生产出原产品或次级产品，如果不能被作为原材料重复利用，就应该对其进行回收，旨在通过把废弃物作为原材料转变为资源的方法来减少资源的使用量和污染物的排放量。这样做能够减轻垃圾处理的压力，而且可以节约新资源的使用。将废弃物中可转化为资源的物质（即可循环物质）分离出来是资源化过程的重要环节。

资源化可分为两种，一种是原级资源化，即将消费者遗弃的物品资源化后形成与原来相同的新产品；例如将皮纸生产出再生纸，废玻璃生产玻璃，废钢铁生产钢铁等。这是最理想的资源化方式。这种资源化途径由于其生产过程所涉及的原料及生产工艺物耗和能耗均较低而具有良好的环境、经济效益。另一种是次级资源化，其资源化的效果略为逊色。它是废弃物被用来生产与其性质不同的其他产品原料的资源化途径。由于形成了生产原料的生态化，因而不仅可实现资源充分共享的目的，同时可实现变环境污染负效益为节省资源、减少污染的正效益的双赢效果。

三、发展循环经济的主要途径和措施

（一）发展循环经济的主要途径

发展循环经济的主要途径，从资源流动的组织层面来看，主要是从企业小循环、区域中循环和社会大循环三个层面来展开；从资源利用的技术层面来看，主要是从资源的高效利用、循环利用和废弃物的无害化处理三条技术路径去实现。

1. 从资源流动的组织层面

循环经济可以从企业、生产基地等经济实体内部的小循环，产业集中区域内企业之间、产业之间的中循环，包括生产、生活领域的整个社会的大循环三个层面来展开。

（1）以企业内部的物质循环为基础，构筑企业、生产基地等经济实体内部的小循环。企业、生产基地等经济实体是经济发展的微观主体，是经济活动的最小细胞。依靠科技进步，充分发挥企业的能动性和创造性，以提高资源能源的利用效率、减少废物排放为主要目的，构建循环经济微观建设体系。

（2）以产业集中区内的物质循环为载体，构筑企业之间、产业之间、生产区域之间的中循环。以生态园区在一定地域范围内的推广和应用为主要形式，通过产业的合理组织，在产业的纵向、横向上建立企业间能流、物流的集成和资源的循环利用，重点在废物交换、资源综合利用，以实现园区内生产的污染物低排放甚至"零排放"，形成循环型产业集群，或是循环经济区，实现资源在不同企业之间和不同产业之间的充分利用，建立以二次资源的再利用和再循环为重要组成部分的循环经济产业体系。

（3）以整个社会的物质循环为着眼点，构筑包括生产、生活领域的整个社会的大循环。统筹城乡发展、统筹生产生活，通过建立城镇、城乡之间、人类社会与自然环境之间循环经济圈，在整个社会内部建立生产与消费的物质能量大循环，包括生产、消费和回收利用，构筑符合循环经济的社会体系，建设资源节约型、环境友好型的社会，实现经济效益、社会效益和生态效益的最大化。

2. 从资源利用的技术层面

循环经济的发展主要是从资源的高效利用、循环利用和无害化生产三条技术路径来实现。

（1）资源的高效利用。依靠科技进步和制度创新，提高资源的利用水平和单位要素的产出率。在农业生产领域，一是通过探索高效的生产方式，节约利用土地、节约利用水资源和能源等。通过优化多种水源利用方案，改善沟渠等输水系统，改进灌溉方式和挖掘农艺节水等措施，实现种植节水。通过发展集约化节水型养殖，实现养殖业节水。二是改善土地、水体等资源的

品质，提高农业资源的持续力和承载力。通过秸秆还田、测土配方科学施肥等先进实用手段，改善土壤有机质以及氮、磷、钾元素等农作物高效生长所需条件，改良土壤肥力。利用酸碱中和原理和先进技术改造沿海的盐碱地，或种植特效作物对盐碱地进行长期土壤改良，提高盐碱地的可种植性。控制农药用量，严禁高毒农药，合理使用化肥和农膜，推广可降解农膜，减少其对土壤的侵蚀；畜禽养殖排泄物采取生态化处理，减少其对水体污染。适时调整放养密度和品种、合理投饵与施肥，防止养殖水域和滩涂的水质与涂质恶化。减少使用抗生素等药物，保证农作物产品和畜禽产品满足健康标准。在工业生产领域，资源利用效率提高主要体现在节能、节水、节材、节地和资源的综合利用等方面，是通过一系列的"高"与"低""新"与"旧"的替代、替换来实现的，围绕工业技术水平的提高，主要是通过高效管理和生产技术替代低效管理和生产技术、高质能源替代低质能源、高性能设备替代低性能设备、高功能材料替代低功能材料，高层工业建筑替代低层工业建筑等来提高资源的利用效率。另一方面，围绕资源的合理利用，在一些生产环节用余热利用、中水回用，零部件和设备修理和再制造，以及废金属、废塑料、废纸张、废橡胶等可再生资源替代原生资源、再生材料替代原生材料等资源化利用等以"低"替"高""旧"代"新"的合理替代，提高资源的使用效率。在生活消费领域，提倡节约资源的生活方式，推广节能、节水用具。节约资源的生活方式不是要削减必要的生活消费，而是要克服浪费资源的不良行为，减少不必要的资源消耗。

（2）资源的循环利用。通过构筑资源循环利用产业链，建立起生产和生活中可再生利用资源的循环利用通道，达到资源的有效利用，减少向自然资源的索取，在与自然和谐循环中促进经济社会的发展。在农业生产领域，农作物的种植和畜禽、水产养殖本身就要符合自然生态规律，通过先进技术实现有机耦合农业循环产业链，是遵循自然规律并按照经济规律来组织有效的生产。包括：一是种植 - 饲料 - 养殖产业链。根据草本动物食性，充分发挥作物秸秆在养殖业中的天然饲料功能，构建种养链条。二是养殖 - 废弃物 - 种植产业链。通过畜禽粪便的有机肥生产，将猪粪等养殖废弃物加工成有机肥和沼液，可向农田、果园、茶园等地的种植作物提供清洁高效的有机肥料；畜禽粪便发酵后的沼渣还可以用于蘑菇等特色蔬菜种植。三是养殖 - 废弃物 - 养殖产业链。开展桑蚕粪便养鱼、鸡粪养贝类和鱼类、猪粪发酵沼渣养蚯蚓等实用技术开发推广，实现养殖业内部循环，有利于体现治污与资源节约双重功效。四是生态兼容型种植 - 养殖产业链。在控制放养密度前提下，利用开放式种植空间，散养一些对作物无危害甚至有正面作用的畜禽或水产动物，有条件地构筑"稻鸭共育""稻蟹共生""放山鸡"等种养兼容型产业链，可以促进种养兼得。五是废弃物 - 能源或病虫害防治产业链。畜禽粪便经过沼气发酵，产生的沼气可向农户提供清洁的生活用能，用于照明、取暖、烧饭、储粮保鲜、孵鸡等方面，还可用于为农业生产提供二氧化碳气肥、开展灯光诱虫等用途。农作物废弃秸秆也是形成生物能源的重要原料，可以加以挖掘利用。在工业生产领域，以生产集中区域为重点区域，以工业副产品、废弃物、余热余能、废水等资源为载体，加强不同产业之间建立纵向、横向产业链接，促进资源的循环利用、再生利用。如围绕能源，实施热电联产、区域集中供热工程，开发余热余能利用、有机废弃物的能量回收，形成多种方式的能源梯级利用产业链；围绕废水，建设再生水制造和供水网络工程，合理组织废水的串级使用，形成水资源的重复利用产业链；围绕废旧物资和副产品，建立延伸产业链条，可再生资源的再生加工链条、废弃物综合利用链条以及设备和零部件的修复翻新加工链条，构筑可再生、可利用资源的综合利用链。在生活和服务业领域，重点是构建生活废旧物质回收网络，充分发挥商贸服务业的流通功能，对生产生活中的二手产品、废旧物资或废弃物进行收集和回收，提高这些资源再回到生产环节的概率，促进资源的再利用或资源化。

（3）废弃物的无害化排放。通过对废弃物的无害化处理，减少生产和生活活动对生态环境的影响。在农业生产领域，主要是通过推广生态养殖方式，实行清洁养殖。运用沼气发酵技术，对畜禽养殖产生的粪便进行处理，化害为利，生产制造沼气和有机农肥；控制水产养殖用药，推广科学投饵，减少水产养殖造成的水体污染。探索生态互补型水产品养殖，加强畜禽饲料的无害化处理、疫情检验与防治；实施农业清洁生产，采取生物、物理等病虫害综合防治，减少农药的使用量，降低农作物的农药残留和土壤的农药毒素的积累；采用可降解农用薄膜和实施农用薄膜回收，减少土地中的残留。在工业生产领域，推广废弃物排放减量化和清洁生产技术，应用燃煤锅炉的除尘脱硫脱硝技术，工业废油、废水及有机固体的分解、生化处理、焚烧处理等无害化处理，大力降低工业生产过程中的废气、废液和固体废弃物的产生量。扩大清洁能源的应用比例，降低能源生产和使用的有害物质排放。在生活消费领域，提倡减少一次性用品的消费方式，培养垃圾分类的生活习惯。

（二）发展循环经济的措施

1. 大力推进"减量化"的实施

我国《循环经济促进法》所确立的主要原则是减量化、再利用与资源化。其中，减量化是循环经济的核心。采取下列措施来实现减量化。

（1）提高资源利用的技术水平，减少资源的消耗。资源从开采、运输到利用的过程都需要技术的支撑，技术的进步可以减少资源的浪费和消耗，从而实现资源减量的效果。

（2）调整产业结构。大力发展第三产业、高新技术产业等低资源消耗产业，限制高耗能、高耗材产业的无序发展，可以促进减量化目标的实现。此外，扩大企业经济规模、关闭资源利用效率低的小企业也是实现上述目标的有效手段。

（3）强化企业管理，减少跑冒滴漏。企业内部可以通过清洁生产审核、能效艰标等手段找出存在的问题，并通过强化管理措施，减少资源的浪费。

（4）通过财政、税收、金融等措施实现减量化。可以对相关企业的减量化行动提供财政支持，提供税收优惠等。也可以通过资源税等手段激励企业更高效地利用资源。

（5）通过价格杠杆推进减量化。价格杠杆是符合市场机制的有效手段，资源价格的提高使得企业的运行成本上升，因此企业必然会千方百计地去提高资源利用效率，从而实现减量化的目标。

（6）严格环境标准，形成倒逼机制。资源消耗的增加必然导致废物产生量的增加，从而环境污染可能增加。因此，严格环境标准及其实施会形成非常有效的倒机制，使得排污者提高资源利用效率，以减少废物的产生和排放。

（7）大力推进环境友好设计，通过环境友好产品的设计，实现原材料和能源的减量，同时可以实现产品消费过程的环境友好。

（8）实施减量化，还需在一些基础性工作方面下大力气，包括建立良好的资源利用指标体系和统计体系，建立相关的标准、标识、规范等。

（9）有必要建立减量化的国家目标，如资源产出率等。这一目标还可与国家的节能减排、碳强度降低等目标协调起来，并实施相关的责任制，以推动减量化工作的开展。

（10）循环经济的减量化、再利用和资源化是一个整体，因此实施减量化要与再利用职权、资源化协调起来，形成完整的循环经济体系，这有助于出台更加完整、协调的循环经济政策。

2. 发展生态工业园区，推动产业链建设的实施

生态工业园区有利于土地的集约使用，也有利于能源和资源的高效利用和废弃物的循环利用，因此，建设生态工业园区是构建生态工业体系，促进城市可持续发展的重要形式，要大力推动。在园区建设中，要考虑城市发展以及工业企业本身的调整。

（1）我国地域广大，不同城市的工业现状及发展前景均不相同。在近期，不能强求所有工业园区建设都强调高新技术产业和现代制造业。各城市要根据自己的实际情况，确定工业园区建设和调整的方向。

（2）从长远来说，各城市、各工业园区的发展仍要避免趋同化，但无论是重化工、高新技术产业还是其他类型的产业，都要通过技术和管理手段，实现资源的高效利用和污染排放的最小化。

（3）由于有些城市及其工业园区要承接其他城市因土地、资源和环境因素而转移的产业，因此，城市工业规划和城市生态工业园区建设规划的制订不能只考虑本城市的情况，应从区域角度入手，进行产业的合理配置和资金、技术的相互补偿。

（4）特大型城市，其产业发展必须与较为广泛的周边区域衔接起来。由于成本因素的制约，产业的区域转移不能在很短时间内一蹴而就。但应建立中长期的产业调整时间表，逐步实现调整。对于那些能够彻底解决环境污染问题，而搬迁成本又十分巨大的工业企业，可以考虑保留在城市内部。

（5）城市和园区产业的发展和调整要综合考虑搬迁成本、土地成本、环境成本、劳动力成本等要素。

3. 农业循环经济实施

农业循环经济涉及领域十分广泛，推进农业循环经济，需要构建具有中国特色的农业循环经济体系，需要从多个角度加以推动。

（1）要实施农业生产减量化活动。通过科学使用化肥、农药和其他农用资料，或者用新型生产资料、技术来替代常规生产资料和技术，以达到减少化肥、农药、农膜等农资的使用量，降低污染排放的目的。此外，要大力推进节水型农业建设，提高农业资源利用效率和农业可持续发展能力。

（2）要加强农业废弃物利用职权，尤其是要强化对秸秆等资源的综合利用。

（3）要推动农业产业链的延伸，包括农业体系内部的产业链构建以及农业与食品加工等其他产业的衔接。农业循环经济的一个很大特点就是可以形成闭合的循环链，从而使资源利用效率得以良好发挥，并减少污染物的排放，提高农民收入。

（4）要建立循环经济技术支撑体系，通过各级政府财政支持，依托各种研究机构，积极开发绿色农业生产技术、农业资源高效利用技术、农业废弃物无害化利用和处理技术，研发和推广无害或低害利用工艺，用循环经济技术改造传统农业，加大对农业循环经济技术成果的转化和推广力度。

（5）政府要强化对农业循环经济活动政策和资金支持。对农业循环经济发展，要从税收、财政、金融等方面制定和实施优惠政策，大力支持农业循环经济试点范区建设，大力推进农业循环经济模式的形成和推广。建立农业循环经济标准，把发展农业循环经济纳入规范化和法制化轨道。

4. 流通流域循环经济实施

流通是连接生产与消费的桥梁和纽带，是社会再生产过程的一个重要环节。推动流通行业的循环经济，应通过政策推进、标准化等多种手段，从以下几个方面入手。

（1）推进绿色营销，包括鼓励高效节能的办公设备、电器、照明产品以及绿色产品、有机食品的经营，鼓励和支持商业企业注重垃圾的规范化处置，提倡绿色包装，抵制过度包装。

（2）推动绿色物流，鼓励企业建立绿色流通渠道。

（3）加快发展再生资源回收利用体系，完善再生资源回收站点、分拣中心的建设和服务标准，推进再生资源回收体系产业化。

5. 再生资源回收利用实施

再生资源回收利用的核心是回收体系的建设。应通过合理规划，形成布局完整、规范合理的再生资源回收网点、分拣中心和集散市场。规范和改造现有的散兵游勇式回收方式。

要加快再生资源回收利用园区的建设。统筹规划，合理布局，完善园区的仓储、分拣加工、回收利用等方面的功能。在园区内要建设完备的环保等基础设施，提供各种保障性服务和信息服务，实现从源头分类、回收利用到最终处置的全过程循环，要提高再生资源回收利用的技术装备水平，通过政策推动、产学研一体化等多种手段，加快废旧商品分拣、加工、无害化处理技术和设备的研发及制造。

6. 生产者责任延伸制度的实施

生产者责任延伸制度通常是指产品的制造商和进口商应承担其产品在整个产品生命周期中环境影响责任的主要部分，包括材料选择、生产工艺、使用和弃置过程造成的影响。生产者承担责任的方式是多样化的。就废旧商品而言，可以是生产者自己回收废旧产品，也可以委托其他机构回收，还可以是通过征税的方式收取费用，由政府或政府委托的部门进行回收。在具体的实施中采取哪种方式，要根据具体的实施对象、相关管理成本、企业竞争力、环境效果、产品价格等多个方面的综合考虑来确定。在具体工作中，应根据具体的规范对象，明确生产者、消费者、政府的独立责任和联合责任。

根据生产者责任延伸制度的实施强度和政府参与程度，还可以通过多种途径实施生产者责任延伸制度。如自愿方式（即生产者自愿采取措施解决他们的产品在整个生命周期中对环境的影响，而不是在政府强制的要求下进行，如企业自愿回收产品计划）、强制方式（即通过立法或强制性政府命令来实施，如政府强制企业回收废弃产品等）、经济手段（如征收产品费、预付处置费、押金返还等）。

四、我国发展循环经济所面临的问题和实践活动

循环经济是近年来兴起的一种新的发展思路，是在传统的粗放型增长模式难以持续的基础上形成的。目前，我国经济结构不尽合理，能源资源短缺以及生态环境脆弱等问题十分突出，如果不改变这种高消耗、高排放、低效益的增长方式，发展将难以为继。发展循环经济，就是要通过减量化、再利用和资源化等手段，大大减少社会经济活动的资源和能源消耗，大大提高废弃物的回收利用率，从而为实现经济社会的可持续发展提供支撑。

（一）发展循环经济所面临的问题

1. 立法和政策体系尚未健全

《循环经济促进法》于2009年实施，但该法的配套法规制定和实施的进展并不够快。例如，

该法中提到的"强制回收的产品和包装物的名录及管理办法"等，至今尚未建立起来。推动循环经济的政策、特别是税收、价格等方面的改革还需要进一步加大力度。

2. 循环经济技术还比较落后，自主创新体系尚未建立起来

循环经济的减量化、再利用和资源化活动都需要技术的推动。特别需要说明的是，循环经济产业和产品的发展需要市场的推动，但这一市场是比较独特的，它需要政策法规的推动。尽管在一些特定领域已经取得了一些创新性技术成果，但总体而言，我国的循环经济技术还比较落后，一些较好的技术由于成本较高和政策不落实，也难以得到良好的推广。特别是目前尚未全面形成以企业为主体、企业、科研院所等共同形成的循环经济自主创新体系。

3. 工作进展不均衡，部分地区和领域循环经济工作开展得不够好

目前我国循环经济工作的区域进展不平衡问题仍十分突出，一些地区的循环经济工作抓得紧，进展较快。例如餐厨垃圾回收处理方面，已经有浙江、宁波、青海、西宁等地制定了地方性法规，大大推动了工作的开展。但也有很多地区由于重视不够或基础薄弱等原因，循环型产业链构建以及再生资源循环利用工作存在着许多问题。

从行业角度看，目前诸如钢铁、水泥等一些行业的循环经济工作开展得较好，但有一些行业的循环经济工作有待提高。

在循环经济产业园区建设方面，虽然通过试点已经积累了一定的经验，但还存在着许多问题，许多地方工业园区遍地开花，缺乏合理的规划，土地利用效率低，缺乏产业链衔接，污染比较严重。

4. 循环经济工作与经济发展、环境保护的协调尚需改进

从经济学角度看，任何经济活动都要付出成本，循环经济也不例外。国家之所以鼓励循环经济活动，是因为在很多情况下，循环经济活动会产生较大的经济、环境和社会效益。成本和效益综合考虑的结果是循环经济活动在很多情况下是合理的。但各地在循环经济实践中，也出现了一些"循环不经济""循环不节约"或"循环不环保"的现象，更出现了一些打着循环经济的幌子，违反国家的产业政策，出现一些不符合政策要求而又污染严重的重化工项目。对于这类项目，不但不能将其列为循环经济项目而提供支持，反而应该严格加以限制。

5. 再生资源回收体系有待于进一步改进

目前，我国再生资源回收利用体系还存在着许多问题。一是家庭垃圾分类回收虽然在一些地方搞了试点，但大都因为种种原因而并不成功。缺乏良好的源头分类为后期的分类回收带来了困难。二是再生资源回收利用的渠道比较混乱，大量废旧物资流向污染严重的小作坊进行低层次的加工利用，不但浪费资源，也造成严重的环境污染。与之相对应的是规范化、有良好环保设施的再生资源循环利用企业由于运转成本较高而面临吃不饱的困境。三是很多地区回收利用的相关硬件和软件设施建设还比较落后，分拣中心、运输、拆解、利用以及相关的环境设施建设都不够完善，相关的物流信息系统建设也比较滞后。

6. 具有重大资源意义的国际大循环尚未全面形成，环保等问题也比较突出

近年来，我国再生资源进口工作取得很大成绩，进口总量逐年增长，年均增长率约为8.8%。1991—2008 年，我国共进口再生资源大约 2.9 亿 t，为工业生产提供 2 亿多吨的优质工业原料，在一定程度上弥补了我国原生资源的不足。2008 年，废钢铁、废有色金属、废塑料、废纸、报废船舶等 5 个类别的再生资源共进口 4240.44 万 t，比 2007 年的 4032.67 万 t 增加了5.2%。为我国的工业生产提供了近 4000 万 t 的优质工业原料。

但总体来看，由于进口方面的政策限制，再生资源进口尚存在很大的障碍。此外，非法进口、低水平和非环保方式的拆解利用也给这项工作带来了很大的问题。

7. 循环经济的基础指标体系、统计体系、标准标识体系等尚未全面建立

目前我国已经建立了比较系统的能源、环境指标体系和统计体系、但在资源消费和循环利用方面，还十分欠缺。如果要逐步建立以资源产出率和循环利用率为代表的循环经济指标体系和考核体系，必须将基础的统计体系等建立起来。

（二）发展循环经济的实践活动

1. 国外成功实践

发达国家的循环经济首先是从解决消费领域的废弃物问题入手，发达国家通过制定法律、实施计划，已经取得了明显的效果。

丹麦卡伦堡工业园区是世界上工业生态系统运行最为典型的例子，如图5-1所示。这个工业园区的主体企业是电厂、炼油厂、制药厂和石膏板生产厂，以这四个企业为核心，通过贸易方式利用对方生产过程中产生的废弃物或副产品作为自己生产中的原料，不仅减少了废物产生量和处理费用，还产生了很好的经济效益，使经济发展和环境保护处于良性循环之中。其中的燃煤电厂位于这个工业生态系统的中心，对热能进行了多级使用，对副产品和废物进行了综合利用。电厂向炼油厂和制药厂供应发电过程中产生的蒸汽，使炼油厂和制药厂获得了生产所需的热能；通过地下管道向卡伦堡全镇居民供热，由此关闭了镇上3500座燃烧油渣的炉子，减少了大量的烟尘排放；将除尘脱硫的副产品工业石膏，全部供应附近的一家石膏板生产厂作原料；同时，还将炼油厂和制药厂也进行了综合利用。炼油厂产生的火焰气通过管道供石膏厂用于石膏板生产的干燥，减少了火焰气的排空；一座车间进行酸气脱硫生产的稀硫酸供给附近的一家硫酸厂；炼油厂的脱硫气则供给电厂燃烧。卡伦堡生态工业园还进行了水资源的循环利用。炼油厂的废水经过生物净化处理，通过管道每年送给电厂70万 m³ 的冷却水。整个工业园区由于进行了水的循环利用，每年减少了25%的需水量。

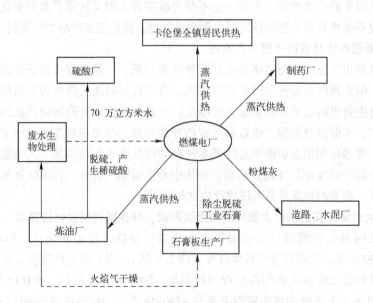

图5-1 丹麦卡伦堡工业园区工业生态系统

2. 我国循环经济实践

我国是在压缩工业化和城市化过程中，在较低发展阶段，为寻求综合性和根本性的战略措施来解决复合型生态环境问题的情况下，借鉴国际经验，发展了自己的循环经济理念与实践。从目前的实践看，中国特色循环经济的内涵可以概括为是对生产和消费活动中物质能量流动方式管理的经济。具体讲，是通过实施减量化、再利用和再循环的 3R 原则，依靠技术和政策手段调控生产和消费过程中的资源能源流程，将传统经济发展中的"资源－产品－废物排放"这一线性物流模式改造为"资源－产品－再生资源"的物质循环模式；提高资源能源效率，拉长资源能源利用链条，减少废物排放，同时获得经济、环境和社会效益，实现"三赢"发展。在运行模式上，我国将国外的废物循环利用、建设生态工业园和循环型社会等做法吸收消化，从解决工业、农业污染问题和区域环境问题入手，将其归纳成"3＋1"模式。即小循环、中循环、大循环以及废物处置和再生产业四个层面全面推进循环经济。"3＋1"模式可以说是中国特色的循环经济模式，现已在各地应用，在学术界也得到认可。

目前，国内不同的行业有很多区域循环经济体系的示范园区。如广西贵港国家生态工业（制糖）示范园区；广东省南海生态工业园；新疆石河子市国家生态工业（造纸）示范园等。

广西贵港国家生态工业（制糖）示范园区通过产业系统内部中间产品和废弃物的相互交换和有机衔接，形成了一个较为完整的闭合式生态工业网络，使系统资源得到最佳配置，废弃物得到有效利用，环境污染减少到最低程度。在蔗田系统、制糖系统、造纸系统、热电联产系统、环境综合处理系统之间，形成了甘蔗－制糖－蔗渣造纸生物链、制糖－废糖蜜制酒精－酒精废液制复合肥生态链和制糖－低聚果糖生态链三条主要的生态链。因为产业间的彼此耦合关系，资源性物流取代了废物性物流，各环节实现了充分的资源共享，将污染负效益转化成资源正效益，如图 5-2 所示。

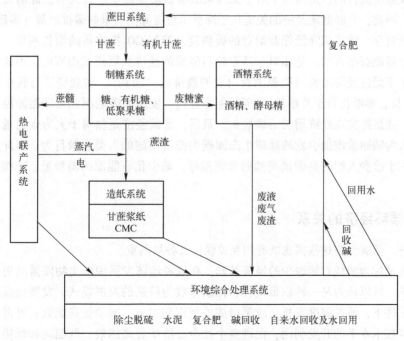

图 5-2　贵港国家生态工业（制糖）示范园区示意图

第二节 低碳经济

一、低碳经济的内涵

在人类大量消耗化石能源、大量排放 CO_2 等温室气体，从而引发全球能源市场动荡和全球气候变暖的大背景下，国际社会正逐步转向发展"低碳经济"，目前应在发达国家和发展中国家之间建立相互理解的桥梁，以更低的能源强度和温室气体排放强度支撑社会经济高速发展，实现经济、社会和环境的协调统一。

低碳经济（low-carbon economy）的概念源于英国在 2003 年 2 月 24 日发表的《我们能源的未来－创建低碳经济》的白皮书。英国在其《能源白皮书》中指出，英国在 2050 年的温室气体排放量将在 1990 年水平上减排 60%，从而在根本上把英国变成一个低碳经济国家。英国是世界上最早实现工业化的国家，也是全球减排行动的主要推进力量。

所谓低碳经济，是指在可持续发展思想指导下，通过技术创新、制度创新、产业转型、新能源开发等多种手段，尽可能地减少煤炭、石油等高碳能源消耗，不断提高碳利用率和可再生能源比重，减少温室气体排放，逐步使经济发展摆脱对化石能源的依赖，最终实现经济社会发展与生态环境保护双赢的一种经济发展形态。

低碳经济中的"经济"一词，涵盖了整个国家经济和社会发展的方方面面。而所提及的"碳"，狭义上指造成当前全球变暖的 CO_2 气体，特别是由于化石能源燃烧所产生的 CO_2，广义上包括《京都议定书》中所提出的 6 种温室气体（二氧化碳、甲烷、氧化亚氮、氰氟碳化物、全氟化碳、六氟化硫）。低碳经济作为一种新的经济模式，包含三个方面的内容：首先，低碳经济是相对高碳经济而言的，是相对于基于无约束的碳密集能源生产方式和能源消费方式的高碳经济而言的。因此，发展低碳经济的关键在于降低单位能源消费量的碳排放量（即碳强度），通过碳捕捉、碳封存、碳蓄积降低能源消费的碳强度，控制 CO_2 排放量的增长速度。其次，低碳经济是相对于新能源而言的，是相对于基于化石能源的经济发展模式而言的。因此，发展低碳经济的关键在于促进经济增长与能源消费引发的碳排放"脱钩"，实现经济与碳排放错位增长（碳排放低增长、零增长乃至负增长），通过能源替代、发展低碳能源和无碳能源控制经济体的碳排放弹性，并最终实现经济增长的碳脱钩。最后，低碳经济是相对于人为碳通量而言的，是一种为解决人为碳通量增加引发的地球生态圈碳失衡而实施的人类自救行为。因此，发展低碳经济的关键在于改变人们的高碳消费倾向和碳偏好，减少化石能源的消费量，减缓碳足迹，实现低碳生存。

二、与循环经济的关系

循环经济、低碳经济这些概念既有相互关联，又各具侧重。

低碳经济又称为消耗石能源少的经济基础，在这种经济发展中向生物圈排放更少的二氧化碳等温室气体，可以认为是一种以低能耗、低碳排放为特征的发展模式。发展低碳经济基础要在市场经济条件下，通过制度安排、政策措施的制定和实施，推动提高能效、可再生能源和温室气体减排等技术水平的开发利用，促进整个社会经济朝着高能效、低能耗和低排放的模式转型，形成低碳的生产方式和生活方式（单位 CO_2 排放产生的 GDP），核心是提高能源效率和可再生能源比例，减少温室气体排放。简单说，低碳经济是从保护全球环境的角度评价经济发展的环境代价。

循环经济是在生产、流通和消费等过程中进行的减量化、再利用、资源化活动的总称。发展循环经济，我国从理念到行动已经做了大量的工作；在立法、标准、政策、技术、宣传教育等方面早就起步，2005 年国务院出台《关于促进循环经济发展的若干意见》，其中指出发展循环经济是我国经济社会发展的重大战略任务，是推进生态文明建设、实现可持续发展的重要途径和基本方式。今后一个时期，要围绕提高资源产出率，健全激励约束机制，积极构建循环型产业体系，推行绿色消费，加快形成覆盖全社会的资源循环利用体系。循环经济的核心是资源的循环利用和高效利用，理念是物尽其用、变废为宝、化害为利，目的是提高资源的利用效率和效益，其统计和考核指标主要是资源生产率。简单说，循环经济是从资源利用效率的角度评价经济发展的资源成本。

低碳经济是要解决高能耗、高污染、高排放的问题；循环经济是要解决资源有限和需求无限的矛盾、经济发展和环境保护的矛盾。两者的目标是一致的。

循环经济是追求更大经济效益、更少资源消耗、更低环境污染和更多劳动就业的先进经济模式。这"四个更"是循环经济原理的精神实质，是推行循环经济的出发点和落脚点，符合科学发展观的本质要求。

从高碳经济转向低碳经济，既是发展低碳经济的关键所在，又是循环经济要解决的突出难题，还能促进循环经济向纵深加快发展；发展低碳经济有利于循环经济产业链的完善和延伸。循环经济的"3R"原则（减量化、再循环、再利用）完全可以成为发展低碳经济的重要工具。所以，低碳经济是循环经济的重要组成部分和深化。

三、低碳经济的目标

发展"低碳经济"，实质是通过技术创新和制度安排来提高能源效率并逐步摆脱对化石燃料的依赖，最终实现以更少的能源消耗和温室气体排放支持经济社会可持续发展的目的。通过制定和实施工业生产、建筑和交通等领域的产品以及服务的能效标准和相关政策措施，通过一系列制度框架和激励机制促进能源形式、能源来源、运输渠道的多元化，尤其是对替代能源和可再生能源等清洁能源的开发利用，实现低能源消耗、低碳排放以及促进经济产业发展的目标。

1. 保障能源安全

当前，全球油气资源不断趋紧、保障能源安全压力逐渐增长。21 世纪以来，全球油气供需状况已经出现了巨大的变化，石油的剩余生产能力已经比 20 世纪 80 ～ 90 年代大大减少，一个中等规模的石油输出国出现供应中断就可能导致国际市场上石油供应绝对量的短缺。在全球油气资源地理分布相对集中的大前提下，受到国际形势变化和重要地区政局动荡的地缘政治因素影响，国际能源市场的不稳定因素不断增加，油气供给中断和价格波动的风险显著上升。此外，西方发达国家还利用政治外交和经济金融措施对石油市场的投资、生产、储运和定价进行控制，构建符合自身利益的全球政治经济格局。所有这些因素导致全球油气供应的保障程度及其未来市场预期都有所降低，推动油气价格在剧烈的波动中不断上涨并一度达到每桶 147 美元。

低碳发展模式就是在上述能源背景下所发展起来的社会经济发展战略，以减少对传统化石燃料的依赖，从而保障能源安全。目前，世界各国经济社会都受到油气供应中断风险增加和当前油气价格剧烈波动的影响，主要发达国家对于国际能源市场的高度依赖更是面临着保障能源安全的挑战，低碳发展模式就是调整与能源相关的国家战略和政策措施的重要手段。

2. 应对气候变化

气候变化问题为能源体系的发展提出了更加深远的挑战。气候变化问题是有史以来全球人类面临的最大问题，扭曲的价格信号和制度安排导致了全球环境容量不合理的配置和利用，并最终形成了社会经济中大量社会效率低下且不可持续的生产和消费。应对全球气候变化的国际谈判和国际协议的发展，实质上是对经济社会发展所必需的温室气体排放容量进行重新配置，制定相关国际制度，实现经济发展目标与保护全球气候目标的统一。

低碳发展模式是在全球环境容量瓶颈凸现以及对气候变化的国际机制不断发展的背景下所发展起来的，是应对气候变化的必然选择。在未来形成全球大气容量国际制度安排的前提下，发展低碳经济，将化石燃料开发利用的环境外部性内部化，并通过国际国内政策框架的制定来促进构建经济、高效且清洁的能源体系，从而实现《联合国气候变化框架公约》的最终目标，使得"大气中温室气体的浓度稳定在防止气候系统受到具有威胁性的人为干扰的水平上"。当前，全球各国都共同面临着减少化石燃料依赖并降低温室气体排放和稳定其大气中浓度的挑战，发达国家和发展中国家在未来将承担"共同但有区别的"温室气体减排责任，而低碳发展模式能够实现经济社会发展和保护全球环境的双重目标。

3. 促进经济发展

发展低碳经济，目的在于寻求实现经济社会发展和应对气候变化的协调统一。低碳并不意味着贫困，贫困不是低碳经济的目标，低碳经济是要保证低碳条件下的高增长。通过国际国内合理的制度构建，规划市场经济下技术和产业的发展动向，从而实现整个社会经济的低碳转型。发展低碳经济，不仅有助于实现应对气候变化的全球重大战略目标，并且也能够为整个社会经济带来新的经济增长点，同时还能创造新的就业岗位和国家的经济竞争力。

在20世纪几次石油危机的刺激下，西方发达国家走在了全球发展低碳经济的前列。英国、德国、丹麦等欧洲各国以及日本长期重视发展可再生能源和替代能源的战略，在当前具备了引领全球低碳技术和低碳产业的优势。在全球金融危机和经济放缓的背景之下，美国总统奥巴马在当选后公布的经济刺激方案中，也将发展替代能源和可再生能源、创造绿领就业机会作为核心，实现国家的"绿色经济复兴计划"。目前，欧美发达国家都在通过制度构建和技术创新发展低碳技术和低碳产业，推动社会生产生活的低碳转型，以新的经济增长点和增长面推动整体社会繁荣。

四、发展低碳经济的主要途径及实施方法

（一）发展低碳经济的主要途径

1. 节能优先，提高能源利用效率

我国经济发展速度的不断提高是以资源的大量浪费和生态的巨大破坏为代价的。研究表明，我国的能源系统效率为33.4%，比国际先进水平低10个百分点，电力、钢铁、有色、石化、建材、化工、轻工、纺织8个行业主要产品单位能耗平均比国际先进水平高40%，机动车油耗水平比欧洲高25%，比日本高20%，单位建筑面积采暖能耗相当于气候条件相近发达国家的2～3倍。这说明我国能源利用比较浪费，提高能源利用效率的潜力是巨大的。因此，提高经济活动过程中能源利用效率是控制碳排放量的重要战略措施。从生态文明的角度来看，更有效地利用每一度电、每一桶石油和每一方天然气比开采更多的煤、石油和天然气更具经济价值和生态意义。在提高能源利用效率的前提下，必须坚持节能优先的发展战略。一方面，淘汰高耗能的产

业和生产工艺，另一方面，在照明设备、家用电器、工业电动机和工业锅炉等领域进行技术改进，提高热的有效利用和能源转换效率。只有不断提高节能水平，才能有利于能源供应安全、环境保护和遏制温室气体排放等多重目标的实现。

2. 化石能源低碳化，大力发展可再生能源

我国化石能源的"富煤、贫油、少气"的资源结构特征决定了煤炭是能源消费的主体。当前，煤炭在能源消费总量中的比重接近 70%，比国际平均水平高 41 个百分点。虽然石油的比重有所上升，但只能以满足国内基本需求为目标，不可能用来替代煤炭。因此，以煤炭为主的能源消费结构难以在近 10 年得到根本改变。这就需要碳中和技术，在消费前对煤炭进行低碳化和无碳化处理，减少燃烧过程中碳的排放。在此格局下，加速发展天然气，适当发展核电，积极发展水电，深入开发风能、太阳能、水能、地热能和生物质能等可再生能源，减少煤炭在能源消费结构中的比重，将是发展低碳经济的主要方向。

3. 设立碳基金，激励低碳技术的研究和开发

碳基金主要有政府基金和民间基金两种形式，前者主要依靠政府出资，后者主要依靠社会捐赠形式筹集资金。目前中国设立了清洁发展机制基金（政府基金）和中国绿色碳基金（民间基金），满足应对气候变化的资金需求。但是，现有的这两个基金主要资助碳汇的项目，还未将基金用于低碳技术研发的支持和激励上。碳基金的目标应该除了关注碳汇的增加外，还需要更加关注通过帮助商业和公共部门减少二氧化碳的排放，并从中寻求低碳技术的商业机会，从而帮助我国实现低碳经济社会。碳基金的资金用于投资方面主要有三个目标，一是促进低碳技术的研究与开发，二是加快技术商业化，三是投资孵化器。我国碳基金模式应以政府投资为主，多渠道筹集资金，按企业模式运作。碳基金公司通过多种方式找出碳中和技术，评估其减排潜力和技术成熟度，鼓励技术创新，开拓和培育低碳技术市场，以促进长期减排。

4. 确立国家碳交易机制

在我国的不同功能区，一些区域是生态屏障区，一些地区是生态受益区，依照国际通用的"碳源－碳汇"平衡规则，生态受益区应当在享受生态效益的同时，拿出享用"外部效益"溢出的合理份额，对于生态保护区实施补偿。补偿原则是碳源大于碳汇的省份按照一定的价格协商或国家定价）向碳源小于碳汇的省份购买碳排放额，以此保证各省经济利益和生态利益总和的相对平衡。

（二）低碳经济的实施途径

发展低碳经济，需要在能源效率、能源体系低碳化、吸碳和碳汇以及经济发展模式和社会价值观念等领域开展工作。大量研究表明，通过发展低碳经济，或者即将商业化的低碳经济技术，大规模发展低碳产业并推动社会低碳转型，能够控制温室气体排放，关键是成本问题及如何分摊这些成本。

1. 提高能效和减少能耗

低碳发展模式要求改善能源开发、生产、输送、转换和利用过程中的效率并减少能源消耗。面对各种因素所导致的能源供应趋紧，整个社会迫切需要在既定的能源供应条件下支持国民经济更好更快地发展，或者说在保障一定的经济发展速度的同时，减少对能源的需求并进而减少对能源结构中仍占主导地位的化石燃料的依赖。提高能源效率和节约能源涵盖了整个社会经济的方方面面，尤其作为重点用能部门的工业、建筑和交通部门更是迫切需要提高能效的领域，通过改善燃油经济性、减少对小汽车的过度依赖、提高建筑能效和提高电厂能效等措施，能够

实现节能增效的低碳发展目标。

发展低碳经济，制定并实施一系列相互协调并互为补充的政策措施，包括实行温室气体排放贸易体系，推广能源效率承诺，制定有关能源服务、建筑和交通方面的法规并发布相应的指南和信息，颁布税收和补贴等经济激励措施。这些政策措施的目的在于通过合理的制度框架，引导和发挥自由市场经济的效率与活力，从而以长期稳定的调控信号和较低的成本引导重点用能部门向低能耗和高能效的方向转型。

2. 发展低碳能源并减少排放

能源保障是社会经济发展必不可少的重要支撑，低碳发展模式则是较低能源中的碳含量及其开发利用产生的碳排放，从而实现全球大气环境中温室气体环境容量的高效合理利用。实现经济社会发展的"低碳化"，是为了在合理的制度安排之下推动 CO_2 排放所产生的环境负外部性内部化（外部性内部化是将经济行为带来的外部影响变为内部影响，从而消除外部影响，使经济运行在最优状态。），从而实现低效率的"高碳排放"转向大气环境容量得以优化配置和利用的"低碳经济"。通过恰当的政策法规和激励机制，推动低碳能源技术的发展以及相关产业的规模化，能够将其减缓气候变化的环境正外部性内部化，使得发展低碳经济更加具有竞争力。

降低能源中的碳含量和碳排放，主要涉及控制传统的化石燃料开发利用所产生的 CO_2，以及在资源条件和技术经济允许的情况下，通过以相对低碳的天然气代替高碳的煤炭作为能源，通过捕集各种化石燃料电厂以及氢能电厂和合成燃料电厂中的碳并加以地质封存，能够改善现有能源体系下的环境负外部性。此外，能源"低碳化"还包括开发利用新能源、替代能源和可再生能源等非常规能源，以更为"低碳"甚至"零碳"的能源体系来补充并一定程度上替代传统能源体系。风力发电、生物质能、光伏发电以及氢能等新型能源，在未来都有很大的发展潜力，特别是大量分散、不连续和低密度的可再生能源，能够很好地补充城乡统筹发展所必需的能源服务，并且新能源产业的发展也是提供就业岗位、促进能源和平的有力保障。

3. 发展吸碳经济并增加碳汇

低碳发展模式还意味着调整和改善全球大气环境中的碳循环，通过发展吸碳经济并且增加自然碳汇，从而抵消或中和短期内无法避免的化石能源燃烧所排放的温室气体，最终有利于实现稳定大气中温室气体浓度的目标。减少毁林排放和增加植树造林，不仅是改变人类长期以来对森林、土地、林业产品、生物多样性等资源过度索取的状态，而且也是改善人与自然的关系、主动减缓人类活动对自然生态的影响以及打造生态文明的重要手段。

与自然碳汇相关的林业和土地资源对于不同发展阶段的国家具有不同的开发利用价值，尤其是当前在保障粮食安全、减缓贫困、发展可持续生计等方面具有重大的意义。应对气候变化国际体制在避免毁林等方面的发展，就是将相关资源在自然碳汇方面的价值转化成为具体的经济效益，与其在其他领域所具有的价值进行综合的权衡，从而引导各国的经济社会发展路径朝低碳方向转型。通过植树造林增加自然碳汇降低大气中的温室气体浓度，通过控制热带雨林焚毁减少向大气中排放温室气体，以及通过对农业土地进行保护性耕作从而防止土壤中碳的流失，对于全球各国尤其是众多发展中国家都具有重要意义。

4. 推行低碳价值理念

低碳发展模式还要求改变整个经济社会的发展理念和价值理念，引导实现全面的低碳转型。1992 年联合国环境与发展大会通过了《21 世纪行动议程》，指出"地球所面临的最主要的问题之一，就是不适当的消费和生产模式"。发展低碳经济就是在应对气候变化的背景之下，从社会经济增长和人类发展的角度，对合理的生产消费模式做出重大变革。

　　发展低碳经济要求经济社会的发展理念从单纯依赖资源和环境的外延型粗放型增长，转向更多依赖技术创新、制度构建和人力资本投入的科学发展理念。传统的基于化石燃料所提供的高能流高强度能源而支撑起来的工业化和城市化进程，必须从未来能源供需、相应资源环境成本的内部化等方面进行制度和技术创新。发展低碳经济还要求全社会建立更加可持续的价值理念，不能因对资源和环境过度索取而使其遭受严重破坏，要建立符合中国环境资源特征和经济发展水平的价值观念和生活方式。人类依赖大量消耗能源、大量排放温室气体所支撑下的所谓现代化的体面生活必须尽早尽快调整，这将是对当前人类的过度消费、超前消费和奢侈性消费等消费观念的重大转变，进而转向可持续的社会价值观念。

五、我国发展低碳经济面临的挑战

　　作为一个经济快速增长的国家，中国未来的能源需求和温室气体排放将明显增加，到2030年将比2005年增加一倍以上。同时，我国已经再走低碳发展的道路，并提出了到2020年单位国内生产总值（GDP）二氧化碳排放比2005年下降40%～45%的宏伟目标。对于发展低碳经济来说，技术进步是决定因素之一，因为碳生产率是由技术水平决定的。技术领域包括能源供应水平、交通节能、建筑节能以及工业节能。我国的低碳技术面临着巨大的自主创新压力，大量核心技术亟待突破。在创新路径的选择上，应当根据国内技术创新的优势和劣势，考虑到市场需求的变化，扬长避短，选择合适的技术创新路径。未来，低碳技术将成为国家核心竞争力的一个标志。低碳技术创新可以为实现节能减排和低碳发展的目标提供强有力的支撑。

（一）发展低碳经济是我国结构调整的重要手段

　　我国应该抓住低碳经济的发展机遇，加快结构调整和升级，切实转变增长方式，以尽可能少的资源能源消耗和废弃物排放支撑我国经济社会的可持续发展。

　　发展低碳经济，是我国科学发展的必然要求。这是因为，我们不能再以资源能源高消耗和环境重污染来换取一时的经济增长了。如果还把GDP作为发展的全部，还以廉价资源或出口退税换取GDP，那么口袋的钱多了，但生存的环境恶化了，空气变脏了，水变黑了，也与发展的本意背离了，与科学发展观的本质要求相悖了，发展低碳经济更多的是转变发展方式，减少单位GDP消耗的资源量和付出的环境代价，通过向自然资源投资来恢复和扩大资源存量，运用生态学原理设计工艺与产业流程来提高资源能源效率，使发展的成果更好地为人民所共享。

　　发展低碳经济，是调整产业结构的重要途径。在我国产业结构中，工业比重偏高，低能耗的服务业比重偏低；在工业结构中，高碳的重化工业占工业比重的70%左右。我国处于快速工业化和城市化阶段，大规模的基础设施建设需要钢材、水泥、电力等的供应保证。但是，如果这些产业长期粗放地发展下去，那么我国的资源支撑不了，环境容纳不了。发展低碳经济，降低经济的碳强度，是促进我国经济结构和工业结构优化升级的重要途径。

　　发展低碳经济，是我国优化能源结构的可行措施。虽然我国能源结构在不断优化，但一次能源生产的2/3仍然是煤炭，燃煤发电约占电力结构的80%。煤多油少气不足的资源条件，决定了我国在未来相当长一段时间内主要使用的一次能源仍将是煤炭。煤炭属于"高碳"能源，我国又缺少廉价利用国际石油、天然气等"低碳"能源的条件；资源和能源密集型产品大量出口，又增加了我国单位 GDP 的碳强度。因此，发展低碳经济，提高可再生能源比重，可以有效地避免一次能源以煤炭为主的弊端，降低能源消费的碳排放。

发展低碳经济，是我国实现跨越式发展的可行路径。我国技术水平参差不齐，研发和创新能力有限，是我们不得不面对的现实。改革开放以来，我国的"以市场换技术"政策，并没有得到多少核心技术和知识产权。拿钱买不到核心技术、我国要自主开发技术等，已经成为有识之士的共识。发展低碳能源技术、CO_2 捕集与封存技术等已纳入我国"973"计划、"863"计划等科技支撑计划。近年来，我国新能源，可再生能源开发利用产业呈快速增长之势。如果加大投入，大力发展低碳经济，我国可以实现这个领域的跨越式发展。

发展低碳经济，是我国开展国际合作、参与国际"游戏规则"制定的途径。虽然我国工业享有全球化、制度安排、产业结构、技术革命等后发言优势，但我们不得不接受发达国家主导的国际规则，不得不在国际分工体系中处于利润"微笑曲线"下端，不得不在技术上处于依附地位，甚至被发达国家转移的资源密集型、污染密集型和劳动力密集型的产业"锁定"。发展低碳经济，不仅可以与发达国家共同开发相关技术，还可以直接参与新的国际游戏规则的讨论和制定，以利于我国的中长期发展和长治久安。

总之，从能源资源条件、目前的发展阶段、产业结构和技术水平以及可能面临的减排国际压力等角度考虑，我国都要大力发展绿色经济、循环经济和低碳经济，并将其作为战略性新兴产业的发展导向，成为我国立足当前调结构、着眼于长远的重大战略选择，成为我国当前经济发展的新增长点，更成为引领未来经济社会可持续发展的战略方向。

（二）低碳经济面临的挑战

在全球气候变暖的背景下，以低能耗、低污染为基础的"低碳经济"已成为全球热点。欧美发达国家大力推进以高能效、低排放为核心的"低碳革命"，着力发展"低碳技术"，并对产业、能源、技术、贸易等政策进行重大调整，以抢占先机和产业至高点。低碳经济的争夺战，已在全球悄然打响。这对中国，是压力，也是挑战。

挑战之一：工业化、城市化、现代化加快推进的中国，正处在能源需求快速增长阶段，大规模基础设施建设不可能停止；长期贫穷落后的中国，以全面小康为追求，致力于改善和提高13 亿人民的生活水平和生活质量，带来能源消费的持续增长。"高碳"特征突出的"发展排放"，成为中国可持续发展的一大制约。怎样既确保人民生活水平不断提升，又不重复西方发达国家以牺牲环境为代价谋发展的老路，是中国必须面对的难题。

挑战之二："富煤、少气、缺油"的资源条件，决定了中国能源结构以煤为主，低碳能源资源的选择有限。电力中，水电占比只有 20% 左右，火电占比达 77% 以上，"高碳"占绝对的统治地位。据计算，每燃烧一吨煤炭会产生 4.12 吨的二氧化碳气体，比石油和天然气每吨多 30%和 70%，而据估算，未来 20 年中国能源部门电力投资将达 1.8 万亿美元。火电的大规模发展对环境的威胁，不可忽视。

挑战之三：中国经济的主体是第二产业，这决定了能源消费的主要部门是工业，而工业生产技术水平落后，又加重了中国经济的高碳特征。资料显示，1993 ～ 2005 年，中国工业能源消费年均增长 5.8%，工业能源消费占能源消费总量约 70%。采掘、钢铁、建材水泥、电力等高耗能工业行业，2005 年能源消费量占了工业能源消费的 64.4%。调整经济结构，提升工业生产技术和能源利用水平，是一个重大课题。

挑战之四：作为发展中国家，中国经济由"高碳"向"低碳"转变的最大制约，是整体科技水平落后，技术研发能力有限。尽管《联合国气候变化框架公约》规定，发达国家有义务向发展中国家提供技术转让，但实际情况与之相去甚远，中国不得不主要依靠商业渠道引进。据估计，以 2006 年的 GDP 计算，中国由高碳经济向低碳经济转变，年需资金 250 亿美元。这样一个巨额投入，显然是尚不富裕的发展中中国的沉重负担。

思 考 题

1. 循环经济和低碳经济的概念。
2. 循环经济的特征及原则。
3. 简述循环经济和低碳经济的异同。
4. 简述循环经济的三大原则。
5. 请选择一个行业，描绘出循环经济体系及其中的主要链条。
6. 简述低碳经济的实现途径。

第六章　资源与环境

第一节　人口与资源、环境

一、人口对资源的影响

（一）人口对土地资源的影响

土地是为人类获取生物资源的基地，是人类生存的主要环境要素。土地资源是有限的，食物生产也是有限的，那么人类要想生存和发展就一定要控制人口的无限增长。中国古代思想家很早就提出了人口和土地要相适应的观点，其中包含了人口适度增长的思想。最先明确提出人口和土地要相适应思想的是《商君书》，它认为国家富强在于农业，而要搞好农业，就应当使人口和土地的数量相适应。这就是现在所说的人口环境容量，即土地承载力，又称人口承载力。它是在一定技术水平投入强度下，一个国家或地区在不引起土地退化，或不对土地资源造成不可逆负面影响，或不使环境遭到严重退化的前提下，能持续、稳定地支持具有一定消费水平的最大人口数量，或具有一定强度的人类活动规模。

关于中国的适度人口容量问题，不少学者做过一些有益的调查和研究，许多学者认为，我国的适宜人口容量以 10 亿人左右为宜。1991 年，中国科学院发表了《中国土地资源生产能力及人口承载力研究》报告，主张我国人口承载量最高值应控制在 16 亿左右。目前，中国的人口数量（13.7 亿人）虽未超过人口承载量的最高值，但已超过适宜人口容量，前景令人担忧。

（二）人口对水资源的影响

水资源与人类生产、生活休戚相关。水是一种有限的、宝贵的、不可替代的自然资源，是人类和一切生物赖以生存和发展的物质基础。干旱缺水、水质污染及洪涝灾害日益成为制约我国经济发展的重要因素，严重影响我国社会经济可持续发展。

从水资源人均占有量来看，我国属于贫水国，水资源严重缺乏。我国的用水量在急剧增长，我国的水资源时空分布极不均匀，北方地区严重缺水，且降水主要集中在 6 ～ 9 月，这更加剧了我国水资源短缺的矛盾。随着人口的激增，供不应求的矛盾日趋突出。由此可见，由于人口的膨胀、工农业的生产和发展造成的水资源紧缺，已成为制约社会经济发展的"瓶颈"。

到 2030 年前后，中国的人口将达到 16 亿左右。要满足 16 亿人口的基本需求，达到中等发达国家的生活水平，其用水量必将进一步增加。

（三）人口对矿产资源的影响

目前，在人口增长和经济增长的压力下，全世界矿产资源开采加工达到非常庞大的规模，在矿产资源消费空间增长的过程中，人类也开始面临严重的资源危机。以主要矿种的铁、铅、铜为例，随着人口和人均消费量的增加，铁、铅、铜等矿产总资源消费量也急剧增长。

因此，许多重要的矿产储备量随着时间的推移日益贫化和枯竭。下面从全球角度研究各种矿物的供应动态，推算出每一种矿物将在哪一年达到产量高峰，哪一年将完全采尽，见表6-1。

表6-1 世界及重金属的产量高峰期

矿产名称	产量高峰年份	枯竭年份
铅	2060	2215
铬	2015	2325
金	1980	2075
铅	2030	2165
锡	2020	2100
锌	2060	2250
石棉	2015	2150
煤	2150	2450
原油	2005	2075

中国矿产资源总量虽然很丰富，但人均占有量少。在总体上，矿产资源的人均占有量不足世界水平的一半。在人均矿产消费还比较低的情况下，已是中国在很低发展水平上就成为一个矿产资源消费大国，主要是庞大的人口对矿产资源的需求压力造成的。从我国经济发展趋势看，人均矿产资源的消费量还将有相当程度的增长，庞大的人口数量对矿产资源的需求压力潜伏着资源危机和生存危机。在今后发展中，我国矿产资源的形势还是喜忧并存，形势严峻，许多矿种探明的储备量竟无法满足紧急发展战略目标的需求。

（四）人口对能源资源的影响

能源是人类生产和生活所必需的。随着人口增长和工业化速度的加快，人类对能源的需求量越来越大。据统计，1850～1950年的100年间，全球能源消耗年均增长率为2%，到20世纪60年代后，发达国家能源消耗年均增长率达到5%～10%，出现能源紧缺。化石能源属于不可再生资源，其储量是有限的，而全球消耗量却呈必然增长趋势，因此，全球性的能源危机随着人口的增长逐渐显现出来。

人口增长不仅使能源供应紧张，也缩短了煤、石油、天然气等化石燃料的耗竭时间，而且还会加速森林资源的破坏，因为许多发展中国家的燃料主要是依靠薪柴。

中国能源储量和产量的绝对数量很大，但是人均占有量很少。有人估算，在当代社会中，要满足衣食住行和其他需要，年人均能源消耗量不能少于1.6t标准煤。发达国家要远远超过此数量，以美国为例，2006年美国人均能源消耗量折合标准煤达12.4t，相当于全球年人均能源消耗量（2.4t标准煤）的5.2倍。2006年我国人口控制在13.1亿时，人均能源消耗量折合标准煤为1.733t，比全球年人均能源消耗量低0.667t标准煤，略高于最低年人均能源消耗量水平。因人口总量巨大，2006年全国能源需求总量也没有低于22.7×10^8 t标准煤。

二、人口对环境的影响

随着人口数量的增加与科学技术的进步，人们虽然在利用环境与征服自然方面取得了很大发展，但同时也带来一些严重的问题，由于人对自身的发展失去控制而使环境遭到破坏，破坏的严重程度已影响到人本身，也威胁着许多其他物种的继续生存。许多关心人类生存环境的学者对这种惊人的事实深感不安，它们大声疾呼要求人们实行自我控制，以维持自身与生态环境的平衡。虽然他们也认识到造成这种危机的原因很多，但降低人口的增长速度，减轻对环境的压力，则是十分重要的措施，否则环境条件将继续恶化。

（一）人口对大气环境的影响

人口增长必然要消耗大量的矿物资源、化石燃料和其他燃料等能源。这些物质在燃烧、冶炼和生产过程中不可避免地要排放大量的二氧化碳、氮氧化物、硫氧化物、碳氢化合物等大气污染物，这些污染物质经过物理、化学、光化学反应，会引起酸雨、光化学烟雾、臭氧层空洞及温室效应，从而引起全球气温上升，大气环境质量下降，全球气候变化异常，还有生态系统的严重不平衡。

此外，人口增长还带来了恶臭、噪声、垃圾、污水、有机气体等城市环境污染。

关于人口增长对环境的影响，1970年梅多斯提出了一个"人口膨胀 – 自然资源耗竭 – 环境污染"的全球模型，该模型认为，人口激增必然导致下列三种危机同时发生。一是土地利用过度，因而不能继续加以使用，结果引起粮食产量的下降；二是自然资源因全球人口过多而发生枯竭，工业产品产量与质量也随之下降；三是环境污染严重，破坏惊人，从而使粮食急剧减产，人类大量死亡，人口增长停止。

应该承认，该模型只是一种纯数字计算的结果，它忽视了人类自觉控制发展的主观能动作用，然而该模型也确实反映了生态平衡与人口增长的密切关系。人口增长必然要开垦土地、兴建房屋、采伐森林、开辟水源，结果改变了自然生态系统的结构和功能，使其偏离有利的平衡状态。如果偏离程度超过了生态系统自身调节的能力，则生态系统失衡，这时自然界就仅作用于人类。因此，考虑人口增长和人口密度分布问题时，必须尊重自然生态规律，使其不断地保持最优平衡状态。

（二）人口对社会环境的压力

人口过剩是社会问题，首先要解决的是就业、居住、教育、医疗、养老等问题；其次是涉及的经济发展、城镇环境、生态环境、社会治安管理等问题。如果处理不好，将会引起巨大的社会冲击和环境冲击，这两种冲击合流后，往往会导致灾难性后果。还有，老龄人口上升意味着退休金、医疗费等各种形式的社会保障开支逐年增大，劳动力减少意味着越来越少的就业人口要为越来越多的老年人提供社会保障。

三、人口控制与环境保护的对策和措施

根据联合国预测资料，按目前45年的人口倍增期计算，1990年世界人口为52.8亿，2035年增长到106.4亿，2080年达到212.8亿……800年后世界人口可达到千万亿的天文数字。如果届时地球上全部土地，包括山脉、沙漠，甚至南极洲都为人们所居住，平均每人占地1.5 m^2，已经没有可供耕种的土地了。

人口环境容量，即人口容量，又称人口承载量，可以理解为在一定的生态环境条件下，全球或者地区生态系统所能维持的最高人口数。所以，有时又称之为人口最大抚养能力或负荷能力。通常，人口容量并不是生物学上的最高人口数，而是指一定的生活水平下能供养的最高人口数，它随所规定的生活水平的标准而异。如果把生活水平定在很低的标准上甚至仅能维持生存水平，人口容量就接近生物学上的最高人口数；如果生活水平定在较高的目标上，人口容量

在一定意义上就是经济适度人口。国际人口生态学界曾提出了世界人口容量的定义：世界对于人口的容量是指在不损害生物圈或不耗尽可合理利用的不可更新资源的条件下，世界资源在长期稳定状态基础上供应的人口数量的大小。这个人口容量定义强调指出人口的容量是以不破坏生态环境的平衡与稳定，保证资源的永续利用为前提的。上述所指的，一定生态环境条件下，一定区域资源所能养活的最大人口数量，是人口容量的极限状态，这个极限状态受到多种条件的制约，所以在正常情况下是难以实现的。因此，应把适度人口数量作为人口容量的基本内涵。

（一）人口控制的意义

（1）促进经济发展。控制人口，无论在发达国家还是发展中国家都可以减轻国家负担。增加积累、促进经济发展。人是消费者，人口多消费大，人均资源相对就要减少。我国控制人口，执行计划生育政策，已取得了令人瞩目的成就，在缓解人口对环境的压力方面也起到了极其显著的作用。在20世纪70年代初期，我国人口自然增长率达到2.3%，到1990年已降为1.44%，远远低于其他发展中国家，也低于世界平均水平。

（2）有利于提高人口素质水平。人口素质大体可分为身体素质和科学文化素质两个范畴，前者包括体格、体力、健康状况和寿命等；后者则包括文化程度、劳动技术和特殊技能等。影响人口素质的因素是多样的，包括自然的、社会的、经济的，其中，人口规模又反过来影响上述因素的变化，进一步影响人口素质。人口增长过速，给经济、环境带来极大的压力，制约着人口的营养条件、进而制约着儿童、少年的生长发育，影响未来劳动适龄人口的身体素质；人口增长过速，往往在相当程度上抵消教育投资和其他与提高人口科学素质有关的投资增长，从而使人均智力投资的增长速度下降。

（3）增加就业。要发展生产必须不断提高生产率和提高技术设备水平，这样就应相对减少劳动人员，但由于人口增长过快，每年都有过量的新劳动力投入社会生产，要求安排工作的人数大大超过生产部门的需要，这就加剧了提高劳动生产率和充分安排就业之间的矛盾。

（4）改善人民生活。人类从诞生时候起，就与其生活环境息息相关。随着社会进步、科技发展，消费水平也迅速上升，然而，人口增加也扩大了有限资源与需求之间矛盾。新中国成立后，人民生活水平有了很大的改善。城乡居住条件、卫生状况、社会福利、居民收入和消费水平都不断提高，然而，人口膨胀给生活环境也带来了巨大的压力和冲击。我国的国民经济和各项事业都有了很大发展，但由于人口增长过快，国民经济增加的相当一部分被新增人口消耗掉了。据研究，中国每年新增加的消费额中有58%用于满足新增加的人口需要。每年增产的粮食中，有52%用于新增人口。如果控制人口增长，就可以把更大的投入用于扩大再生产，经济发展就会更有成效，人民生活水平就会比现在更显著地提高。同样，控制人口也可以减少消费人数，有利于人民文化生活和城乡生活环境的提高。

（5）有利于环境保护。控制人口必然使城乡生态环境问题得到缓解，减少压力，有利于生产、也保护了人民的身心健康，保护和改善生产和生活环境。

（二）在控制人口、保护环境方面可以采取的具体策略

（1）实行计划生育。逐级落实人口计划指标，对符合或违反计划生育规定的家庭，分别给予鼓励或责令其向社会承担一定的经济责任；积极发展医疗、保险、养老等一系列社会福利事业，逐步调整人们的生育意愿，为计划生育提供安全良好的服务；提倡优生优育，提高人口素质。

（2）有计划地迁移人口。新中国成立以来，我国已向东北、西北、西南迁移了部分人口，为疏散东部人口和开发边疆做出了新贡献。2000 年，党中央、国务院提出西部大开发的战略决策。

（3）提高人口环境意识。加强环境教育，提高人们的环境意识，正确认识环境及环境问题，使人的行为与环境和谐，是解决环境问题的一条根本途径。人们的环境意识对环境行为具有极大的反作用。正确的环境意识是保护环境防治污染的思想和心理准备条件，可以正确指导人们的环境行为，促进人们正确认识发展与环境的关系，也是正确执行环境保护各项法规、政策、方针、制度的动力。

（4）正确引导人口消费，保护资源和环境。中国人口多，消费还处在低水平；中国人均收入还相当低，为中等收入国家的下限水平；中国的消费结构单一，食物消费比例过大，文化等其他层次消费比例偏小；人口增长和人均资源减少的矛盾突出。因此，中国人消费水平提高和消费结构改善是以合理消费模式为基础，不能重复工业化国家的模式，以资源的高消耗和环境的重型污染来换取高速的经济发展和高消费的生活方式。中国只能根据自己的国情，逐步形成一套低消耗的生产体系和适度消费的生活体系，提倡增产节约型消费，减少对资源的浪费和环境的污染。

第二节　土地资源与环境

一、土地资源

具有可利用价值的土地称为土地资源。特点是地球陆地表层及其以上和以下一定幅度的多种自然要素组成的地域综合体。土地是人类赖以生存、生活的最基本的物质基础和环境条件，是人类从事一切社会实践的基础。

基本属性是面积有限、位置固定、不可代替。面积有限是指不考虑漫长地质工程，土地面积不会有明显增减。空间土地面积是基本不变的，某项用地面积的增加，必然导致其他面积的减少。位置固定是土地都具有特定的空间位置及一定的形态特征。因此，土地利用都限于固定地点。不可代替是指土地无论作为环境，还是作为生产资料都不能用其他任何东西来代替。

二、中国土地资源现状

中国土地总面积达 $9.6 \times 10^6 \text{ km}^2$，占世界陆地面积的 6.4%，居世界第三。其中天然牧草面积 39.9 亿亩，林地面积 34.1 亿亩，园地面积 1.5 亿亩，水域面积 6.4 亿亩，交通用地面积 0.8 亿亩，居民点及工矿用地面积 3.6 亿亩，未利用地面积 36.8 亿亩，而耕地面积只有 20 亿亩，仅占国有土地面积的 14%。

中国土地资源形势十分严峻。各类土地资源绝对量虽然比较大，但按人口平均则每人占有土地数量很少。中国人均占耕地 0.10 hm^2，仅为世界人均占有耕地的 1/3，居世界人均耕地占有量的 126 位。人均占有林地约 0.12 hm^2，为世界人均占有林地的 1/9。人均占有草场 0.3 hm^2，还不到世界人均占有量的 1/2。把农、林、牧用地加起来，我国人均占有量 0.51 hm^2，仅相当于世界人均占有量的 1/4 左右，居世界人均土地资源占有量的 110 位。

在中国现有的土地资源中，由于基本建设等对耕地的占用，目前我国的耕地面积以每年平均数十万公顷的速度递减。

中国耕地的质量。中国耕地的土壤质量呈下降趋势。全国耕地有机质含量平均已降到 1%，明显低于欧美国家 2.5% ～ 4% 的水平。东北黑土地带土壤有机质含量由刚开垦时的 8% ～ 10%

已降为目前的 1%～5%；中国缺钾耕地面积已占总面积的 56%，约 50% 以上的耕地的微量元素缺乏，70%～80% 的耕地养分不足，20%～30% 的耕地氮养分过量。由于有机肥投入不足，化肥使用不平衡，造成耕地退化，保水保肥的能力下降。2000 年，西北、华南地区大面积频繁出现沙尘暴与耕地的恶化、团粒结构破坏有很大关系。

中国耕地的水土流失。中国约有的耕地受到水土流失的危害。每年流失的土壤总量超过 5×10^9 t，相当于在全国的耕地上刮去 1 cm 厚的地表土，所流失的土壤养分相当于 4×10^7 t 标准化肥，即全国一年生产的化肥中氮、磷、钾的含量。造成水土流失的主要原因是不合理的耕作方式和植被破坏。

中国耕地目前面临的污染。2000 年对 3×10^5 hm² 基本农田保护区土壤有害重金属抽样监测发现，其中有 3.6×10^4 hm² 土壤重金属超标，超标率达到 12%。环境污染事故对中国耕地资源的破坏时有发生，2000 年发生的 891 起污染事件共污染农田 4×10^4 hm²，造成的直接经济损失达 2.2 亿元。

三、土地环境问题

（一）土壤污染与土壤净化

土壤污染是指人类活动所产生的污染物质通过各种途径进入土壤，其数量超过了土壤的容纳和同化能力，而使土壤的性质、组成及性状等发生变化，并导致土壤的自然功能失调、土壤质量恶化，从而影响植物的正常生长和发育，以致在植物体内积累，使作物产量和质量下降，最终影响人体健康。

土壤净化是指外界污染物进入土壤后，在土壤中经过生物降解和物理化学作用逐步降低污染物的浓度，减少毒性或变为无毒物质；或经过沉淀、胶体吸附、配位化合和螯合、氧化还原作用等发生形态变化，变为不溶性化合物；成为土壤胶体所牢固吸附或植物难以利用的形态留在土壤中，从而暂时脱离生物小循环及食物链；有些污染物或挥发和淋溶从土壤中迁移至大气和水体。所有这些现象都可以理解为土壤的净化过程。土壤是一种处于半稳定状态的物质体系，其净化过程相当缓慢。土壤净化能力不仅和土壤自身的组成特性有关，而且也和污染物的种类和性质有关，同时还受气候及其他环境条件的影响。不同土壤的净化能力不同，就是同一土壤对不同污染物的净化能力也不相同。

在土壤中，污染物的累积和净化是同时进行的，是两种反作用的对立统一过程，两者处于一定的动态平衡状态。如果进入土壤的污染物的数量和速度超过了土壤的自净作用和速度，打破了积累和净化的自然动态平衡，就使积累过程逐渐占据了优势。当污染物积累达到了一定的数量，就必然导致土壤正常功能的失调，土壤质量下降，开始影响植物的生长发育并通过植物吸收，经由食物最终影响人体的健康。如果污染物进入土壤的速度和数量尚未超过土壤的净化能力，则土壤中虽含有污染物，但不致影响土壤的正常功能和植物的生长发育，最终也不会影响到人体的健康。

（二）土壤侵蚀

土壤侵蚀在干旱地区的主要表现是沙漠化，在湿润地区的主要表现是水土流失。此外，还有不合理的灌溉造成的土壤盐碱化等问题。

1. 沙漠化

沙漠化是指由于人类不合理的开发利用活动破坏了原有的生态平衡，使原来不是沙漠的地区也出现以风沙活动为主要标志的生态环境恶化和生态环境朝沙漠景观演变的现象和过程。沙漠化的主要指标是：森林或草本植被减少、草原退化、旱作农田减产、小沙丘扩大等。

产生沙漠化的原因很多，分为自然因素和人为因素两个方面。自然因素主要是气候干燥多风、雨量减少、蒸发量大、地表形成松散沙质的土壤等，具有这些特征的地带一般是干旱和半干旱的草原地区，这些地区常处于沙漠边缘地带。人为因素是过度放牧、乱砍滥伐、烧毁植被、樵采过度和不适当地利用水资源等。有些地方降雨量并不低，曾经植被完整、林丰草茂，保持着自然固有的生态平衡，但是，由于人类活动的加剧，如果再遇上气候的变化，就很容易打破这种平衡而造成土地沙化。

沙化防治的关键是调整生产方向。易沙化的土地应以放牧为主，严禁滥垦草原，加强草场建设，控制载畜量；禁止过度放牧以保护草场和其他植被；沙区林业要用于防风固沙、禁止采樵。总之，防治沙漠化的蔓延需要恢复干旱和半干旱地区的生态平衡。另外，控制干旱和半干旱地区人口增长对控制沙漠化的发展有决定性的意义。

2. 水土流失

水土流失是世界性的的严重环境问题，主要危害表现如下：一是破坏土壤肥力，危害农业生产。许多水土流失地区每年损失土层的厚度约为 0.2 ～ 1 cm，严重流失的地方甚至达到 1 cm以上，使肥沃的表土层变薄，农作物产量下降；二是影响工矿、水利和交通等建设工作。大量泥沙流入河川，造成经济损失。由于河道堵塞引起河水暴涨暴落，会使下游泛滥成灾，淹没村庄，冲毁大片耕地，造成重大的经济损失。据统计，黄河每年从中游带来的泥沙约有 4 亿吨沉积在下游河道里使河床每年淤高 10 cm，现在下游许多地段河床高出地面 3 ～ 6 cm，最高地段达12 cm，严重威胁着下游人民群众的生命财产安全。另外，洞庭湖每年游积约 1.5 亿 t 泥沙，湖底每年抬高 4 ～ 5 cm。长江流域的水土流失也日益严重，1998 年夏长江中下游发生了严重的洪水灾害。许多专家们警告：长江快要变成第二条"黄河"了。水土流失进行治理是一项相当困难的工作，而且还要付出很大的代价，需要很长时间才能见效。因此，防治水土流失必须采用以预防为主的方针，必须按自然规律办事。具体措施是：开展工矿建设必须进行生态环境影响评价，提出防止水土流失的措施，工矿建设和保护生态环境的措施必须同步进行，以确保水土流失的面积不再扩大；保护好现有森林，大力植树造林，兴建防护林体系工程来控制水土流失面积的蔓延。

3. 土壤盐渍化

土壤学中一般把表层中含有 0.6% ～ 2% 以上的易溶盐的土壤称做盐土，把含交换性钠离子占交换性阳离子总量 20% 以上的土壤称做碱土，统称盐碱土或盐渍土。由于人类不合理的农业措施而发生的盐渍化称次生盐渍化。在盐渍土上，一般植物很难成活，土壤沦为不毛之地。其形成原因很复杂，有气候、地形、水文地质等方面造成原生的土壤盐渍化的原因；有不合理的灌溉活动形成次生盐渍化的主要原因。有些地区，由于灌溉系统不完善，有灌无排或者大水漫灌，当土壤中的水分自然蒸发后，水里溶解的盐分被浓缩并留在土壤里，致使土地盐分逐渐增加，导致土壤盐渍化。

为了控制土壤盐渍化继续发展，需要水的生物和化学改良措施，主要是建立完善的灌溉系统，提倡科学的灌溉制度，采用先进的灌溉技术，改善排水，使土壤中的盐分能够随着排水流走，不再增加土壤中盐的浓度。

（三）土壤污染源

土壤污染源可分为自然污染源和人为污染源两类。在自然界中，某些矿床或物质的富集中心周围经常形成自然扩散晕，而使附近土壤中某些物质的含量超出土壤的正常含量范围，而造成土壤的污染，称为自然污染源。工业上的"三废"任意排放以及农业上滥伐森林造成严重水土流失，大规模围湖造田以及不合理地施用农药、化肥等导致土壤发生污染，称为人为污染源。土壤污染主要是人为污染造成的。

（四）土壤污染物及危害

凡是进入土壤中并影响土壤正常作用的物质，即会改变土壤的成分，降低农作物的数量或质量，有害于人体健康，这种物质称为土壤污染物质。按污染物质性质分为以下四种。

（1）有机污染物。主要有有机氯类、有机磷类、氨基甲酸酯类、苯氧羧类、苯酰胺类等。这些有机物质进入土壤后，大部分均被土壤吸收，除一部分发挥了应有的作用外，残留在土壤中的农药由于生物降解和化学降解的作用，形成了不同的中间产物，甚至最终变成了无机物。

（2）无机污染物。是指对生物有危害作用的元素和化合物，主要是重金属、放射性物质、营养物质和其他无机物质等。重金属主要来自大气及污水，主要指汞、镉、锌、铜、锰、铬、镍、钼、砷等，这些物质不能为土壤微生物所分解，相反可以被生物所富集，然后通过食物链危害生物本身和人体健康。放射性物质一是来源于气核钻武器的试验和使用，二是来源于原子能的和平利用过程中，放射性物质通过废水、废气、废渣的排放，最终不可避免地随同自然沉降、雨水冲刷和废弃物的堆放而污染土壤。营养物质主要指氮、磷、硫、硼等，来源于生活污水和农田施用的化肥。农田大量施用的化肥不可能被植物全部吸收利用，未被及时利用的化肥则会随土壤水向地下渗透，造成对环境的污染。无机盐类如硝盐、硫酸盐、氯化物、氰化物、可溶性碳酸盐等，都是大量常见的污染物。硫酸盐过多，会引起土壤板结，改变土壤结构；氯化物和可溶性碳酸盐过多，会使土壤盐渍化，降低其肥力；硝酸盐和氟化物也会影响土质，在一定条件下导致植物的含氟量升高。

（3）固体废弃物和垃圾。固体废物分为工业废物、农业废物、放射性废物和生活垃圾。工业废物主要来自各种工业生产过程和加工过程；农业废物主要来自农业生产和牲畜饲养；放射性废物主要来自核工业生产、放射性医疗、核科学研究和核武器爆炸；生活垃圾主要来自城镇居民的消费活动、市政建设和维护、商业活动、事业单位的科学活动等。

（4）病原微生物污染。主要来自未经处理的粪便、垃圾、城市生活污水、医院污水、饲养场和屠宰场的污染物等。

四、土地资源的利用与保护

我国土地开发历史悠久，在长期的生产实践中，在土地开发、利用、保护和治理方面都积累了丰富的经验，取得了很大成就。我国仅占有世界9%的耕地，生产占世界总产量17%的粮食，解决了世界人口23%以上人口的吃饭问题。

但是目前农林牧地的生产力不高，各行各业天地缺乏统一规划，林地、水和建筑用地利用率不高。因此，在我国提高土地生产力和利用率还有很大潜力。

目前我国土地利用主要存在两个方面的问题：一是土地浪费，优良耕地减少；二是大面积土地质量退化。前者是指土地利用不合理，乱占滥用耕地等；后者包括水土流失、土地沙漠化、盐碱化以及土壤污染等。

利用和保护好土地资源的措施主要有以下四种。

（1）贯彻以防为主、防治结合的土壤污染防治方针，进行土壤污染防治。

（2）加强土地资源的宏观控制工作，积极开展土地资源的调查和评价，因地制宜地调整农业生产的地区和部门结构，做到使整个地区的农业资源得到合理利用，严格控制非农业用地。

（3）做好水土保持工作，做好坡耕地、山地、沟壑和黄土高原的治理。

（4）做好盐碱地的改良和治理、土壤沙漠化的治理等。

第三节　海洋资源与环境

一、海洋资源及我国海洋资源的现状

地球海洋面积为 $3.6 \times 10^8 \ hm^2$，约占地球面积的 71%，贮水量为 $1.37 \times 10^9 \ km^3$，占地球总水量的 77.2%。海洋与人类的关系极为密切，它不仅起着调节陆地气候的作用，也为人类提供着航行通道的作用，而且海洋蕴藏着极其丰富的资源。海洋资源指的是与海水水体及海底、海面本身有着直接关系的物质和能量。它是海洋生物、海洋能量、海洋矿产及海洋化学等资源的总称。海洋生物资源以鱼虾为主，在环境保护和提供人类食物方面具有极其重要的作用。海洋能源包括海底石油、天然气、潮汐能、波浪能以及海流发电、海水温差发电等，远景发展尚包括海水中铀和重水的能源开发。海洋矿产资源包括海底的锰结核及海岸带的重砂矿中的钛、锆等。海洋化学资源包括从海水中提取淡水和各种化学元素（溴、镁、钾等）以及盐等。海洋资源按其属性可分为海洋生物资源、海洋矿产资源、海水资源、海洋能与海洋空间资源。21 世纪，海洋将成为人类获取资源的主要场所。

中国是一个海洋大国，是一个陆海兼具的国家，海洋国土面积超过 $3 \times 10^6 \ km^2$，接近陆地领土面积的 1/3。按照国际法和《联合国海洋公约》的有关规定，中国享有主权和管辖权的内河、领海、大陆架等经济区的面积广阔，大陆海岸线长约 $1.8 \times 10^4 \ km^2$，岛屿海岸线长约 $1.4 \times 10^4 \ km$，沿海滩涂面积为 $2.8 \times 10^3 \ km^2$。主张的管辖海域面积可达 $3 \times 10^6 \ km^2$，其中与领土有同等法律地位的领海面积为 $3.8 \times 10^5 \ km^2$。在我国的海域中，面积在 $500 \ m^2$ 以上的岛屿 7 372 个，大陆架面积居世界第五位。

我国拥有丰富的海洋资源。油气资源沉积盆地约 $7 \times 10^5 \ km^2$，石油资源量估计为 $2.4 \times 10^{10} \ t$，天然气资源量估计为 $1.4 \times 10^{13} \ m^3$，还有大量的天然气水合物资源，即最有希望在 21 世纪成为油气替代能源的"可燃冰"。我国管辖海域内有海洋渔场 $2.8 \times 10^6 \ km^2$，20 m 以内浅海面积 $2.4 \times 10^8 \ hm^2$，海水可养殖面积 $2.6 \times 10^6 \ hm^2$；已经养殖的面积 $7.1 \times 10^5 \ hm^2$，浅海滩涂可养殖面积 $2.42 \times 10^6 \ hm^2$，已经养殖的面积 $5.5 \times 10^5 \ hm^2$。我国已经在国际海底区域获得 $7.5 \times 10^4 \ km^2$ 的金属结核矿区，多金属结核储量大于 $5 \times 10^8 \ t$。

据初步估计，中国海洋能源资源总蕴藏量约为 $4.3 \times 10^8 \ kw$ 海水，除可供盐外，尚可提取镁、钾、溴、铀等化学物质。海水进行淡化则可弥补沿海城市及海洋岛屿淡水的不足。

二、海洋环境问题

（一）海洋环境污染与破坏的原因

（1）排污量不断增长，海洋纳污能力有限，随着经济的发展，工业废水产生量不断增长，工业废水直接排入海洋的数量呈不断增长趋势。与此同时，海上石油开采和海洋运输业都发展较快，海上污染的排污量也相应增加，但近岸海域的环境容量是有限的，这是造成海洋环境污染的重要原因。排污量大、纳污能力小的矛盾在渤海特为突出。

（2）仅以工业污染物为控制对象，收效不大。无机氮、活性磷酸盐是我国四大海区（渤海、黄海、东海和南海）普遍存在的主要污染物，近岸海域富营养化现象已相当严重，仅 1998 年监测到的赤潮就有 22 次。据调查，入海无机氮的 75% 来自粪肥和化肥，20% 来自生活污染和其他，而只有 5% 来自工业污染源；入海总磷的 27% 来自粪肥和化肥，14% 来自生活，59% 来自其他，而工业来源为 0%。综上所述，引起海域富营养化的无机氮和总磷主要不是工业污染源，而现行措施都以工业污染物为主要控制对象，因而收效不大。

（3）没有以生态理论为指导制定综合防治对策。

（二）海洋环境污染的危害

（1）近海环境污染对水产资源的不良影响。我国海域辽阔、水产资源丰富、渔业生产与人民生活密切相关、是国民经济不可缺少的重要组成部分。随着沿海地区人口增长，工农业及海上运输业的发展，造成了近海环境污染，使海洋水产资源受到不同程度的影响和损害。

（2）海域环境污染对人体健康的影响。海洋环境污染对人体健康的影响主要是污染物通过食物链迁移、转化、富集进入人体，直接危害人体健康。据调查，沿海渔民头发中汞、砷、铅、镉等的含量均高于相应地区的农民，其中以汞最为显著。

（3）海洋环境污染对旅游资源的影响。石油污染严重损害了滨海旅游资源。海面漂浮的大量油膜或油块，随海流飘至海岸区域，黏附在潮间带各种物体上，渗透于砂砾之间，从而污染了海水滩面、礁石、海岸堤坝和海上游乐设施等，破坏了海滨环境，降低了海滨旅游价值。

（4）赤潮、溢油等海洋污染事件的危害。20 世纪 90 年代以来，发生赤潮达数十次，影响面积数千平方千米，造成经济损失数十亿元。由于拆船、撞船、沉船、井喷、漏油等原因造成溢油事件，海域石油污染严重，给水产养殖和海滨旅游事业带来了巨大的威胁。

（三）海洋环境生态破坏的危害

（1）过度捕捞对渔业资源的损害。近海捕捞强度超过水产资源的再生能力，由于长期的滥捕，主要经济鱼类资源衰退，有的已遭到严重破坏。

（2）滩涂不合理开发造成的不良影响。滩涂是沿海地区的重要资源，应合理开发利用，但有些地区从局部利益出发，违反客观规律，盲目围垦开发，造成严重后果。

（3）乱砍滥伐树林造成的不良后果。使鸟类失去了优良的栖息场所，海岸失去了天然的屏障，也破坏了海湾的自然景观。

三、海洋资源的利用与环境保护

海洋资源的开发较之陆地复杂，技术要求高，投资也较大，但有些资源的数量却较之陆地多几十倍甚至几千倍。因此，在人类资源的消耗量越来越大，而许多陆地资源的储量日益减少的情况下，从长计议开发海洋资源具有很高的经济价值和战略意义。

我国海洋开发利用中存在的主要问题是沿海开发不够，利用不合理，近海水域有不同程度的污染，岛屿生态环境恶化，海洋生物资源受到严重破坏。因此，需要对海洋资源进行综合开发利用。主要措施如下。

（1）从全局和长远出发，对海洋的开发要进行统筹规划和管理。

（2）加强海洋环境及资源的调查研究工作。

（3）着力发展沿海水产品的养殖业，保护近海渔业资源，逐步发展外海渔业和远洋渔业。

（4）合理利用海水替代淡水资源。

（5）大力加强海岸线、海岛资源的开发与保护。

（6）积极进行海洋资源调查、开发、保护和海洋科学的研究与管理建设的国际化。

加强海洋环境保护，防止海洋污染的措施主要有大力加强对海上污染的监测，控制陆地污染对海洋的污染，实行对陆源污染物总量的控制，大力加强对海上活动的有效管理。在我国可持续发展中，海洋的作用越来越突出。开展海洋信息共享，建立海洋经济、资源、环境、灾害、生态于一体的海洋信息共享网络服务系统，对于实现我国海洋的综合管理，提高人们的海洋意识，实施海洋强国和可持续发展战略具有巨大的科学、社会和潜在的经济效益。

第四节　矿产资源与环境

一、矿产资源

矿产资源是在特定的地质条件下，经过地质成矿作用，使埋藏于地下或出露于地表的，呈固态、液态或气态产出的，并具有开发利用价值的矿物或有用元素的含量达到具有工业利用价值的集合体。矿产资源是重要的自然资源，是地球形成以来伴随着各种地质作用逐渐形成的，是社会生产发展的重要物质基础，现代社会人们的生产和生活都离不开矿产资源。矿产资源属于非可再生资源，其储存量是有限的。目前世界已知的矿产有 1600 多种，其中 80 多种应用较广泛。按其特点和用途，通常分为金属矿产、非金属矿产和能源矿产三大类。目前，95% 左右的能源、80% 以上的工业原料、70% 以上的农业生产资料和 30% 以上的工农业用水均来自矿产资源，矿产资源是一种重要的生产资料和劳动对象，是冶金、机械、电力、化工、轻工、建材、国防、农业及人们的衣、食、住、行等各方面的重要资源，矿产资源在国民经济建设中有着巨大的作用。矿产资源的基本特征：矿产资源是有限的，采后不能再生；

矿产资源多数具有共生性、伴生性；矿产资源分布是不均匀的；矿产资源具有开拓性和可变性。

二、中国矿产资源的现状

中国是世界上矿产资源种类齐全，储量丰富的少数几个国家之一。目前，我国已探明的矿产资源约占世界总量的 12%，居世界第 3 位。人均占有量较少，仅为世界人均占有量的 58%，居世界第 53 位。世界上几乎所有的矿种在我国均有发现，我国是仅次于美国的世界第二矿产大国。我国矿产资源具有总量多，人均占有量少；富矿少，贫矿多；矿产品种类齐全，配套程度高，但资源结构不尽合理；共生矿多，单一矿少；矿产分布不平衡等特点。

专家预测，21 世纪前半叶，由于经济与人口增长的双重压力，我国对矿产产品的需求量快速增长，矿产资源探明储量消耗过快、后备储量不足的矛盾将充分显示出来。我国矿产资源会不断下降，大量重要矿产资源将出现长期短缺。

三、矿产环境问题

矿产资源的开采给人类创造了巨大的物质财富，人类开发矿产资源每年多达上百亿吨，如把开采石料和剥离矿体盖层的土石方计算在内，数字更为惊人，当前我国经济建设中 95% 的能源和 80% 的工业原料依赖矿产资源供给，但在开采过程中也存在不少问题，不合理开采矿产资源不仅造成资源的损失和浪费，而且极易导致生态环境的破坏、威胁人们的健康，矿产资源的不合理开发对环境和人体的影响如下。

（一）对土地资源的破坏

据《中国 21 世纪议程》提供的数字，我国因大规模矿产采掘产生的废弃物的乱堆滥放造成压占、采空塌陷等损毁土地面积已达 200 万公顷，现每年仍以 2.5 万公顷的速度发展，破坏了大面积的地貌景观和植被。特别是矿产的露天采掘和废石的大量堆放都要占用大量土地，如开采建筑材料的采石场，对石灰石、花岗岩、玻璃用砂的大量开采会造成生态环境的严重破坏，特别是在采矿结束后，一些地方不进行回填复垦，恢复造植被工作，破坏了矿产及周围地区的自然环境，并且造成土地资源的浪费。

（二）对大气的污染

露天采矿及地下开采工作面的穿孔、爆破以及矿石、废石的装载运输过程中产生的粉尘、废石场废石的氧化和自燃释放出的大量有害气体，废石风化形成的粉尘在干燥大风作用下会产生尘暴，矿物冶炼排放的大量烟气，化石燃料特别是含硫多的燃料的燃烧，均会造成严重的区域环境大气污染。

（三）对地下水和地表水体的污染

由于采矿和选矿活动、固体废物的日晒雨淋及风化作用，使地表水或地下水含酸性、重金属和有毒元素，这种污染的矿山水通称为矿山污水。矿山污水危及矿山周围河道、土壤、甚至破坏整个水系，影响生活用水、工农业用水。由采矿造成的土壤、岩石裸露可能加速侵蚀，使泥沙入河、淤塞河道。

（四）对海洋的污染

海上采油、运油、油井的漏油、喷油必然会造成海洋污染。目前，世界石油产量的 17% 来自海底油田，这一比例还在迅速增长。此外，从海底开采锰矿等其他矿物也会造成海洋污染。

我国在矿产资源的开发利用中，采矿、选矿、冶炼的回收率较低，不少矿山采出率只有 50%，不少矿山损失率已达到 50%，许多未回收的化学元素被带到环境中，不但污染了环境而且威胁人们的健康。可见，人类对矿产资源的大量开发，虽然可以大大提高人类的物质生活水平，但是不合理的开发也会造成对自然资源的破坏和对环境的污染。因此，有效地抑制矿产资源的不合理开发，减少矿产资源开采中的环境代价，已成为我国矿产资源可持续利用中的紧迫任务。

四、矿产资源的利用与环境保护

我国矿产资源利用存在的主要问题是生产分布不合理，给周围环境造成污染和破坏，地下开采造成地面塌陷及裂隙、裂缝，矿山疏干排水量大，矿产资源开发利用为粗放型，利用率不高。因此，需要对矿产资源进行合理的利用与保护。措施如下。

（1）认真贯彻执行《中华人民共和国矿产资源法》，提高保护矿产资源的自觉性，依法管理矿产资源。建立健全矿产资源法规体系，规范地质矿产勘察开采行为。

（2）建立集中统一指导、分级管理的矿产资源执法监督组织体系。

（3）组织开展定期、不定期的矿产资源供需分析和成矿远景区划、矿产资源总量预测以及矿产资源经济区划研究。

（4）组织制定矿产资源开发战略、资源政策和资源规划。

（5）建立健全矿产资源核算制度、有偿占用开采制度和资产化管理制度。

（6）加强环境保护，防止污染。

第五节　森林资源与环境

一、森林资源

森林资源是林地及其所生长的森林有机体的总称，包括森林、林木、林地以及依托森林、林木、林地生存的野生动物。植物和微生物及其他自然环境因子等资源。森林包括乔木和竹林；林木包括树木和竹子，林地包括郁闭度 0.2 以上的乔木林地以及竹林地、灌木林地、疏林地、采伐迹地、火烧迹地、未成林造林地、苗圃地和县级以上人民政府规划的宜林地。

森林资源的数量多少，直接表明一个国家或地区发展林业生产的条件、森林拥有量情况及森林生产力等。中国森林面积为 $1.75 \times 10^8 \ hm^2$，森林覆盖率仅 18%，木材蓄积量为 $1.246 \times 10^8 \ m^3$，人均森林面积为 $0.1 \ hm^2$，相当于世界平均水平的 18%，人均森林蓄积量为 $9.1 \ m^3$，相当于世界平均水平的 13%，是一个少林国家。因此，应尽快扩大森林资源，改变林业落后面貌。

森林资源能够提供大量的木材，用于建筑、家具、造纸、造船等，能提供大量果实作为食品、饲料等。森林资源在维护人类的生存环境和改善陆地的气候条件上起着重大而不可取代的作用，森林的生态效益有涵养水源。保持水土，防风固沙。保护农田，净化空气、防治污染等，森林的生态效益大大超过它的直接产品的价值。森林有光合作用，吸收二氧化碳，释放氧气。全世界森林吸收 CO_2 放出的 O_2 超过世界人口呼吸所需要 O_2 的近 10 倍，平均每公顷森林每天吸收 $1tCO_2$。森林有蒸腾作用，以热带雨林为例，每亩热带雨林每年蒸腾 500 多吨水，大量水蒸气进入大气层形成降水，一般在这些地区大约 1/4 ～ 1/3 的降水来自蒸腾作用，有的甚至高达 1/2。每年每公顷榆林能吸收粉尘 34 t。通过森林的吸收，过滤，可以净化空气，有些树木还能分泌杀菌素，杀死某些有害微生物，森林有蓄水作用，$5 \times 10^4 hm^2$ 森林所储蓄的水量相当于一座容量为 1×10^6 的水库，从水文资料分析证明，森林破坏后减少涵养水源能力的总量与年径流增加量大体相当。夏季每公顷森林每天可以从地下汲取 70 ～ 100 t 水，化为水蒸气。所以说森林资源是一种重要的物质资源。

二、森林环境问题

我国森林资源不足，覆盖率低，按人均水平更低，我国是森林资源较少的国家之一，森林资源分布不均，森林覆盖率低。我国森林资源主要集中于东北的黑龙江和吉林两省及西南的四川、云南两省和西藏东部，这些地区土地总面积仅占全国总面积的 1/5，森林面积却占将近全国的 1/2，森林蓄积量占全国的 3/4。而西北的甘肃、宁夏，青海、新疆和西藏的中西部，内蒙古的中西部地区土地面积占全国总面积的 1/2 以上，森林面积不足 $4 \times 10^6 \ \text{hm}^2$，森林覆盖率在 1% 以下。由于森林分布的不均匀，加剧了因森林资源匮乏所造成的矛盾。此外，我国森林覆盖率低，不到 33%，而一般林业发达的国家森林覆盖率在 80% 以上。

森林资源下降的主要原因如下：（1）国有林区集中过伐，更新跟不上采伐。全国大规模的森林破坏曾出现数起。（2）毁林开垦。山区毁林开垦开荒比较严重，我国过去曾片面强调发展粮食生产，开垦的主要对象是林地，不但破坏了森林，而且破坏了生态环境。（3）火灾频繁。火灾是森林的大敌，其中 90% 是人为引起的。大部分林区由于防火设施差，经营管理水平较低，火灾预防和控制能力低。（4）森林病虫害严重。森林病虫害也是影响林业发展的重要环节。据 20 世纪 80 年代中期对全国主要森林及树种的普查结果发现，危害严重的树木害虫有 200 多种，如松毛虫、白蚁等。（5）造林保存率低。由于造林技术不高，忽视质量、片面追求数量，造林后又缺乏认真管理，使新造林保存偏低。

森林破坏的严重后果不仅使木材和林副产品短缺，珍稀动植物减少甚至灭绝，还会造成生态系统的恶化。由于森林面积减少，造成生态平衡的失调，使局部小气候发生变化，扩大了水土流失区。我国黄河流域历史上曾是林木参天，森林破坏后，一些地方呈现荒山无树，鸟无窝的凄凉景象。

三、森林资源的利用与环境保护

森林是人类最宝贵的资源之一，发达国家林业已成为国家富足、民族繁荣、社会文明的标志。保护和扩大森林资源已成为举世关注的一大问题。

森林是由乔木或灌木树种为主体组成的绿色植物群体。森林与森林中的动物、植物、微生物等生物因子和它所处空间的土壤、水分、大气、阳光温度等非生物因子相互联系、相互依存、相互作用构成森林生态系统。森林是地球之肺，是陆地生命的摇篮，它是自然界物质和能量交换的重要枢纽，是物种的基因库，是人类食物和木材来源的重要基地，是消减大气环境污染的净化器，在环境保护中起着涵养水分和保持水土的作用，对调节气候、增加降水等方面有一定的作用。森林能降低风速，具有保水固沙的作用，是美化环境和保护野生动物的重要因素。因此，必须采取有效的措施和一定的保护对策对森林资源进行合理的开发和利用。

（1）加强林业管理，健全森林法制。

（2）合理开采，对过伐林区坚持只育不采，使其休养生息。

（3）要积极营造人工林和加强自然保护区建设，提高森林覆盖率，保护生态环境和防止生态恶化。

（4）促进珍贵树种的更新。

（5）开展对森林生态系统的生态效益、经济效益、环境效益三者之间的研究。

（6）控制环境污染对森林的影响。

第六节　草原资源与环境

一、草原资源及其作用

草地资源是指生长草本和灌木植物为主的并适宜发展畜牧业生产的土地。它具有特有的生态系统，是一种可更新的自然资源。世界草地面积约占陆地总面积的1/5，是发展草地畜牧业的最基本的生产资料和基地。在这些土地上，生产了人类食物量的11.5%，以及大量的皮、毛等畜产品，还生长许多药用植物、纤维植物和油料植物。栖息着大量的野生珍贵、稀有动物。草场资源是发展畜牧业的前提条件，草场的质量对畜群的构成和载畜量影响较大。草原中最优良的为豆科牧草，其次是禾本科牧草。通常水草丰富的高原草原适宜放牧牛、马等大牲畜；荒漠草原多为小型丛生禾草，可放牧羊群；以灌木、半灌木为主的稀疏荒漠草原，只能放牧骆驼和山羊。草场资源是生物圈的重要组成部分，在维持生物圈的生态平衡上起着重要作用。同时，它自身又是一个复杂的生态系统，在合理的利用条件下，能不断更新和恢复。若外界自然条件恶劣，特别是人为因素（如滥垦和过度放牧）破坏了生态系统，甚至超过调节极限，则会造成不良后果，甚至引起沙漠化。

草地资源是中国陆地上面积最大的生态系统，对发展畜牧业、保护生物多样性、保持水土和维护生态平衡都有着重大作用和价值，是畜牧业发展的物质基础，而且对维护生态平衡、保护人类生存环境具有其他资源不可替代的重要地位和作用。随着科学技术的不断发展和社会进步，人们对草地资源的地位和作用的认识也在不断深化。草地资源不只是发展草食家畜的食物来源，也是发展纤维素生产、生物能源等的原材料基地。草地资源在国民经济和生态环境中的地位不断增强，作用也在不断扩大。草地资源既是农牧民的基本生产资料，又是重要的生态屏障，具有多重功能、多重效益的作用。加强草原保护建设是增加农牧民收入、促进牧区繁荣和边疆稳定的需要，是建设现代农业和维护国家生态安全的需要。目前我国草地生态体恶化的状况还没有根本改变，农牧民收入和生活水平还没有根本提高，保护和建设草地、实现可持续发展的任务依然十分艰巨。

二、草原环境问题

（一）草场退化严重

多年来由于人类过度放牧、开垦、占用、挖草为薪，加上环境污染，使草地面积不断缩小，草场质量日益退化，不少草地出现灌丛化、盐渍化，甚至正向荒漠化发展。目前，全世界有45亿公顷土地受干旱、退化影响。前苏联中亚荒漠地区草地退化面积占该地区总面积的27%；美国普列利草原退化率也为27%；北非地中海沿岸及中东地区草原退化更为严重，甚至成为沙漠化原因之一。

我国由于长期以来对草地资源采取自然粗放经营的方式，过牧超载、乱开滥垦，草原破坏严重。此外，严重的鼠虫也加重了草场的退化。总体而言，造成草场退化的主要原因是牲畜的发展与草场的生产力不相适应。

（二）动植物资源遭到严重破坏

由于草原土壤的营养成分锐减，滥垦过牧，重利用、轻建设，致使生物资源破坏的速度惊人。如塔木盆地原有天然胡杨林约53万 hm^2，到1978年只剩下23万 hm^2，减少了57%；新疆原分布有330万～400万 hm^2 的红柳林，现已大半被砍。许多药用药材因乱挖滥采，数量越来越少，如名贵药材肉苁蓉和锁阳等现已很少见到了，新疆山地的雪莲、贝母数量也锐减。另外，野生动物一方面由于乱捕滥猎，另一方面随着人类活动的加剧，使它们的栖息地日渐缩小，不少种类濒于灭绝。

(三) 草地资源未能充分、有效地利用

目前，草地牧业基本上处于原始自然放牧利用阶段，草地资源的综合优势和潜在生产力未能有效地发挥，牧区草原生产率仅为发达国家的 5% ～ 10%。

三、草资源的利用与环境保护

草地资源主要包括北方草原、南方草山草坡、沿海滩涂、湿地和农区天然草地等，其中包括 18 个大业、38 个亚类和 100 多个类型。、作为草地资源大国，我国的草地生产力水平却远远滞后，全国平均每公顷草地仅生产 7 个畜产品单位，相当于世界平均水平的 30%；而由草原牧区提供的畜产品占有量不足全国总量的 10%。这充分说明我国的草地资源远未得到合理、高效的开发和利用，蕴藏着巨大的生产潜力，因此，要对草地资源进行合理的开发、利用与保护。对草地资源实施保护的基本对策是发展人工草原，建设围栏草场；合理放牧，控制过度放牧现象；造林固沙，改善草质；控制工农业生产污染，提高草原环境质量。

第七节　能源资源与环境

一、能源

能源也称能量资源或能源资源，是指可产生各种能量（如热量、电能、光能和机械能等）或可做功的物质的统称，是指能够直接取得或加工、转换而取得有能量的各种资源，包括煤炭、原油、天然气、水能、核能、风能、太阳能、地热能、生物质能等一次能源和电力、热力、成品油等二次能源，以及其他新能源和可再生能源。能源是发展农业、工业、国防、科学技术和提高人民生活水平的重要物质基础，它是人类赖以生存和发展的重要资源，它的多寡深刻影响着经济和社会的发展以及人们的生活。能源利用的深度和广度是衡量一个国家或地区生产力水平的重要标志。随着经济的发展和人民生活水平的提高，能源的需求量会越来越多，必然会对环境质量产生极大影响。

二、能源消费

随着现代社会的发展，现代化程度的不断提高，能源消费的数量越来越大，并呈快速增长趋势。在现代工业生产中，各种产品的生产都要消耗一定的能源。工业生产的燃料动力和原料都需要能源，特别是化肥、塑料、合成纤维、合成橡胶等工业消耗的能源更多。平均每生产 1 美元化工产品，要消耗 1.8 kg 标准煤。从现代工业化进展的过程看，一个国家的工业化程度愈高，能源的使用量就越大。据统计，只占世界人口 20% 的发达国家，却占用了世界能源的 66%。

在现代化农业生产中，农作物产量的大幅度提高，也是和耗用大量的能源联系在一起的。例如，日本的水稻生产，1974 年耗用的能量相当于 1958 年的 5.1 倍。在人们生活逐步现代化的过程中，衣、食、住、行等方面的能源消费数量也越来越大。据世界能源经济学者分析，现在世界上平均每人每月的能量消费是 46 000 千卡，每年人均消耗能量的最低限度为 1615 kg 标准煤，发达国家一般都在 4 t 以上，而美国已达 11.24 t。从经济发展角度看，世界各国的经济发展与能源消费之间存在着十分明显的比例关系。一个国家经济越发达，能源的消费量就越大，能

源消费量的增长速度和国民生产总值的增长速度一般成正比。例如，从 1950 年到 1975 年的 25 年间，日本国民生产总值平均每年增长 8.7%，其能源消费也平均每年增长 8.8%。我国在第一个五年计划期间，国民生产总值平均每年增长 10.9%，而同期的能源消费增长速度平均每年达 15%。

总之，现代化社会是建立在巨大的能源消费的基础上的，现代化程度愈高，能源的消费量越大，增长速度越快。

三、能源消费与生产

随着科学技术的发展和进步，虽然核能、太阳能等新能源被开发利用，但目前人们普遍和大量使用的能源，仍然是煤、石油、天然气和水力这类常规能源。在发达国家主要是石油和天然气，其次是煤炭、水电和核电，生物质燃料已近于绝迹；在发展中国家，一般仍以煤炭为主要能源，再次是石油、天然气、水电和核电，农村则以生物质燃料为主。随着社会经济的发展和人口的不断增长，人类社会却呈现出对能源消费需求的无限增长的趋势，致使能源生产不能满足人类的要求，于是能源供求矛盾相当突出，以致于发生了所谓的"能源危机"。

建国以来，我国的能源生产取得了很大的成就，极大地促进了国民经济的发展，大大提高了人民群众的生活水平。1982 年我国能源生产总量已达 6.68 亿 t 标准煤，仅次于美国和前苏联，居世界第 3 位。在我国的能源生产和消费中，原煤的生产和消费比重均约占 75% 左右，远高于世界平均值 32.7% 的水平；我国的电能消耗在能源消费中所占比例很低，20 世纪 90 年代初期，我国的电力产量仅占能源消费量的 20% 左右，人均消费电力只相当于世界人均的 24%；火力发电设备煤耗比国外 20 世纪 80 年代设备高出 31%；目前单位国民生产总值的能耗是日本的 5 倍，美国的 2.6 倍。这些数字说明我国能源消耗系数较高，在能源生产和利用上，存在的问题较为严重。虽然能源生产增长速度快，但由于能源科学技术水平较低，生产设备落后，产业结构不尽合理，能源工业与耗能工业比例失调，以及能源利用率很低、浪费较大等原因，致使一些时期能源供应处于比较紧张的状况，能源供需矛盾突出，一些地区经常拉闸停电，既影响国民经济的发展，也给城镇居民生活带来很大困难。

我国的能源生产设备落后和利用效率低，不仅加剧了我国能源供需矛盾，而且是造成我国环境质量低的因素之一。特别是我国农村能源消费方式的落后及能源的短缺，大多数农民仍然靠烧柴草生活，致使许多地区林木遇到过量砍伐，地表植被大量采掘，水土流失严重，自然生态环境遭到严重破坏；农作物秸秆不能还田，影响农作物产量。

从我国能源资源方面看，虽然我国能源资源总量大，是一个能源资源大国，但人均占有量按可采储量计算却不丰富，只有世界平均数的 1/2，美国的 1/10。而且能源资源主要还存在两个方面的问题。其一，优质能源少。我国油、气贮量较少，煤炭较多，是世界上少数几个以煤为基本能源的国家之一。其二，能源资源分布很不平衡。煤炭、石油集中在东北、华北、西北的"三北"地区，仅山西省就占全国煤炭探明贮量的 1/3，水力资源 70% 以上分布在西南地区。而人口稠密的东南九省一市，人口占全国的 36.6%，国民生产值占全国的 40.5%，而煤炭资源还占不到 2%。这就注定要北煤南运、西煤东运和西电东调。能源资源偏居一方，远离工业、消费中心，给能源的开发、运输和工业布局带来很多困难。特别是煤炭在全国范围内的运输，不仅给交通运输带来很大压力，而且给环境污染带来很大压力。

从能源供需情况看，按照当前我国能源生产状况和能源消费的增长速度，估算 21 世纪初的能源需求，我国能源缺口将达 5 亿 t 标准煤；如果能通过技术改造和技术进步，建立起节约能源型的国民经济体系，就可缩小这个缺口，但仍然还差 1 亿 t 左右标准煤。

总之，能源是现代社会的三大支柱之一。它和我国的现代化建设是相互影响，相互促进的。能源的开发利用为科学技术、现代化建设提供物质基础；科学技术的进步对能源的合理开发和利用提供科学依据。现代化的实现不仅对能源提出更高的要求，而且为能源的开发利用提供了更广阔的市场。我国要发展经济，实现现代化，能源必须先行。但最重要的是必须按生态循环规律，逐步建立起科学的多元能源结构系统，运用高效、洁净的能源技术，保护环境。

四、能源与环境问题

目前，巨大的能源消费需求促使人们不断大规模开发利用能源。然而，人类在大规模开发利用能源的过程中，使大量废气和废物等有害物质进入了环境，其浓度和总量已超过了环境的自净能力，形成了能源污染，破坏了环境。环境质量在下降，环境问题日益突出。

（一）能源开发中的环境问题

能源开发中的环境问题，主要指在能源生产过程中开采、加工、贮运等环节，给环境造成的污染和破坏。

1. 煤炭开发对环境的污染和破坏

煤炭是目前人们普遍和大量使用的常规能源。在发展中国家，煤炭仍然是主要能源。我国是世界上唯一的一个以煤为基本能源的大国。在开采、加工过程中，就给环境造成一定的污染和破坏，产生环境问题。

首先，煤炭的开采造成的环境问题，主要是对地面环境的破坏。露天煤矿开采，要占用大量土地，会使地面的生态系统平衡失调。据统计，每开采 200 万 t 煤，至少占用 800 hm² 土地。大规模的露天开采势必引起地面自然景观破坏，从而使原有地面生态系统遭到破坏；地下煤炭开采，往往会引起地表下沉。不仅会使地面各种建筑和设施（铁路、公路、供水和供电管线等）变形、扭曲甚至破坏，还会使附近河流水系发生变化。井下采煤排出的大量酸性废水，污染周围农田和溪流，使附近居民和其他生物的生存环境受到威胁。

其次，煤炭的洗选加工，严重污染和破坏周围的生态环境。为了节省运输量和保证煤的质量，为各种工业提供合格的煤炭，原煤一般要进行洗选加工。在对原煤洗选过程中，通常排放的洗选水除含有大量煤泥外，还带有轻柴油、酚、杂醇等有害物质。特别是高硫原煤的洗煤水，还带有大量的硫化物及其所形成的酸性溶液。大量的洗煤水被排入周围水域和土地，形成了严重的能源污染源。还有大量的煤矸石侵占土地。同时，洗选加工过程中，排放出来的大量烟尘和有害气体，以及煤炭焦化过程中产生的含酚污水等，都污染和破坏了周围环境。

2. 石油开发对环境的污染

石油开发对环境的污染主要是由开采或运输过程中的漏油、泄油所造成的。每年从陆地和海上石油作业中，排入大海的石油在 200 ～ 2 000 万 t 之间。全世界每年因油船滴漏注入海水中的石油达 150 万 t。仅 1967 年至 1989 年 20 多年间，因油轮运输事故发生的严重漏油事件就多达 9 起。其中，1989 年 3 月，"艾克森·瓦尔代兹"号油轮在阿拉斯加的威廉王子湾因船体搁浅造成泄油 4.5 万 t，污染了 1700 km 的海岸。另外，1979 年 6 月墨西哥湾一处油井发生爆作，100

万 t 原油渗入海中，9 个月后才封住油井。石油污染过的煤区，空气隔绝、海洋动植物大量死亡。由于海洋植物供给地球需氧量的 70%，所以又大大减少了氧气来源，影响了整个生物圈中的氧循环。大批海鸟由于海面污染而死亡。至于因战争所造成的泄油对环境的污染，则是一个巨大的生态环境灾难。因海湾战争所造成的泄油数量达 1100 万桶，成为有史以来最大的一次泄油事故，致使海湾地区面临环境和生态灾难，甚至殃及邻近地区的生态环境。因部分油膜起火燃烧，伊朗南部地区就连降两次"黑色、粘糊糊的雨"。造成了严重的环境污染。

3. 水能资源开发对生态平衡的破坏

水能资源是一种经济、廉价、干净、可以综合利用的可再生能源。为了充分合理地利用水能资源，人们一般都对大河流进行流域规划和梯级开发，就发电、防洪、灌溉、航运、旅游等进行综合利用，把它作为振兴经济的重大措施。但是在修水库，建水电站的可行性论证及技术经济预测和评估过程中，往往容易忽视环境问题，开发后的结果造成自然环境的破坏，引起周围气候的变化，使生态系统失去平衡，受到大自然的无情惩罚。同时水库选址不当也会诱发地震，使土地盐碱化，从而对生态环境带来影响等。在这方面最突出的实例是 20 世纪 70 年代初，埃及修建的阿斯旺水坝。该水坝的修建，确实给埃及人民带来了廉价的电力，灌溉了农田，但却引起尼罗河流域水文上的改变，破坏了尼罗河流域的生态平衡，遭到了一系列未曾预料的大自然报复。由于尼罗河下游水位降低，原来奔腾不息的活水变成相对静止的"湖泊"，大量泥沙被拦截在水库内，河水中的有机质不断沉积水库底部等原因，使尼罗河两岸土壤日趋盐渍化、贫瘠化；河口三角洲平原从向海伸展变为朝陆地退缩，威胁到附近的工厂、港口、国防工事的安全；血吸虫和疟蚊大量繁殖，水库周围居民血吸虫病发病率高达 80% ～ 100%。深刻的教训使我们在开发水能资源时，必须组织专业的生态学考察队，进行详细调研和预测。修水库、建水电站必须注意保护生态平衡。

4. 核能开发可能引起的重大污染

核能是新能源之一，但核能的和平利用迄今还只是核裂变能。目前它作为一项工业规模的能源利用形式是建造核电站。核电站同其他能源相比，具有燃料来源充足、稳定，燃耗量少，效益高，成本低，建站方便，环境污染小等许多优点。但由于目前的核电技术的不够完善，以及对核反应堆的严格屏蔽方面的缺陷等原因，有时也会发生一些重大事故，造成对环境的重大污染。1979 年 3 月，美国宾夕法尼亚州三里岛核电站反应堆发生部分熔化事故，其放射性污染迄今仍在清除中。1986 年 4 月，前苏联切尔诺贝利核电站发生重大事故，不仅使周围环境受到严重放射性污染，而且大量放射性尘埃随风飘散到 1 500 公里远的地区，北欧大部分地区受到放射性尘埃的影响。据估计，至少要花费几十亿美元来清除这次事故所造成的污染。

另外，核电站的废料，是核反应堆中核燃料裂变后的产物，是大量高浓度放射性废物，对环境污染及其危害十分严重。如不慎重处理，会是一个很大的能源污染源。目前只能采取陆上深埋或沉入海底的做法加以解决，至于其对生态的影响，目前还没有完全弄清。

（二）能源利用和消费中的环境问题

能源利用和消费中的环境问题，主要是指在人类社会的生产和生活中，由于对能源的消耗所引起的对环境的污染和破坏。其中，比较突出的问题是煤炭等化石燃料直接燃烧，所造成的大气污染和"热污染"。

煤炭等化石燃料直接燃烧所产生的烟尘和二氧化硫等废气，是目前大气污染物的主要来源。据测定，在目前大气污染物来源重量百分比之中，生活及交通燃料的燃烧就占 63%。世界上每年仅因化石燃料燃烧所排放的废气就达 200 多亿吨，烧煤设备每年排放的烟尘多达 1 亿吨。这些废气进入环境后，不仅污染空气，直接危害人体的健康和缩短人类的寿命，而且会发生一系列转化，严重破坏整个生态系统。

煤炭等化石燃料在燃烧过程中，排放的烟尘和飞灰均吸附了多环芳烃等致癌物，排放的 SO_2 对人的结膜和上呼吸道黏膜有强烈刺激。这些废气进入人体肺部，直接危害肺部健康。近年来，世界肺癌死亡率猛增，与这些有毒废气对空气的污染有很大关系。同时，煤炭及其他化石燃料燃烧时所产生的污染物，还会形成"烟雾"和"光化学毒雾"。"烟雾"是烟尘、二氧化硫、氮氧化物和烃类等元素相互作用，生成的硫酸及盐类在空气中飘浮的现象。"光化学毒雾"是由排放出来的氮氧化物和烃类，在阳光照射下所生成的过氧化乙酰、硫酸酯等混合物，在空气中随风飘荡现象。它们对人体有强烈威害。英国伦敦曾发生过四次"毒雾事件"，最严重的是 1952 年 12 月 5 日到 10 日的"毒雾"，死亡 4 000 人，陆续病死 8 000 人。持别是煤或石油燃烧所产生的二氧化硫废气，是排入空气中数量最多、范围最广的废气，在空中可停留一周时间，常常和空气中的水蒸气相结合形成酸雾、酸雨，对森林、农田和建筑物造成强烈腐蚀，可使大片森林毁坏，农田荒芜。酸雨已使欧洲的 4 000 多个湖泊鱼虾灭绝，使德国 56 万公顷森林被毁，也使千年保存完好的古希腊、古罗马遗址受到腐蚀，人们不得不替"女神"穿上塑料外衣。目前已使人们十分重视的环境问题，如"温室效应""臭氧层破坏"，等现象，都与煤炭等化石燃料的直接燃烧有关。

"热污染"是人们在热能利用过程中，所排放的"余热"所造成的对环境的污染和破坏。目前，由于热机设备和热能利用技术的限制，一般来说，热能利用率不高，热能转化为机械功的利用效率仅有 35% 左右，接近 2/3 的余热被排放掉了，大部分被排入周围的湖泊和河流，致使这些水域的温度和水域周围的气温升高，造成对环境的污染和破坏，结果使生态平衡受到破坏。因为水域温度的突然变化，会导致水域内鱼类的死亡；水域周围气温的升高，会使在该区域内栖息的昆虫提前苏醒，而远离该地区本应先苏醒的昆虫，却仍处于冬眠状态。这就容易造成提前苏醒的昆虫食物链的中断，从而大批死亡甚至灭绝。

总而言之，能源污染是严重的，但并非不可防治。人们要不断寻求有效途径和措施，根治能源污染。

五、能源的利用与环境保护

随着经济的发展，能源的消耗量迅速增长，能源问题已成为经济发展中的突出问题，因此，新能源的开发成为当务之急。其中，主要包括以下几种。

（1）风能。风是由于空气的流动而形成的，风具有能量，是一种天然能源。风能蕴藏量丰富，可以再生，永不枯竭，没有污染，随处都可以开发利用。风的能量很大，全世界每年燃烧煤炭得到的能量还不到一年内刮风能量的 1%。风能是地球上可利用的重要能源之一。风能突出的缺点是密度低，不稳定，地区差异大。但是，在重视环境保护的时代，使用风能这种"绿色"能源，对改善地球生态环境、减少空气污染有着非常积极的价值。

（2）水流能。水的流动（河流、潮汐）也能提供可利用的能量。利用水流来发电，是把水流的机械能转化为电能。现在水力发电的技术已经十分成熟。我国有丰富的水力资源，已经建设了很多水力发电站，如三峡工程、小浪底工程等。水流能也是"可再生能源"。

（3）太阳能。太阳辐射到地球的能量是巨大的，每年可以达到 1024J；对于我们人类历史，太阳能是取之不尽用之不竭的。同时太阳能也是一种清洁能源，它的利用不污染环境。

（4）生物质能。由生物体产生的能量就是生物质能。生物质能是以化学能源形式储存在生物体中的太阳能，来源于植物的光合作用。地球上的植物进行光合作用所消费能量占太阳照射至地球总能量的0.2%。虽然比例很小，但它是目前人类能源消费总量的40倍。可见，生物质能是一个巨大的能源，是仅次于煤、石油、天然气的第四位能源。

生物质能主要来源于柴薪、人畜粪便、城市垃圾和水生植物等。除柴薪可以直接燃烧外，利用生物质能的技术还有沼气生产、酒精制取、人造石油的制造、生物质能发电等。现在全世界家用沼气池大约530万个，中国占了其中的92%。农村沼气的主要填料是秸秆、牲畜粪便、污泥和水。建立以沼气为中心的农村新能源和物质循环系统，在解决我国农村能源方面具有巨大潜力。我国许多现代化的农村，由于很好地开发了沼气的生产和利用，不仅提高了生活质量，改善了农田，还很好地保护了生态环境，形成了农业生产的良性循环。

（5）核能。核能是重核裂变或轻核聚变时所释放出的巨大能量。核电站就是利用核能发电。目前，我国浙江秦山核电站和广东大亚湾核电站已经运行发电，几个新的核电站正在积极建设之中。建造核电站时需要特别注意的一个问题是防止放射线和放射性物质的泄漏，以避免射线对人体的伤害和放射性物质对水源、空气和工作场所造成放射性污染。

（6）氢能。氢和其他能源载体（如电、蒸汽）相比，具有更多的优势。电、热和氢的最大差别在于氢气可以大规模储存，而且储存方式多种多样。氢气既可以像天然气一样，以气体的形式储存在压力容器中，也可以方便地储存在金属合金中，当然还可以以液体的形式储存。更新更有效的储氢方法有待继续开发。所有这些，使氢能在未来可再生能源体系中处于非常重要的位置。氢能是最环保的能源。利用低温燃料电池，由电化学反应将氢能转化为电能、热能和水。不排放 CO_2 和 NO_x，没有任何污染。氢使用时和氧化合物生成水，而水又可以点解转化成同样数量的氢和氧，对大气中氧的浓度没有影响。氢－水－氢如此循环，永无止境，所以"氢矿"不会枯竭。从长远看，人类的能源既可以来自像太阳一样的核聚变，也可以来自地球上的可再生能源，而这两者都与氢密不可分。在核聚变中，氢同位素参加反应。在可再生能源中，氢以能源载体的形式为人类服务。由于氢具有以上特点，所以氢能同时满足资源，环境和经济持续发展的需求，可以无限期地为人类服务。

思 考 题

1. 人口控制与环境保护的对策和措施有哪些？
2. 什么是土壤污染与土壤净化？
3. 主要的土壤污染源有哪些？
4. 我国矿放资源的利用中存在的主要问题有哪些？
5. 如何对矿产资源进行合理的利用职权与保护？
6. 如何对海洋资源进行合理开发与利用？
7. 中国能源资源有哪些特点？
8. 结合实践，谈谈你对资源的利用与保护的看法？

第七章　大气污染及其防治

第一节　概　述

按照国家标准组织（ISO）对大气的定义，大气是指环绕地球的全部空气的总和，而空气是指人类、植物、动物和建筑物暴露于其中的室外空气。空气的范围比大气小很多，但是空气的质量却占大气的75%左右，在环境保护中，两者往往具有相同的含义。地球上的大气是环境的重要组成部分，是维持生命的重要要素，大气质量的好坏，对于这个生态系统和人体的健康有着直接的影响。然而在人类的生产、生活及某些自然要素的作用下，大气中的物质和能量不断的进行着循环与交换，故此直接或间接地影响了大气质量。

一、大气的组成与结构

（一）空气与大气

大气和空气这两个术语常在不同的场合出现。一般来讲对于室内或特指某个场所（如车间、教室、会议室、厂区等）供人和动植物生存的气体，习惯上称为空气。而在大气物理学、自然地理学，以及环境科学的研究中。常常以大区域或全球性气流为研究对象，则常用大气一词。目前有些国家，其局部地区空气污染与区域性大气污染的标准和评价方法仍然存在区别，因而对于目前常用空气污染一词，而对于后者常用大气污染一词。总的来说，空气与大气均指围绕地球周围的混合气体。

（二）大气圈的结构

大气圈就是指包围着地球的大气层，由于受到地心引力的作用，大气圈中空气质量的分布是不均匀的。总体看，海平面处的空气密度最大，随着高度的增加空气密度逐渐变小。当超过1000～1400 km的高空时，气体已经非常稀薄，因此，通常把从地球表面到1 000～1 400 km的气层作为大气圈的厚度。

大气在垂直方向上不同高度时的温度、组成和物理性质也是不同的。根据大气温度垂直分布的特点，在结构上可以将大气圈分为五个气层，如图7-1所示。

1. 对流层

对流层是大气圈中最接近地面的一层，对流层平均厚度约为12 km。对流层中空气的质量约占大气层质量的75%左右，是天气变化最复杂的层次。对流层具有两个特点。一是对流层中的温度随高度增加而降低，由于对流层中的大气不能直接吸收太阳辐射的能量但能吸收地面反射的能量而使大气增温，因而靠近地面的温度高，远离地面的空气温度低，高度每增加100 m时，气温下降约0.65摄氏度。二是空气具有强烈的对流运动。近地层的空气接受地面的热辐射后温度升高，与高空冷空气发生垂直方向上的对流，构成对流层空气强烈的对流运动。

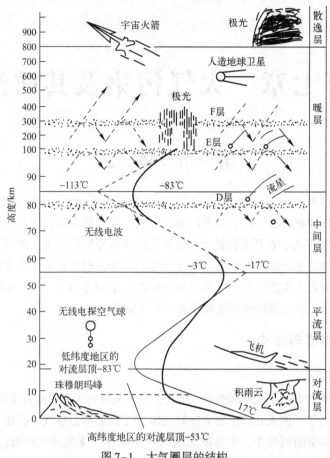

图7-1 大气圈层的结构

对流层中存在着极其复杂的气象条件，各种天气现象也都出现在这一层，因而在该层中有时形成污染物易于扩散的条件，有时又会形成污染物不易扩散的条件。人类活动排放的污染物主要是对流层中聚集，大气污染主要也在这一层发生。因而对流层的状况对人类生活影响最大，与人类关系最密切，是研究的主要对象。

2. 平流层

对流层层顶之上的大气为平流层（stratosphere），从地面向上延升到约 50 ~ 55 km 处，该层的特点是下部随高度变化而变化不大，到 30 ~ 35 km 处，温度均维持在 278.15 K 左右，故也称等温（isothermal layer）。再向上温度随高度增加而升高。这一方面是由于它受地面辐射影响小；另一方面也是由于该层存在着一个厚度约为 10 ~ 15 km 的臭氧层，臭氧层可以直接吸收太阳的紫外线辐射，造成了气温的增加。

臭氧层的存在对地面免受太阳紫外线辐射和宇宙辐射起着很好的防护作用，否则地面上所有的生命将会由于这种强烈的辐射而致死。然而，近年来，由于地面向大气排放氯氟烃（chlorofuluorocarbons）化合物过多，局部臭氧层被销蚀成洞，太阳及宇宙辐射可直接穿过臭氧空洞给地球上的生物造成伤害。若这种情况继续下去，其后果将是极其严重的，因此保护臭氧层是当今世界面临的紧迫任务之一。

平流层没有对流层中的云、雨、风暴等天气现象,大气透明度好,气流也稳定。同时,进入平流层中的污染物,由于在平流层中扩散速度较慢,污染物停留时间较长,有时可达数十年。

3. 中间层

由于平流层顶以上距地面 85 km 范围内的一层大气叫中间层(interlay - er)。由于该层没有臭氧层这类可直接吸收太阳辐射能量的组分,因此其温度随高度的增加而迅速降低,其顶部温度可低至 190 K。

中间层底部的空气通过热传导接受平流层传递的热量,因而温度最高。这种温度分布下高上低的特点,使得中间层空气再次出现强烈的垂直对流运动。

4. 暖层

暖层(warming layer)位于 85 ~ 800 km 的高度之间。该层空气密度很小,气体在宇宙射线作用下出于电离状态,也称作电离层(ionosphere)。由于电离后的氧气能强烈地吸收太阳的短波辐射,使空气温度迅速升高,因此该层气温的分布是随高度的增加而增高,其顶部可达 750 ~ 1500 K。电离层能够发射无线电电波,对远距离通信极为重要。

5. 逸散层

该层(fugacious layer)是大气圈的最外层,是从大气圈逐步过渡到星际空间的气体。该层大气极为稀薄,气温高,分子运动速度快,有的高速运动的离子能克服地球引力的作用而逃逸到太空中去。

如果按照空气组成成分划分大气圈层结构,又可以将其分为均质层和非均质层。

(1)均质层。其顶部高度可达 90 km,包括了对流层,平流层和中间层。在均质层中,大气中的主要成分氧和氮的比例基本保持不变,只有水汽及微量成分的含量有较大的变动。因此,大气成分均质是均质层的主要特点。

(2)非均质层。在均质层以上范围的大气统称为非均质层。其特点是气体的组成随高度的增加有很大的变化。非均质层包括暖层和逸散层。

如果是按照大气的电离状态还可以将大气分为电离层和非电离层。

(三)大气组成

大气是由多种成分组成的混合气体,该混合气体的组成通常应包括以下几大部分。

(1)干洁空气:干洁空气即干燥清洁空气。它的主要成分为氮、氧和氩,它们在空气的总容积中约占 99.96%。此外,还有少量的其他成分,如二氧化碳、氖、氦、氪、氙、氢、臭氧等。以上各组分含量见表 7-1。

表 7-1 干洁空气的组成

气体类别	含量(体积分数)/%	气体类别	含量(体积分数)/%
氮(N$_2$)	78.09	氪(Kr)	1.0×10^{-4}
氧(O$_2$)	20.95	氢(H$_2$)	0.5×10^{-4}
氩(Ar)	0.93	氙(Xe)	0.08×10^{-4}
二氧化碳(CO$_2$)	0.03	臭氧(O$_2$)	0.01×10^{-4}
氖(Ne)	18×10^{-4}	甲烷(CH$_4$)	2.2×10^{-4}
氦(He)	5.24×10^{-4}	干空气	100

干空气中各组分的比例,在地球表面的各个地方几乎是不变的。因此又把它们称为大气恒定组分。

（2）水汽：大气中的水汽含量（体积分数），比氮、氧等主要成分的含量要低得多，但在大气中的含量随时间、地域、气象条件的不同而变化很大，在干旱地区可低到 0.02%，而在温湿地带可达到 6%。大气中的水汽含量虽然不大，但对大气变化却起着重要的作用，因而也是大气的主要组成之一。

（3）悬浮颗粒：悬浮颗粒是由于自然因素而生成的颗粒物，如岩石的风化、火山爆发、宇宙落物以及海水溅沫等。无论是它的含量、种类，还是化学成分都是变化的。

以上物质的含量称为大气的本底值（background）。有了这些数值就可以很容易地判定大气中外来污染物。若大气中某种组分的含量远远超过上述标准含量时，或自然大气中本来不存在的物质在大气中出现时，即可判定它们是大气的外来污染物。但一般不把水分含量的变化看做外来污染物。

二、大气污染

大气污染是指由于人类活动或自然过程引起某些物质介入大气中，呈现出足够的浓度，达到了足够的时间，并因此而危害了人体的舒适、健康和福利或危害了环境。这里所说的人类活动不仅包括生产活动，而且还包括生活活动，如做饭、取暖、交通等。自然过程包括火山活动、山林火灾、海啸、土壤和岩石的风化及大气圈中空气运动等。由于自然环境所具有的物理、化学和生物机能（即自然环境的自净作用）会使自然过程造成的大气污染，经过一定时间后自动消除（即使生态平衡自动恢复），因此可以说，大气污染主要是人类活动造成的。

大气污染对人体的舒适、健康的危害，包括对人体的正常生活环境和生理机能的影响，引起急性病、慢性病甚至导致死亡等；而所谓福利，是指与人类协调并共存的生物、自然资源以及财产、器物等。按照大气污染的范围来分，大致可分为四类：①局限于小范围的大气污染，如受到某些烟囱排气的直接影响；②涉及一个地区的大气污染，如工业区及其附近地区或整个城市大气受到污染；③涉及到比一个城市更广泛地区的广域污染；④必须从全球范围考虑的全球性（或国际性）污染，如大气中的飘尘和 CO_2 气体的不断增加，就会形成全球性污染，因而受到世界各国的关注。

由于人类活动造成的大气环境污染与破坏，最早可追溯到人类开始用火的上古时代。木材的燃烧、草地的燃烧和森林火灾都会造成不同程度的大气污染。人类真正认识大气污染是在 18 世纪中叶产业革命之后。蒸汽机的发明与广泛应用，使社会生产力得到飞速发展，在人类历史上产生了一次伟大的技术革命。随着生产力的迅速发展，煤和石油逐渐上升为主要能源燃料，由此造成的大气污染也随之日益加剧，严重的大气污染事件接连发生。恩格斯在《英国工人阶级状况》中曾详细地描述了英国工业发源地曼彻斯特市的大气污染状况，他指出："从烟囱里喷出的浓烟弥漫到城市上空，使大气浑浊"。英国伦敦在手工业时期就曾出现过因燃煤造成的大气污染，1873 年、1880 年、1892 年、1952 年先后又多次发生由于燃烧造成的烟雾中毒事件。最严重的一次毒雾事件是发生在 1952 年 12 月 5 日早晨，伦敦一带上空受高气压的影响，地面处于无缝状态，浓雾笼罩整个城市。由于高空出现逆温，大量烟尘和 SO_2 等污染物被封闭在逆温层下。污染物得不到扩散而迅速的累积，烟尘浓度约为平时的 10 倍，SO_2 浓度约为平时的 6 倍。这种污染事件造成了大量市民患病和死亡。

根据大气污染的特点，国外大气污染历史大体可分为三个阶段。

第一阶段：18 世纪末到 20 世纪中叶。这个阶段的大气污染属于煤烟型污染，主要污染物是烟尘，SO_2 等。

第二阶段：20 世纪 50 年代至 70 年代初。各国工业迅速发展，尤其是冶炼和化工业的发展，汽车数量倍增，大气污染日趋严重。这时的大气污染已不再局限于城市和工矿区，而呈现为广域污染，甚至成为全国性的污染和邻国间的污染。污染物是 SO_2 与含有重金属的飘尘，硫酸烟雾、光化学烟雾等共同作用的产物，属于复合污染。各国政府开始重视环境保护，制定有关环境法规和标准，着手治理和控制环境污染，并取得一定成效。

第三阶段：20 世纪 70 年代以来，各国更加重视环境保护，进一步修改立法，投入大量的人力物力，经过严格的控制、综合治理，取得了显著效果。

我国是世界上大气污染最严重的国家之一，大气污染是我国环境问题中的一个主要问题。根据 1987 年对 57 个城市的调查显示，飘尘都超过标准，超过 3 倍以上的有 28 个城市。大气中的烟尘和各种有害气体，有的超过国家标准几倍、几十倍，甚至几百倍。据 1981 年不完全统计，全国排放的废气中粉尘量为 280 万 t/a，平均 $2.9\,t/km^2$（全球陆地负荷 $0.7\,t/km^2$），SO_2 量 160 万 t/a，平均 $1.6\,t/km^2$（全球陆地负荷 $1.0\,t/km^2$）。而烟尘、SO_x、NO_x 和 CO_x 的数量占燃料燃烧排放的比例分别约为 99%、93%、81% 和 97%。可见，煤的直接燃烧是我国大气污染的主要来源。

综上所述，当前我国大气污染状况及特点是：多数城市大气污染严重，危害严重的主要污染物是燃烧煤排放的烟尘和 SO_2。烟尘污染是全国性和全年性的，污染主要发生在燃用高硫煤地区和北方城市的冬季取暖期。目前已发现的酸雨污染主要分布在长江以南，特别严重，而郊区污染一般较轻。除上述由于燃烧产生的三种主要污染物以外，还有由于工业生产过程，交通运输等行业排放的工业污染物及废气排放物，诸如炭黑，氖及氮化物、硫化氢、氨、一氧化碳、苯并芘、以及碳氢化合物等，其中有些污染物已构成局部的大气污染问题。

第二节　大气污染及其类型

一、大气污染物的来源

大气污染物种类繁多，主要来源于自然过程和人类活动。见表 7-2。

表 7-2　地球上自然过程及人类活动的排放源及排放量

污染物名称	自然排放		人类活动排放		大气背景浓度
	排放量	排放量/（t/a）	排放源	排放量	
SO_2	火上活动	未估计	煤和油的燃烧	146×10^6	0.2×10^{-9}
H_2S	火上活动、沼泽中的生物作用	100×10^6	化学过程污水处理	3×10^6	0.2×10^{-9}
CO	森林火灾、海洋、萜稀反应	33×10^6	机动车和其他燃烧过程排气	304×10^6	0.1×10^{-6}

污染物名称	自然排放		人类活动排放		大气背景浓度
	排放量	排放量/（t/a）	排放源	排放量	
$NO \sim NO_2$	土壤中细菌作用	$NO: 430 \times 10^6$ $NO_2: 658 \times 10^6$	燃烧过程	53×10^6	$NO: (0.2 \sim 4) \times 10^{-6}$ $NO_2: (0.5 \sim 4 \times) 10^{-6}$
NH_3	生物腐烂	$1\,160 \times 10^6$	废物处理	4×10^6	$(6 \sim 20) \times 10^{-9}$
N_2O	土壤中的生物作用	590×10^6	无	无	0.25×10^{-5}
C_mH_n	生物作用	$CH_4: 1.6 \times 10^9$ 萜稀: 200×10^6	燃烧和化学过程	88×10^6	$CH_4: 1.5 \times 10^{-6}$ 非 $CH_4 < 1 \times 10^{-9}$
CO_2	生物腐烂、海洋释放	10^{12}	燃烧过程	1.4×10^{19}	320×10^{-9}

由自然过程排放污染物所造成的大气污染多为暂时的和局部的，人类活动排放污染物是造成大气污染的主要根源。因此我们对大气污染所作的研究，针对的主要是人为造成的大气污染问题。

大气污染物的来源主要有以下四种。

1. 燃料燃烧

火力发电厂、钢铁厂、炼焦厂等工矿企业和各种工业窑炉、民用炉灶、取暖锅炉等燃料燃烧均向大气排放大量污染物。发达国家能源以石油为主，大气污染物主要是 CO_2、SO_2、氮氧化合物和有机化合物。我国以煤为主，约占能源消费的 75%，主要污染物是 SO_2 和颗粒物。

2. 工业生产过程

化工厂、炼油厂、钢铁厂、焦化厂、水泥厂等各类工业企业，在原料运输、粉碎以及各种成品生产过程中，都会有大量的污染物排入大气中。这类污染物主要有粉尘、碳氢化合物、含硫化合物以及卤素化合物等。生产工艺、流程、原材料及操作管理条件和水平的不同，所排放污染物的种类、数量、组成、性质等也有很大的差异。

3. 农业生产过程

农药和化肥的使用可以对大气产生污染。如 DDT 施用后能在水面漂浮，并同水分子一起蒸发而进入大气；氮肥在施用后，可直接从土壤表面挥发成气体进入大气；以有机氮或无机氮进入土壤内的氮肥，在土壤微生物的作用下转化为氮氰氧化物进入大气，从而增加了大气中氮氧化物的含量。

4. 交通运输过程

各种机动车辆、飞机、轮船等均排放有害废物到大气中。交通运输产生的污染物主要有碳氢化合物、CO、氮氧化物、含铅污染物、苯并〔a〕芘等。这些污染物在阳光照射下，有的可经光化学反应，产生光化学烟雾，形成二次污染物，对人类的危害更大。

二、大气污染源分类

为满足污染调查、环境评价、污染物治理等环境科学研究的需要，对人工污染进行如下分类。

1. 按污染源存在的形式分

（1）固定污染源：位置固定，如工厂的排烟或放气。

（2）移动污染源：在移动的过程中排放大量废气，如汽车等。

这类方法适用于进行大气质量评价时满足绘制污染源分析图的需要。

2. 按污染物排放的方式分

（1）高架源：污染物通过高烟囱排放。

（2）面源：许多低矮烟囱集中起来而构成一个区域性的污染源。

（3）线源：许多污染源在一定街道上造成的污染。

3. 按污染物排放时间分

（1）连续源：污染物连续排放，如化工厂排气等。

（2）间断源：时断时续排放，如取暖锅炉的烟囱。

（3）瞬时源：短暂时间排放，如某些工厂事故性排放。

4. 按污染物产生的类型分

（1）工业污染源：包括工业燃烧燃料排放废气，成分复杂，危害性大。

（2）农业污染源：农用燃料燃烧的废气。有机氯农药、氮肥分解产生的 NO_x 等。

（3）生活污染源：民用炉灶。取暖锅炉、垃圾焚烧等放出的废气，具有量大、分布广、排放高度低等特点。

（4）交通污染源：交通运输工具燃烧燃料排放废气，成分复杂，危害性大。

三、大气污染物的分类

按照污染物存在的形态，大气污染可分为颗粒物与气态污染物。

依照与污染源的关系，可将其分为一次污染物和二次污染物。从污染源直接排出的原始物质，进入大气后其性质没有发生变化，称为一次污染物；若一次污染物与大气中原有成分，或几种一次污染物之间，发生了一系列的化学反应，形成了与原污染物性质不同的新污染物，称为二次污染物。

1. 颗粒污染物

进入大气的固体粒子和液体粒子均属于颗粒污染物，有以下几种类型。

（1）尘粒：粒径大于 75 μm 的颗粒物。粒径较大，易于沉降。

（2）粉尘：粒径大于 10 μm 而小于 75 μm，靠重力作用能在较短时间内沉降到地面，称为降尘，粒径小于 10 μm，不易沉降，能长期在大气中漂浮着，称为飘尘。粉尘一般是在固体物料输送、粉碎、分级、研磨、装卸等机械过程或由于岩石、土壤风化等自然过程中产生的颗粒物。

（3）烟尘：粒径均小于 1 μm。在燃料燃烧、高温熔融和化学反应等过程中所形成的颗粒物，漂浮于大气中称为烟尘。它包括升华、焙烧、氧化等过程形成的烟气，也包括燃料不完全燃烧所造成的黑烟以及蒸气凝结所形成的烟雾。

（4）雾尘：小液体粒子悬浮于大气中的悬浮体的总称。一般是由于蒸汽的凝结、液体的喷雾、雾化以及化学反应过程所形成，如水雾、酸雾、碱雾、油雾等。粒子粒径小于 100 μm。

（5）煤尘：燃烧过程中未被燃烧的煤粉尘、大中型煤码头的扬尘及露天煤矿的煤扬尘等。

2. 气态污染物

气态污染物种类极多，能够检出上百种，对我国大气环境产生危害的主要污染物有五种见表 7-3。

（1）含硫化合物主要指 SO_2、SO_3 和 NH_3 等，以及 SO_2 的数量最大，危害也最大。

（2）含氮化合物主要是 NO、NO_2、NH_3 等。

（3）碳氧化物中 CO、CO_2 是主要污染大气的碳氧化合物。

（4）碳氢化合物主要指有机废气。有机废气中的许多成分构成了对大气的污染，如烃、醇、酮、酯、胺等。

（5）卤素化合物主要是含氯化合物及含氟化合物，如 HCL、HF、SIF_4 等。

表 7-3　气体状态大气污染物的种类

污染物	一次污染物	二次污染物	污染物	一次污染物	二次污染物
含硫化合物	CO_2、H_2S	SO_3、H_2SO_4、MSO_4	碳氢化合物	C_mH_n	醛、酮、过氧乙酰基硝酸酯
碳氧化合物	CO、CO_2	无	卤素化合物	HF、HCl	无
含氮化合物	NO、NH_3	NO_2、HNO_3、MNO_3、O_3			

3. 二次污染物

最受人们重视的二次污染物是光化学烟雾

（1）伦敦型烟雾：大气中为燃烧的煤尘、SO_2，与空气中的水蒸气混合并发生化学反应所形成的烟雾，也称为硫酸烟雾。

（2）洛杉矶烟雾：汽车、工厂等排入大气中的氮氧化合物或碳氢化合物，经光化学作用形成的烟雾，也称为光化学烟雾。

（3）工业型烟雾光化学烟雾：在我国兰州西固地区，氮肥厂排放的 NO_x、炼油厂排放的碳氢化合物，经光化学作用所形成的光化学烟雾。

四、大气污染物及其发生机制

在我国大气环境中，具有普遍影响的污染物，最主要的来源是燃料燃烧。影响较大的污染物有悬浮微粒、飘尘、二氧化碳、一氧化碳、和总氧化剂五种。我国已制定出这五种主要污染物的大气质量标准。对于局部地区有特定污染源排放的其他危害较重的污染物，如某地区冶炼厂排放的氟化物，可作为该地区的主要污染物。表 7-4 为某些工业部门排放的主要污染物。

表 7-4　某些工业部门排放的主要污染物

工业部门	工厂种类	大气污染物
电力	火力发电	烟尘、二氧化硫、一氧化碳、氮氧化物、多环烃、五氧化二钒
冶金	钢铁	烟尘、二氧化硫、一氧化碳氧化锰和氧化镁粉尘
	炼焦	烟尘、二氧化硫、一氧化碳、酚、苯、奈、硫化氢、碳氢化物
	有色冶炼	烟尘（含有各种金属，如铅、锌、镉、铜），二氧化硫、汞蒸汽、氟化物
化工	石油化工	二氧化硫、硫化氢、氰化物、氮氧化物、碳氢化物
	氮肥	烟尘、氮氧化物、一氧化碳、氨、硫酸气溶胶
	磷肥	烟尘、氟化氢、硫酸气溶胶
	硫酸	二氧化硫、氮氧化物、砷、硫酸气溶胶
	氯碱	氯、氯化氢
	化学纤维	烟尘、硫化氢、二氧化硫、氨、甲醇、丙酮、二氯甲烷
	合成橡胶	丁间二烯、苯乙烯、异戊二烯、二氯乙烷、二氯乙醚、乙硫醇
	农药	砷、汞、氯
	冰晶石	氟化氢
机械	机械加工	烟尘
轻工	造纸	烟尘、硫醇、硫化氢、臭气
	仪器仪表	汞、氰化物、铬酸气溶胶
	灯泡	烟尘、汞
建材	水泥	水泥尘、烟尘

（一）颗粒污染物

（1）粉尘（dust）：粉尘系指分散于气体中的细小固体粒子，这些粒子通常有煤、矿石和其他固体物料，是在运输、筛分、碾磨、加料和卸料等机械处理过程或由有风扬起的土壤尘等所致。粉尘的粒径一般在 1～200 um 之间。大于 10 um 的粒子，在重力作用下，能在较短时间内沉降到地面，称为降尘。小于 10 um 的粒子，能长期漂浮于大气，称为飘尘。

（2）烟（fume）：烟系指由固体升华，液体蒸发，化学反应等过程产生的蒸汽，在空气或气体中凝结成的浮游粒子的气溶胶。烟气溶胶粒子的粒径通常小于 1 um。

（3）飞灰（fly ash）：飞灰系指燃料燃烧后，在烟道气中所悬浮呈灰状的细小粒子。以粉煤为燃料燃烧时排出的飞灰比较多。

（4）黑烟（smoke）：黑烟系指在燃烧固体或液体燃料过程中所产生的细小粒子，在大气总漂浮出现的气溶胶现象。黑烟中烟煤（SOOT）和硫酸微粒，黑烟微粒成为大气中水蒸气的凝结核后可形成烟雾。在一些国家里，是以林格曼数、黑烟的遮光率、玷污的黑度或捕集沉降物的质量来表示黑烟的污染程度。黑烟微粒的粒径大约为 0.05～1 um。

（5）雾（fog）：雾系指由蒸汽状态凝结成液体的微粒，悬浮在大气中所出现的现象。其粒径小于 100 um。此时的相对湿度为 100%，可影响 1 km 以外的大气水平可见度。

（6）煤烟尘（soot）：煤烟尘系又指烟炱，俗称黑烟子。煤烟尘是指半湿燃料和其他物质燃烧所发生的黑色烟尘，其中含有 50% 的碳。粒径大约在 1～20 um。目前对煤烟尘的发生机制还不十分清楚。煤烟尘生成过程与燃料的种类、燃烧火焰的状态有关。一般来说，燃烧天然气，煤烟尘生成量最少；燃烧煤或木材等碳化物，特别是燃烧其干馏生成物，如焦油（沥青）燃料时，煤烟尘生成量就多。

（7）总悬浮物微粒（TSP）：总悬浮物微粒系指大气中粒径小于 100 um 的所有固体颗粒。

（二）气态污染物

气态污染物种类很多。已经经过鉴定的大气污染物有 100 多种，其中有由污染源直接排入大气的一次污染物和由一次污染物经过化学或光化学反应，生成的二次污染物。

依稀污染物主要有以 SO_2 为主的含硫化合物、NO 和 NO_2 为主的含氮化合物、碳的化合物、碳氢化合物、及卤素化合物等。

1. 硫氧化合物

硫氧化合物主要是指 SO_2 和 SO_3。大气中的 H_2S 是不稳定的硫氰化合物，在有颗粒物存在下，可迅速地被氧化成 SO_3。大气中近一半多的硫氰化合物是人为因素造成的，主要是由燃烧含硫煤和石油等燃料所产生的。此外，有色金属冶炼厂、硫酸厂等也排放出相当数量的硫氧化物气体。

根据煤含硫量的多少，有高硫煤和低硫煤之分。煤中含硫量大于 3% 的称为高硫煤，小于 3% 的称为低硫煤。通常 1t 煤中含有 5～50 kg 硫。燃料中的硫不完全是以单体硫存在，多以有机和无机硫化合物的形式存在。有机硫化合物（如硫醇、硫醚等）和无机硫化物（如黄铁矿）在燃烧过程中，可氧化生成 SO_2，这种硫化合物称为可燃性硫化合物。而无机硫化合物中的硫酸盐是不参与燃烧反应的，多残存于灰烬中，此种硫化合物为非可燃性硫化合物。

可燃性硫及硫化合物在燃烧时，主要是生成 SO_2，只有 1%～5% 氧化成 SO_3。其主要化学反应如下：

单体硫燃烧：

$$S + O_2 =\!=\!= SO_2$$
$$SO_2 + 1/2O_2 =\!=\!= SO_3$$

硫铁矿的燃烧：

$$4FeS_2 + 11O_2 =\!=\!= 2Fe_2O_2 + 8SO_2$$
$$SO_2 + 1/2O_2 =\!=\!= SO_3$$

硫醚、硫醇等有机硫化物的燃烧：

$$CH_3CH_2CH_2CH_2SH \longrightarrow H_2S + 2H_2 + 2C + C_2H_4$$

分解出的 HS 再氧化为：

$$2H_2S + 3O_2 \longrightarrow 2SO_2 + 2H_2O$$

SO_2 在洁净干燥的大气中氧化成 SO 的过程是很缓慢的，但是，在相对湿度比较大，特别是在有颗粒物存在时，可发生催化氧化反应，从而加快生产 SO_3。

从表 7-5 可知，由人为和天然污染源每年排放至大气中的 SO_2 约有 2.5×10^{10} t 之多，人为污染源排放的 SO_2 大约占总排放量的 41%。

自 20 世纪 70 年代以来，全球 SO_2 排放总量平均每年递增 5%，预计 20 世纪末超过 3.7×10^8 t。1995 年我国 SO_2 排放量大约 2.370×10^7 t，居世界第一。

2. 氮氧化物

NO 种类很多，它是 NO、N_2O、NO_2、N_2O_3、N_2O_4、N_2O_5 等的总称。造成大气污染的 NOx 主要是指 NO 和 NO_2。大气中的 NO_x 几乎 1/2 以上是由人为污染源产生的。人为污染源一年向大气排放 NO_x 约为 521×10^7 t。它们大部分来源于化石燃料的燃烧过程（如燃烧炉、汽车、飞机及内燃机等的燃烧过程）。此外，硝酸的生产或使用过程，氮肥厂、有机中间体厂、有色及黑色金属冶炼厂的某些生产过程等也有 NO 的产生。

由燃烧过程产生的 NO_x 有两类：一类是在高温燃烧时，助燃空气的 N 和 O 发生反应而生成 NO，由此生成的 NO 称作热致 NO；另一是燃料中的吡啶（C_5H_5N）、哌啶（$C_5H_{11}N$）、咔唑（$C_{12}H_9N$）等含氮化合物，经高温分解成 N_2 和 O_2 后再反应生成 NO_x，由此生成的 NO_x 称作燃料 NO_x。燃料燃烧生成的 NO_x 主要是 NO。在一般锅炉烟道中只有不到 10% 的 NO 氧化成 NO_2。

在不同氧浓度下，从燃烧生成的热致 NO 平衡浓度与稳定的关系中，生成 NO 的浓度随着稳定和氧气浓度的升高而增加。因此，为了减少燃烧生成的热 NO，应尽可能降低燃烧稳定和燃烧时气体中的 O_2 浓度（降低过剩空气系数），并缩短在高温区的停滞时间。高温生成的 NO，在排烟的过程中，有少量 NO 因冷却再分解成 N_2 和 O_2，也有部分的 NO 被烟气中过剩的氧而氧化，生成 NO_2，即：

$$2NO + O_2 =\!=\!= 2NO_2$$

燃料中的氮化合物净燃烧，大约有 20% ～ 70% 转化成燃料 NO。燃料 NO 的生成机制到目前为止还不清楚。有人认为燃料中氮化合物在燃烧时，首先是发生热分解形成中间产物，然后经氧化生成 NO。

3. 一氧化碳

大气中 CO 既来源于天然污染源，也来源于人为污染源。其中，天然污染源排放的 CO 是排放量最大的污染物之一。人为污染源排放的 CO，主要是由于燃料燃烧不完全所生成的。

燃料燃烧时供氧不足将发生如下反应：

$$C + 1/2O_2 \longrightarrow CO$$

$$C + CO_2 \longrightarrow 2CO$$

在缺氧条件下，CO 氧化生成 CO_2 的速率很慢。由于近代不断对燃烧装置及燃烧技术的改进，从固定燃烧装置排放的 CO 量逐渐有所减少，而由汽车灯移动污染源发生的 CO 量有所增加。表 7-5 为不同污染源排放的 CO 对大气污染的贡献。

表 7-5　不同污染源 CO 的排放量

来　　源	范围/（Tg/a）
工业	300～550
生物质燃烧	300～700
生物活动	60～160
海洋排放	20～200
甲烷氧化	400～1000
非甲烷碳氢化合物氧化	200～600
合计	1800～2700

向大气释放 CO 的天然来源有以下几种。

（1）甲烷的转化：有机体分解出的甲烷经 OH 自由基氧化形成 CO。

（2）海水中 CO 的释放：由于海洋生物代谢，可不间断地向大气释放 CO，其量很大，海洋也是大气 CO 的主要释放源。

（3）萜烯反应：植物释放出的萜烯类物质在大气中被自由基氧化生成 CO。

（4）植物中叶绿素的光解：由植物叶绿素光分解产生的 CO 量稍高于萜烯反应生成的 CO 量。

汽车尾气排放的 CO 量与汽车运行工况有关。汽车在不同行驶工况下排放的 CO 浓度中，汽车在空挡时产生的 CO 量最多，这也足以说明，在大城市交通繁忙路口处 CO 污染相当严重的主要原因。

4. 碳氢化合物

大气中的碳氢化合物（HC）通常指 $C_1 \sim C_8$ 可挥发的所有碳氢化合物，属于有机烃类。据估算，每年由天然和人为污染源向大气排放的碳氢化合物量是非常巨大的。

5. 硫酸烟雾

硫酸烟雾是大气中 SO_2 在相对湿度比较高，气温比较低，并有颗粒气溶胶存在时而发生的。

大气中颗粒气溶胶具有凝聚大气中水分和吸收 SO_2 与氧气的能力。在颗粒气溶胶表面上发生 SO_2 的催化氧化反应，生成亚硫酸和硫酸，及 SO_2 溶解于水发生的化学反应。

生成的亚硫酸在颗粒气溶胶中的 Fe、Mn 等催化作用下，继续被氧化生成硫酸：

$$2HSO_3^{2-} + 2H + O_2 \longrightarrow 2H_2SO_4（雾）$$

若大气中 NH 存在时，即可形成硫酸铵气溶胶。硫酸雾是强氧化剂，对人和动植物有极大危害。英国从 19 世纪到 20 世纪中叶，曾多次发生这类烟雾事件，最严重的一次硫酸烟雾事件，发生在 1962 年 12 月 5 日，历时 5 天，死亡 4 000 多人。

6. 光化学烟雾

光化学烟雾最早发生在美国洛杉矶市，随后在墨西哥的墨西哥市，日本的东京市以及我国的兰州市也相继发生这类光化学烟雾事件。其表现是城市上空笼罩着白色烟雾（有时带有紫色或黄色），大气能见度降低，具有特殊气味，刺激眼睛和呼吸道黏膜，造成呼吸困难。生成的强氧化剂臭氧（O_3）可使橡胶制品开裂，植物叶片受害，变黄甚至枯萎。烟雾一般发生在相对湿度低的夏季晴天，高峰期出现在中午或刚过中午，夜间消失。

美国加利福尼亚大学哈根·斯密特博士提出的光化学烟雾理论认为，光化学烟雾是大气中 NO_x、HC 及 CO 等污染物，在强太阳光作用下，发生光化学反应而形成的。

根据光化学反应规律，光化学烟雾的形成与 NO_2 的光分解有直接关系，NO_2 的光分解必须有 290 nm ～ 430 nm 波长的光辐射作用才有可能。因此，纬度的高低、季节的变化、光照的强弱都影响光化学烟雾的形成。一般纬度大于 60 度的地区，由于入射角较小，光线通过大气层时受大气微粒的散射作用，使小于 430 nm 波长的光很难到达地面，所以，不易发生光化学烟雾。夏天，太阳入射角比冬天大，所以夏天发生光化学烟雾的可能性比冬天高。一天中，尤其是夏天中午前后，光线最强，出现光化学烟雾的可能性较大。此外，在晴朗、高温、低湿度和有逆温而风力不大时，有利于污染物的积累，易产生光化学烟雾。因此，在副热带高压控制地区的夏天和早秋季节，常常成为光化学烟雾产生的有利时期。

光化学烟雾形成和大气中 NO_2、CO 碳氢化合物等污染物的存在有密切关系，所以，在以石油为动力燃料的工厂、汽车排气等污染源的存在是光化学烟雾形成的前提条件。因此，当前一些发达国家的城市大气污染，光化学烟雾已经成为大气污染的主要环境问题。

第三节　大气污染的危害

一、大气污染的危害

1. 对人体健康的危害

大气污染后，由于污染物质的来源、性质、浓度和持续时间的不同，污染地区的气象条件、地理环境等因素的差别，甚至人的年龄、健康状况的不同，对人均会产生不同程度的危害。大气污染对人体的影响，首先是感觉上不舒服，随后生理上出现可逆性反应，再进一步就出现急性危害症状。大气污染对人的危害大致可分为急性中毒、慢性中毒、致癌三种。

（1）急性中毒：大气中的污染物浓度较低时，通常不会造成人体急性中毒，但在某些特殊条件下，如工厂在生产过程中出现特殊事故，大量有害气体泄漏外排，外界气象条件突变等，便会引起人群的急性中毒。如印度帕博尔农药厂甲基异氰酸酯泄漏，直接危害人体，发生了 2 500 人丧生，十多万人受害。

（2）慢性中毒：大气污染对人体健康慢性毒害作用，主要表现为污染物质在低浓度、长时间连续作用于人体后，出现的患病率升高等现象。近年来中国城市居民肺癌发病率很高，其中最高的是上海市，城市居民呼吸系统疾病明显高于郊区。

（3）致癌作用：这是长期影响的结果，是由于污染物长时间作用于肌体，损害体内遗传物质，引起突变，如果生殖细胞发生突变，使后代机体出现各种异常，称致畸作用；如果引起生物体细胞遗传物质和遗传信息发生突然改变作用，又称致突变作用；如果诱发成肿瘤的作用称致癌作用。这里所指的"癌"包括良性肿瘤和恶性肿瘤。环境中致癌物可分为化学性致癌物，物理性致癌物，生物性致癌物等。致癌作用过程相当复杂，一般有引发阶段，促长阶段。能诱发肿瘤的因素，统称致癌因素。由于长期接触环境中致癌因素而引起的肿瘤，称环境瘤。大气污染会导致人的寿命下降。

正常的大气中主要含对植物生长有好处的 N_2（占78%）和人体、动物需要的 O_2（占21%），还含有少量的 CO_2（占0.03%）和其他气体。当本不属于大气成分的气体或物质，如硫化物、氮氧化物、粉尘、有机物等进入大气之后，大气污染就发生了。大气污染主要由人的活动造成，主要来源于工厂排放、汽车尾气、农垦烧荒、森林失火、炊烟（包括路边烧烤）、尘土（包括建筑工地）等。

主要分为有害气体（二氧化碳、氮氧化物、碳氢化物、光化学烟雾和卤族元素等）及颗粒物（粉尘和酸雾、气溶胶等）。

2. 对植物的危害

当大气污染物浓度超过植物的忍耐限度时，会使植物的细胞和组织器官受到伤害，生理功能和生长发育受阻，产量下降，产品品质变坏，群落组成发生变化，甚至造成植物个体死亡，种群消失。

植物容易受大气污染危害，首先是因为它们庞大的叶面积同空气接触并进行活跃的气体交换。其次，植物不像高等动物那样具有循环系统，可以缓冲外界的影响，为细胞和组织提供比较稳定的内环境。此外，植物一般是固定不动的，不像动物可以避开污染。植物受大气污染物的伤害一般分为两类：受高浓度大气污染物的袭击，短期内即在叶片上出现坏死斑，称为急性伤害；长期与低浓度污染物接触，因而生长受阻，发育不良，出现失绿、早衰等现象，称为慢性伤害。

大气污染物中对植物影响较大的是 SO_2、氟化物、氧化剂和乙烯。氮氧化物也会伤害植物，但毒性较小。氯、氨和氯化氢等虽会对植物产生毒害，但一般是由于事故性泄漏引起的，危害范围不大。大气污染对植物的影响表现在群落、个体、细胞和器官组织等方面。群落方面，不同的植物种和变种对污染物的抗性不同，同一种植物对不同污染物的抗性也大有差异。在污染物的长期作用下，植物群落的组成会发生变化，一些敏感种类会减少或消失；另一些抗性强的种类会保存下来甚至得到一定的发展。个体的影响方面，表现为生长减慢、发育受阻、失绿黄化、早衰等症状，有的还会引起异常的生长反应。在发生急性伤害的情况下，叶面部分坏死或脱落，光合面积减少，影响植株生长，产量下降。在发生慢性伤害的情况下，代谢失调，生理过程如光合作用、呼吸机能等不能正常进行，引起生长发育受阻。对器官组织的影响方面，叶组织坏死，表现为叶面出现点、片伤斑，这是植物受大气污染物急性伤害的主要症状。各种污染物对叶片的伤害往往各有其特有的症状，成为大气污染"伤害诊断"的主要依据。器官（叶、蕾、花、果实）脱落是污染伤害的常见现象。植物接触大气污染物如 SO_2、O_3 等以后，体内产生应激乙烯或伤害乙烯，是器官脱落的原因。对细胞和细胞器的影响，细胞的膜系统在一些污染物的作用下，差别透性被破坏，引起水分和离子平衡的失调，造成代谢紊乱。破坏严重时，细胞内分隔作用消失，细胞器崩溃，最后导致死亡。膜类脂是污染物的一个主要作用点，例如臭氧使膜类脂发生过氧化，干扰它的生物合成。新近的研究表明，SO 的伤害也与膜类脂的过氧化过程有关。通过电子显微镜观察得知，叶绿体的膜结构是在 O 和 SO 的作用下被破坏的。

3. 对器物及材料的危害

大气污染对金属制品、油漆涂料、皮革制品、纸制品、纺织品、橡胶制品和建筑物的损害也是很严重的。这种损害包括玷污性损害和化学性损害两个方面。玷污性损害主要是粉尘、烟等颗粒物落在器物上面造成的，有的可以清扫冲洗除去，有的很难除去，如煤、油中的焦油等。化学性损害是由于污染物的化学作用，使器物和材料腐蚀或损坏。

颗粒物因其固有的腐蚀性，或惰性颗粒物进入大气后因吸收或吸附了腐蚀性化学物质产生直接的化学性损害。存在空气中的吸湿性颗粒物，能直接对金属表面产生腐蚀作用。

大气中的 SO_2、NO_x 及其生成的烟雾、酸雾等，能使金属表面产生严重的腐蚀，使纺制品、皮革制品等腐蚀破损，使金属涂料变质，降低其保护效果。一般来说，造成金属腐蚀危害最大的污染物是 SO_2。温度和相对湿度都显著影响着腐蚀速度，铝对 SO_2 的腐蚀作用具有很好的抵抗力。但是，当相对湿度高于 70% 时，其腐蚀率就会明显上升。含硫物质和硫酸会侵蚀多种建筑材料，如石灰石、大理石、花岗岩、水泥砂浆等，这些材料先形成较易溶解的硫酸盐，然后被雨水冲刷掉。SO_2 或硫酸气溶胶加速了尼龙织物管道的老化。

光化学氧化剂中的 O_3，会使橡胶绝缘性能的寿命缩短，使橡胶制品迅速老化脆裂。预侵蚀纺织品的纤维素，使其强度减弱。所有氧化剂都能使纺织品发生程度不同的褪色。

4. 对大气的影响

大气污染物质还会影响天气和气候。颗粒物使大气能见度降低，减少到达地面的太阳光辐射量。尤其是在大工业城市中，在烟雾不散的情况下，日光比正常情况减少 40%。高层大气中的氮氧化物、碳氢化合物和氟氯烃类等污染物使臭氧大量分解，引发的"臭氧洞"问题，成为了全球关注的焦点。

从工厂、发电站、汽车、家庭小煤炉中排放到大气中的颗粒物，大多具有水汽凝结核或冻结核的作用。这些微粒能吸附大气中的水汽使之凝成水滴或冰晶，从而改变了该地区原有降水（雨、雪）的情况。人们发现在离大工业城市不远的下风向地区，降水量比四周其他地区要多，这就是所谓"拉波特效应"。如果，微粒中央夹带着酸性污染物，那么，在下风地区就可能受到酸雨的侵袭。

大气污染除对天气产生不良影响外，对全球气候的影响也逐渐引起人们关注。由大气中二氧化碳浓度升高引发的温室效应，是对全球气候的最主要影响。地球气候变暖会给人类的生态环境带来许多不利影响，人类必须充分认识到这一点。

二、大气污染综合防治的原则

排放源、大气状态、接受体是大气污染形成的三个环节，因此，控制大气污染可从三个方面着手：一是对排放源进行控制，减少大气污染物的排放量；二是对进入大气中的污染物进行治理；三是对接受体进行防护。控制大气污染的最佳途径是阻止或减少进入大气中的污染物排放量，这条途径既是可行的又是最实际的。

大气污染控制是一门综合性很强的技术，仅考虑某个污染源的治理技术是远远不够的，必需视一个城市或特定区域为一个整体，统一规划以预防为主、防治结合、标本兼治为原则综合应用管理防治和控制措施。大气污染综合防治的措施可以概括为以下几点：

1. 全面规划、合理布局

大气环境质量受各种各样的自然因素和社会因素影响，必需进行全面规划、合理布局，才能获得长期效益。如工业布局应考虑厂址与居民区之间留有绿化空地，以利于污染物的自然净化，严格划分城市功能区，在居民区、风景游览区、水源地上游不能建污染严重的单位等。

2. 以源头控制为主，实施全过程控制

要从根本上解决大气污染问题，就必须从源头开始控制并实行全过程监控，改善能源结构，大量采用太阳能、风能、潮汐能、海能、水能等清洁能源，大力清洁生产，减少能源消耗，提高能源利用率，在生产过程中最大限度的减少污染物排放量。

3. 技术措施与管理措施相结合

大气污染综合防治一定要管治结合。大气污染治理固然十分重要，但还必须通过加强环境管理来解决环境问题，即运用管理手段，如坚持实行排污申报登记、排污收费、限期治理等各项环境管理制度来促进大气污染治理。为加强大气污染管理，我国在 1987 年通过了《大气污染防治法》，1989 年颁布了《环境保护法》，1991 年颁布了《大气污染防治实施细则》，2009 年修订了《大气污染防治法》等一系列环境法规。除此以外，从中央到地方逐步建立起比较完善的大气环境监测系统，为大气环境的科学管理提供了大量资料。

4. 绿化造林

绿地被称为城市的肺，是城市大气净化的呼吸系统。绿化造林不仅可以美化环境、调节大气温度和湿度、保持水土等，而且在净化大气环境及降低噪声方面也有显著成效，因而是大气污染防治的有效措施。绿色植物不仅可以吸收 CO_2 进行光合作用而放出 O_2，而且对空气中的粉尘及各种有害气体都有阻挡、过滤或吸收作用。有统计资料表明，若城市居民平均每人有 $10\ m_2$ 树林或 $50\ m_2$ 草地，即可保持空气清晰。因此城市环境应保持一定比例的绿地面积，以达到既美化城市环境，又净化和缓冲城市区域大气污染的作用。

三、大气污染物扩散和分布影响因素

一个地区的大气污染物的主要影响因素有三个方面。

首先，污染源参数是指污染源排放污染物的数量、组成、排放方式、排放源的位置及密集程度等。它决定了进入大气污染物的数量和所涉及的范围，是影响大气污染的主要因素。

其次，气象条件大气污染物自污染源排放后，在大气中经过物理变化过程和气象因子作用而引起的扩散稀释，也决定了大气对污染物的扩散速率和迁移转化的途径。

最后，下垫面状态是指大气底层接触面的性质、地形及建筑物的构成情况。下垫面的状况不同会影响到气流的运动，也影响着当地的气象条件，从而对大气污染物的扩散造成影响。

（一）影响大气污染扩散的气象因素

一个地区大气污染的程度，不仅与该地区污染源所排放的污染物的成分和数量密切相关，而且受气象因素的影响。相同的污染源和污染物，在不同气象条件下，大气污染的程度显著不同，因为大气污染物运输、扩散和稀释程度不同。影响大气污染物扩散的因素有：风向和湍流、温度层结合大气稳定度、逆温和降水等，但风向和湍流对污染物在大气中的输送、扩散、稀释起着决定性的作用。

太阳辐射在地面不同地区、在大陆和海洋之间、在大气中高层和低层之间不是均匀分布的，因而它们之间形成了一定的温差。由于温差作用，各地空气密度不同，形成不同的气压。冷空气较热空气的气压高，高压区的冷空气便流向低压区。因此大气的运动包括了有规则的平直的水平运动和不规则的、紊乱的湍流运动。气象上把水平方向的空气运动称为风，垂直方向的空气运动则称为升降气流。风是一个矢量，具有大小和方向，风向是指风吹来的方向。例如，风从北方吹称北方；风从南方吹称南风。风向可用 8 个方位或 16 个方位表示，也可用角度表示。

　　风速是指单位时间内空气在水平方向运动的距离，单位为 m/s 或 km/s，通常气象台所测定的风向、风速，都是指一定时间（2 min 或 10 min）内的平均值。如果气压在大范围内均匀分布，那么空气几乎就不流动了。这种大气状态称作"静风"，最不利于大气污染物的扩散。

　　从污染源排入大气的污染物，会顺着风向下输送、扩散和稀释。大气污染不仅受风向频率、而且受风速的影响。大气污染程度与风向频率成正比，某一风向频率越大，其下向受到污染的几率越高；反之，则几率越低。大气污染程度与风速成反比，某一风向的风速越大，则下风向的污染程度越小，因为来自上风向的污染物输送、扩散和稀释能力加大，使大气中污染物浓度降低。

　　在实际生活中我们可以感到风速时大时小，有阵性，并在主导风向的左右上下出现无规则的摆动，风的这种无规则的阵性和摆动叫做大气湍流。所谓湍流是流体不同尺度的不规则运动。大气运动具有十分明显的湍流特性。

　　大气湍流是大气短时间的、不同尺度的无规则运动。大气是由大小不同的旋涡（又称旋涡）构成的，一个大旋涡包含许多小旋涡。大气湍流运动便是由这些大大小小的旋涡所形成的。处于湍流的污染物，被不同大小的旋涡携带而逐渐扩散。尺度小于污染烟团的小旋涡不能改变烟团的整体位置，尺度大于污染烟团的大旋涡能够移动整个污染烟团。尺度大小与污染烟团相当的旋涡最有利于污染物扩散过程。大气中的湍流运动使得部分气体得到充分的混合，所以进入大气的污染物，因湍流混合的作用而逐渐稀疏，我们称这一过程为大气扩散。大气湍流强弱与下垫面状况密切相关，下垫面粗糙起伏不平，湍流较强；下垫面光滑平坦，湍流较弱。

　　近地层大气湍流的形成和它的强度决定于两种因素：一种是机械的或动力的作用，引起的湍流叫做机械湍流，机械湍流主要决定于风速的分布和地面的粗糙度。当空气流过粗糙的表面时，将随地面的起伏而升抬或下沉，于是产生垂直方向的湍流，风速越大，机械湍流越强。另一种因素是热力因素，是指大气的垂直方向温度变化引起的湍流，亦称热力湍流，热力湍流主要是大气的垂直稳定度引起的。

1. 温度层结

　　温度层结是指垂直方向的温度梯度，它对大气湍流的强弱有很大的影响。稳定层结会造成湍流抑制，扩散不畅，而在无稳定层结时，由于热力湍流得到加强，扩散强烈，因而气温的垂直分布（温度层结）与大气污染有密切的联系。

　　在对流层内，气温垂直变化的总趋势是：随着高度的增加气温逐渐降低，这是因为地面是大气主要的直接热源，所以近地面的温度比上层要高；另一方面，水汽和固体杂质的分布从低空向高空减少，他们吸收地面辐射的能力很强，也使得近地面气温比上层要高。气温随高度的变化通常以气温垂直递减率（r）来表示，指在垂直方向上上升 100m 气温的变化值。在标准大气压情况下，对流层的下层为 $0.3 \sim 0.4℃/100m$，中层为 $0.5 \sim 0.6℃/100\,m$，上层为 $0.65 \sim 0.75℃/100\,m$，整个对流层中的气温垂直递减率平均为 $0.6℃/100\,m$。气温沿垂直高度的分布，可用坐标图上的曲线表示，如图 5-3 所示。这种曲线称为气温沿高度分布曲线或温度层结曲线，简称温度层结。

　　实际上，在贴近地面的低层大气中，气温垂直变化远比上述情况复杂得多，气温垂直分布有以下三种情况。

　　（1）气温随高度递减（$r > 0$），这种情况一般出现在风速不大的晴朗白天，地面受太阳照射，贴近地面的空气增温混合较弱。

（2）气温基本不随高度变化（$r=0$），这种情况一般出现在风速不大的阴天，风速比较大的情况下，这时下层空气混合较好，气温分布较均匀。

（3）气温随高度递增（$r<0$），这种情况出现在风速比较小的晴朗夜间，即出现逆温。

实际上气温的垂直分布除上面所讲的三种基本情况外，还存在着介于这三种情况之间的过渡状况，它们不仅受太阳辐射变化的影响，还受天气形势、地形条件等因素的影响。

2. 逆温

通常情况下，大气的温度随高度的上升而降低，但在某些情况下，大气的温度随着高度升高反而增加，即气温产生逆转，这种情况称作逆温。

逆温是发生大气污染的重要气象因素。逆温层的气温垂直分布时下面为冷空气，上面为热空气，很难使大气发生上下扰动，不利于排入大气的污染物冲破逆温层的束缚向上扩散，只能在逆温层的下面依靠有限的一层空间中的水平运动（风），使污染物扩散；但是，当强逆温存在时，往往又伴随着静风或小风天气状况，所以污染物就极不容易扩散稀释。随着逆温层厚度的增加，强度的增大，维持时间的延长，逆温层的这种作用也就越大。根据逆温形成的原因，可以把逆温分成以下六类。

（1）辐射逆温：辐射逆温经常发生在无风或小风少云的夜晚，地面因强烈的有效辐射而很快冷却，同样近地面的大气冷却最强烈，而高处的大气冷却较慢，因而逐渐形成自地面开始向上发展的逆温层，出现上暖下冷的逆温现象。在变化不大的天气系统下，辐射逆温日变化是：傍晚，逆温层在近地面逐渐生成；午夜，逆温强度达到最大，之后逆温层高度不断升高，清晨达到最高值；日出后地面受太阳的辐射，使地面和近地面大气增温，逆温渐渐消失。辐射逆温全年均可出现，但在秋、冬季更易产生，强度大，高度也高，可从几米到二三百米。

（2）地形逆温：地形逆温是由于局部地区的地形而形成的。主要在盆地底部的大气温度低，这样冷空气就沿斜坡下滑，使谷地或盆地的暖气流抬升，这就形成了上部气温比底部气温高的逆温。

（3）下沉逆温：在高压控制区，高空存在着大规模的下沉气流，由于下沉气流的绝热增温作用，致使下沉运动的终止高度出现了逆温。这种逆温的特点是范围和厚度大，不连接地面而出现在某一高度上，一般可达数百米。下沉气流一般达到某一高度停止了，所以下沉逆温多发生在高空大气中。

（4）湍流逆温：低层空气湍流混合形成的逆温称为湍流逆温。实际大气的运动都是湍流运动，其结果是使大气中包含的热量、水分及污染物得以充分的交换和混合，这种因湍流运动引起的属性混合称为湍流运动。

（5）锋面逆温：在对流层中的冷空气团相遇时，暖空气因其密度小就会爬到冷空气上面去，形成一个倾斜的过渡区，称为锋面。在锋面上，如果冷暖空气的温差较大，也可以出现逆温。

（6）平流逆温：有暖空气平流到冷地面上而形成的逆温称为平流逆温。这是由于低层空气受地表影响大、降温多，而上层空气降温小形成的。暖空气与地面之间温差越大，逆温越强。平流逆温主要发生在冬季中纬度沿海地区，由于存在海陆温差，当海上的暖气流到陆地上空时，便形成了平流逆温。

怎样了解某地区上空大气的温度层结或是否存在逆温层？可以通过气象观测，了解大气在各个高度上的温度状况从而知道有无逆温层存在、逆温层的高度和厚度。目前常用的气象探测工具有系留气球、铁塔观测、红外线、激光、微波、声雷达、多普勒雷达等。此外，在实践应用上，通常还有一个简易方法，就是利用烟囱排出的污染物扩散的烟流形状来判断温度层结。

（二）影响大气扩散的地理因素

地形和地物状况的不同，即下垫面情况的不同，会影响到当地的气息条件，形成局部地区的热力环流，从而影响大气污染扩散，其影响分为动力效应和热力效应。动力效应主要是地形和地物的粗糙度不同，改变了机械湍流、局地流场和气流运动，影响了污染物扩散。热力效应是由于下垫面的性质不同，使得地面受热和散热不均匀，引起温度场和风场的变化，从而影响污染物的扩散。

1. 地形和地物

地面是一个凹凸不平的粗糙面，当气流沿地表流过时，与各种地形和地物发生摩擦作用，使风向风速同时发生变化，其影响程度与各障碍物的体积、形状、高低有密切关系。

地形对大气污染的影响，主要是谷地、盆地地形对气流的影响。封闭的山谷和盆地，由于四周群山的屏障作用，风速减小，阻滞空气流动，容易形成逆温，温度层结稳定，不利于大气污染物的扩散。

地物对大气污染扩散的影响，主要是指建筑物，尤其是高层建筑阻碍局部地气流运行，减低风速，在建筑物背风区可能形成小范围的涡流，不利于污染物扩散。

2. 局地气流

局地气流是下垫面的性质差异导致地面热力状况不均造成的。它对大气污染的扩散有显著的影响，影响范围一般在几千米到几十千米。最常见的局部气流有山谷风、海陆风和城市热效应等。

（1）山谷风：山谷风是山风和谷风的总称。发生在山区，是以24 h为周期的局地环流。山谷风主要是山坡和谷底受热不均形成的，风向有明显的昼夜变化。白天，太阳先照射到山坡，所以山坡上的空气受热增温快，密度小；而与山坡同高度的自由大气增温较慢，密度大，风从谷口吹向山上，称为谷风。夜间，山坡空气辐射冷却比同高度自由大气快，空气密度增大，冷空气就由山坡向下滑，流向山口，称为山风。这种昼夜循环交替的风称为山谷风。山风和谷风的方向是相反的，但比较稳定。在山风与谷风的转换期，风方向是不稳定的，山风和谷风均有机会出现，时而山风，时而谷风。这时若有大量污染物排入山谷中，由于风向的摆动，污染物不易扩散，在山谷中停留时间很长，特别是夜晚，山风风速小，并伴随有逆温出现，大气稳定，污染物停滞少动，最不利于颗粒物和有害气体的扩散，造成严重的大气污染。

（2）海陆风：海陆风是海风和陆风的总称。它发生在海陆交界地带，是以24h为周期的一种局地环流。它是由海洋和陆地之间的热力差异引起的，风向也有明显的昼夜变化：白天，由于太阳辐射，地表受热，陆地增温比海面增温快，陆地气温高于海面气温，热空气上升，使高空的气压增高，因此在海陆大气之间产生了温度差、气压差，使低空气大气由海洋流向陆地，称为海风；夜晚，由于有效辐射发生了变化，陆地散热冷却比海面快，空气冷却，密度变大，空气下沉，上层气压减低，而此时海面上的气温较高，空气上升，上层气压增高，形成热力环流，上层风向岸上吹，而在地面则由陆地吹向海洋，称为陆风。海陆风的环状气流，不能把污染源排出的污染物完全扩散出去，而使一部分污染物在大气中循环往复，对大气污染扩散极其不利。

在大湖泊、江河的水陆交界地带也会产生水陆风局地环流，称为水陆风，但水陆风的活动范围和强度比海陆风要小。

由上述可知，在海边建工厂时，必须考虑海陆风的影响，因为有可能出现在夜间随陆风吹到海面上的污染物,在白天又随海风吹回来,或者进入海陆风局地环流中,使污染物不能充分地扩散稀释而造成严重的污染。

(3)城市热岛效应:气温除随高度变化外,还有水平差异。城市热岛效应就是气温的水平差异产生的局地环流。产生城乡温度差异的主要原因如下:

① 城市人口密集、工业集中,能耗水平高。

② 城市的覆盖物(如建筑、水泥路面等)热容量大,白天吸收太阳辐射热,夜间放热缓慢,使低层空气冷却变缓。

③ 城市上空笼罩着一层烟雾和二氧化碳,使地面有效辐射减弱。

因此城市净热量吸收比周围乡村多,城市气温比周围郊区和乡村高。人们把这个气温较高的市中心区称为"城市热岛"。这种局地环流的气流从城市热岛上升而在周围乡村下沉,风从城市四周吹向城市中心,这种风称为"城市风"。它把郊区污染源排出的大量污染物输送到城市中心,因此,若城市周围有较多生产污染物的工厂,就会使污染物在夜间向市中心输送,造成严重污染。

第四节　大气污染防治途径与措施

一、常用的气态污染物的治理方法

工农业生产、交通运输和人类生活活动中所排放的有害气态物质种类繁多,根据这些物质不同的化学性质和物理性质,采用不同的技术方法进行治理。常见的治理方法有以下五种。

(一)吸收法

吸收法是采用适当的液体作为吸收剂,使含有有害物质的废气与吸收剂接触,废气中的有害物质被吸收于吸收剂中,使气体得到净化的方法。在吸收过程中,用来吸收气体中有害物质的液体叫做吸收剂,被吸收的组分成为吸手质,吸收了吸收质后的液体叫做吸收液。吸收操作可分为物理吸收和化学吸收。在处理以气量大、有害组分浓度低为特点的各种废气时,化学吸收的效果要比单纯的物理吸收好得多,因此在用吸收法治理气体污染物时,多采用化学吸收法进行。

直接影响吸收效果的是吸收剂的选择。所选择的吸收剂一般应具有以下特点:吸收容量大,即在单位体积的吸收剂中吸收有害气体的数量要大;饱和蒸气压低,以减少因挥发而引起的吸收剂的损耗;选择性高,即对有害气体吸收能力强,而对无害气体吸收较少;沸点要适宜,热稳定性高,粘度及腐蚀性要小,价廉易得。

根据以上原则,若去除氯化氢、氨、二氧化硫、氟化氢等可选用水作吸收剂;若去除二氧化硫、氮氧化物、硫化氢等酸性气体可选用碱液(如烧碱溶液、石灰乳、氨水等)作吸收剂;若去除氨等碱性气体可选用酸液(如硫酸溶液)作吸收剂。另外,碳酸丙烯酯、N-甲基吡咯烷酮及冷甲醇等有机溶剂也可以有效的去除废气中的二氧化碳和硫化氢。

吸收一般采用逆流操作,被吸收的气体由下向上流动,吸收剂由上向下流动,在气、液逆流接触中完成传质过程。吸收工艺流程有非循环和循环过程两种,前者吸收剂不予再生,后者吸收剂封闭循环使用。

吸收法具有设备简单、捕集效率高、应用范围广、一次性投资低等特点,已被广泛用于有害气体的治理,例如,含 SO_2、H_2S、HF 和 NO_x 等污染物的废气,均可用吸收法净化。吸收是将有害气体中的有害物质转移到了液相中,因此必须对吸收液进行处理,否则容易引起二次污染。此外，低温操作下吸收效果好，在处理高温烟气时，必须对排气进行降温处理，可以采取直接冷却、间接冷却、预置洗涤器等降温手段。

1. SO$_2$废气的吸收法治理

燃烧过程及一些工业生产排出的废气中SO$_2$浓度较低，而废弃量大、影响面广，因此主要采用化学吸收才能满足净化要求。在化学吸收过程中，SO$_2$作为吸收物质在液相中与吸收剂起化学反应，生成新物质，使SO$_2$在液相中的含量降低，从而增加了吸收过程的推动力；另一方面，由于溶液表面SO$_2$的平衡分压降低很多，从而增加了吸收剂吸收气体的能力，使排出的吸收设备气体中所含的SO$_2$浓度进一步降低，能达到很高的净化要求。目前具有工业实用意义的SO$_2$化学吸收方法主要有如下几种。

（1）亚硫酸钾（钠）吸收法（WL法）：此法是英国威尔曼－洛德动力气体公司于1996年开发的，以亚硫酸钾或亚硫酸钠为吸收剂，SO$_2$的脱除率达90%以上。吸收母液经冷却、结晶、分离出亚硫酸氢钾（钠），再用蒸汽将其加热分解生成亚硫酸钾（钠）和SO$_2$。亚硫酸钾（钠）可以循环使用，SO$_2$回收后用来制硫酸。

WL法的优点是吸收液循环使用，吸收剂损失少；吸收液对SO$_2$的吸收能力高，液体循环量少，泵的容量少；副产品SO$_2$的纯度高；操作负荷范围大，可以连续运转；基建投资和操作费用较低，可实现自动化操作。

WL法的缺点是必须将吸收液中可能含有的Na$_2$SO$_4$去除掉，否则会影响吸收速率；另外吸收过程中会有结晶析出而造成设备堵塞。

（2）碱液吸收法：采用苛性钠溶液、纯碱溶液或石灰浆液作为吸收剂，吸收SO$_2$后制得亚硫酸钠或亚硫酸钙。以苛性钠溶液作为吸收剂。

含SO$_2$的废弃物先经除尘以防止堵塞吸收塔，冷却的目的在于提高吸收效率。但吸收液的pH达5.6～6.0后，送至中和结晶槽，加入50%的NaOH调整pH＝7，加入适量硫化钠溶液以去除铁和重金属离子，然后再用NaOH将pH调整到12，再行蒸发结晶后，离子分离机将亚硫酸钠结晶分离出来，干燥之后，精旋风分离可得无水亚硫酸钠产品。此法SO$_2$的吸收率可达95%以上，且设备简单，操作方便。但苛性钠供应紧张，亚硫酸钠销路有限，此法仅适用于小规模［10×10^{4}m^3（标态）/h废气］的生产。

用纯碱溶液作为吸收剂（双碱法）：此法是用Na$_2$CO$_3$或NaOH溶液（第一碱）来吸收废气中的SO$_2$，再用石灰石或石浆液灰（第二碱）再生，制得石膏，再生后的溶液可继续循环使用。

另一种双碱法是采用碱式硫酸铝［Al$_2$(SO$_4$)·xAl$_2$O$_3$］作为吸收剂，吸收SO$_2$后再氧化成硫酸铝，然后用石灰石与之中和再形成碱性硫酸铝循环使用，并得到副产品石膏。

（3）氨液吸收法：此法是以氨水或液态氨作吸收剂，吸收SO$_2$后生成亚硫酸铵和亚硫酸氢铵。其反应如下：

$$NH_3 + H_2O + SO_2 \longrightarrow NH_4HSO_3$$

$$2NH_3 + H_2O + SO_2 \longrightarrow (NH_4)_2SO_3$$

$$(NH_4)_2SO_3 + H_2O + SO_2 \longrightarrow 2NH_4HSO_3$$

当NH$_4$HSO$_3$比例增大时，吸收能力降低，需补充氨将亚硫酸氢铵转化成亚硫酸铵，即进行吸收液的再生。

$$NH_3 + NH_4HSO_3 \longrightarrow (NH_4)_2SO_3$$

此外，还需引出一部分吸收液，可以采用氨－硫酸铵法、氨－亚硫酸铵法等方法回收硫酸铵或亚硫酸铵等副产品。

（4）液相催化氧化吸收法（千代田法）：此法是以含 Fe^{3+} 催化剂的浓度为 2% ～ 3% 的稀硫酸溶液作吸收剂，直接将 SO_2 氧化成硫酸。吸收液一部分回吸收塔循环使用，另一部分与石灰石反应生成石膏。故此法也称稀硫酸 – 石膏法，其反应为：

$$2SO_2 + O_2 + 2H_2O \longrightarrow 2H_2SO_4$$

$$H_2SO_4 + CaCO_3 + H_2O \longrightarrow CaSO_4 \cdot 2H_2O \downarrow + CO_2 \uparrow$$

千代田法操作简单，不需特殊设备和控制仪表，能适应条件的变化，脱硫率可达 98%，投资和转运费用较低；缺点是稀硫酸腐蚀性较强，必须采用合适的防腐材料。同时，所得稀硫酸浓度过低，不便于运输和使用。

（5）金属氧化物吸收法：此法是用 MgO、ZnO、MnO_2、CuO 等金属氧化物的碱性氧化物浆液作为吸水剂。吸收 SO_2 后的溶液中含有亚硫酸盐、亚硫酸氢盐和氧化产物硫酸盐，它们在较高温度下分解并再生出浓度较高的 SO_2 气体。现以 MgO 为例进行介绍，称作氧化镁法。

吸收过程反应：

$$MgO + H_2O \longrightarrow Mg(OH)_2$$

$$Mg(OH)_2 + SO_2 + 5H_2O \longrightarrow MgSO_3 \cdot 6H_2O$$

$$MgSO_3 + 6H_2O + SO_2 \longrightarrow Mg(HSO_3)_2 + 5H_2O$$

$$Mg(HSO_3)_2 + Mg(OH)_2 + 10H_2O \longrightarrow 2(MgSO_3 \cdot 6H_2O)$$

若烟气中 O_2 过量时：

$$2Mg(HSO_3)_2 + O_2 + 12H_2O \longrightarrow 2(MgSO_4 \cdot 7H_2O + 2SO_2$$

$$2MgSO_3 + O_2 + 14H_2O \longrightarrow 2(MgSO_4 \cdot 7H_2O)$$

我国的氧化镁（菱苦土）资源丰富，该法在我国有发展前途。

（6）海水吸收法：该法是近年来发展起来的一项新技术，它利用海水和烟气中的 SO_2，经反应生成可溶性的硫酸盐排回大海。海水 pH 为 8.0 ～ 8.3，所含碳酸盐对酸性物质有缓冲作用，海水吸收 SO_2 生成的产物是海洋中的天然成分，不会对环境造成严重污染。

海水脱硫的主要反映是：

$$2SO_2 + 2H_2O + O_2 \longrightarrow 2SO_4^{2-} + 4H^+$$

$$CO_3^{2-} + H^+ \longrightarrow H_2O + CO_2$$

海水脱硫工艺依靠现场的自然碱度，产生的硫酸盐完全溶解后返回大海，无固体生成物；所需设备少，运行简单。但此法只能在海洋地区使用，有一定的局限性。挪威西海岸 Mongstadt 炼油厂于 1989 年建成第一套海水吸收 SO_2 装置，SO_2 脱硫率可达 98.8%。我国深圳西部电力有限公司于 1998 年 7 月建成运行海水脱硫装置，脱硫率也大于 90%。

（7）尿素吸收法：此法是用尿素溶液作吸收剂，其 pH 为 5 ～ 9，SO_2 的去除率与其在烟气中的浓度无关，吸收液可回收硫酸铵。此法可同时去除 NO_x，去除率大于 95%。尿素吸收 SO_2 工艺由俄罗斯门捷列夫化学工艺学院开发，SO_2 去除率可达 100%。

2. NO_x 废气的吸收法治理

采用吸收法脱出氮氧化物是化学工业生产中比较常用的方法。可以归纳为：水吸收法；酸吸收法，如硫酸、稀硝酸作吸收剂；碱液吸收法，如烧碱、纯碱、氨水作吸收剂；还原吸收法，如氯 – 氨、亚硫酸盐法等；氧化吸收法，如次氯酸钠、高锰酸钾、臭氧作氧化剂；生成配合物吸收法，如硫酸亚铁法；分解吸收法，如酸性尿素水溶液作吸收剂。

现简单介绍几种。

(1) 水吸收法：NO_2 或 N_2O_4 与水接触反应生成硝酸和亚硝酸，亚硝酸分解形成一氧化氮和二氧化氮。

水对氮氧化物的吸收率很低，主要由一氧化氮被氧化成二氧化氮的速率决定。当一氧化氮浓度高时，吸收速率有所增高。一般水吸收法的效率为 30%～50%。

此法制得浓度为 5%～10% 的稀硝酸，可用于中和碱性污水，作为废水处理的中和剂，也可用于生产化肥等。另外，此法是在 588～686KPa 的高压下操作，操作费及设备费均较高。

(2) 稀硝酸吸收法：此法是用 30% 左右的稀硝酸作为吸收剂，在 20℃和 1.5×10^5 Pa 压力下，NO_x 被稀硝酸进行物理吸收，生成很少的硝酸；然后将吸收液在 30℃下用空气进行吹脱，吹出 NO_x 后，硝酸被漂白；漂白酸经冷却后再用于吸收 NO_x。由于氮氧化物在漂白稀硝酸中的溶解度要比在水中溶解度高，一般采用此法 NO_x 的去除率可达 80%～90%。

(3) 碱性溶液吸收法：此法的原理是利用碱性物质来中和所生成的硝酸和亚硝酸，使之变为硝酸盐和亚硝酸盐。使用的吸收剂主要有氢氧化钠、碳酸钠和石灰乳等。

(4) 还原吸收法：此法是利用氯的氧化能力与氨的中和还原能力治理氮氧化物，称氯-氨法。

此种方法 NO_x 的去除率较高，可达 80%～90%，产生的 N_2 对环境也不存在污染问题。但是，由于同时还有氯化铵及硝酸铵的产生，呈白色烟雾，需要进行电除尘分离，使本方法的推广使用受到限制。

(5) 氧化吸收法：用氧化剂先将 NO 氧化成 NO_2，然后再用吸收液加以吸收。例如日本的 NE 法采用碱高锰酸钾溶液作为吸收剂。

此法 NO_x 去除率达 93%～98%。这类方法效率高，但运转费用也比较高。

综上所述，尽管有许多物质可以作为吸收 NO_x 的吸收剂，但含 NO_x 废气的治理可以采用多种不同的吸收方法，从工艺、投资及操作费用等方面综合考虑，目前使用较多的还是碱性溶液吸收和氧化吸收这两种方法。

（二）吸附法

吸附法就是使废气与大表面多孔性固体物质相接触，使废气中的有害组分吸附在固体表面上，使其与气体混合物分离，从而达到净化的目的。具有吸附作用的固体物质成为吸附剂，被吸附的气体组分称为吸附质。

吸附过程是可逆的过程，在吸附质被吸附的同时，部分已被吸附的吸附质分子还可因分子的热运动而脱离固体表面回到气象中去，这种现象称为脱附。当吸附与脱附速度相等时，就达到了吸附平衡，吸附的表观过程停止，吸附剂就丧失了吸附能力，此时应当对吸附剂进行再生，即采用一定的方法使吸附质从吸附剂上解脱下来。吸附法治理气态污染物包括吸附及吸附剂的再生的全部过程。

吸附净化法的净化效率高，特别是对低浓度气体仍具有很强的净化能力。吸附法常常应用于排放标准要求严格或有害物浓度低，用其他方法达不到净化要求的气体净化。但是由于吸附剂需要重复再生利用，以及吸附剂的容量有限，使得吸附方法的应用受到一定的限制，如对高浓度废气的净化，一般不宜采用该法，否则需要对吸附剂频繁进行再生，既影响吸附剂的使用寿命，同时会增加操作费用及操作上的繁杂程序。

合理选择与利用高效率吸附剂，是提高吸附效果的关键。选择吸附剂应从几方面考虑：大的比表面积和空隙率；良好的选择性；吸附能力强，吸附容量大；便于再生；机械强度大；化学稳定性强；热稳定性好；耐磨损，寿命长；价廉易得。

根据以上特点，常用的吸附剂见表 7-6。

吸附效率较高的吸附剂如活性炭、分子筛等，价格一般都比较昂贵。因此必须对失效吸附剂进行再生而重复使用，以降低吸附法的费用。常用的再生方法有热再生（或升温脱附）、降压再生（或减压脱附）、吹扫再生、化学再生等。由于再生的操作比较麻烦，且必须专门供应蒸汽或热空气等满足吸附剂再生的需要，使设备费用和操作费用增加，限制了吸附法的广泛应用。

表 7-6　不同吸附剂及应用范围

吸 附 剂	可吸附的污染物种类
活性炭	苯、甲苯、二甲苯、丙酮、乙醇、乙醚、甲醛、煤油、汽油、光气、醋酸乙酯、苯乙烯、恶臭物质、H_2S、Cl_2、CO、SO_2、NO_x、CS_2、CCl_4、$CHCl_3$、CH_2Cl_2
活性氧化铝	H_2S、SO_2、CnHm、HF
硅胶	NO_x、SO_2、C_2H_2、烃类
分子筛	NO_x、SO_2、CO、CS_2、H_2S、NH_3、CnHm、Hg（气）
泥煤、褐煤	NO_x、SO_2、SO_3、NH_3

1. 吸附法烟气脱硫

应用活性炭作吸附剂吸附烟气中的 SO_2 较为广泛。当 SO_2 气体分子与活性碳相遇时，就被具有高度吸附力的活性炭表面所吸附，这种吸附是物理吸附，吸附的数量是非常有限的。由于烟气中有氧气存在，因此已吸附的 SO_2 就被氧化成 SO_3，活性炭表面起着催化氧化的作用。如果有水蒸气存在，则 SO_3 就和水蒸气结合形成 H_2SO_4，吸附于微孔中，这样就增加了对 SO_2 的吸附量。

2. 吸附法排烟脱硝

吸附法排烟脱硝具有很高的净化效率。常用的吸附剂有分子筛、硅胶、活性炭、含氨泥煤等，其中分子筛吸附 NO_x 是最有前途的一种。

丝光沸石就是分子筛的一种。它是一种硅铝比大于 10 ～ 13 的铝硅酸盐，其化学式为 $Na_2O \cdot Al_2O_3 \cdot 10SiO_2 \cdot 6H_2O$，耐热，耐酸性能好，天然蕴藏量较多。用 H^+ 代替 Na^+ 既得氢型丝光沸石。

丝光沸石脱水后孔隙很大，其比表面积达 500 ～ 1000 m^2/g，可容纳相当数量的被吸附物质。其晶穴内有很强的静电场和极性，对低浓度的 NO_x 有较高的吸附能力。当含 NO_x 的废气通过丝光沸石吸附层时由于水和 NO_2 分子极性极强，被选择性的吸附在丝光沸石分子筛的内表面上，两者在内表面上进行如下反应：

$$3NO_2 + H_2O \longrightarrow 2HNO_3 + NO \uparrow$$

放出的 NO 连同废气中的 NO 和 O_2 在丝光沸石分子筛的内表面上被催化氧化成 NO_2 而被继续吸附：

$$2NO + O_2 \longrightarrow 2NO_2$$

经过一定的吸附层高度，废气中的水和 NO_x 均被吸附。达到饱和的吸附层用热空气或水蒸汽加热，将被吸附的 NO_x 和在沸石表面上生成的硝酸脱附出来。脱附后的丝光沸石经干燥后得以再生。流程中设置两台吸附器交替吸附和再生。影响丝光沸石吸附过程的因素主要有废气中的 NO_x 的浓度、水蒸汽的含量、吸附温度和吸附器内的空间速度。影响吸附层再生过程的因素主要有脱吸温度、时间、方法和干燥时间的长短。总之，吸附法的净化效率高，可回收 NO_x 制取硝酸。缺点是装置占地面积大，能耗高，操作麻烦。

（三）催化法

催化净化气态污染物是利用催化剂的催化作用，将废气的有害物质转化为无害物质或易于去除的物质的一种废气治理技术。

催化法与吸收法在治理污染过程中不同，无需将污染物与主气流分离，可直接将有害物质转化为无害物质，这不仅可避免产生二次污染，而且可简化操作过程。此外，所处理的气体污染物的初始浓度都很低，反应的热效应不大，一般可以不考虑催化床层的传热问题，从而大大简化了催化反应器的结构。由于上述特点，可使用催化法使废气中的碳氢化合物转化为二氧化碳和水，氮氧化合物转化为氮，二氧化硫转化为三氧化硫后加以回收利用，有机废气和臭氧催化燃烧，以及气体尾气的催化净化等。该法的缺点是催化剂价格较高，废气预热需要一定的能量，即需添加附加的燃料使得废气催化燃烧。

催化剂一般是由多种物质组成的复杂体系，按各成分所起作用的不同，主要分为活性组分、载体、助催化剂。催化剂的活性除表现为对反应速度具有明显的改变之外，还具有如下特点。

（1）催化剂只能缩短反映到平衡的时间，而不能使平衡移动，更不能使热力学上不能发生的反应进行。

（2）催化剂性能具有选择性，即特定的催化剂只能催化特定的反应。

（3）每一种都有它的特定活性温度范围。低于活性温度，反应速度慢，催化剂不能发挥作用；高于活性温度，催化剂会很快老化甚至被破坏。

（4）每一种催化剂都有中毒、衰老的特性。根据活性、选择性、机械强度、热稳定性、化学稳定性及经济性等来筛选催化剂是催化净化有害气体的关键。常用催化剂一般为金属盐类或金属，如钒、铂、铅、镉、氧化铜、氧化锰等物质，载在具有巨大表面积的惰性载体上，典型的载体为氧化铝、铁矾土、石棉、陶土、活性炭和金属丝等。

催化法包括催化氧化和催化还原两种，主要用于 SO_2 和 NO_x 的去除。

1. 催化氧化脱除 SO_2

NO_2 在 150℃ 时，可以使 SO_2 氧化成 SO_3。烟气中有 SO_2、NO_x、H_2O 和 O_2 等，它们在催化剂存在下有如下反映：

$$SO_2 + NO_2 \longrightarrow SO_3 + NO$$
$$SO_3 + H_2O \longrightarrow H_2SO_4$$
$$2NO + O_2 \longrightarrow 2NO_2$$
$$NO + NO_2 \longrightarrow N_2O_3$$
$$N_2O_3 + 2H_2SO_4 \longrightarrow 2HNSO_5 + H_2O$$
$$4HNSO_5 + O_2 + 2H_2O \longrightarrow 4H_2SO_4 + 4NO_2 \uparrow$$

此法为低温干式催化氧化脱硫法，既能净化氧气中的 SO_2，又能部分脱除烟气中的 NO_x，所以在电厂烟气脱硫中应用较多。

2. 催化还原法排烟脱硝

用氨作还原剂，铜铬作催化剂，废气中 NO_x 被 NH_3 有选择性的还原为 N_2 和 H_2O。

本法脱硝效率在 90% 以上，技术上是可行的，不过 NO_x 未能得到利用，而要消耗一定量的氨。本法适用硝酸厂尾气中 NO_x 的治理。

以甲烷作还原剂，铂、钯或铜、镍等金属氧化物为催化剂，在 400 ～ 800℃ 条件下，也可将氮氧化物还原为氮气。

$$CH_4 + 4NO_2 \longrightarrow 4NO + CO_2 + 2H_2O$$

$$CH_4 + 4NO \longrightarrow 2N_2 + CO_2 + 2H_2O$$

$$CH_4 + 2O_2 \longrightarrow CO_2 + 2H_2O$$

此法效率高，但需消耗大量还原剂，不经济。

（四）燃烧法

燃烧法是对含有可燃有害组分的混合气体加热到一定温度后，组分与氧反应进行燃烧，或在高温下氧化分解，从而使这些有害组分转化为无害物质。该方法主要用于碳氢化合物、一氧化碳、恶臭、沥青烟、黑烟等有害物质的净化治理。燃烧法工艺简单，操作方便，净化程度高，并可回收热能，但不能回收有害气体，有时会造成二次污染。实用中的燃烧净化方法，见表7-7。

表7-7　燃烧法分类比较

方　法	适用方法	燃烧温度/℃	燃烧方法	设　备	特　点
直接燃烧	含可燃烧组分浓度高或热值高的废气	>1100	CO_2、H_2O、N_2	一般窑炉或火炬管	有火焰燃烧，燃烧温度高，可燃烧掉废气中的碳粒
热力燃烧	含可燃烧组分浓度低或热值低的废气	720~820	CO_2、H_2O、	热力燃烧炉	有火焰燃烧，需加辅助燃料，火焰为辅助燃料的火焰，可烧掉废气中的碳粒
催化燃烧	基本上不受可燃组分的浓度与热值限制，但废气中不许有尘粒、雾滴及催化剂毒物	300~450	CO_2、H_2O	催化燃烧炉	无火焰燃烧，燃烧温度最低，有时需电加热点火或维持反应温度

1. 直接燃烧法

将废气中的可燃有害组分当作燃料直接烧掉，此法只适合用于净化含可燃性组分浓度较高或有害组分燃烧时热值较高的废气。直接燃烧时有火焰的燃烧，燃烧温度高（大于1100℃），一般的窑炉均可作为直接燃烧的设备。在石油工业和化学工业中，主要是"火炬"燃烧，它是将废气连续通入烟囱，在烟囱末端进行燃烧。此法安全、简单、成本低，但不能回收热能。

2. 热力燃烧

利用辅助燃料燃烧放出的热量将混合气体加热到要求的温度，使可燃的有害物质进行高温分解变为无害物质。其可分三步：①燃烧辅助燃料提供预热能量；②高温燃气与废气混合以达到反应温度；③废气再反应温度下充分燃烧。

热力燃烧可用于可燃性有机物含量较低的废气及燃烧热值低的废气治理，可同时去除有机物及超微细颗粒，结构简单，占用空间小，维修费用低。缺点是操作费用高。

3. 催化燃烧

此法是在催化剂的存在下，废气中可燃组分能在较低的温度下进行燃烧反应，这种方法能节约燃料的预热，提高反应速度，减少反应器的容积，提高一种或几种反应物的相对转化率。

催化燃烧的主要优点是操作温度低，燃料耗量低，保温要求不严格，能减少回火及火灾危险。但催化剂较贵，需要再生，基建投资高。而且大颗粒物及液滴应预先出去，不能用于易使催化剂中毒的气体。

（五）冷凝法

冷凝法是利用物质在不同温度下具有不同饱和蒸气压这一性质，采用降低废气温度或提高废气压力的方法，使处于蒸汽状态的污染物冷凝并从废气中分离出来的过程。该法特别适用于处理污染物浓度在 $10\,000\ cm^3/m^3$ 以上的高浓度有机废气。冷凝法不宜处理低浓度的废气，常作为吸附、燃烧等净化高浓度废气的前处理，以便减轻这些方法的负荷。如炼油厂、油毡厂的氧化沥青生产中的尾气，先用冷凝法回收，然后送去燃烧净化；氯碱及炼油厂中，常用冷凝法使汞蒸气成为液体而加以回收；此外，高湿度废气也用冷凝法使水蒸气冷凝下来，大大减少了气体量，便于下步操作。

二、颗粒污染物的控制技术

颗粒污染物控制技术是从废物中将颗粒污染物分离出来并加以捕集、回收的技术，即除尘技术。从气体中除去或收集固态或液态粒子的设备称为除尘装置或除尘器。根据除尘原理，常用的除尘装置可分为机械式除尘器、洗涤式除尘器、过滤式除尘器和电除尘器几种类型。在选择除尘装置时不仅要考虑所处理的粉尘特性，还应考虑除尘装置的气体处理量、除尘装置的效率及压力损失等技术指标和有关经济性能指标。

（一）常见除尘装置

1. 机械式除尘器

机械除尘器是借助质量力的作用来去除尘粒的除尘器。质量力包括重力、惯性力、离心力，主要除尘器形式为重力沉降室、旋风除尘器和惯性除尘器等类型。机械式除尘器构造简单、投资少、动力消耗低，除尘效率一般在 $40\% \sim 90\%$，是国内目前常用的一种除尘设备，但这种除尘器的除尘效率有待提高。

2. 湿式除尘器

湿式除尘器是使含尘废气与液体（一般是水）相互接触，利用水滴和颗粒的惯性碰撞及拦截、扩散、静电等作用捕集颗粒或使粒径增大的装置。湿式除尘器可以有效地将直径 $0.1 \sim 0.2\ \mu m$ 的液态或固态粒子从气流中除去，同时也能脱出部分气态污染物，这是其他类型除尘器无法做到的。它具有结构简单、造价低、占地面积小、操作及维修方便和净化效果好等优点，能够处理高温、高湿的气流，将着火、爆炸的可能性减至最低，在除尘的同时还可以去除气体中的有害物。其缺点是必须要特别注意设备和管道腐蚀以及污水、污泥的处理，不利于副产品的回收，而且可能造成二次污染。

3. 过滤式除尘器

过滤式除尘器又称为空气过滤器，是使含尘气流通过多孔滤料，利用多空滤料的筛分、惯性碰撞、扩散、黏附、静电和重力等作用而将粉尘分离捕集的装置。采用滤纸或玻璃纤维等填充层作滤料的空气过滤器，主要用于通风及空气调节方面的气体净化；采用廉价的砂、砾、焦炭等颗粒物层除尘器，主要用于高温烟气除尘；采用纤维织物作滤料的袋式除尘器，广泛用于工业尾气的除尘。

4. 电除尘器

电除尘器是利用静电力从气流中分离悬浮粒子的装置，就是使含尘气流在通过高压电场进行电离的过程中，使尘粒荷电，并在电场力的作用下沉积在集尘极上，从而将尘粒从含尘气流中分离出来的一种除尘设备。

（二）除尘装置的选择和组合

作为除尘器的性能指标，通常有下列六项：

① 除尘器的除尘效率；

② 除尘器的处理气体量；

③ 除尘器的压力损失；

④ 设备基建投资与运转管理费用；

⑤ 使用寿命；

⑥ 占地面积或占用空间体积。

以上六项性能指标中，前三项属于技术性能指标，后三项属于经济指标。这些项目是相互关联、相互制约的。其中压力损失与除尘效率是一对主要矛盾，前者代表除尘器所消耗的能量，后者表示除尘器所给出的效果，从除尘器的除尘技术角度来看，总是希望所消耗的能量最少，而达到最高的除尘效率。

表7-8、表7-9分别列出了各种主要设备的优缺点和性能情况，便于比较和选择。

表7-8　常见除尘装置的比较

除尘器	原理	适用粒径/μm	除尘效率 η/%	优点	缺点
沉降室	重力	50～100	40～60	① 造价低； ② 结构简单； ③ 压力损失小； ④ 磨损小； ⑤ 维修容易； ⑥ 节省运转费	①不能除小颗粒粉尘； ②效率较低
挡板式（百叶窗）除尘器	惯性力	10～100	50～70	① 造价低； ② 机构简单； ③ 处理高温气体； ④ 几乎不用运转费	① 不能除小颗粒粉尘； ② 效率较低
旋风式分离器	离心式	5 以下 3 以上	50～80 10～40	① 设备较便宜； ② 占地小； ③ 处理高温气体； ④ 效率较高； ⑤ 适用于高浓度烟气	① 压力损失大； ② 不适于湿、粘气体； ③ 不适于腐蚀性气体
湿式除尘器	湿式	1 左右	80～99	① 除尘效率高； ② 设备便宜； ③ 不受温度、湿度影响	① 压力损失大，运转费高； ② 用水量大，有污水需要处理； ③ 容易堵塞
过滤式除尘器（袋式除尘器）	过滤	1～20	90～99	① 效率高； ② 使用方便； ③ 低浓度气体适用	① 容易堵塞，滤布需替换； ② 操作费用高
除尘器	静电	0.05～20	80～99	① 效率高； ② 处理高温气体； ③ 压力损失小； ④ 低浓度气体适用	① 设备费用高； ② 粉尘黏附在电极上时，对粉尘有影响，效率降低； ③ 需要维修费用

表7-9 常用除尘装置的性能一览表

除尘装置名称	捕集粒子的能力/%			压力损失/Pa	设 备 费	运 行 费	装置的类别
	50 μm	5 μm	1 μm				
重力除尘器	—	—	—	100～150	低	低	机械
惯性力除尘器	95	16	3	300～700	弟	低	机械
旋风式除尘器	96	73	27	500～1500	中	中	机械
文丘里除尘器	100	>99	98	3000～10000	中	高	湿式
静电除尘器	>99	98	92	100～200	高	中	静电
袋式除尘器	100	>99	99	100～200	较高	较高	过滤
声波除尘器	—	—	—	600～1000	较高	中	声波

根据含尘气体的特性，可以从以下几方面考虑除尘器装置的选择和组合。

（1）若尘粒粒径较小，几微米以下粒径占多数时，应选用湿式、过滤式或电除尘式除尘器；若粒径较大，以 10 μm 以上粒径占多数时，可选用机械除尘器。

（2）若气体含尘浓度较高时，可用机械除尘器；若含尘浓度低时，可采用文丘里除尘器；若气体的进口含尘浓度较高而又要求气体出口的含尘浓度低时，可采用多级除尘器串联组合方式除尘，先用机械式除去较大尘粒，再用电除尘或过滤式除尘器等，去除较小粒径的尘粒。

（3）对于黏附性较强的尘粒，最好采用湿式除尘器。不宜采用过滤式除尘器，因为易造成滤布堵塞；也不宜采用静电除尘器，因为尘粒粘附在电极表面上将使电除尘器的效率降低。

（4）若采用电除尘器，一般可以预先通过温度、湿度调节或添加化学药品的方法，使尘粒的电阻率在 $10^4 \sim 10^{11} \Omega \cdot cm$ 范围内。另外，电除尘器只适用在 500℃ 以下的情况。

（5）气体的温度增高，黏性将增大，流动时的压力损失增加，除尘器效率也会下降。而温度过低。低于露点温度时，会有水分凝出，增大尘粒的黏附性，故一般应在比露点温度高 20℃ 的条件下进行除尘。

（6）气体成分中如含有易爆、易燃的气体，如 CO 等，应将 CO 氧化为 CO_2 后再进行除尘。

由于除尘技术的方法和设备种类很多，各具有不同的性能和特点。除需考虑当大气环境质量、尘的环境容许标准、排放标准、设备的除尘效率及有关经济技术指标外，还必须了解尘的特性，如它的粒径、粒度分布、形状、密度、比电阻、黏性、可燃性、凝集特性以及含尘气体的化学成分、温度、压力、湿度、黏度等。总之，只有充分了解所处理含尘气体的特性，又能充分掌握各种除尘装置的性能，才会合理地选择出即经济又有效的除尘装置。

思 考 题

一、名词解释

大气　大气污染　黑烟　光化学烟雾　温度层结　逆温　城市热岛效应

二、问答题

1. 举例说明全球大气环境污染问题？
2. 大气污染的来源有哪些？
3. 大气污染的危害是怎样的？其综合防治的原则是什么？
4. 影响大气扩散的地理因素有哪些？
5. 请你谈谈 SO_2 废气的治理方法？
6. 燃烧法是如何处理有害气体的？
7. 常见除尘装置有哪些？其工作原理是什么？
8. 吸收法和吸附法有何异同？
9. 举例说明如何脱除二氧化硫和氮氧化物。

第八章　水环境科学

第一节　水和水环境

水是关系人类生存和发展的宝贵自然资源，也是实现人类经济社会可持续发展的重要保证。水包括天然水（河流、湖泊、大气水、海水、地下水等），人工制水（通过化学反应使氢氧原子结合得到水）。水（化学式：H_2O）是由氢、氧两种元素组成的无机物，在常温常压下为无色无味的透明液体。水是地球上最常见的物质之一，是包括人类在内所有生命生存的重要资源，也是生物体最重要的组成部分。

一、水资源的状况

（一）水体

水体是由天然或人工形成的水的聚积体。例如海洋、河流（运河）、湖泊（水库）、沼泽、冰川、积雪、地下水和大气圈中的水等。水体不仅包括水，而且还包括其中的悬浮物、底泥、水生生物等。

（二）全球水资源

地球表面有71%被水覆盖，从空中来看，地球是个蓝色的星球。水侵蚀岩石土壤，冲淤河道，搬运泥沙，营造平原，改变地表形态。

地球表层水体构成了水圈，包括海洋、河流、湖泊、沼泽、冰川、积雪、地下水和大气中的水。由于注入海洋的水带有一定的盐分，加上常年的积累和蒸发作用，海和大洋里的水都是咸水，不能被直接饮用。某些湖泊的水也是含盐水。世界上最大的水体是太平洋。北美的五大湖是最大的淡水水系。欧亚大陆上的里海是最大的咸水湖。

在地球为人类提供的"大水缸"里，可以饮用的水实际上只有一汤匙。地球上水的体积大约有 $1.36 \times 109 \text{ km}^3$。但其中97.5%的水是咸水，无法饮用。在余下的2.5%的淡水中，有87%是人类难以利用的两极冰盖、高山冰川和永冻地带的冰雪。人类真正能够利用的是江河湖泊以及地下水中的一部分，仅约占地球总水量的0.26%。

从各大洲水资源的分布来看，年径流量亚洲最多，其次为南美洲、北美洲、非洲、欧洲、大洋洲。从人均径流量的角度看，全世界河流径流总量按人平均，每人约合 $10\,000 \text{ m}^3$。在各大洲中，大洋洲人均径流量最多，其次为南美洲、北美洲、非洲、欧洲、亚洲。即使如此，总体而言，世界上是不缺水的。但是，世界上淡水资源分布极不均匀，约65%的水资源集中在不到10个国家，而约占世界人口总数40%的80个国家和地区却严重缺水。人类使用水资源的方式以及污染更加剧了水资源的紧张形势。20世纪90年代中期以来，全世界每年约有5 000亿立方米污水排入江河湖海，造成 35.5 亿 m³ 以上的水体受到污染。

（三）我国水资源特点

我国水资源总量较丰富，人均拥有量少。我国多年平均降水量约 6 万亿 m³，其中 54% 即 3.2 万亿 m³ 左右通过土壤蒸发和植物散布又回到大气中，余下的约有 2.8 万亿 m³ 绝大部分形成了地面径流和极少数渗入地下。这就是我国拥有的淡水资源总量，这一总量低于巴西、俄罗斯、加拿大、美国和印度尼西亚，居世界第六位。但因人口基数大，人均拥有水资源量是很少的，仅为 2 200 m³，占世界人均占有量的 1/4，分别是美国人均占有量的 1/6，俄罗斯的 1/8，巴西的 1/9 和加拿大的 1/58，列世界 88 位。

我国水资源时空分布不均衡。我国幅员辽阔，地形复杂，受季风影响强烈，降水分布极不均衡。我国水资源分布的总趋势是南多北少，东多西少，年内分配不均，年际变化很大。我国南方的长江流域和珠江流域水量丰富，而北方则少雨干旱，全国年降水量的分布由东南的超过 3 000 mm 向西北递减至少于 50 mm。由于受季风气候的影响，我国降水和径流的年内分配很不均匀，年际变化大。有时候还连续出现枯水年和丰水年的现象，更给水资源的合理利用增加了困难。

水污染问题严重。以 2008 年为例，全国工业废水排放量为 241.7 亿 t，城镇生活污水排放量 330.0 亿 t。国家环保部《2008 年中国环境状况》报告显示，中国污染减排工作取得突破性进展，部分环境质量指标明显改善，但地表水污染依然严重，总体面临的环境形势仍很严峻。

水资源利用效率低，浪费严重。目前全国水的利用系数仅 0.3 左右，水的重复利用率约 50%，农业用水由于灌溉工程的老化以及灌溉技术落后等原因，利用率不到 40%，与发达国家的 80% 相比差距太大，研究表明，黄河近年来的严重断流问题除了流域降水量偏少外，更重要的原因就是沿黄河地区灌用量大幅度增加，用水浪费所致。

地下水开采过量。由于地下水具有水质好、温差小、提取易、费用低等特点，以及用水增加等原因，人们常会超量抽取地下水，以致抽取的水量远远大于它的自然补给量，造成地下含水层衰竭、地面沉降以及海水入侵、地下水污染等恶果。如我国苏州市区近 30 年内最大沉降量达到 1.02 m，上海、天津等城市也都发生了地面下沉问题。有些地方还造成了建筑物的严重损毁问题。

地下水过量开采往往形成恶性循环，过度开采破坏地下水层，使地下水层供水能力下降，人们为了满足需要还要进一步加大开采量，从而使开采量与可供水量之间的差距进一步加大，破坏进一步加剧，最终引起严重的生态退化，如美国得克萨斯州西部一些地区因抽水过量含水层衰竭，成为了经常遭受干旱和沙尘暴袭击的地区。

二、水资源的循环

在太阳能和地球表面热能的作用下，地球上的水不断被蒸发成为水蒸气，进入大气。水蒸气遇冷又凝聚成水，在重力的作用下，以降水的形式落到地面，这个周而复始的过程，称为水循环。

地球上的水圈是一个永不停息的动态系统。在太阳辐射和地球引力的推动下，水在水圈内各组成部分之间不停的运动着，构成全球范围的海陆间循环（大循环），并把各种水体连接起来，使得各种水体能够长期存在。海洋和陆地之间的水交换是这个循环的主线，意义最重大。

在太阳能的作用下，海洋表面的水蒸发到大气中形成水汽，水汽随大气环流运动，一部分进入陆地上空，在一定条件下形成雨雪等降水；大气降水到达地面后转化为地下水、土壤水和地表径流，地下径流和地表径流最终又回到海洋，由此形成淡水的动态循环。这部分水容易被人类社会所利用，具有经济价值，正是我们所说的水资源。

水循环的主要作用表现在三个方面：

（1）水是所有营养物质的介质，营养物质的循环和水循环不可分割地联系在一起。

（2）水对物质是很好的溶剂，在生态系统中起着能量传递和利用的作用。

（3）水是地质变化的动因之一，一个地方矿质元素的流失，而另一个地方矿质元素的沉积往往要通过水循环来完成。

水循环是联系地球各圈和各种水体的"纽带"，是"调节器"，它调节了地球各圈层之间的能量，对冷暖气候变化起到了重要的因素。水循环是"雕塑家"，它通过侵蚀，搬运和堆积，塑造了丰富多彩的地表形象。水循环是"传输带"，它是地表物质迁移的强大动力和主要载体。更重要的是，通过水循环，海洋不断向陆地输送淡水，补充和更新陆地上的淡水资源，从而使水成为了可再生的资源。

影响水循环的因素主要有：自然因素如气象条件（大气环流、风向、风速、温度、湿度等）和地理条件（地形、地质、土壤、植被等）；同时人为因素对水循环也有直接或间接的影响。人类活动不断改变着自然环境，越来越强烈地影响水循环的过程。人类修筑水库，开凿运河、拦河筑坝，以及大量开发利用地下水等，改变了水的原来径流路线，引起水的分布和运动状况的变化。农业的发展，森林的破坏，引起蒸发、径流、下渗等过程的变化。城市和工矿区的大气污染和热岛效应也可改变本地区的水循环状况。

三、水污染的来源

在自然界中，完全纯净的水是不存在的。在水的循环过程中，水与大气、土壤和岩石表面接触的每一个环节都会有杂质混入和溶入，导致天然水实际上是一种成分复杂的溶液。

水污染是指水体因某种物质的介入，而导致其化学、物理、生物或者放射性等方面特征的改变，从而影响水的有效利用，危害人体健康或者破坏生态环境，造成水质恶化的现象。水污染控制工程中通常将水污染的来源分为三种。

（一）工业污染源

工业污染源是指工业生产中对环境造成有害影响的生产设备或生产场所。是造成水污染的最主要来源。在工业生产过程中排放出的废水、废液统称为工业废水。主要有工业冷却用水、生产工艺过程的废水等等。随着工业的迅速发展，废水的种类和数量迅猛增加，对水体的污染也日趋广泛和严重，威胁人类的健康和安全。而且由于受原料、产品、工艺流程、设备构造和外部环境等多种因素的影响，工业废水具有量大面广、污染物多、成分复杂、不易净化、处理困难的特点。因此，对于保护环境来说，工业废水的处理比城市污水的处理更为重要。

（二）农业污染源

农业污染源是农业生产过程中对环境造成有害影响的农田和各种农业措施。包括农药、化肥的施用、土壤流失和农业废弃物等。例如，化肥和农药的不合理使用，造成土壤污染，破坏土壤结构和土壤生态系统，进而破坏自然界的生态平衡；降水形成的径流和渗流将土壤中的氮、磷、农药以及牧场、养殖场、农副产品加工厂的有机废物带入水体，使水质恶化，造成水体富养化等。农业污染源的特点是面广、分散、难以治理。

（三）生活污染源

生活污水是指人们日常生活中产生的各种污水的总称。包括厨房洗涤、沐浴、衣物洗涤和冲洗厕所的污水等。生活污水中含有大量有机物，如纤维素、淀粉、糖类和脂肪蛋白质等；也常含有病原菌、病毒和寄生虫卵；无机盐类的氯化物、硫酸盐、磷酸盐、碳酸氢盐和钠、钾、钙、镁等。总的特点是含氮、含硫和含磷高，在厌氧细菌作用下，易生恶臭物质。由于城市化进程导致生活污水排放量呈逐年上升趋势。

第二节　水体污染源及主要污染物

人类生活和生产要从大自然水体中取用大量的水，水在自然界周而复始的循环。水经过利用以后、便产生生活污水和工业废水，污水最终要排入天然水体中。

污水是生活污水、工业废水、被污染的降水和流入排水管渠的其他污染水的总称。

根据 GB 8978—1996《污水综合排放标准》，污水是指在生产与生活活动中排放的水的总称；排水量指在生产过程中直接用于工艺生产的水的排放量，不包括间接冷却水、厂区锅炉、电站排水。

水质污染是指人为造成河流、湖泊、海洋等自然状态的水，在水的物理、化学、生物等方面发生变化，使水的利用受到妨碍的现象。为了确保人类生存可持续发展，人类在利用水资源的同时，还必须有效地防治水体的污染。

一、污水的来源

污水的性质及危害，取决于污水的来源。在实际生活中，污水一般来源于生活污水、工业废水和雨水三种。

（一）生活污水

生活污水指由家庭、学校机关等排放的污水，如厨房污水、粪便污水、洗涤污水等的总称（也叫城市下水）。

生活污水中，有机物约占70%、无机物约占30%，同时含有大量的病菌和细菌，具有消耗环境氧量与传播疾病的危害，生活污水一般夏季量多，冬季量少。

（二）工业废水

工业废水指工业生产中排放出来的水。工业废水成分复杂、涉及面广、因素多，性质各异。工业废水的性质及危害人类的程度，主要取决于工业类别、原料品种、工艺过程等诸因素。

工业废水是人们关注的焦点，也是环境污染治理中的重点工作。常见的工业废水及其来源见表8-1。

（三）降水

降水包括降雨和降雪。降水时，雨和雪大面积地冲刷地面，将地面上的各种污染物淋洗后进入水道或水体，造成河流、湖泊等水源的污染。

对于采用合流制排放污水系统的老城市，雨水对污水处理系统造成较大的水力冲击负荷。

我国大多数地区6～9月份为降雨期，雨季来临常常山洪暴发，沟堵河涨，造成灾害。

表 8-1　工业废水的主要来源

废 水 种 类	废水主要来源
重金属废水	采矿、冶金、金属处理、电镀、电池、特种玻璃及化工等工业
放射性废水	铀、钍、镭的开采加工、核动力站运转、冶原同位素实验室等
含铬废水	采矿、冶炼、电镀、制革、医疗、催化剂等工业
含氰废水	电镀、金银提炼、选矿、煤气洗涤、焦化、金属清洗、有机玻璃等
含油废水	炼油、机械厂、选矿厂及食品厂等
含酚废水	焦化、炼油、化工、煤气、染料、木材防腐、塑料、合成树脂等
硝基苯废水	染料工业、炸药生产等
有机废水	化工、酿造、食品、造纸等
含砷废水	制药、农药、化工、化肥、冶炼、涂料、玻璃等
酸性废水	化工、矿山、金属酸洗、电镀、钢铁等
碱性废水	造纸、染料、化纤、制革、化工、炼油等

降雨对受纳水体的污染很大，其中固体悬浮物、有机物、重金属和污泥直接污染地面水源。

二、工业废水的分类

由于污水的成分复杂，来源涉及面广，是一种含杂质多和含若干项污染指标的污染综合体系。为了更好地了解污水性质，认识其中危害性和研究其治理措施，通常对污水进行归类，以下是几种常见的分类方法。

（一）按工业废水的污染物性质和危害分类

这种分类方法是根据废水中的污染物性质和危害程度分为两大类。

1. 生产废水

它是直接从生产过程中排放的工业废水。废水中挟带着大量的杂质和污染物，污染较严重，危害也较大，是水污染防治的对象。

2. 工业冷却水

工业冷却水在循环使用过程中未直接与原料或成品接触，其水质相对清洁，加以处理后可循环使用。

（二）按工业废水中所含污染物分类

污水中按污染物的成分分类，可将其分为三类。

1. 含无机污染物的污水

如冶金工业废水、建材工业废水、化学工业废水等。

2. 含有机污染物的污水

如食品工业废水、酿造工业废水、石油工业废水等。

3. 既含大量有机污染物又含大量无机污染物的污水

如制药工业废水、皮革工业废水等。

（三）按耗氧和含有毒指标分类

按耗氧和有毒两项影响最深的污染指标，分为两类。

1. 无机污水

分为无机无毒污水、无机有毒污水两大类。

2. 有机污水

分为有机无毒污水、有机有毒污水和有机耗氧污水三大类。

（四）按主体污染物与采取治理方法结合分类

这种分类方法更为方便和实用，通常将工业废水分为四大类。

1. 含悬浮物和含油的工业废水

如煤气洗涤废水、轧钢废水等。

2. 含无机污染物的工业废水

如矿山废水、电镀废水等。

3. 含有机污染物的工业废水

如造纸废水、制药废水等，这类废水既耗氧又有毒。

4. 冷却用水

工业的冷却用水通常占总用水量的三分之二以上。直接排故会造成受纳水体的污染，造成危害，也使生产成本增加，因此必须考虑提高冷却水的循环利用率和回用率。

三、水中主要污染物

（一）病原体污染物

生活污水、畜禽饲养场污水以及制革、洗毛、屠宰业和医院等排出的废水，常含有各种病原体，如病毒、病菌、寄生虫。水体受到病原体的污染会传播疾病，如血吸虫病、霍乱、伤寒、痢疾、病毒性肝炎等。历史上流行的瘟疫，有的就是水媒型传染病。如1848年和1854年英国两次霍乱流行，死亡万余人；1892年德国汉堡霍乱流行，死亡750余人，均是水污染引起的。

受病原体污染后的水体，微生物激增，其中许多是致病菌、病虫卵和病毒，它们往往与其他细菌和大肠杆菌共存，所以通常规定用细菌总数和大肠杆菌指数及菌值数为病原体污染的直接指标。病原体污染的特点是：数量大；分布广；存活时间较长；繁殖速度快；易产生抗药性，很难绝灭；传统的二级生化污水处理及加氯消毒后，某些病原微生物、病毒仍能大量存活。常见的混凝、沉淀、过滤、消毒处理能够去除水中99%以上的病毒，如出水浊度大于0.5度时，仍会伴随病毒的穿透。病原体污染物可通过多种途径进入水体，一旦条件适合，就会引起人体疾病。

（二）耗氧污染物

在生活污水、食品加工和造纸等工业废水中，含有碳水化合物、蛋白质、油脂、木质素等有机物质。这些物质以悬浮或溶解状态存在于污水中，可通过微生物的生物化学作用而分解。在其分解过程中需要消耗氧气，因而被称为耗氧污染物。这种污染物可造成水中溶解氧减少，影响鱼类和其他水生生物的生长。水中溶解氧耗尽后，有机物进行厌氧分解，产生硫化氢、氨和硫醇等难闻气味，使水质进一步恶化。水体中有机物成分非常复杂，耗氧有机物浓度常用单位体积水中耗氧物质生化分解过程中所消耗的氧量表示，即以生化需氧量（BOD）表示。一般用20℃时，五天生化需氧量（BOD_5）表示。

（三）植物营养物

植物营养物主要指氮、磷等能刺激藻类及水草生长、干扰水质净化，使 BOD_5 升高的物质。水体中营养物质过量所造成的"富营养化"对于湖泊及流动缓慢的水体所造成的危害已成为水源保护的严重问题。

富营养化是指在人类活动的影响下，生物所需的氮、磷等营养物质大量进入湖泊、河口、海湾等缓流水体，引起藻类及其他浮游生物迅速繁殖，水体溶解氧量下降，水质恶化，鱼类及其他生物大量死亡的现象。在自然条件下，湖泊也会从贫营养状态过渡到富营养状态，沉积物不断增多，先变为沼泽，后变为陆地。这种自然过程非常缓慢，常需几千年甚至上万年。而人为排放含营养物质的工业废水和生活污水所引起的水体富营养化现象，可以在短期内出现。

植物营养物质的来源广、数量大，有生活污水（有机质、洗涤剂）、农业（化肥、农家肥）、工业废水、垃圾等。每人每天带进污水中的氮约 50 g。生活污水中的磷主要来源于洗涤废水，而施入农田的化肥有 50% ～ 80% 流入江河、湖海和地下水体中。天然水体中磷和氮（特别是磷）的含量在一定程度上是浮游生物生长的控制因素。当大量氮、磷植物营养物质排入水体后，促使某些生物（如藻类）急剧繁殖生长，生长周期变短。藻类及其他浮游生物死亡后被需氧生物分解，不断消耗水中的溶解氧，或被厌氧微生物所分解，不断产生硫化氢等气体，使水质恶化，造成鱼类和其他水生生物的大量死亡。

藻类及其他浮游生物残体在腐烂过程中，又把生物所需的氮、磷等营养物质释放到水中，供新的一代藻类等生物利用。因此，水体富营养化后，即使切断外界营养物质的来源，也很难自净和恢复到正常水平。水体富营养化严重时，湖泊可被某些繁生植物及其残骸淤塞，成为沼泽甚至干地。局部海区可变成"死海"，或出现"赤潮"现象。

常用氮、磷含量，生产率及叶绿素作为水体富营养化程度的指标。

（四）有毒污染物

有毒污染物指的是进入生物体后累积到一定数量能使体液和组织发生生化和生理功能的变化，引起暂时或持久的病理状态，甚至危及生命的物质。如重金属和难分解的有机污染物等。污染物的毒性与摄入机体内的数量有密切关系。同一污染物的毒性也与它的存在形态有密切关系。价态或形态不同，其毒性可以有很大的差异。如 Cr（Ⅵ）的毒性比 Cr（Ⅲ）大；As（Ⅲ）的毒性比 As（Ⅴ）大；甲基汞的毒性比无机汞大得多。另外污染物的毒性还与若干综合效应有密切关系。从传统毒理学来看，有毒污染物对生物的综合效应有三种：①相加作用，即两种以上毒物共存时，其总效果大致是各成分效果之和。②协同作用，即两种以上毒物共存时，一种成分能促进另一种成分毒性急剧增加。如铜、锌共存时，其毒性为它们单独存在时的 8 倍。③拮抗作用，两种以上的毒物共存时，其毒性可以抵消一部分或大部分。如锌可以抑制镉的毒性；又如在一定条件下硒对汞能产生拮抗作用。总之，除考虑有毒污染物的含量外，还须考虑它的存在形态和综合效应，这样才能全面深入地了解污染物对水质及人体健康的影响。

有毒污染物主要有以下几类：

（1）重金属。如汞、镉、铬、铅、钒、钴、钡等，其中汞、镉、铅危害较大；砷、硒和铍的毒性也较大。重金属在自然界中一般不易消失，它们能通过食物链而被富集；这类物质除直接作用于人体引起疾病外，某些金属还可能促进慢性病的发展。

（2）无机阴离子，主要是 NO_2^-、F^-、CN^- 离子。NO_2^- 是致癌物质。剧毒物质氰化物主要来自工业废水排放。

（3）有机农药、多氯联苯。目前世界上有机农药大约6 000种，常用的大约有200多种。农药喷在农田中，经淋溶等作用进入水体，产生污染作用。有机农药可分为有机磷农药和有机氯农药。有机磷农药的毒性虽大，但一般容易降解，积累性不强，因而对生态系统的影响不明显；而绝大多数的有机氯农药，毒性大，几乎不降解，积累性甚高，对生态系统有显著影响。多氯联苯（PCB）是联苯分子中一部分氢或全部氢被氯取代后所形成的各种异构体混合物的总称。

多氯联苯剧毒，脂溶性大，易被生物吸收，化学性质十分稳定，难以和酸、碱、氧化剂等作用，有高度耐热性，在1 000～1 400℃高温下才能完全分解，因而在水体和生物中很难降解。

（4）致癌物质。致癌物质大体分三类：多环芳烃（PAHs），如3，4-苯并芘等；杂环化合物，如黄曲霉素等；芳香胺类，如甲、乙苯胺，联苯胺等。

（5）一般有机物质。如酚类化合物就有2 000多种，最简单的是苯酚，均为高毒性物质；腈类化合物也有毒性，其中丙烯腈的环境影响最为注目。

（五）石油类污染物

石油污染是水体污染的重要类型之一，特别在河口、近海水域更为突出。

排入海洋的石油估计每年高达数百万吨至上千万吨，约占世界石油总产量的千分之五。石油污染物主要来自工业排放，清洗石油运输船只的船舱、机件及发生意外事故、海上采油等均可造成石油污染。而油船事故属于爆炸性的集中污染源，危害是毁灭性的。

石油是烷烃、烯烃和芳香烃的混合物，进入水体后的危害是多方面的。如在水上形成油膜，能阻碍水体富氧作用，油类粘附在鱼鳃上，可使鱼窒息；粘附在藻类、浮游生物上，可使它们死亡。油类会抑制水鸟产卵和孵化，严重时使鸟类大量死亡。石油污染还能使水产品质量降低。

（六）放射性污染物

放射性污染是放射性物质进入水体后造成的。放射性污染物主要来源于核动力工厂排出的冷却水，向海洋投弃的放射性废物，核爆炸降落到水体的散落物，核动力船舶事故泄漏的核燃料；开采、提炼和使用放射性物质时，如果处理不当，也会造成放射性污染。水体中的放射性污染物可以附着在生物体表面，也可以进入生物体蓄积起来，还可通过食物链对人体内产生照射。

水中主要的天然放射性元素有 ^{40}K、^{238}U、^{286}Ra、^{210}Po、^{14}C、氚等。目前，在世界任何海区几乎都能测出 ^{90}Sr、^{137}Cs。

（七）酸、碱、盐无机污染物

各种酸、碱、盐等无机物进入水体（酸、碱中和生成盐，它们与水体中某些矿物相互作用产生某些盐类），使淡水资源的矿化度提高，影响各种用水水质。盐污染主要来自生活污水和工矿废水以及某些工业废渣。另外，由于酸雨规模日益扩大，造成土壤酸化、地下水矿化度增高。

水体中无机盐增加能提高水的渗透压，对淡水生物、植物生长产生不良影响。在盐碱化地区，地面水、地下水中的盐将对土壤质量产生更大影响。

（八）热污染

热污染是一种能量污染，它是工矿企业向水体排放高温废水造成的。一些热电厂及各种工业过程中的冷却水，若不采取措施，直接排放到水体中，均可使水温升高，水中化学反应、生化反应的速度随之加快，使某些有毒物质（如氰化物、重金属离子等）的毒性提高，溶解氧减少，影响鱼类的生存和繁殖，加速某些细菌的繁殖，助长水草丛生，厌气发酵，恶臭。

鱼类生长都有一个最佳的水温区间。水温过高或过低都不适合鱼类生长，甚至会导致死亡。不同鱼类对水温的适应性也是不同的。如热带鱼适于 15 ～ 32℃，温带鱼适于 10 ～ 22℃，寒带鱼适于 2 ～ 10℃ 的范围。又如鳟鱼虽在 24℃ 的水中生活，但其繁殖温度则要低于 14℃。一般水生生物能够生活的水温上限是 33 ～ 35℃。

除了上述八类污染物以外，洗涤剂等表面活性剂对水环境的主要危害在于使水产生泡沫，阻止了空气与水接触而降低溶解氧，同时由于有机物的生化降解耗用水中溶解氧而导致水体缺氧。高浓度表面活性剂对微生物有明显毒性。

水体污染的例子很多，如京杭大运河（杭州段）两岸有许多工厂，每天均有大量废水排入运河，使水体中固体悬浮物、有机物、重金属（Zn, Cd, Pb, Cu 等）及酚、氰化物等含量大大超过地面水标准，有的超过几十倍，使水体处于厌氧的还原状态，乌黑发臭，鱼虾绝迹，不能用于生活、农业等用水；水体自净能力差，若不治理，并控制污染源，水体污染还会进一步扩大。

水环境中的污染物，总体上可划分为无机污染物和有机污染物两大类。在水环境化学中较为重要的，研究得较多的污染物是重金属和有机物。我国水污染化学研究始于 20 世纪 70 年代，从重金属、耗氧有机物、DDT、六六六等农药污染开始，目前研究的重点已转向有机污染物，特别是难降解有机物，因其在环境中的存留期长，容易沿食物链（网）传递积累（富集），威胁生物生长和人体健康，因而日益受到人们重视。

第三节　水体污染的危害

造成水体的水质、底质、生物质等的质量恶化或形成水体污染的各种物质或能量均可能成为水体污染物。在自然物质和人工合成物质中，都有一些对人体或生物体有毒、有害的物质，如汞、镉、铬、砷、铅、酚和氰化物等，均为已确认的水体污染物。在第一届联合国人类环境会议上提出的 28 类环境主要污染物中，有 19 类属于水体污染物。

由于水体污染物的种类繁多，因而可以用不同方法、标准或从不同的角度将其分成不同的类型。如按水体污染物的化学性质，可分为有机污染物和无机污染物；如按污染物的毒性，可分为有毒污染物和无毒污染物。此外还可按其形态、制定标准的依据（感官、卫生、毒理、综合）等划分。从环境保护的角度，根据污染物的物理、化学、生物学性质及其污染特性，可将水体污染物分为以下几种类型。

一、化学性污染物

1. 酸、碱、盐污染

主要指排入水体中的酸、碱及一般的无机盐类。酸主要来源于矿山排水及许多工业废水，如化肥、农药、钢铁厂酸洗废水、黏胶纤维及染料等工业的废水。碱性废水主要来自碱法造纸、化学纤维制造、制碱、制革等工业的废水。酸性废水和碱性废水可相互中和产生各种盐类；酸性、碱性废水亦可与地表物质相互作用，生成无机盐类。所以，酸性或碱性污水造成的水体污染必然伴随着无机盐的污染。酸、碱性废水的污染，破坏了水体的自然缓冲作用，抑制着细菌及微生物的生长，妨碍了水体自净作用，此外，还腐蚀管道、水工建筑物和船舶；与此同时还因其改变了水体的 pH，增加了水中无机盐类和改变了水的硬度等。

世界卫生组织规定饮用水 pH 7.0 ～ 8.5，极限范围是 6.5 ～ 9.2，在渔业水体中一般不应低于 6.0 或高于 9.2，饮用水标准中无机盐类总量最大合适值 500 mg/L，极限值为 1 500 mg/L。硝酸盐是无毒的，但是在人的胃里可还原为亚硝酸盐，亚硝酸盐与仲胺作用可生成亚硝胺，而亚硝胺则是致癌、致突变和致畸的物质。

2. 重金属污染

重金属在地球上分布普遍，是具有潜在生态危害性的一类污染物。电镀、冶金、化学等工业排放的废水中常含有各种重金属。与其他污染物相比，重金属排入天然水体后不但不能被微生物分解，反而能够富集于生物体内，并可以将某些重金属转化为毒性更强的金属有机化合物。

（1）汞。汞的毒性很强，无机汞可转化为甲基汞，而有机汞化合物汞的毒性又超过无机汞。无机汞化合物等不易溶解，因而不易进入生物组织；有机汞化合物如烷基汞、苯基汞等，均有很强的脂溶性，易进入生物组织，并有很高的蓄积作用。汞在无脊椎动物体中的富集可达 10 万倍，日本的水俣病就是人长期吃富集甲基汞的鱼而造成的。

汞污染来源主要是氯碱工业、塑料工业、电池工业和电子工业排放的废水；农业上使用的有机汞农药也是汞污染的重要来源；此外，煤和石油在燃烧时，以及制造水泥和焙烧矿石等过程都有微量汞被蒸发到空气中。

（2）镉。镉是银白色略有淡蓝色光泽的一种有色金属。镉的化合物毒性很大，蓄积性也很强，动物吸收的镉很少能排出体外。受镉污染的河水用作灌溉，可引起土壤污染，进而污染农作物，最后影响到人体。日本发生的骨痛病就是因为人吃了含镉污水生产的稻米所致。镉主要来源于铅、锌矿的选矿废水和有关工业（电镀、碱性电池等）排放的废水。产生毒性的范围为 0.01 ～ 0.001 mg/L。

（3）铬。铬是银白色有光泽、坚硬而耐腐蚀的金属，是不锈钢的主要原料，也是人体必需的微量元素，参与体内的脂类代谢和胆固醇的分解与排泄。其无机化合物有二价、三价、六价三种，其中三价、六价有毒，并以六价铬化合物毒性最大。通常废弃物中多为六价铬，废水中多为三价铬，其毒性的浓度范围为 1 ～ 10 mg/L。铬可以通过消化道、呼吸道、皮肤和黏膜侵入人体。并因其具有氧化性，对皮肤、黏膜有强烈腐蚀性。

（4）砷。砷是具有金属和非金属性质的物质。三氧化二砷即砒霜，对人体有很大毒性。砷在自然界中多以化合物存在。硫矿及含铁量高的土壤中，含砷量也较高。长期饮用含砷的水会慢性中毒，主要表现是神经衰弱、多发性神经炎、腹痛、呕吐、肝痛、肝大等消化系统障碍。研究表明，在慢性砷中毒人群中，皮肤癌、肝癌、肾癌、肺癌发病率明显升高。

（5）铅。主要用作电缆、蓄电池和放射性材料，也是油漆、农药及某些医药的主要原料。可通过呼吸道、消化道或皮肤进入人体，其绝大部分形成不溶性的磷酸铅沉积在骨骼中，当人生病或不适时，血液中的酸碱便失去平衡，骨骼中的铅可再变成可溶性磷酸氢铅，进入血液，引起内源性铅中毒，受害器官主要是骨髓造血系统和神经系统，可引起贫血、神经机能失调等一系列病症。铅污染主要来自矿产开采和冶炼过程中"三废"排放。

其他重金属如锰、锌、钼、硒、镍、锡都是人体不可缺少的微量元素。但摄入量过多时，将危及人体健康。

总之，重金属对生物和人体的危害有如下特点：第一，具有毒性效应，一般重金属产生毒性的范围在 1 ～ 10 mg/L 之间。第二，生物通常不能降解，却能将某些重金属转化为毒性更强的金属有机化合物。第三，水中的重金属通过食物链，成千上万地富集而达到相当高的浓度，即食物链对重金属有富集放倍作用；如淡水鱼可富集汞倍，镉倍，铬倍等。第四，重金属可通过多种途径进入人体，并蓄积在某些器官中，造成累积性中毒，中毒症状有时需要一二十年才显现出来。

3. 耗氧有机物

耗氧有机物是水体中最经常与最普遍存在的一种污染物。天然水体中的有机物一般是水中生物生命活动的产物，人类排放的生活污水和大部分工业废水中也都含有大量有机物质，其中主要是耗氧有机物如碳水化合物、蛋白质、脂肪和酚、醇等，生活污水和很多工业废水，如石油化工、制革、焦化、食品等工业的废水中均有这类有机物。

这些物质的共同特点是：大多没有毒性，进入水体后，在微生物的作用下，最终分解为简单的无机物质，并在生物氧化分解过程中消耗水中的溶解氧。水中的溶解氧耗尽后，有机物将由于厌氧微生物的作用而发酵，生成大量硫化氢、氨、硫醇等带恶臭的气体。因此，这些物质过多地进入水体，会造成水体中溶解氧严重不足甚至耗尽，从而恶化水质，并对水中生物的生存产生影响和危害。耗氧有机物种类繁多，组成复杂，因而难以分别对其进行定量、定性分析。因此，一般不对它们进行单项定量测定，而是利用其共性，如它们比较易于氧化，故可用某种指标间接地反映其总量或分类含量。在实际工作中，常用下列生物化学综合指标来表示水中有机物的含量，即化学需氧量（COD）、总有机碳（TOC）等。

（1）生化需氧量（BOD）：生化需氧量指水中有机物经微生物分解所需的氧量，用单位体积的污水所消耗氧的量表示。

在人工控制的条件下，使水样中的有机物在微生物作用下进行生物氧化，在一定时间内所消耗的溶解氧的数量，可以间接地反映出有机物的含量，这种水质指标称为生物化学需氧量。其数值越高，水中需氧有机物越多，耗氧有机污染越重。由于微生物分解有机物是一个缓慢的过程，通常微生物将耗氧有机物全部分解需 20 d 以上，并与环境温度条件有关。目前国内外普遍采用在 20℃ 下培养 5 d 的生物化学过程需要氧的量为指标，记为 BOD_5 或简称 BOD。BOD_5 只能相对反映出耗氧有机物的数量，但是，它在一定程度上反映有机物在一定条件下进行生物氧化的难易程度和时间进程。

（2）化学需氧量（COD）：化学需氧量表示用化学氧化剂氧化水中有机物时所需的氧量，以每升水消耗氧的毫克数表示（mg/L）。值越高，化学需氧量表示水中有机污染物污染越重。常用的氧化剂主要是高锰酸钾和重铬酸钾。高锰酸钾法（COD_{Cr}），适用于测定一般地表水。重铬酸钾法（COD_{Mn}），对有机物反应较完全，适用于分析污染较严重的水样。COD 的主要缺点之一是它不能区分可被生物氧化的和难以被生物氧化的有机物质。其主要优点是测定时间短。因此，在许多情况下使用 COD 试验代替 BOD。

（3）总有机碳（TOC）：总有机碳是评价水中有机污染物质的一个综合参数，由于用 BOD 和 COD 两个指标都反映不出难以氧化分解的有机物含量，加上测定比较费时，不能快速反应水体被污染的程度。国内外正在提倡用 TOC 和 TOD 作为衡量水质有机物污染的指标。TOD 是指水中能被氧化的物质（主要是有机碳氢化合物，含硫、含氮、含磷等化合物）燃烧变成稳定的氧化物所需的氧量；TOC 是指水中所有有机污染物中的碳，氧化后变成 CO_2，通过测定 CO_2 含量间接表示水中有机物的含量。这两个指标能实现自动快速测定，它们基本包含了水体中所有有机物的含量。测定方法是在特殊的燃烧器中，通过催化剂作用，在 900℃，使水样汽化燃烧，然后测定气体中氧气的减少量和 CO_2 含量。

（4）溶解氧（DO）：溶解氧是指溶解在水中氧气的含量，常用溶解氧 DO 表示。溶解氧是水质的重要参数之一，是 BOD 测定的基础，通过水体 DO 的变化可反映出水体受有机污染物污染状况。DO 可以用浓度表示，也可用相对单位——饱和度表示。

耗氧有机物在水体中分解时会消耗水中大量的溶解氧，如果耗氧速度超过了氧由空气中进入水体内和水生植物的光合作用产生氧的速度，水中的溶解氧便会不断减少，甚至被消耗殆尽，这时水中的厌氧微生物繁殖，有机物腐烂，水发出恶臭，并给鱼类生存造成很大威胁。因此，水中溶解氧含量的大小是反映自然水体是否受到有机物污染的一个重要指标，是保护水体感官质量及保护鱼类和其他水生物的重要项目。一般较清洁的河流中 DO 在 7.5 mg/L 以上，溶解氧多，适于微生物生长，水体自净能力强。水中缺少溶解氧时，厌氧细菌繁殖，水体发臭。因而溶解氧是判断水体是否受到有机物污染和污染程度的重要指标。

4. 富营养污染

生活污水和某些工业废水中常含有一定数量的氮、磷等营养物质，农田径流中也常携带大量残留的氮肥、磷肥，含磷洗涤剂的污水中也有不少的磷。这类营养物质排入湖泊、水库、港湾、内海等水流缓慢的水体，可促使藻类大量繁殖，这种现象便被称为水体"富营养化"。含氮化合物在水体中的转化分为两步：第一步是有机氮转化为无机氮中的氨氮；第二步则是氨氮的亚硝化和硝化，使无机氮进一步转化。这两步转化都是在微生物硝化细菌作用下进行的。

水体"富营养化"是水体遭到污染后的一种外观现象。主要是由于这类水体接纳了含大量能刺激植物生长的氮、磷等生活污水以及某些工业废水和农田排水，在微生物作用下，分解为可供水中藻类吸收利用的物质，而使藻类大量繁殖，成为水体中的优势种群。它使得水体溶解氧下降，水体上层处于过饱和状态，中层处于缺氧状态，底层则处于厌氧状态，并伴随 pH 变化。藻类死亡后，沉入水底，在厌氧条件下腐烂、分解，又将氮、磷等植物营养物质重新释放进入水体，再供藻类利用。这样周而复始，形成了氮、磷等植物营养物质在水体内部的物质循环，使植物营养物质长期保存在水体中。所以，缓流水体一旦出现富营养化，即使切断外界营养物质的来源，水体还是很难恢复，这是水体富营养化的重要特征。

水体"富营养化"首先会对鱼类生长产生不利影响，随着水体营养化程度的加剧，产鱼量逐渐减少，在藻类大量繁殖的季节，还会出现大批死鱼现象；其次，当藻类等浮游生物大量繁殖时，因优势浮游生物物种的颜色不同而使水面出现红、绿、蓝等色，同时，水体混浊发臭，观感变差，丧失旅游观光价值；最后，藻类的大量繁殖和死亡除使水体散发恶臭外，还影响自来水厂供水，堵塞过滤池，使自来水有无法去除的臭味；并因富营养水体含有过多的硝酸盐，而不适于饮用。

5. 有机有毒污染物

有机有毒污染物质的种类很多，主要有各种有机农药、有机染料及多环芳烃、芳香胺等人工合成的有机物。常常对人和生物体有毒性，有的能引起急性中毒，有的可导致慢性疾病，有些已被证明是致畸、致癌、致突变的物质。有机毒物主要来源于焦化、染料、农药、塑料合成等工业废水，农田径流中也有残留的农药。这些有机物大多具有较大的分子和较复杂的结构，不易被微生物所降解，在自然环境中这类物质降解需十几年甚至上百年，因此在自然环境中不易除去。

常见的有机农药主要分为有机氯、有机磷两大类。有机磷类农药在水体中较易降解，存留的时间短，尚未出现广泛的污染，只是在河流、湖泊、河口和沿海海域有局部的污染。有机氯类农药被广泛用作杀虫剂、除莠剂、灭菌剂、杀线虫剂、杀螨剂和杀螺剂等。除来自生产农药的工厂排出废水之外，主要来自广大农田排水和地表径流。目前，有机氯农药污染主要是指DDT、六六六和各种环戊二烯类。大量科学资料证明，有机氯农药已经参加了水循环及生命过程，呈全球性分布，其危害性除造成鱼类、水鸟类大批死亡外，对人类及其后代的存在有着严重的潜在威胁。最具代表性的以DDT、六六六为例。因此，各国对有机氯农药在食品中的残留控制甚严。德国、日本、美国等不允许在食品中检出环戊二烯类杀虫剂。中国在20世纪60年代开始禁止在蔬菜、茶叶、烟草等作物上施用DDT、六六六，在80年代初对各种作物全面禁用DDT、六六六。

6. 一般有机污染物质

自20世纪60年代以来，全球石油产量急剧增加，成为重要的能源和化工原料。石油及其产品和组成成分，通过各种渠道和途径散布到环境中，特别是各种水体中。它漂浮在水面上随水流动，到处扩散，已成为世界性的污染问题。

水体油污染主要是由炼油和石油化学工业排放的含油废水、运油车船和意外事件的溢油及清洗废水，海上采油等造成的。通常压舱水含油率为1%，洗船水含油达3%，这是造成内河、港湾水面上经常覆盖大量油膜的原因。近年来，全世界每年排入海洋的石油及其制品可高达数百万吨至上千万吨，约占世界石油总产量的5%，其中，通过河流排入海洋的废油约500万t，船舶排放和事故溢油约150万t，海底油田泄漏和井喷事故排放约100万t。

油膜隔绝了大气与水体之间的气体交换（主要阻隔氧进入水中），与此同时，油膜的生物分解和自身的氧化作用，又消耗水中大量的溶解氧，耗氧速率大于复氧速率，水体因而缺氧。油膜减弱太阳辐射透入水体的能量，影响水体植物的光合作用，因而减少了水体氧气的来源。油膜还粘污水中兽皮毛和水鸟羽毛，使他们失去保温、游泳和飞行能力。石油污染不仅影响了大气和海洋间的气体交换，而且其组成成分中含有很多的苯并（α）芘。

酚类化合物在自然界中广泛存在，目前，已知的就有2 000种以上。冶金、焦化、钢铁、炼油、塑料、有机合成、合成纤维、农药、制药、造纸、印染及防腐剂制造等工业排放污水中均含有酚。酚虽然易被分解，但水体中酚负荷超量时亦造成水污染。酚作为一种原生质毒物，低浓度能使蛋白质变性，高浓度使蛋白质凝固沉淀，主要作用于神经系统。对各种细胞有直接损害，对皮肤和黏膜有强烈的腐蚀作用。长期饮用被酚污染的水源可引起头昏、出疹、瘙痒、贫血及各种神经系统症状。水体受酚污染后会严重影响各种水生生物的生长和繁殖，使水产品产量和质量降低。水体低浓度酚影响鱼类生殖洄游，仅鱼肉就有异味，降低食用价值，浓度高时可使鱼类大量死亡，甚至绝迹。灌溉水含酚浓度大于5 mg/L时，可引起农作物和蔬菜减产及枯死。

氰化物是剧毒物，可分为两类：一类为无机氰，如氢氰酸及其盐类氰化钠、氰化钾等；一类为有机氰或腈，如丙烯腈、乙腈等。无机氰的毒性主要表现在破坏血液，影响运送氧和氢的机能而致死亡。在多种氰化物中氰化氢的毒性最大，急性中毒时出现头昏头痛、耳鸣眼花、全身无力、呼吸困难等症状。氰化物多数是由人工制成的，但也有少量存在于天然物质中，如苦杏仁、枇杷仁、桃仁、木薯和白果之中。

二、物理性污染

1. 悬浮物污染

排入水体中的悬浮物不仅增加了水体的浑浊度，影响水体的外观，还大大降低了光的穿透能力，减少水中植物的光合作用并妨碍水体的自净；还可能堵塞鱼鳃，导致鱼类死亡，造纸废水中的纸浆对此影响最大；水中的悬浮物有吸附凝聚重金属及有毒物质的能力，又可能是各种污染物的载体，能吸附一部分水中的污染物并随水流动迁移。因此，不少重金属离子并不完全以溶液状态存在，而是相当一部分被吸附在悬浮物上。

2. 热污染

热污染是指人类活动产生的一种过剩能量排入水体，使水体升温而影响到水生态系统结构的变化，造成水质恶化的一种污染。水体热污染主要来源于工业冷却水。其中以动力工业为主，其次为冶金、化工、石油、造纸和机械工业。

热污染常见的便是水温升高，水中溶解氧下降，对水生生物造成一种威胁，严重缺氧时会引起鱼类大批死亡；随着水温升高，水中化学反应和生化反应速率也随之提高，许多有毒有害物质的毒性增强，如氰化物、重金属离子等；水体热污染还可使水生生物群落、种群结构发生剧烈变化，一些适于在较低水温中生长的有益生物种类消失，被一些适合在较高水温中生长的有害生物种类代替；同时，水温的骤升骤降还易引起鱼类等水生生物的死亡。

3. 放射性物质

人工的放射性污染主要来源于铀矿开采和精炼、原子能工业、放射性同位素的使用等。放射性污染物通过水体可影响生物，灌溉农作物亦可受到污染，最后可由等射线食物链进入人体。放射性污染物可损害人体组织，并可蓄积在人体内造成长期危害，促成贫血、白血球增生、恶性肿瘤等各种放射性病症。

三、生物性污染

主要指致病菌和病毒，多来自于生活污水、医院污水、畜禽饲养场污水、屠宰及肉类加工和制革等工业废水。通过动物和人排泄的粪便中含有的细菌、病毒及寄生虫类等污染水体，引起各种疾病传播。病原微生物污染的特点是：数量大、分布广、繁殖速度快，大多数对不良的环境条件有一定抗性。它们在水中能生存一定时间，有的还能繁殖或侵入水生生物体内，一旦条件适宜，便大量繁殖，对人体健康危害很大。

第四节　水污染的综合防治技术

一、水污染的综合防治原则

(一) 水污染综合防治原则

《中华人民共和国水污染防治法》第 3 条明确规定，水污染防治应当坚持预防为主、防治结合、综合治理的原则。

第一，预防为主就是将预防放在防治水污染的主要和优先位置，采取各种预防手段，防止水污染的发生。由于水污染影响范围大、影响时间长、影响程度强、致病危害大、污染容易治理难、治理成本高代价大，必须对污染采取预防为主的原则，才能将污染和损害减至最低的程度。

第二，防治结合是指预防与治理相结合，既要对污染事先采取预防措施，同时也要对产生的污染积极予以治理。对水污染只有按照预防与治理相结合的原则，将预防手段和治理措施双管齐下，才能从根本上防治水污染，保护和改善环境。

第三，水污染防治是一项综合性很强的工作，必须进行综合治理，包括综合运用法律、经济、技术和必要的行政手段，从源头上预防和治理水污染。

（二）水污染综合防治的措施

水污染综合防治是综合运用各种措施以防治水体污染的措施。防治措施涉及工程的与非工程的两类，主要有以下三种。

（1）减少废水和污染物排放量，包括节约生产废水，规定用水定额，改善生产工艺和管理制度、提高废水的重复利用率，采用无污染或少污染的新工艺，制定物料定额等。对缺水的城市和工矿区，发展区域性循环用水、废水再用系统等。

（2）发展区域性水污染防治系统，包括制定城市水污染防治规划、流域水污染防治管理规划，实行水污染物排放总量控制制度，发展污水经适当人工处理后用于灌溉农田和工业，在不污染地下水的条件下建立污水库，枯水期贮存污水减少排污负荷、洪水期内进行有控制地稀释排放等。

（3）发展效率高、能耗低的污水处理等技术来治理污水。

二、水污染处理的基本方法

水污染处理的目的就是对水体中的污染物以某种方法分离出来，或者将其转化为无害稳定物质，从而使污水得到净化。一般要达到防止毒物和病菌的传染，避免有异嗅和恶感的可见物，以满足不同用途的要求。

现代水污染处理技术，按其原理可分为物理法、化学法、物理化学法和生物法等四类。见表8-2。

表8-2　污水处理的方法分类

基本方法	基本原理	处理单元
物理处理法	物理或机械的分离	沉淀、上浮、离心分离、过滤等
化学处理法	污水中的有害物质与加入的化学药剂发生化学反应从而除去	混凝、中和、化学沉淀、氧化还原等
物理化学处理法	物理化学原理	吸附、离子交换、萃取、膜分离等
生物处理法	利用微生物对污水中的有机物进行氧化分解等代谢作用来净化	活性污泥法、生物膜法、厌氧消化、氧化塘等

（一）物理处理法

物理处理法是通过物理作用，以分离、回收污水中不溶解的呈悬浮状态污染物质（包括油膜和油珠）的污水处理法。根据物理作用的不同，又可分为重力分离法（如沉淀、上浮等）、离心分离法和过滤法（如隔栅、筛网和过滤等）。这里主要介绍沉淀、气浮、离心分离和过滤等方法。

1. 沉淀

利用水中悬浮颗粒与水的密度差，在重力作用下产生下沉作用，以达到固液分离的目的。

按照污水的性质与所要求的处理程度不同，沉淀处理工艺有以下四种用法：用于污水的预处理（如沉砂池）；用于污水进入生物处理前的初步处理（初次沉淀池）；用于生物处理后的固液分离（二次沉淀池）；用于污泥处理阶段的污泥浓缩。生产上根据池内水流的方向不同，沉淀池的形式通常可以分为五种，即平流式、竖流式、辐流式、斜管式和斜板式。

2. 气浮

气浮设备是一类将空气或溶有空气的水通入污水中形成微小的气泡，污水中的悬浮物粘附于气泡而上浮于水面，从而实现固液和液液分离的水处理设备。常用于含油污水的油水分离，有用物质的回收及污泥的浓缩等工艺流程中。

3. 离心分离

利用污水高速旋转产生的离心力，将污水中的悬浮颗粒分离的处理方法称为离心分离法。按照产生离心力的方式不同，离心分离设备可分为水旋和器旋两类。前者称为旋流器，后者指各种离心机。

4. 过滤

过滤，在水处理技术中一般是指使污水通过石英砂等粒状滤料层，截留水中的悬浮物从而使水获得澄清的工艺过程。按其工作原理又可分为重力过滤法、压力过滤法、真空过滤法和离心过滤法四种。而筛滤法所采用的隔栅和筛网主要是对污水进行预处理的工艺。

（二）化学处理法

污水的化学处理是指采用化学药剂或化学材料对污水中溶解性或胶体状态的污染物，通过化学反应使污染物与水分离，或改变污染物的性质，如降低污水中的酸碱度、去除金属离子、氧化某些物质以及有机物等，以除去水中杂质的处理方法。主要有化学混凝法、中和法、化学沉淀法、氧化还原法等。

1. 化学混凝法

混凝就是在混凝剂的离解和水解产物作用下，使水中的胶体污染物和细微悬浮物脱稳并聚集为具有可分离性的絮凝体的过程，其中包括凝聚和絮凝两个过程，统称为混凝。

混凝澄清法，是给水和废水处理中应用得非常广泛的方法。它既可以降低原水的浊度、色度等感观指标，又可以去除多种有毒有害污染物；既可以自成独立的处理系统，又可以与其它单元过程组合，作为预处理、中间处理和最终处理过程，还经常用于污泥脱水前的浓缩过程。

胶体粒子和细微悬浮物的粒径分别为 $1 \sim 100$ nm 和 $100 \sim 10\,000$ nm。由于布朗运动、水合作用，尤其是微粒间的静电斥力等原因，胶体和细微悬浮物能在水中长期保持悬浮状态，静置而不沉。因此，胶体和细微悬浮物不能直接用重力沉降法分离，而必须首先投加混凝剂来破坏它们的稳定性，使其相互聚集为数百微米以至数毫米的絮凝体，才能用沉降、过滤和气浮等常规分离法予以去除。

2. 中和法

很多工业废水往往含酸性或碱性物质。根据我国《污水综合排放标准》，排放废水的 pH 应在 $6 \sim 9$ 之间。凡是废水含有酸或碱，从而使 pH 超出规定范围的都应加以处理。中和法是利用碱性药剂或酸性药剂将废水从酸性或碱性调整到中性附近的一类处理方法。在工业废水处理中，中和处理既可以作为主要的处理单元，也可以作为预处理。

酸性废水中常见的酸性物质有硫酸、硝酸、盐酸、氢氟酸、磷酸等无机酸及醋酸、甲酸、柠檬酸等有机酸，并常溶解金属盐。碱性废水中常见的碱性物质有苛性钠、碳酸钠、硫化钠及胺类等。

工业废水中所含酸（碱）的量往往相差很大，因而有不同的处理方法。酸含量大于 5% ～ 10% 的高浓度含酸废水，常称为废酸液；碱含量大于 3% ～ 5% 的高浓度含碱废水，常称为废碱液。对于这类废酸液、废碱液，可因地制宜采用特殊的方法回收其中的酸和碱，或者进行综合利用，例如，用蒸发浓缩法回收苛性钠；用扩散渗析法回收钢铁酸洗废液中的硫酸；利用钢铁酸洗废液作为制造硫酸亚铁、氧化铁红、聚合硫酸铁的原料等。对于酸含量小于 5% ～ 10% 或碱含量小于 3% ～ 5% 的低浓度酸性废水或碱性废水，由于其中酸、碱含量低，回收价值不大，常采用中和法处理，使其达到排放要求。酸性废水一般可采用：

（1）加入碱性废水、石灰乳或液碱（氢氧化钠）；

（2）废水通过由石灰石或白云石构成的过滤层等中和方法处理。碱性废水可以采用：

（1）向碱性废水中鼓入烟道气；（2）向碱性废水中投入酸性废水或碱性废水等中和方法处理。

此外，还有一种与中和处理法相类似的处理操作，就是为了某种需要，将废水的 pH 值调整到某一特定值（范围），这种处理操作叫 pH 调节。若将 pH 由中性或酸性调至碱性，称为碱化；若将 pH 值由中性或碱性调至酸性，称为酸化。

3. 化学沉淀法

化学沉淀法是指向废水中投加某些化学药剂（沉淀剂），使之与废水中溶解态的污染物直接发生化学反应，形成难溶的固体生成物，然后进行固液分离，从而除去水中污染物的一种处理方法。废水中的重金属离子（如汞、镉、铅、锌、镍、铬、铁、铜等）、碱土金属（如钙和镁）及某些非金属（如砷、氟、硫、硼）均可通过化学沉淀法去除，某些有机污染物亦可通过化学沉淀法去除。

化学沉淀法的工艺过程通常包括：

（1）要投加化学沉淀剂，与水中污染物反应，生成难溶的沉淀物而析出；

（2）通过凝聚、沉降、浮上、过滤、离心等方法进行固液分离；

（3）泥渣的处理和回收利用。

化学沉淀的基本过程是难溶电解质的沉淀析出，其溶解度大小与溶质本性、温度、盐效应、沉淀颗粒的大小及晶型等有关。在废水处理中，根据沉淀－溶解平衡移动的一般原理，可利用过量投药、防止络合、沉淀转化、分步沉淀等，提高处理效率，回收有用物质。

4. 氧化还原法

通过药剂与污染物的氧化还原反应，把废水中有毒害的污染物转化为无毒或微毒物质的处理方法称为氧化还原法。

废水中的有机污染物（如色、嗅、味、COD）及还原性无机离子（如 CN^-、S^{2-}、Fe^{2+}、Mn^{2+} 等）都可通过氧化法消除其危害，而废水中的许多重金属离子（如汞、镉、铜、银、金、六价铬、镍等）都可通过还原法去除。

废水处理中最常采用的氧化剂是空气、臭氧、氯气、次氯酸钠及漂白粉；常用的还原剂有硫酸亚铁、亚硫酸氢钠、硼氢化钠、水合肼及铁屑等。在电解氧化还原法中，电解槽的阳极可作为氧化剂，阴极可作为还原剂。

（三）物理化学处理法

1. 吸附

吸附法是利用多孔固体物质作为吸附剂，以吸附剂的表面吸附废水中的某种污染物的方法。

吸附法主要用于废水的脱色、除臭和去除重金属离子、可溶性有机物等深度处理。常用的吸附剂有活性炭、硅藻土、砂渣、炉渣、粉煤灰等。其中以活性炭最为常用。

吸附法处理废水的特点和用途如下。

（1）特点：适应范围广；处理效果好；可回收有用物料；吸附剂可重复使用；缺点是对进水预处理要求和运转费用较高，系统庞大，操作较麻烦。

（2）应用范围：脱色，除臭味，脱除重金属、各种溶解性有机物和放射性元素等。

作为离子交换、膜分离等方法的预处理，以去除有机物、胶体物及余氯等，作为二级处理后的深度处理手段，以保证回用水的质量。

含油废水粒状活性炭吸附工艺流程如图 8-1 所示。

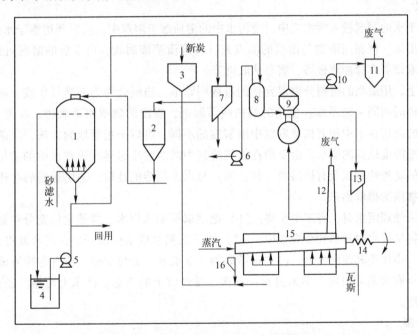

图 8-1　含油废水粒状活性炭吸附工艺流程

2. 离子交换

利用离子交换剂的可交换离子与水相中离子进行当量交换的过程称为离子交换，也叫离子交换反应。提供离子交换的物质叫离子交换剂 。

离子交换法是水处理中软化和除盐的主要方法之一。在废水处理中，主要用于去除废水中的金属离子。离子交换的实质是不溶性离子化合物（离子交换剂）上的可交换离子与溶液中的其他同性离子的交换反应，是一种特殊的吸附过程，通常是可逆性化学吸附。

离子交换法的优点为：离子的去除效率高，设备较简单，操作容易控制。

目前在应用中存在的问题是：应用范围还受到离子交换剂品种、产量、成本的限制，对废水的预处理要求较高，另外，离子交换剂的再生及再生液的处理有时也是一个难以解决的问题。

离子交换树脂回收铬酸流程如图 8-2 所示。

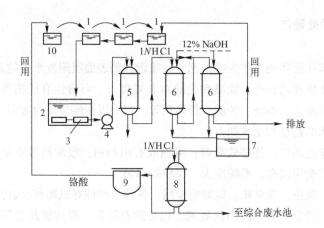

图 8-2　离子交换树脂回收铬酸流程

3. 萃取

将不溶于水的溶剂投入污水之中，使污水中的溶质溶于溶剂中，然后利用溶于水的密度差，将溶剂分离出来。再利用溶剂与溶质的沸点差，将溶质蒸馏回收，再生后的溶剂可循环使用。常采用的萃取设备有脉冲筛板塔、离心萃取机等。

在化工上，用适当的溶剂分离混合物的过程叫萃取。当混合物为溶液时叫液 - 液萃取，当混合物为固体时叫固 - 液萃取；使用的溶剂叫萃取剂，提出的物质叫萃取物，在废水处理上，利用废水中的杂质在水中和有机萃取剂中溶解度的不同，可以采用萃取的方法，将杂质提取出来。例如含酚浓度较高的废水。由于酚在有机溶剂中的溶解度远远高于在水中的溶解度，我们可以利用酚的这种性质以及有机溶剂（如：油）与水不相溶的性质，选用适当的有机溶剂从废水中把有害物质酚提取出来。

用萃取法处理废水时，有三个步骤：（1）把萃取剂加入废水，并使它们充分接触，有害物质作为萃取物从废水中转移到萃取剂中；（2）把萃取剂和废水分离开来，废水就得到了处理。也可以再进一步接受其他的处理；（3）把萃取物从萃取剂中分离出来，使有害物质成为有用的副产品，而萃取剂则可回用于萃取过程；其次，是经济上的考虑。技术上可靠，经济上合理，生产才能采用。

4. 膜分离

膜分离法是利用特殊的薄膜对液体中的某些成分进行选择性透过的方法的统称。溶剂透过膜的过程称为渗透（osmosis）。溶质透过膜的过程称为渗析（dialysis）。

膜分离技术在液体方面的应用最主要是在水处理领域，膜技术已成为水处理最终手段。当代最先进的膜技术可以很方便地把水净化到几乎只剩 H_2O 的程度，比 H_2O 分子量大的物体原则上都可滤去，从而使水成为导电能力极低的液体。膜分离技术具有广泛的应用领域，在水处理方面主要有以下几种。

（1）海水和苦咸水淡化。

（2）城市污水处理后的中水回用。

（3）饮用水水质净化。

（4）改造传统产业，提高工业用水回用率。

（5）在医药卫生、食品饮料工业、IT 工业及火力发电的锅炉补给水等膜技术均有很大的应用空间。

目前有扩散渗析法（渗析法）、电渗析法、反渗透法和超过滤法等。

膜分离技术有以下共同的特点。

（1）膜分离过程不发生相变，因此能量转化的效率高。例如在现在的各种海水淡化方法中反渗透法能耗最低。

（2）膜分离过程在常温下进行，因而特别适于对热敏性物料，如果汁、酶、药物等的分离、分级和浓缩。

（3）装置、操作简单，控制、维修容易，且分离效率高。与其他水处理方法相比，具有占地面积小、适用范围广、处理效率高等特点。

（4）由于目前膜的成本较高，所以膜分离法投资较高，有些膜对酸或碱的耐受能力较差。所以目前膜分离法在水处理中一般用于回收废水中的有用成分或水的回用处理。

（四）生物处理法

生物处理法就是通过人工培养水中的微生物，利用其新陈代谢的功能，消化降解或吸收废水中的各种溶解的污染物（主要是有机污染物）。该法由于其操作成本低而获得广泛的应用。根据所培养的微生物种类可分为好氧生物处理和厌氧生物处理两大类。

1. 好氧生物处理

好氧生物法需要利用鼓风机等设备不断地向废水中通入空气（称为曝气），给水中微生物提供足够的氧气。常用的好氧生物处理法有活性污泥法和生物膜法两种。

（1）活性污泥法

通过连续曝气等人工培养，水中的好氧微生物不断繁殖形成絮凝体——活性污泥。活性污泥悬浮在水中，使废水得以净化，也称悬浮生长法。活性污泥法是水体生物自净作用的人工化，是处理城市生活污水最广泛使用的方法。

（2）生物膜法

利用附着于填料（碎石、煤渣、化学纤维、竹笼等）表面的微生物膜不断消化降解水中的污染物。由于微生物是固定在填料表面的，生物膜法又称固定生长法，是一种被广泛采用的生物处理方法。生物膜法的主要设施是生物滤池、生物转盘、生物接触氧化池、生物流化床等。

2. 厌氧生物处理

厌氧生物处理即在无氧条件下，利用兼性菌和厌氧菌降解有机污染物，分解的主要产物为甲烷。厌氧生物处理主要用于处理浓度较高的有机废水，为进一步好氧生物处理打下基础。

普遍用于生活废水处理的化粪池就是典型的厌氧生物处理设施。我国农村广泛采用的沼气池也是利用厌氧生物处理的原理，以粪便、稻杆等为原料生产沼气的。

三、废水处理的工艺流程

废水中的污染物是多种多样的，且性质各异，往往需要采用几种方法的组合，才能处理不同性质的污染物与污泥，达到净化的目的与排放标准。我们一般是根据废水的性质、排放标准和不同处理方法的特点，选择不同的处理方法并组成不同的废水处理工艺流程。

现代废水处理技术，按照处理程度的不同，将废水处理工艺流程分为一级处理、二级处理和三级处理。

1. 一级处理：

一级处理可由筛滤、重力沉淀和浮选等方法串联组成，除去废水中大部分粒径在100 m 以上的大颗粒物质。

筛滤可除去较大物质；重力沉淀可去除无机粗粒和比重略大于1的有凝聚性的有机颗粒；浮选可去除比重小于1的颗粒物（油类等），往往采用压力浮选方式，在加压下溶解空气，随后在大气压下放出，产生细小气泡附着于上述颗粒上，使之上浮至水面而去除。

经一级处理后的废水，BOD 一般可去除30% 左右，达不到排放标准。故通常作为预处理阶段。

2. 二级处理

二级处理是在一级处理的基础上，增加生物处理的处理工艺。常用生物法和絮凝法。生物法主要是除去一级处理后废水中的有机物；絮凝法主要是去除一级处理后废水中无机的悬浮物和胶体颗粒物或低浓度的有机物。

絮凝法是通过加凝聚剂破坏胶体的稳定性，使胶体粒子发生凝聚，产生絮凝物，并发生吸附作用，将废水中污染物吸附在一起，然后经沉降（或上浮）而与水分离。

生物法是利用微生物处理废水的方法。通过构筑物中微生物的作用，把废水中可生化的有机物分解为无机物，以达到净化目的。同时，微生物又用废水中有机物合成自身，使其净化作用得以持续进行。

经过二级处理的废水，通常可以使有机污染物达到排放标准。

3. 三级处理

三级处理是在一级、二级处理后，进一步处理难降解的有机物、氮和磷等能够导致水体富营养化的可溶性无机物等。污水的三级处理目的是为了控制富营养化或使废水能够重新回用。所采用的技术通常分为上述的物理法、化学法和生物处理法三大类。

如曝气、吸附、化学凝聚和沉淀、离子交换、电渗析、反渗透、氯消毒等。但所需处理费用较高，必须因地制宜，视具体情况确定。

城市污水处理的典型流程如图8-3 所示。

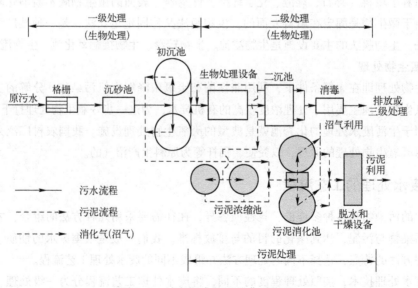

图 8-3　城市污水处理的典型流程

四、污泥的处理与处置技术

污泥是污水处理后的产物，是一种由有机残片、细菌菌体、无机颗粒、胶体等组成的极其复杂的非均质体。污泥的主要特性是含水率高（可高达99%以上），有机物含量高，容易腐化发臭，并且颗粒较细，比重较小，呈胶状液态。它是介于液体和固体之间的浓稠物，可以用泵运输，但它很难通过沉降进行固液分离。污泥的处理和处置目的就是要通过适当的技术措施，使污泥得到再利用或以某种不损害环境的形式重新返回到自然环境中。

污泥含水率高，体积庞大，常含有高浓度有机物，很不稳定，易在微生物作用下腐败发臭，并常常含有病原微生物、寄生虫卵及重金属离子等有害物质，必须进行相应的处理。

（一）污泥的分类

由于污泥的来源及水处理方法不同，产生的污泥性质不一，污泥的种类很多，分类比较复杂，目前一般可以按以下方法分类。

（1）按来源分。污泥主要有生活污水污泥，工业废水污泥和给水污泥。

（2）按处理方法和分离过程分。污泥可分为以下几类。

初沉污泥：指污水一级处理过程中产生的沉淀物；活性污泥（activitedsludge）：指活性污泥法处理工艺二沉池产生的沉淀物；腐殖污泥：指生物膜法（如生物滤池、生物转盘、部分生物接触氧化池等）污水处理工艺中二沉池产生的沉淀物。化学污泥：指化学强化一级处理（或三级处理）后产生的污泥。

（3）按污泥的不同产生阶段分。污泥可分为以下几类。

沉淀污泥（primarysettlingsludge）：初次沉淀池中截留的污泥，包括物理沉淀污泥，混凝沉淀污泥，化学沉淀污泥；生物处理污泥（biologicalsludge）：在生物处理过程中，由污水中悬浮状、胶体状或溶解状的有机污染物组成的某种活性物质，称为生物处理污泥；生污泥（fresh-sludge）：指从沉淀池（初沉池和二沉池）分离出来的沉淀物或悬浮物的总称；消化污泥（di-gestedsludge）：为生污泥经厌氧消化后得到的污泥；浓缩污泥（concentratesludge）：指生污泥经浓缩处理后得到的污泥；脱水干化污泥（dehydrationsludge）：指经脱水干化处理后得到的污泥；干燥污泥（Dryingsludge）：指经干燥处理后得到的污泥。

（4）按污泥的成分和性质分。污泥可分为有机污泥和无机污泥；亲水性污泥和疏水性污泥。

（二）污泥的处理与处置

污泥处理的主要内容包括稳定处理（生物稳定、化学稳定），去水处理（浓缩、脱水、干化）和最终处置与利用（填地、投海、焚化、湿式氧化及综合利用等）。污泥处理与废水处理相比，设备复杂、管理麻烦、费用昂贵。

污泥稳定处理的目的就是降解污泥中的有机物质，进一步减少污泥含水量，杀灭污泥中的细菌、病原体等，消除臭味，这是污泥能否资源化有效利用的关键步骤。污泥稳定化的方法主要有堆肥化、干燥、厌氧消化等。

厌氧消化：在污泥处理工艺中，厌氧消化是较普遍采用的稳定化技术。污泥厌氧消化也称为污泥厌氧生物稳定，它的主要目的是减少原污泥中以碳水化合物、蛋白质、脂肪形式存在的高能量物质，也就是通过降解将高分子物质转变为低分子物质氧化物。厌氧消化是在无氧条件下依靠各种兼性菌和厌氧菌的共同作用，使污泥中有机物分解的厌氧生化反应，是一个极其复杂的过程。

污泥处置的基本问题是利用适当的技术措施，为污泥提供出路，同时要认真考虑污泥处置所产生的各种环境和经济问题，并按一定的要求（法规、条例等）妥善地解决。

污泥的最终出路不外乎部分或全部利用，以及以某种形式返回到环境中去。在利用时，污泥中的部分物质也有可能以某种形式返回到环境中。

目前，较适合我国国情、常用的污泥处置方法有：农业利用、填埋、焚烧和投放海洋或废矿等。

1. 农业利用

污泥中的氮、磷、钾是农作物生长所必需的养分，熟污泥中的腐殖质是良好的土壤改良剂，因此，我国污泥的重要利用途径是农业上的利用。但在施用前应采取堆肥、厌氧消化等技术措施消除其中的病原体、寄生虫卵和重金属，使其达到有关卫生标准和农业要求。

堆肥是利用嗜热微生物分解污泥中的有机物。可以达到脱水、破坏污泥中恶臭成分、杀死病原体等目的。从而得到一种安全的有机性肥料施用于农田。

2. 填埋

污泥单独填埋或者与垃圾混合填埋是常用的最终处置方法。污泥在填埋之前要经过稳定处理，在选择填埋场时要研究该处的水文地质条件和土壤条件，避免地下水受到污染。对填埋场的渗滤液应当收集并作适当处理，场地径流应妥善排放。填埋场的管理非常重要，要定期监测填埋场附近的地下水、地面水、土壤中的有害物（如重金属）等。

3. 焚烧

焚烧可使污泥体积大幅度减小，且可灭菌。污泥灰量大约是含水率 75% 的污泥的 1/10。焚烧后的灰烬可填埋或利用。焚烧时的尾气必须进行处理。焚烧设备的投资和运行费用都比较大，在单纯用作处置手段时需要慎重研究。

4. 投放海洋

为避免海岸线及近海污染，要求将污泥投入远洋。投入远洋虽暂时没有出现问题，但后果可能极为严重，已在各国环保人员和公众当中引起激烈的争论，遭到严厉的批评；然而少数国家仍在沿用。

五、几种典型废水的处理方法

（一）印染废水的处理

1. 印染废水的特点

印染废水排放量大，占工业废水总排放量的 35%，印染废水成分复杂，对环境危害大。直接排放，会削弱水生植物的光合作用；减少水生动物的食物来源，降低水中的 DO，影响水生动物的生存；导致水体富营养化；含有的大量硫酸盐会在土壤中转化为硫化物，引起植物根部腐烂，使土壤性质恶化。

印染废水含有苯胺、硝基苯、邻苯二甲酸类等含有苯环、胺基、偶氮等基团的有毒有机污染物，多为致癌物质，危及人的身体健康。

浙江、江苏、山东既是我国印染行业的集中区域，又是重点流域——淮河、太湖所在地，印染废水的排入造成了严重的污染。这样的情况，在其他污染治理重点流域也屡见不鲜。印染废水可谓是水污染的"罪魁祸首"之一。

2. 印染废水治理中存在的问题

印染废水成分复杂，水质波动范围大，单一治理方法难以去除废水中的多种污染物。印染废水中含有染料、浆料、助剂、纤维、果胶、蜡质、无机盐，含有铜、锌、铬、砷等重金属离子，含有苯胺、硝基苯、邻苯二甲酸类有毒有机污染物等，由于原料、产品品种和加工工艺的不同，印染废水的水质波动范围较大：pH 为 6 ~ 10，COD 为 400 ~ 2000 mg/L，BOD5 为 100 ~ 400 mg/L，SS 为 100 ~ 200 mg/L，色度为 100 ~ 400 倍。

印染废水可生化性差，传统的生物法难以使废水达标排放。

随着印染技术的迅速发展，聚乙稀醇 PVA、海藻酸钠、羟甲基纤维素、新型助剂等难生物降解的有机物大量进入印染废水，所采用的染料也更加稳定，既抗氧化又抗还原，极难被生物降解。

废水中含有的铜、锌、铬、砷等重金属离子，染料结构中的硝基、芳胺，助剂、浆料等有机物及其中间体，都具有很大的生物毒性，进一步降低了废水的可生化性。

印染废水治理成本高，现行工艺存在一定的局限性。

例如：活性炭吸附法用量大、费用高、再生能耗大，再生后其吸附能力有不同程度的下降，且其吸附效果易受水中的悬浮物、高分子污染物、油脂等因素干扰。

O_3 氧化法设备造价高，投加量大；Cl_2 氧化法毒性大，易造成二次污染。

电化学法具有 COD、色度等去除率高等优点，但因其电极材料消耗量较大，能耗、成本高等原因，推广受到一定限制。

絮凝法应用较为广泛，其具有投资费用低、设备占地少、处理容量大、脱色率高等优点，但产生的化学污泥如不妥善处理，会对环境造成二次污染；且絮凝法对以胶体或悬浮状态存在的染料脱色效果好，而对于分子中水溶性基团含量高、不易缔结、接近真溶液形式的染料的脱色效果不理想。

膜分离的方法是一种高效分离、浓缩和净化的技术，但实际应用中尚存在投资和运行费高、易堵塞、浓缩物处理等问题。

3. 印染废水污染的处理方法

多种方法联用，与其他污染联合治理。

印染废水的处理要注重各种方法的有机结合，充分发挥各技术的优点和特色，克服自身的局限性，进行综合处理，以期达到最佳处理效果。

碱性印染废水和锅炉除尘烟气联合治理，既提高了除尘效率，又中和了印染废水。部分粉煤灰随废水进入后续生物处理系统，用作生物载体，提高了污染物去除效率。

此工艺以废治废、工艺流程简单、操作方便、运行费用低，在浙江绍兴、萧山和江苏盛泽一带应用较为普遍。

推广厌氧（兼氧）生化预处理工艺，即在传统生化工艺前端增设水解酸化池和中沉池等构筑物，可大幅提高废水的可生化性，加快污染物的无机化降解过程，降低处理成本，是治理中高浓度印染废水的有效手段。

如天津某纺织公司采用水解酸化——生物接触氧化工艺处理中高浓度印染废水，该工艺对 COD、BOD 的去除率均达 85% 以上，处理出的水优于《纺织染整工业污染物排放标准》（GB 4287—1992）中的二级标准，处理费用为 0.45 元/m³。

高级氧化法、电化学法等治理技术在处理高浓度、难降解、有毒有害废水方面效果甚好，但是单纯使用成本偏高，可以与其他工艺联合处理印染废水。

例如，吸附-光催化氧化处理法，利用活性炭等多孔物质的粉末或颗粒与废水混合，去除水中的阳离子染料、直接染料、酸性染料、活性染料等水溶性染料，再利用光催化氧化彻底降解废水中未降解的有机污染物。

化学絮凝-电化学-臭氧氧化工艺、电化学-化学混凝-活性污泥工艺对含水溶性强的活性染料、分散染料和酸性染料的废水具有很高的 COD、色度去除率。

国外有研究者采用电化学-化学混凝-活性污泥组合工艺处理印染废水，COD 总去除率可达 85%，出水透明度大于 30 cm。

（二）汽车涂装废水的处理

随着我国汽车工业的发展，汽车工业废水排放量也越来越大。汽车及其零部件的涂装是汽车制造过程中产生废水排放最多的环节之一。涂装是保护和装饰汽车的主要工艺措施。以车身（驾驶室）涂装为例，一般可以分为表面前处理、喷涂、烘干三个工序。涂装废水含有树脂、表面活性剂、重金属离子、Oil、PO_4^{3-}、油漆、颜料、有机溶剂等污染物，COD 值高，若不妥善处理，会对环境产生严重污染。

1. 涂装废水的来源及有害物质

涂装废水主要来自于预脱脂、脱脂、表调、磷化、钝化等车身前处理工序；阴极电泳工序和中涂、喷面漆工序。

废水中含有的主要有毒、有害物质如下：涂装前处理：亚硝酸盐、磷酸盐、乳化油、表面活性剂、Ni^{2+}、Zn^{2+}；底涂：低溶剂阴极电泳漆膜、无铅阴极电泳漆膜、颜料、粉剂、环氧树脂、丁醇、乙二醇单丁醚、异丙醇、二甲基乙醇胺、聚丁二烯树脂、二甲基乙醇、油漆等；中涂、面涂：二甲苯、香蕉水等有机溶剂、漆膜、颜料、粉剂。

2. 涂装废水的处理方法

汽车涂装废水处理工艺的关键之一在于合理的清浊水质分流，对部分难处理或影响后续处理的废水，根据其性质和排放规律，先进行间歇的预处理，再和其他废水集中连续处理。

（1）预处理。

① 脱脂废液：对脱脂废液采用酸化法进行破乳预处理，向脱脂废液中投加无机酸将 pH 调至 2～3，使乳化剂中的高级脂肪酸皂析出脂肪酸，这些高级脂肪酸不溶于水而溶于油，从而使脱脂废液破乳析油。

另外，加酸后使脱脂废液中的阴离子表面活性剂在酸性溶液中易分解而失去稳定性，失去了原有的亲油和亲水的平衡，从而达到破乳。经预处理后 CODCr 从 2500～4000 mg/L 降低到 1500～2400 mg/L，去除率在 40% 左右；而含油量从 300～950 mg/L 降至 50～70 mg/L，去除率高达 90%～95%。

② 电泳废液：在阴极电泳废水中含有大量高分子有机物，CODCr 最高可达 20000 mg/L，还含大量电泳渣，这些物质在水中呈细小悬浮物或呈负电性的胶体状。处理中加入适当的阳离子型聚丙烯酰胺（PAM）和聚合氯化铝（PAC）作混凝剂，利用絮凝剂的吸附架桥作用来快速去除废水中的污染物。电泳废液在预处理时要求 pH 在 11～12 之间，有较好的沉淀效果。反应后的出水 CODCr 在 2000 mg/L 左右。

③ 喷漆废水：对喷漆废水先采用 Fenton 试剂（$H_2O_2 + FeSO_4$）对其进行预处理，使其中的有机物氧化分解，CODCr 去除效率约在 30% 左右，再加入 PAC 和 PAM 对其进行混凝沉淀，经

过此两步处理，CODCr 的总去除率可达到 60% ～ 80%，由 3000 ～ 20000 mg/L 降至 1200 ～ 4000 mg/L。出水排入混合废水调节池。

（2）连续处理：经预处理的各类废水排入均和调节池中，与其他废水混合后进入连续处理流程。混合后的废水 CODCr 为 700 ～ 900 mg/L。连续处理分为二级：混凝沉淀和混凝气浮。通过沉淀和气浮进一步去除 COD 和表面活性剂。

（3）深度处理：深度处理采用砂滤和活性炭过滤。一般砂滤后的出水已能达到排放要求。

六、废水资源化的重要意义

为解决困扰人类发展的水资源短缺问题，开发新的可利用水资源是世界各国普遍关注的课题。城市废水水质、水量稳定。经处理和净化后可作为新的再生水源加以利用。城市废水如不加以净化，随意排放，将造成严重的水环境污染。如将城市废水的净化和再生利用结合起来，不仅可以消除城市废水对水环境的污染，而且可以减少新鲜水的使用，缓解需水和供水之间的矛盾。

废水资源化途径大体可分为城市回用、工业回用、农业回用（包括渔牧业）和地下水回灌。

再生水补充地下水，主要是通过地面入渗和地下灌注的方式，将再生水人工回灌到地下含水层，使再生水参与地下水循环，再生水的水质将直接影响地下水体和含水层，其不良影响往往具有滞后性和长期性。对于回灌地下水，重点考虑的因素有：水中的有机物、有毒物对水体的污染；回灌过程中不造成堵塞。

再生水利用于工业用水，重点考虑的因素有：水垢，腐蚀，生物生长，堵塞，泡沫以及工人的健康。再生水利用于农、林、牧业用水，重点考虑的因素有：对土壤性状的影响，对作物生长的影响和对灌溉系统的影响。再生水利用于城市非饮用水，重点考虑的因素有：水体环境的要求，人体健康的要求和输水管网的要求。

再生水利用于景观用水，重点考虑的因素有：人体感观的要求和水生生物的生长要求。

"中水"一词是相对于上水（给水）、下水（排水）而言的。中水回用技术系指将小区居民生活废（污）水（沐浴、盥洗、洗衣、厨房、厕所）集中处理后，达到一定的标准回用于小区的绿化浇灌、车辆冲洗、道路冲洗、家庭坐便器冲洗等，从而达到节约用水的目的。

其特点为用各种物理、化学、生物等手段对工业所排出的废水进行不同深度的处理，达到工艺要求的水质，然后回用到工艺中去，从而达到节约水资源，减少环境污染的目的。下面就两种最主要的回用技术作一介绍。

（一）冷却水技术

节约冷却水是工业节水的主要途径，主要有以下几种措施。

（1）改直接冷却水为间接冷却水。在冷却过程中，特别在化学工业中，如采用直接冷却的方法，往往使冷却水中夹带较多的污染物质，使其失去再利用的价值，如能改为间接冷却，就能克服这个缺点。

（2）降低冷却要求，减少冷却水用量。

（3）采用非水冷却。如在某种工艺生产中，采用空冷或油冷，达到冷却的目的。

（4）利用人工冷源或海水作冷却水，减少地下水或淡水用量。

（5）合理利用冷却水。

对已使用过的冷却水进行一定的降温措施后，反复使用，也可以在第一次作为冷却水使用后，用于其他对水质、水温要求较低的场合。

在采用这个办法时，要注意各车间供水系统的密切配合，加强冷却水的管理，避免因一个环节出问题而影响其他车间供水。

（6）冷却水的循环利用。这种冷却水利用技术主要是经过冷却器变成的热水经过冷却构筑物使水温降到回用水水温，从而循环使用。

冷却水在循环使用时，应注意水中细菌的繁殖、水垢的形成、设备腐蚀、水压、水量变化等问题。

（二）一水多用或污水净化再利用

由于生产工艺中各环节的用水水质标准不一，因此将某些环节的水经过适当的处理后重复利用或用于其他对水质要求不高的环节中。以达到节水的目的。如：可先将清水作为冷却水用，然后送入水处理站经软化后作锅炉供水用。城市污水集中处理后用于生产、生活等。

思 考 题

1. 简述我国水资源的特点？
2. 水循环的主要作用有哪些？
3. 水体污染的具体类别及其对应的污染物有哪些？
4. 城市污水处理级别有哪些？并说明每一级别的用途和主要采用的技术？
5. 水体自净的作用机理体现在哪些方面？
6. 简述水污染综合防治原则？
7. 叙述水污染综合防治的措施有哪些？
8. 叙述污泥处理的主要内容和最终处置方法？
9. 论述针对水危机的产生，如何有效的保护和利用水资源？
10. 画出城市污水处理的典型流程图？

第九章 固体废弃物及土壤污染物的处理与处置

第一节 固体废弃物及其类型

随着生产力水平的不断提高和人民生活的不断改善，我国及全世界产生的固体废物的种类和数量也在不断的变化，其成分及性质呈现出多样性，2003 年全国工业固体废物产量约 10 亿 t，同比增长 6.3%，工业固体废物排放量约 1941 万 t，工业固体废物综合利用率 54.8%，危险废物产生量约为 1171 万 t，全国垃圾清运量为 14857 万 t，到 2008 年，全国工业固体废物产量约 19 亿 t，同比增长 8.3%，工业固体废物排放量约 781 万 t，工业固体废物综合利用率 64.3%，到 2010 年，全国工业固体废物产量约 24 亿 t，同比增长 18.2%，工业固体废物排放量约 498 万 t，综合利用率 67.1%，通过这些数据，可以看出，全国工业固体废物产量总量在增加，排放量却是递减的，原因是得益于综合利用率的提高，据不完全统计，全球年产垃圾超过 100 亿 t，其中美国约 30 亿 t，危险废物美国约 4 亿 t，日本约 3 亿 t，一些发达国家工业固体废物的排放量每年增长 2% ～ 4%，放射性废物产量也在逐年上升。

一、固体废弃物的含义及特征

（一）固体废弃物的含义

我国在 2004 年修订的《中华人民共和国固体污染物污染环境防治法》明确指出：固体废物是指在生产、生活和其他活动中产生的丧失原有利用价值或者虽未丧失利用价值但被抛去或者放弃的固态、半固态和置于容器中的气态物品、物质以及法律、行政法规规定纳入固态废物管理的物品、物质。如果从资源再生利用角度来看，固体废物其实是一种"放错地方的原料"，由于生产原料的复杂性、生产工艺的多样性，被抛弃的物质，在一个生产环节是暂时废物，在另外一个生产环节有可能作为原料，是可以加以利用的物质。

由于固体废物影响因素很多，几乎涉及所有行业，来源十分广泛，其来源大体上可分为两大类：一类是生产过程中所产生的废物（不包括废气和废水），称为生产废物。一般产品仅利用了原料的 20% ～ 30%，其余部分都变成了废物，目前我国工业废渣和尾矿的年排出量高达 6×10^8 t，累计堆存量已达 5.96×10^9 t，另一类是产品进入市场后在流动过程中或使用消费过程中产生的固体废物称生活废物，俗称垃圾。

（二）固体废弃物的特征

固体废物与废水和废气相比，有着明显不同的特征，它具有鲜明的时间性、空间性和持久危害性。固体废物是相对某一过程或某一方面没有使用价值，而并非在一切过程或一切方面都没有使用价值。另外，由于各种产品本身具有使用寿命，超过了寿命期限，也会成为废物。一种过程的废物随着时空条件的变化，往往可以成为另一种过程的原料。因此，固体废物的概念具有时间性和空间性，所以固体废物又有"放在错误地点的原料"之称。固体废物进入环境后，并没有被与其形态相同的环境所接纳。因此，它不可能像废水、废气那样可以迁移到大容量的水体（如江河、湖泊和海洋）或溶入大气中，通过自然界中物理、化学、生物等多种途径进行稀释、降解和净化。固体废物只能通过释放渗出液和气体进行"自我消化"处理。而这种"自我消化"过程是长期的、复杂的和难以控制的。通常固体废物对环境的污染危害比废水和废气更持久，从某种意义上讲，污染危害更大。而且，即使其中的有机物稳定化了，大量的无机物仍然会停留在堆放处，并继续导致持久的环境问题。因此，固体废物具有持久危害性。

二、固体废弃物的来源及分类

（一）固体废弃物的来源

固体废物主要来源于人类的生产和消费活动，人们在开发资源和制造产品的过程中，必然产生废物。任何产品经过使用和消耗后，最终都将变成废物。据分析以建筑物、工厂、装置、器具等形式析出，进入经济体系中的物质，仅有 10% ~ 15% 被积累起来，其余都变成了废物。从宏观上讲，可把固体废物来源分成两大方面：一是生产过程中产生的废弃物（不包括废水和废气）；二是产品使用消费过程中产生的废弃物。表 9-1 为固体废物的分类、来源和组成。

表 9-1　固体废弃物的分类、来源和主要组成物

分　类	来　源	主　要　组　成　物
城市生活垃圾	居民生活	家庭日常生活中产生的废物。如食物垃圾、纸屑、衣物、庭院修剪物、金属、玻璃、塑料、陶瓷、炉渣、废器具、粪便、杂物、废旧电气
	商业、机关	商业、机关日常生活过程中产生的废物。如废纸、食物、管道、碎砌体、沥青及其他建筑物、废汽车、废电器、废器具，含有易爆、易燃、腐蚀性、放射性的废物，以及类似居民生活内的各种废物
	市政维护与管理	各种市政维护和管理中产生的废物。如碎砖瓦、树叶、死禽畜、金属、锅炉灰渣、污泥、脏土等
工业固体废物	冶金工业	各种金属冶炼和加工过程中产生的废物。如高炉渣、钢渣、铜渣、铅渣、铬渣、汞渣赤泥、废矿石、烟尘、各种废旧建筑材料
	矿业	各类矿物开发、加工利用过程中产生的废物。如废矿石、煤矸石、粉煤灰、烟道灰、炉渣
	石油与化工业	石油炼制及其加工、化学工业产生的固体废物。如废油、浮渣、含油污泥、炉渣、碱渣、塑料、橡胶、陶瓷、纤维、沥青、油毡、石棉、涂料、化学药剂、金属填料、塑料填料等
	轻工业	食品工业、造纸印刷、纺织服装、木材加工等轻工部门产生的废弃物。如各类食物糟渣、废纸、金属、塑料、橡胶、陶瓷、布头、线、纤维、染料、刨花、锯末、碎木、化学药剂、金属填料、塑料填料等
	机械电子工业	机械加工、电器制造及其使用过程中产生的废弃物。如金属碎料、铁屑、炉渣、模具、砂芯、润滑剂、酸洗剂、导线、玻璃、木材、橡胶、塑料、化学药剂、研磨料、陶瓷、绝缘材料以及废旧汽车、冰箱、微波炉电视盒电扇
	电力工业	电力生产和使用过程中产生的废物。如煤渣、粉煤灰、烟道灰等

分　类	来　源	主　要　组　成　物
农业固体废物	种植业	农作物种植和生产过程中产生的废弃物。如稻草、麦秸、玉米秸、根茎、落叶、烂叶、废农膜、农用塑料、农药等
	养殖业	动物养殖过程中产生的废物。如禽畜粪便、死禽畜、死鱼虾、脱落的羽毛等
	农副产品加工业	农副产品加工过程中产生的废弃物。如禽畜内容物、鱼虾内容物、未被利用的菜叶、菜梗和菜根、秕糠、稻谷、玉米芯、瓜皮、果皮、果核、贝壳、羽毛、皮毛等
危险废物	化学工业、医疗单位、科研单位	主要来自化学工业、医疗单位、制药业、科研单位、等产生的废弃物。如放射性废渣、粉尘、污泥等，医院使用过器械和产生的废物，化学药剂、制药厂药渣、废弃农药、炸药、废油等

（二）固体废弃物的分类

工业固体废物的来源多样，数量和性质均差别较大，与经济发展水平和工业结构有密切的关系。按组成可以分为有机废物和无机废物；按形态分为固体块状、粒状和粉状固体废物；按危害程度可以分为危险废物和一般废物，欧美许多国家按来源将其分为工业固体废物、矿山固体废物、城市固体废物、农业固体废物和放射性固体废物，我国从废物管理的需要出发，把固体废物分为城市生活垃圾、工业固体废物、农业固体废物和危险废物 3 大类。

（1）工业固体废物：是指在工业、交通等生产活动中产生的固体废物。工业固体废物主要来自于冶金工业、矿业、石油与化学工业、轻工业、机械电子工业、建筑业和其他行业等。典型的工业固体废物有煤矸石、粉煤灰、炉渣、矿渣、尾矿、金属、塑料、橡胶、化学药剂、陶瓷、沥青等。

（2）城市生活垃圾：城市生活垃圾又称为城市固体废物，它是指在城市居民日常生活中或者为城市日常生活提供服务的活动中产生的固体废物。城市生活垃圾主要包括废纸、废塑料、废织物、废金属、废玻璃、陶瓷碎片、砖瓦渣土、粪便以及废家用器具，废旧电器、庭院废物等。城市生活垃圾主要产自城市居民家庭、城市商业、餐饮业、旅馆业、旅游业、服务业、市政环卫业、交通运输业、文教卫生业和行政事业单位、工业企业以及污水处理厂等。

（3）农业固体废物：指在农业生产及其产品加工过程中产生的固体废物。农业固体废物主要来自于植物种植业、动物养殖业和农副产品加工业。常见的农业固体废物有稻草、麦秸、玉米秸、稻壳、秕糠、根茎、落叶、果皮、果核、畜禽粪便、死禽死畜、羽毛、皮毛等。

（4）危险废物：是指列入国家危险废物名录或者根据国家规定的危险废物鉴别标准和鉴别方法认定具有危险特性的废物。危险废物主要来自于核工业、化学工业、医疗单位、科研单位等。

三、固体废物处理、处置及利用的原则

在国外，20 世纪 60 年代中后期，环境保护受到重视，污染治理技术迅速发展，已经形成了一系列处理方法，70 年代后期，一些发达国家，由于废物处置场地紧张，处理费用大，于是提出"资源循环"口号，开始从固体废物中回收资源和能源，逐步发展为处理废物污染的途径——资源化；在我国，污染物控制工作开始于 20 世纪 80 年代初期，并于 80 年代中期提出了以"资源化""无害化""减量化"作为控制固体废物的技术政策，进入 90 年代，面对我国在

经济建设的巨大需求与资源严重供给不足的紧张局面，我国已经把资源回收与再利用作为最大发展战略，在《中国 21 世纪议程》中明确指出：中国认识到固体废物问题的严重性，认识到解决该问题是改变传统发展模式和消费模式的重要组成部分，总目标是完善固体废物法规体系和管理制度，实施废物最少量化，为废物最少量化、资源化和无害化提供技术支持。

（一）无害化

是对目前已产生但无法综合利用的固体废弃物，经过物理的、化学的或生物的方法，进行无害化或低危害的安全处置、处理，达到对废弃物的消毒、解毒或稳定化、固化，防止并减少固体废弃物的污染危害，固体废物无害化处理处置技术是工业固体废弃物最终处置的技术，是解决固体废弃物污染问题较彻底的技术方法。无害化处理处置方法主要包括填埋法、焚烧法、稳定化、物理、化学法、生物法和弃海法等。目前，国内外普遍采用的方法是土地层埋法和焚烧法。土地填埋法的主要特点是比较经济实用，处置废物数量大。

（二）减量化

固体废物处理和处置的减量化是两个完全不同的概念。前者也包括废弃物的减容和减量，但这是在废弃物产生之后，再通过物理的、化学的无害化处理、处置，使其体积、重量减小，它是一种废弃物治理途径，属于末端控制污染的范畴；而后者是指在工业生产过程中，通过产品变换、生产工艺改革、产业结构调整以及循环利用等途径，使其在贮存、处理、处置之前排放的废弃物最小，以达到节约资源，减少污染和便于处理、处置的目的。故废弃物的减量化是一种限制废弃物产量的途径，属于首端预防范畴，是指废物排放前的生产工艺过程的各个阶段，根据物质守恒定律，生产者利用和消费者使用过程中的物质（包括所有的需要的原燃材料、能源等）总量应该是不变的，其废物是在生产—消费的各个不同阶段中产生的，因此，从整个生产、消费的全过程来看，物质的总量是不变的。

废物减量化实际上是如何设法满足在生产特定条件下，使其物料消耗最少而产品产出率最高；人们可以通过改革生产中的工艺技术，控制物质最初投入方法、比例以及各个生产环节的产量来进行管理和控制末端废物产生量。废物减量化主要包括资源的减量化和现场循环回收再利用两个方面。资源的减量化包括产品更新换代和工艺制度的改革等；而现场回收利用是指废物在生产工艺过程中的闭路循环或半封闭回收利用。事实上，在生产过程中，还有很大一部分废物已经流入环境中，因此废物最小量化还应包括非现场回收和其他副产品的资源化。

和末端控制相比较，首段控制明显具有超前性，是未来发展的一个大方向。

（三）资源化

固体废物具有两重性，一方面，它既占用大量土地，污染环境，另一方面，本身又含有多种有用物质，是一种资源。20 世纪 70 年代以前，世界各国对固体废物的认识还只是停留在处理和防止污染的问题上。自 20 世纪 70 年代以后，由于能源和资源的短缺，以及对环境问题认识的逐渐加深，人们已由消极的处理转向再资源化，资源化就是采取管理或工艺等措施，从固体废物中回收有利用价值的物资和能源。

固体废物再资源化的途径很多，但归纳起来有如下几方面：

（1）提取各种金属，把最有价值的各种金属，首先提取出来，这是固体废物再资源化的重要途径，有色金属、化工渣中往往含有其他金属；

（2）生产建筑材料，利用工业废渣生产建筑材料，是一条广阔的途径，用工业废渣生产建筑材料，一般不会产生二次污染问题，因而是消除污染，使大量工业废渣资源化的主要方法之一；

（3）生产农肥，利用固体废物生产或代替农肥，许多工业废渣合有较高的硅、钙以及各种微量元素，有些废渣还含有磷，因此可以作为农业肥料使用，城市垃圾、粪便、农业有机废物等可经过堆肥处理制成有机肥料，工业废渣在农业上的利用主要有两种方式，即直接拖用于农田和制成化学肥料，但必须引起注意的是，在使用工业废渣作为农肥时，必须严格检验这些废渣是不是有毒的，如果是有毒的废渣，一般不能用于农业生产，但若有可靠的去毒方法，又有较大的利用价值，则只有经过严格去毒后，才能进行综合利用。

（4）回收能源：固体废物再资源化是节约能源的主要渠道。很多工业固体废物热值高，具有潜在的能量，可以充分利用，回收固体废物中能源的方法可用焚烧法、热解法等热处理法以及甲烷发酵法和水解法等低温方法来回收能量；一般认为热解法较好，固体废物作为能源利用的形式可以为：产生蒸汽、沼气、回收油、发电和直接利用作为燃料。

固体废物资源化具有突出优点：生产成本低，能耗少，生产效率高，环境效益好，面对我国人均资源不足，资源利用率低下的特点，推行固体废物资源化，是保障国民经济可持续发展的一项有效措施。

四、固体废物的污染控制与管理

固体废物主要是通过水、气以及土壤进行的，进行控制主要采取的措施有四个方面：①改进生产工艺，采用清洁生产，利用无废、少废或无毒、低毒的生产技术，从源头消除、减少污染物的产生；采用品位高、优质的原料代替品位低、劣质原料；提高产品质量和使用寿命，使产品具有一定的前瞻性；②大力发展物质循环工艺，使得物质工艺在不同企业、不同工艺流程中得以充分利用，以便取得经济的、环境的和社会的综合效益；③进行综合治理，有些固体废物仍然含有很大部分没有发生变化的原料或副产品，应利用不同的工艺加以利用，若为有害固体废物，则可采用不同方式，改变固体废物中有害物质的性质，使之转变成无害物质，最终使排放物质达到国家规定的排放标准。

对于固体废物的管理，首先应建立相关的管理体系，我国已经专门划分了有害物质与非有害物质的种类与范围，并进行实名法和鉴别法，加大了了固体废物处理处置的管理制度；完善了固体废物法和执法力度，各地环保机关均制定了相关法律的实施细则，设立了环保执法大队；设立专业固体废物管理机构，并逐步设立危险废物专职管理人员。其次，制定固体废物管理的技术标准；我国初步建立了固体废物好坏标准、固体废物监测标准、固体废物污染物控制标准和固体废物综合利用标准。再次，出台固体废物管理的相关政策：主要包括排污收费政策、生产责任政策、押金返还政策、税收、信贷优惠政策、垃圾填埋费政策等。

第二节　固体废弃物污染的危害

固体废弃物的产生量不断增加，其中大部分又未采取有效的污染控制措施，加之大量的固体废弃物裸露堆放，从而导致了环境污染日益严重。根据国外的研究结果，固体废弃物堆放场对环境的污染长达数十年甚至上百年。固体废弃物对环境的污染途径主要表现为以下几个方面。

一、占用大量土地

在我国快速城市化进程中，垃圾堆放场占用的土地面积也在逐年增加。据 1997 年北京航空遥感资料分析，在北京五环路内共有垃圾堆 618 个，露天堆放的垃圾约 1678 万 m^2。在上海市区 1260 km^3 的范围内，有 50 m^2 以上的垃圾堆近 2000 个，占地面积 5.26 km^2。在天津市外环线两侧，占地 600 m^2 以上的垃圾堆约 117 个，300 ~ 600 m^2 的垃圾堆约 289 个。

长期以来，我国生活垃圾一直未能实现全量清运处理。从 2005 年到 2008 年，我国生活垃圾无害化处理率分别为 51.7%、52.2%、62.0% 和 66.8%。虽然生活垃圾无害化处理率逐年有所增加，但在目前，全国城市生活垃圾累积堆存量仍达 70 亿 t，占地 533 km^2。全国已有三分之二的大中城市陷入垃圾的包围之中，且有四分之一的城市已没有合适的场所堆放垃圾。

垃圾堆放场还面临着被称为邻避效应的用地问题，每个城市都需要垃圾堆放场地，但人人都不希望垃圾堆放场建在自家附近。随着我国城市化进程的日益加快，固体废物处理用地的需求同城市用地紧缺之间的矛盾日益凸显，甚至于一些经济高度发达的大城市已到了没有合适场所堆放垃圾的地步了。

二、对农田土壤的污染

垃圾堆放场对农田土壤的污染主要有两个途径，一个是垃圾渗滤液对周围土壤的污染，另一个是垃圾堆放场内的陈垃圾只经筛分就施放于农田，造成对农田土壤的污染。

有关研究结果表明，垃圾渗滤液对地表水和地下水的影响主要是有机物污染。由于渗滤液中的重金属有可能在土壤中富集，故除了对土壤的有机物污染外，还有可能造成对土壤的重金属污染。有关科学工作者 2002 年在深圳盐田垃圾场进行了采样实验，结果表明，受到渗滤液浸泡的土壤里，重金属含量大幅度增加，渗滤液中的重金属有在土壤中富集的现象。

我国许多城市将填埋场内已基本腐熟的垃圾进行筛分，经二次造堆发酵后用做有机肥。当堆肥温度超过 50℃ 时，在几天内可杀灭致病菌。但我国许多垃圾场除接纳城市生活垃圾外，还接纳普通工业垃圾，其中部分工业垃圾中重金属含量较高。由于未对固体废物中的有毒有害废物进行分类收集，垃圾中含有废灯管和废电池等，故城市垃圾中重金属含量也较高。对我国部分垃圾场陈垃圾的重金属含量分析结果表明，陈垃圾中部分重金属，尤其是铅、镉、铜、镍、锰含量偏高。其中，铅含量超标 2 ~ 3 倍，镉含量超标 2 ~ 6 倍。这种陈垃圾如作为农用有机肥，会造成农田土壤的重金属污染。

三、对水体的污染

垃圾堆放场产生的渗滤液溶解，携带了大量含汞、镉、铅、砷、铬等元素的化合物，以及烃类、卤代烃类、邻苯二甲酸盐类和酚类化合物等有毒有害有机物。细菌总数和各种传染病菌超过一般水源几十倍到几千倍。COD 可达 90000 mg/L，BOD_5 可达 38000 mg/L。据测定，垃圾渗滤液从池塘到湖泊，从溪流到江河，从地面到地下，严重污染着地表和地下水源。特别是垃圾堆放场附近的水源。像北京市的沙质土壤以及水源结构，一旦造成地下水源污染，其后果相当严重。2005 年北京永定河河西水源地就因附近垃圾场渗滤液处理不当，渗入地下而被污染，该区 10 万余人的饮用水安全受到威胁。

我国是严重缺水的国家之一，据统计，我国淡水人均占有量为 2200 m^3，为世界平均水平的四分之一。水资源分布的不均匀，再加上农田、工业用水占用量大，我国许多地方出现严重缺水现象。缺水不仅严重影响经济发展，而且影响到人民的生活，一些地方生活用水也成了严重问题。水源一旦被严重污染，水质的恢复需要几十年甚至更长的时间。因此，保护水资源，使其不受垃圾堆放场的污染，十分重要。

四、对大气的污染

垃圾堆放场产生的填埋气体会造成大气污染。其主要成分为 CH_4 和 CO_2，CH_4 的体积分数一般在 50% ～ 65% 的范围内，CO_2 的体积分数一船在 40% 左右，两者均为温室气体。CH_4 对温室效应的贡献约为 22%，是 CO_2 的 20 ～ 30 倍。填埋场是 CH_4 的主要产源之一，全球填埋场 CH_4 排放量约为 $4.0 \times 10^7 t/a$，占全球总排放的 8% 左右。CH_4 在常温常压下的密度为 0.72 g/L，在正常情况下会很快升空并造成温室效应。

填埋气体中含有某些有毒金属和 H_2S、NH_3、CS_2 等微量气体，也会造成严重的大气污染。对深圳玉龙坑垃圾场和盐田垃圾场的研究表明，垃圾堆放场特有的恶臭来源于微量气体中的含硫化合物、含氮化合物、卤素衍生物、烃类及芳香烃类物质等。尤其是夏、秋两季，雨后蒸发出的恶臭，严重影响周围居民的身心健康。垃圾堆放场的另一种大气污染形式是垃圾中的微粒尘土和病原体，刮风时，微粒尘土和病原体会进入大气中，飘散到人群中。

五、传播疾病

垃圾堆放场是大量蚊蝇、老鼠、病原体的滋生传播源，潜伏着未知的暴发性时疫的危险。在一些垃圾堆放场附近，春、夏、秋三季苍蝇之多已到了令人发怵的程度。更令人吃惊的是，有些灭蝇药物在喷洒一段时间之后，苍蝇竟然有了相当的抗药性，这不能不令人警惕。

1965 年 7 月，日本东京湾海岸的梦之岛垃圾填埋场由于没有采取覆盖措施，苍蝇大量繁殖，并随风侵入东京市区，当局在喷洒杀虫剂无效的情况下，最后不得已在垃圾堆体上淋洒柴油。"梦之岛苍蝇事件"导致日本当局开始重视垃圾堆放场的蚊蝇问题，并强调垃圾堆放场必须进行每日覆土。而在英国，历史上的几次鼠疫大流行也均与生活垃圾处理不当有关。

我国城市生活垃圾传播疾病的情况也时有发生。1983 年贵阳市夏季哈马井和望城坡两个生活垃圾堆放场的邻近地区同时发生痢疾流行，对附近工厂和居民饮用水取样化验，结果大肠杆菌超过用水标准 770 倍以上，含菌量超标 2600 倍。如此惊人的污染，反映了露天自然堆放、不作处理的生活垃圾会造成严重后果。1988 年上海"甲肝"流行，就是由于未经处理的粪便排入近海水域造成的。

此外，如果对固体废物处理、处置不当，固体废物中的病原微生物会通过大气、土壤、地表水或地下水体进入生态系统，造成病原型污染。对南京市直接施用了未经处理的生活垃圾的农田土壤进行研究的结果表明，每克土壤含 23.8 万个大肠杆菌、198 个蛔虫卵（其中活卵占 80%）；而未施用生活垃圾的土壤，蛔虫卵只有 11 个。

六、引发安全事故

垃圾填埋气体引起的火灾与爆炸事故。垃圾填埋气体中的 CH_4 无色、无味，当 CH_4 在空气中的体积分数达到 5% ～ 15% 时，遇到火种容易发生爆炸。

垃圾填埋气体引起的火灾事故在垃圾堆放场频频发生，这种现象在我国南方地区尤为突出。2004年3月江苏省无锡市一处废弃垃圾场发生爆炸事故，7人当场死亡。垃圾场附近的建筑物玻璃大部分被震碎。2005年9月辽宁省本溪市溪湖区柳塘垃圾场发生爆炸，3人死亡。2008年7月广东佛山币顺德区一个垃圾场发生火灾爆炸事故，4名工人严重烧伤。2009年2月，云南楚雄市垃圾场发生火灾，严重威胁到周边山林。

此外，垃圾堆放场除引发的火灾爆炸事故外，还会引起其他重大事故。例如，2002年6月，位于重庆歌乐山镇山洞村家坝一座垃圾场内5万m²的垃圾山在暴雨后产生崩塌，发生滑坡，附近的碎石场和一家小化工厂被埋在垃圾和泥石流下，工厂宿舍被下滑的垃圾山推出10余米远，造成10人失踪。

第三节　固体废弃物的综合防治

随着工业化的的不断发展，工业固体废弃物的产量也在不断的增加。贸易和非贸易导致的工业废物转移排放和向水体中倾倒废物也十分严重。根据亚洲发展银行统计数字预测，亚洲一些主要国家的废物产量急剧上升，我国的工业废弃物逐年增加，排放量巨大。因此，加强对固体废物的防治是一项长期而艰巨的任务。

固体废物的处理，首先要从废物的收运开始，这是一项困难而复杂的工作，对于城市垃圾来说，尤为突出，正是由于产生垃圾的地点分布广，在街道、住宅楼、小区、直至家庭住户，而且其分布也有运动源和固定源，给相关工作带来极大不便；固体废物的组成复杂多变，其形态、大小、结构和性质也变化多端，为了使其更加便于运输、储存及资源化利用和最终处置，往往需要对其进行预处理工作，包括压实、破碎、分选等，之后，进一步进行资源化处理，包括固化与脱水、焚烧与热解、浮选、浸出等工艺过程。

一、固体废物的收运与压实

（一）固体废物的收运

按照国家法律及城市有关规定，固体废物的收集原则是：危险固体废物与一般固体废物分开；工业固体废物应与生活垃圾分开；泥态与固态分开；污泥应进行脱水处理。对需要预处理的固体废物，可根据处理、处置要求采取相应的措施，对需要包装或盛装的固体废物；可根据运箱要求和固体废物的特性，选择合适的容器与包装装备，同时给予确切明显的标记。固体废物的收集方法，按固体废物产生源分布情况可分为集中收集和分散收集两种；按收集时间可分为定期收集和随时收集两种。

在我国，工业固体废物处理的原则是"谁污染、谁治理"。对大型工厂，回收公司到厂内回收；中型工厂则定人定期回收，小型工厂划区巡回回收，工业固体废物通常采用分类收集的方法进行收集；分类收集的优点是有利于固体废物的资源化，可以减少固体废物处理与处置费用，及对环境的潜在危害，而国外工业固体废物的收集已普遍采用分类收集的方法进行，而我国这方面还有许多工作要做。

生活垃圾的收集，常常包括五个阶段：①从垃圾的发生源到垃圾桶；②垃圾的清除；③把垃圾桶中垃圾进行收集；④运输到垃圾场或垃圾站；⑤由垃圾场运输到填埋场。

收集容器可以根据经济条件和生活习惯进行选择，使用的垃圾储存容器种类繁多、形态各异，其制作材料也不同，按用途分为垃圾桶、箱、袋和废物箱，按材质分，有金属材料和塑料制品，要求容积合适，满足日常需要，又不能超过 1 ～ 3 天的存留期，防止垃圾发酵、腐败、滋生蚊蝇，发出异味。

运输方式受固体废物的特征和收集点到处理处置点之间的自然状况所限制，有公路、铁路、船运和航空运输等种类，最常见者为公路运输。我国和发达国家普遍使用各种类型的垃圾运输车来清运垃圾。车辆分为密闭型和非密闭型两种。

收集线路通常由"收集路线"和"运输路线"组成。前者指收集车在指定街区收集垃圾时所避循的路线；后者指装满垃圾后，收集车为运往转运站（或处理处置场）所走过的路线。收运路线的设计应遵循如下原则：①每个作业日每条路线限制在一个地区，尽可能紧凑，没有断续或重复的线路；②工作量平衡，使每个作业、每条路线的收集和运输时间都大致相等；③收集路线的出发点从车床开始，要考虑交通繁忙和单行街道的因素；④在交通拥挤时间，应避免在繁杂的街道上收集垃圾。

（二）固体废物的压实

压实又称压缩，是利用机械方法将空气从固体废物中挤压出来，减少固体废物的空晾率，增加其聚集程度的一种固体废物处理方法。适合压实处理的固体废物主要是压缩性能大而复原性小的物质，如金属加工产生的废金属丝、金属碎片，废冰箱，洗衣机，以及纸箱、纸袋、纤维等。压实的目的是缩小固体废物的体积，便于装卸和运输，降低运输成本；增加固体废物的容重，制取高密度惰性块料，便于贮存、填埋；此外，固体废物压实处理还有减轻环境污染、节省填埋或贮存场地和快速安全造地的效果。

为了判断和描述压缩效果，比较压缩技术与设备的效率，常常采用压缩比和压缩倍数来表达废物的压缩程度。

压缩比（r）是指固体废物经过压缩处理后，体积减少的程度，可用固体废物压缩前、后的体积比表达：

$$r = V_f / V_i$$

式中，r 为固体废物体积压缩比；V_f 为固体废物压缩前的原始体积；V_i 为固体废物压缩后的最终体积。

固体废物压缩比取决于废物的种类、性质以及施加的外力等，一般压缩比为 3 ～ 5，如果同时采用破碎与压缩技术，可以使压缩比增加到 5 ～ 10，压缩比 r 越大，说明压缩效果越好。

常见的压缩设备为压缩机或压实器，有多种类型，其构造主要由容器单元和压实单元两部分组成：容器单元接收废物，压实单元具有液压或气压操作之分，利用高压使废物致密化。压实器有固定及移动两种形式：移动式压实器一般安装在收集垃圾的车上，接受废物后即行压缩，随后送往处理处置场地；固定式压缩器一般设在废物转运站、高层住宅垃圾滑道底部以及需要压实废物的场合。

二、固体废物的破碎与分选

（一）破碎

固体废物的破碎是指利用外力克服固体废物质点间的内力而使得大块固体废物分裂成小块的过程；使小块固体废物颗粒分裂成细粉的过程称为磨碎。固体废物经过破碎和磨碎后，粒度变得小而均匀，其目的如下。

（1）使得固体废物的比表面积增加，可提高焚烧、热解、箔饶、压实等作业的稳定性和处理效率。

（2）固体废物粉碎后容积减少，便于运输和贮存。

（3）为固体废物的下一步加工和资源化作准备。例如，用煤矸石制砖、制水泥等，都要求把原料破碎和磨碎到一定的粒度，才能为下一步工序所利用。

（4）防止粗大、锋利废物损坏、分选、焚烧、热解设备等。

（5）固体废物粉碎后，原来联生在一起的矿物或联结在一起的异种材料等单体分离，便于从中分选、拣选回收有用物质和材料。

（6）利用破碎后的生活垃圾进行填埋处置时，压实高密度而均匀，可以加速复土还原。

破碎的方法有很多，根据破碎固体废物时消耗能量的形式不同，破碎方法可分为机械破碎和非机械破碎两类。机械破碎是利用破碎机的齿板、锤子、球磨机的钢球等破碎工具对固体废物施力而将其破碎的方法，如图9-1所示。非机械破碎是利用电能、热能等对固体废物进行破碎的方法，有低温冷冻破碎、超声波破碎、热力破碎、减压破碎法等。低温冷冻破碎已用于废塑料及其制品、废橡胶及其制品等的破碎。

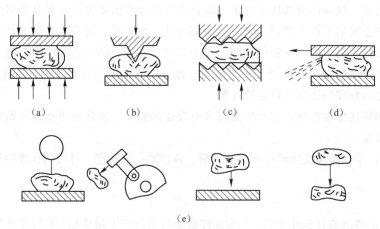

图9-1　机械能破碎方法

（a）—挤压；（b）—劈碎；（c）—剪切；（d）—磨剥；（e）—冲击破碎

固体废物破碎的主要设备是破碎机，常用的破碎机类型有颚式破碎机、锤式破碎机、冲击式破碎机、剪切式破碎机、辊式破碎机、球磨机及特殊破碎机等。

（二）分选

固体废物的分选是指利用固体废物中不同物相组分的物理性质和表面特性的差异，采用不同的工艺而将它们分别分离出来的过程。这是固体废物处理工程中重要的处理环节之一。固体废物的物理性质和表面特性主要包括粒度、密度、磁性、电性、光电性、摩擦性、弹性和表面湿润性等，根据物理和物理化学性质不同进行分选，可分为筛选（分）、重力分选、磁力分选、电力分选、光电分选、摩擦及弹性分选以及浮选等。

1. 筛分

筛分是利用筛子将物料中小于筛孔的细粒物料透过筛面，而大于筛孔的颗粒物料留在筛面上，完成粗、细料分离的过程。该分离过程可看作是物料分层和细粒透筛两个阶段组成的。物料分层是完成分离的条件，细粒透筛是分离的目的。

筛分效率受很多因素的影响，主要因素有：固体废物的性质、筛分设备的性能和筛分操作条件等。

在固体废物处理中最常用的筛分设备主要有以下几种类型：固定筛，滚筒筛，惯性振动筛，共振筛。

2. 重力分选

重力分选是根据固体废物在介质中的比重差（或密度差）进行分选的一种方法。它利用不同物质颗粒间的密度差异，在运动介质中受到重力、介质动力和机械力的作用，使颗粒群产生松散分层和迁移分离从而得到不同密度产品。

按介质不同，固体废物的重选可分为重介质分选、跳汰分选、风力分选和摇床分选等。

（1）重介质分选。通常将密度大于水的介质称为重介质。在重介质中使固体废物中的颗粒群按密度分开的方法称为重介质分选。为使分选过程有效地进行，需选择重介质密度（ρ_c）介于固体废物中轻料密度（ρ_1）和重物料密度（ρ_w）之间，即

$$\rho_1 < \rho_c < \rho_w$$

凡颗粒密度大于重介质密度的重物料都下沉，集中于分选设备的底部成为重产物，颗粒密度小于重介质密度的轻物料都上浮，集中于分选设备的上部成为轻产物，它们分别排出，从而达到分选的目的。

重介质是由高密度的固体微粒和水构成的固液两相分散体系，它是密度高于水的非均匀介质。高密度固体微粒起着加大介质密度作用，故称为加重质。最常用的加重质有硅铁、磁铁矿等。

常用的重介质分选设备是鼓形重介质分选机。

（2）跳汰分选。跳汰分选是在垂直变速介质流中按密度分选固体废物的一种方法。它使磨细的混合废物中的不同密度的粒子群，在垂直脉动运动介质中按密度分层，小密度的颗粒群位于上层，大密度的颗粒群（重质组分）位于下层，从而实现物料分离。在生产过程中，原料不断地送进跳汰装置，轻重物质不断分离并被淘汰掉，这样可形成连续不断的跳汰过程，跳汰介质可以是水或空气，目前用于固体废物分选的介质都是水。

跳汰分选的设备按照推动水流方式，可以分为隔膜跳汰机和无活塞跳汰机。

跳汰分选为古老的选矿技术，在固体废物的分选中，国外主要用作混合金属废物的分离。

（3）风力分选。风力分选简称风选，又称气流分选，是以空气为分选介质，在气流作用下使固体废物按粒度和密度进行分选的一种方法。

风选在国外主要用于城市垃圾的分选，将城市垃圾中的有机物与无机物分离，以便分别回收利用或处置。

风力分选装置在国外的垃圾处理系统已得到广泛的应用，它们的工作原理都是相同的。按工作气流的主流向可将它们分为水平、垂直和倾斜三种类型，其中尤以垂直气流分选器应用得最为广泛。

（4）摇床分选。摇床分选是在一个倾斜的床面上，借助床面的不对称往复运动和矮层斜面水流综合作用，使细粒固体废物按密度差异在床面上呈扇形分布进行分选的一种方法。

摇床分选用于分选细粒和微粒物料，是细粒固体物料分选应用最为广泛的方法之一，在固体废物处理中，目前主要用于从含硫铁矿较多的煤矸石中回收硫铁矿。

在摇床分选设备中最常用的是平面摇床。

（5）磁力分选。固体废物的磁力分选是借助磁选设备产生的磁场使铁磁物质组分分离的一种方法，简称磁选。在固体废物的处理系统中，磁选主要用作回收或富集黑色金属，或是在某些工艺中用以排除物料中的铁质物质；磁选有两种类型：一种是传统的磁选法；另一种是新发展起来的磁流体分选法。

磁选的工作原理是利用固体废物磁性的差别来进行分选，不同磁性的组分通过磁场时，磁性较强的颗粒（通常即为黑色金属）就会被吸附到产生磁场的磁选设备上，而磁性弱和非磁性颗粒就会被输送设备带走或受自身重力或离心力的作用掉落到预定的区域内，从而完成磁选过程。

磁选的主要设备是滚筒式磁选机，悬挂带式磁力分选机等。

（6）磁流体分选。磁流体是指某种能够在磁场或磁场和电场联合作用下磁化、呈现似加重现象，对颗粒产生磁浮力作用的稳定分散液，磁流体通常采用强电解质溶液、顺磁性溶液和铁磁性胶体悬浮液。

磁流体分选是利用磁流体作为分选介质，它在磁场或磁场和电场的联合作用下产生"加重"作用，按固体废物各组分的磁性和密度的差异或磁性、导电性和密度的差异，使不同组分分离。当固体废物中各组分间的磁性差异小而密度或导电性差异较大时，采用磁流体可以有效地进行分离。

根据分选原理和介质的不同，可分为磁流体动力分选和静力分选两种。当要求分选精度高时采用静力分选，固体废物中各组分间电导率差异大时，采用动力分选。

磁流体分选是一种重力分选和磁力分选联合作用的分选过程。各种物质在似加重介质中按密度差异分离，这与重力分选相似；在磁场中按各种物质间磁性（或电性）差异分离与磁选相似。不仅可以将磁体和非磁体物质分离，而且也可以将非磁性物质之间按密度差异分离。该方法在美、日、德、前苏联等国已得到了广泛应用，不仅可以分离各种工业固体废物，而且还可以从城市垃圾中回收铝、铜、锌、铅等金属。

（7）电力分选。电力分选简称电选，是利用固体废物中各种组分在高压电场中电性的差异而实现分选的一种方法。

电选分离过程是在电选设备中进行的。废物颗粒在电晕——静电复合电场电选设备中的分离过程：废物由结料斗均匀地给入辊筒上，随着辊筒的旋转进入电晕电场区。由于电场区空间带有电荷，导体和非导体颗粒都获得负电荷，导体颗粒一面荷电，一面又把电荷传给辊筒（接地电极），其放电速度快。因此当废物颗粒随辊筒旋转离开电晕电场区而进入静电场区时，导体颗粒的剩余电荷少，而非导体颗粒则因放电较慢，致使剩余电荷多。导体颗粒进入静电场后不再继续获得负电荷，但仍继续放电，直至放完全部负电荷，并从辊筒上得到正电荷而被辊筒排斥，在电力、离心力和重力分力的综合作用下，其运动轨迹偏离辊筒，在辊筒前方落下。非导体颗粒由于有较多的剩余负电荷，将与辊筒相吸，被吸附在辊筒下，带到辊筒后方，被毛刷强制刷下；半导体颗粒的运动轨迹则介于导体与非导体颗粒之间，成为半导体产品落下，从而完成电选分离过程。

常用的电选设备有：静电分选机和高压电选机。

（8）浮选。浮选的工作原理是在固体废物与水调制的料浆中加入浮选药剂，并通入空气形成无数细小气泡，使欲选物质颗粒粘附在气泡上，随气泡上浮于料浆表面成为泡沫层，然后刮除回收，不浮的颗粒仍留在料浆内，通过适当处理后废弃。

浮选是固体废物资源化的一种重要技术，我国已应用于从粉煤灰中回收炭，从煤矸石中回收硫铁矿，从焚烧炉灰渣中回收金属等。

采用浮选方式对固体废物浮选主要是利用欲选物质对气泡粘附的选择性。其中有些物质表面的疏水性较强，容易粘附在气泡上，而另一些物质表面亲水，不易粘附在气泡上，物质表面的亲水、疏水性能，可以通过浮选药剂的作用而加强，因此，在浮选工艺中正确选择使用浮选药剂是调整物质可浮性的主要外因条件。

浮选药剂根据在浮选过程中的作用不同，可分为捕收剂，起泡剂和调整剂三大类，其作用不同。

（1）捕收剂：能够选择性地吸附在欲选的物质颗粒表面上，使其疏水性增强，提高可浮性，并牢固地粘附在气泡上而上浮。

（2）起泡剂：是一种表面活性物质，主要作用在水－气界面上使其界面张力降低，促使空气在料浆中弥散，形成小气泡，防止气泡兼并，增大分选界面，提高气泡与颗粒的粘附和上浮过程中的稳定性，以保证气泡上浮形成泡沫层。常用的起泡剂有松油、松醇油、脂肪醇等。

（3）调整剂：其作用主要是调整其他药剂（主要是捕收剂）与物质颗粒表面之间的作用，还可调整料浆的性质，提高浮选过程的选择性，调整剂的种类较多，包括活化剂、抑制剂、介质调整剂和分散与混凝剂等。

常用的浮选设备类型很多，在我国，使用最多的是机械搅拌式浮选机。

三、污泥的浓缩、脱水与干燥

（一）污泥的浓缩和脱水

在实际生产过程中，如生产工艺本身、城市污水和工业废水处理时，常常产生许多沉淀物和漂浮物，比如在污水处理系统中，直接从污水中分离出来的沉沙池的沉渣、初沉池的沉渣、隔油池和浮选池的油渣，废水通过化学处理和生物化学处理产生的活性污泥和生物膜，高炉冶炼过程排出的洗气灰渣，电解过程排出的电解泥渣等，它们统称为污泥，污泥的重要特征是含水率高，在污泥处理与利用中，核心问题是水和悬浮物的分离问题，即污泥的浓缩和脱水问题。

污泥的种类很多，根据来源分，大体有生活污水污泥、工业废水污泥和给水污泥三类。

采用污泥浓缩主要是去除污泥中的间隙水，缩小污泥的体积，为污泥的输送、消化、脱水、利用与处置创造条件。污泥浓缩方法主要有重力浓缩法、气浮浓缩法和离心浓缩法三种。重力浓缩法是最常用的污泥浓缩法。重力浓缩法的构筑物称为浓缩池，按运行方式可分为间歇式浓缩池和连续式浓缩池两类。气浮浓缩是依靠大量微小气泡附着在污泥颗粒上，形成污泥颗粒－气泡结合体，进而产生浮力把污泥颗粒带到水表面达到浓缩的目的。污泥离心浓缩是利用污泥中固体颗粒和水的密度差异，在高速旋转的离心机中，固体颗粒和水分别受到大小不同的离心力而使其固液分离，从而达到污泥浓缩的目的。

按水分在污泥中存在的形式可分为间隙水、毛细管结合水、表面吸附水和内部水四种，如图9-2所示。存在污泥颗粒间隙中的水称间隙水，约占污泥水分的70%，一般用浓缩法分离。在污泥颗粒间形成一些小的毛细管，这种毛细管有裂纹形和楔形两种，其中充满水分，分别称为裂纹毛细管结合水和楔形毛细管结合水，约占污泥水分的20%，可采用高速离心机脱水、负压或正压过滤机脱水；吸附在污泥颗粒表面的水称为表面吸附水，约占污泥水分的7%，可以采用加热法脱除；存在污泥颗粒内部或微生物细胞内的水称为内部水，约占污泥水分的3%，可采用高温加热法、冷冻法或生物法破坏细胞膜除去细胞内水。

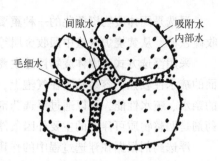

图9-2　污泥水分示意图

污泥中水分与污泥颗粒结合的强度由小到大的顺序大致为：间隙水＜裂纹毛细管结合水＜楔形毛细管结合水＜表面吸附水＜内部水。这顺序也是污泥脱水的易难顺序。污泥脱水的难易除与水分在污泥中的存在形式有关外，还与污泥颗粒的大小和有机物含量有关，污泥颗粒越细、有机物含量越高，其脱水的难度就越大。为了改善这种污泥脱水性能，常采用污泥消化或化学调理等方法。生产实践表明，污泥脱水用单一方法很难奏效时，必须采取几种方法配合使用，才能收到良好的脱水效果。

（二）污泥的干燥

污泥通过浓缩、脱水之后，含水率高达45%～86%，体积较大，不利于分散及装袋，为了便于进一步处理利用，应该进行干燥处理。

在干燥过程中，一般把污泥加热到300～400℃，使得污泥中的水分充分蒸发，处理后的污泥含水率降低到20%左右，并能杀灭污泥中的病原微生物及寄生虫卵，从而使其体积、质量大为减少，便于运输，并可作为肥料使用。

目前，采用的干燥设备是回转筒式干燥器和带式硫化床干燥器。

在干燥过程中，应该注意：对于容易产生恶臭的污泥，需要脱臭，如果产生易燃易爆粉尘颗粒物，应注意安全，污泥中的重金属需要处理到相关标准以内，同时考虑处理费用是否合适等。

四、焚烧与热解

（一）焚烧

固体废物的焚烧是使可燃性废物在高温下与空气中氧发生燃烧反应，将固体废物经济有效地转变成燃烧气体和少量稳定的残灰，简言之，焚烧的目的侧重于废料的减容及安全稳定化。焚烧必须以良好的燃烧为基础，否则将产生大量的煤烟混入燃烧气中而产生黑烟，同时，未燃物进入残灰，亦达不到减容与安全稳定的目的。可见焚烧与燃烧有着密切的关系，良好的燃烧状态是焚烧的基础。

采用焚烧工艺在处理工业废物方面的有着广泛应用，源于其独特的优点。

（1）工业固体废物经焚烧处理后，工业固体废物中的病原体被彻底消灭，燃烧过程中产生的有害气体和烟尘经处理后达到排放要求，无害化程度高。

（2）经过焚烧，工业固体废物中的可燃成分被高温分解后，一般可减重80%和减容90%以上，减量效果好，可节约大量填埋场占地。

（3）工业固体废物焚烧所产生的高温烟气，其热能被废热锅炉吸收转变为蒸汽，用来供热或发电，工业固体废物被作为能源来利用，还可回收铁磁性金属等资源，可以充分实现工业固体废物处理的资源化。

（4）焚烧处理可全天候操作，不易受天气影响。

但此法也有明显的不足：①投资昂贵、操作运行费用高、对废物的热值有一定要求（一般不能低于 3360 kJ/kg）；②焚烧过程还将产生导致二次污染的多种有害物质与气体，如有机卤化物、氮氧化物、二噁英等，这将增加后续的尾气处理成本。

对于可采用焚烧技术处理的固体废物，据国外有关机构研究表明，主要有：①具有生物危害性的废物，如医院废物和易腐败的废物，②难于生物降解及在环境中持久性长的废物，如塑料、橡胶和乳胶废物；③易挥发和扩散的废物，如废溶剂、油、油乳化合物和油混合物、含酚废物以及油脂、蜡废物；④熔点低于 40℃ 的废物；⑤不可能安全填埋处置的废物，一般危险废物中的固体含量为 35%，有机物含量少于 1%，毒性废物在经过解毒和预处理后才允许进行填埋处置；⑥含有卤素、铅、汞、镉、锌等重金属以及氮、磷和硫等的有机废物，如 PCBs、农药废物和制药废物等。

焚烧过程中，影响固体废物焚烧的因素很多，其中焚烧温度、停留时间、搅混强度和过剩空气率合称焚烧四大要素。同时，要注意二噁英、恶臭等有机组分的产生与防治，还要注意煤烟及焚烧残渣的治理。

对于焚烧设备有很多类型，典型的焚烧炉有立式多段炉、回转窑焚烧炉、硫化床焚烧炉等。

（二）热解

所谓固体废物的热解是利用大多数的有机质的热不稳定性，在缺氧或无氧的条件下，使可燃性固体废物在高温下分解，最终成为可燃气、油、固形态的过程，城市固体废物、污泥、工业废物，如塑料、树脂、橡胶以及农业废料、人畜粪便等各种固体废物都可采用热解方法，从中回收燃料。

热解法与焚烧法相比是完全不同的两个过程，焚烧是放热的，热解是吸热的，焚烧的产物主要是二氧化碳和水，而热解的产物主要是可燃的低分子化合物，如气态的有氢、甲烷、一氧化碳，液态的有甲醇、丙酮、醋酸、乙醛等有机物及焦油、溶剂油等，固态的主要是焦炭或碳黑。焚烧产生的热能量大的可用于发电，量小的只可供加热水或产生蒸汽，就近利用；热解产物是燃料油和燃料气，便于贮藏及远距离输送。

热分解过程由于供热方式、产品状态、热解炉结构等方面的不同，热解方式各异。按供热方式可分成内部加热和外部加热，外部加热是从外部供给热解所需要的能量，内部加热是供给适量空气使可燃物部分燃烧，提供热解所需要的热能；外部供热效率低，不及内部加热好，故采用内部加热的方式多。按热解与燃烧反应是否在同一设备中进行，热解过程可分成单塔式和双塔式；按热解过程是否生成炉渣可分成造渣型和非造渣型；按热解产物的状态可分成气化方式、液化方式和碳化方式。还有的按热解炉的结构将热解分成固定层式、移动层式或回转式，由于选择方式的不同，构成了诸多不同的热解流程及热解产物。

热解过程的几个关键技术参数是热分解温度、热分解速度、保温时间、空气量等，每个参数都直接影响产物的混合和产量。

热解常用的设备有：槽式（聚合浴、分解槽）、管式（管式蒸馏、螺旋式）、流化床式等。

五、固体废物的生物处理

固体废物的生物降解处理是指依靠自然界广泛分布的生物体（包括动物、植物和微生物）的作用，通过生物转化，将固体废物中易于生物降解的有机组分转化为腐殖质肥料、沼气或其他转化产品（如饲料蛋白、乙醇或糖类）等，从而达到固体废弃物无害化或综合利用的一种处理方法。当然，生物中最主要的是微生物，然后才是动物及植物。

（一）微生物的处理技术

由于微生物具有复杂而丰富的酶系，许多环境污染物往往含有大量组分的大分子有机物及其中间代谢物和碳水化合物、蛋白质、脂肪、氨基酸、脂肪酸等，这些物质一般都较容易被微生物降解，因此，利用微生物分解固体废弃物中的有机物，从而实现其无害化和资源化，是处理固体废弃物的有效而经济的技术方法。根据处理过程中起作用的微生物对氧气要求的不同，生物处理可分为好氧生物处理和厌氧生物处理两类。好氧生物处理是一种在提供游离氧的条件下，以好氧微生物为主，使有机物降解并稳定化的生物处理方法；厌氧生物处理是在没有游离氧的条件下，以厌氧微生物为主，对有机物进行降解并稳定化的一种生物处理方法。目前，对于可生物降解的有机固体废物的处理，世界各国主要采用好氧堆肥处理、高温好氧发酵处理、厌氧堆肥处理、厌氧发酵处理和生物转化处理等处理技术。

好氧堆肥是在有氧条件下，借好氧微生物（主要是好氧菌）的作用来进行的。在堆肥过程中，有机废物中的可溶性有机物质透过微生物的细胞壁和细胞膜而被微生物所吸收；固体的和胶体的有机物先附着在微生物体外，由生物所分泌的胞外酶分解为溶解性物质，再渗入细胞。微生物通过自身的氧化、还原、合成等生命活动，把一部分被吸收的有机物转化成简单的无机物，并放出生物生长活动所需要的能量，把另一部分有机物转化、合成为新的细胞物质，使微生物生长繁殖，产生更多的生物体。

在堆肥过程中伴随着两次升温，将其分为如下三个过程：起始阶段、高温阶段和熟化阶段。

在起始阶段，堆层呈中温（15～45℃），嗜温性微生物活跃，利用可溶性物质糖类、淀粉不断增殖，在转换和利用化学能的过程中产生的能量超过细胞合成所需的能量，加上物料的保温作用，温度不断上升，以细菌、真菌、放线菌为主的微生物迅速繁殖。

在高温阶段，堆层温度上升到45℃以上，从废物堆积发酵开始，不到一周的时间，堆温一般可达65～70℃，或者更高；此时，嗜温性微生物受到抑制，甚至死亡，而嗜热性微生物逐渐替代嗜温性微生物的活动。除前一阶段残留的和新形成的可溶性有机物继续分解转化外，半纤维素、纤维素、蛋白质等复杂有机物也开始强烈分解；在50℃左右活动的主要是嗜热性真菌和放线菌；60℃时，仅有嗜热性放线菌与细菌活动；70℃以上，微生物大量死亡或进入休眠状态。在高温阶段，嗜热性微生物按其活性，又可分为对数增长期、减速增长期和内源呼吸期；微生物经历这三个时期变化以后，堆层便开始发生与有机物分解相对立的腐殖质形成过程，堆肥物料逐步进入稳定状态。

在熟化阶段，由于在内源呼吸期内，微生物活性下降，发热量减少，温度下降，嗜温性微生物再占优势，使残留难降解的有机物进一步分解，腐殖质不断增多且趋于"稳定"，最终完成堆肥过程。

描述堆肥的主要参数有有机物的含量、供氧量、含水量、碳氮比、碳磷比、pH和腐熟度等。

厌氧发酵也称沼气发酵或甲烷发酵，是指有机物在厌氧细菌作用下转化为甲烷（或称沼气）的过程。自然界中，厌氧发酵广泛存在，但是发酵速度缓慢，采用人工方法，创造厌氧细菌所需营养条件，使其在一定设备内具有很高的浓度，厌氧发酵过程则可大大加快。

有机物厌氧发酵依次分为液化、产酸、产甲烷三个阶段。三个阶段各有其独特的微生物类群起作用。

　　在液化阶段是发酵细菌起作用，包括纤维素分解菌、蛋白质水解菌。这些发酵细菌对有机物进行体外酶解，使固体物质变成可溶于水的物质，然后细菌再吸收可溶于水的物质，并将其酶解成为不同产物，如多糖类水解成单糖，蛋白质转变成氨基酸，脂肪变成甘油和脂肪酸等。

　　在产酸阶段是醋酸分解菌起作用。产氢、产醋酸细菌把前一阶段产生的一些中间产物丙酸、丁酸、乳酸、长链脂肪酸、醇类等进一步分解成醋酸和氢。在液化阶段和产酸阶段起作用的细菌统称为不产甲烷菌，是兼性厌氧微生物。

　　厌氧发酵的影响因素有：温度、营养、pH、搅拌等。

（二）动植物处理固体废物

　　采用动物处理固体废物主要是指利用畜禽类和有些水产动物等，通过食物链使得农业秸秆、籽壳、谷糠、麸皮、田间杂草、厨余物和食品加工厂下脚料等得到充分利用，动物和其他各界生物不同，一般不能把无机物合成有机物，只能以植物、微生物、人类活动的副产品或其他代谢物作为营养来源，进行消化、吸收等一系列的生命活动，把它们转化成自身的营养物质，从而达到处理固体废物的作用。

　　利用植物来处理固体废物，如园林绿化需要用肥料，那么经过化粪池或沼气池处理的生活垃圾用做城镇绿化园林的有机肥料，通过窝施、沟施或喷洒的方式，可以保证树木常青常绿、净化生活环境，节约园林管理费用。另外，在垃圾填埋场上种植各种植物、花草，不仅绿化环境，同时也可以使得填埋场的垃圾逐步分解、消化吸收，因此，植物对一些固体废物的处理有着不可或缺的作用和功能。

六、固体废物的处置

　　固体废物经过减量化、资源化之后，余下的往往是目前工艺技术条件下无法再继续利用的残渣，里面常常含有许多有害物质，由于自身降解能力有限，可能长时间停留在环境中，对环境造成潜在危害。因此，为了防止和减少其对环境的污染和影响，必须对其进行最终安全的处置，使其安全化、稳定化、无害化，最终处置的目的是采取有效措施，使固体废物最大限度地与生物团隔离，从而解决固体废物的最终归宿问题，这对于固体废物的污染防治起着十分关键的作用。

　　所谓固体废物最终处置是指，当前技术条件下无法继续利用的固体污染物终态，因其富集不同种类的污染物质而对生态环境和人体健康具有即时性和长期性影响，必须把它们放置在某些安全可靠的场所，以最大限度地与生物圈隔离，为达到此目的而采取的措施，称之为固废处置（固废的后处理）。它是固废全过程管理中的最重要的环节。

　　固体废物的最终处置，是将不再回收利用的固体废物最终置于符合环境保护规定要求的场所或者设施中的活动。最终处置的总目标是确保废物中的有毒有害物质，无论是现在还是将来都不能对人类及环境造成不可接受的危害。因此，固体废物的最终处置操作应满足如下基本要求。

　　（1）处置场地应安全可靠、适宜，通过天然屏障或人工屏障使固体废物被有效隔离，使污染物质不会对附近生态环境造成危害，更不能对人类活动造成影响。

　　（2）在选择处置方法时，既要简便经济又要确保符合要求，保证目前及将来的环境效益。

　　（3）尽可能减少进行最终处置的固体废物量，以及其有害成分的含量，同时为减少处置投资费用和处置场使用时间，对固体废物体积应尽量进行最大压缩。

（4）必须有完善的环保监测设施，保证固体废物处置工程得到良好的管理和维护。

固体废物处置的基本方法是通过多重屏障（如天然屏障或人工屏障）实现有害物质同生物圈的有效隔离。天然屏障指：①处置场地所处的地质构造和周围的地质环境；②沿着从处置场地经过地质环境，到达生物圈的各种可能对于有害物质有阻滞作用的途径。人工屏障指：①使废物转化为具有低浸出性和适当机械强度的稳定的物理化学形态；②废物容器；③处置场地内各种辅助性工程屏障。

固体废物的处置按其处置地点的不同，可分为陆地处置和海洋处置两大类。陆地处置是基于土地对固体废物进行处置，根据废物的种类及其处置的地层位置（地上、地表、地下和深地层），陆地处置可分为土地耕作、工程库或贮流池贮存、土地填埋（卫生土地填埋和安全土地填埋）、浅地层埋藏以及深井灌注处置等。海洋处置是基于海洋对固体废物进行处置的一种方法，海洋处置主要分为两类：传统的海洋倾倒（浅滩与深海处置）和近年来发展起来的远洋焚烧。

（一）固体废物的陆地处置

1. 土地耕作

土地耕作是指利用现有的耕作土地，把固体废物分散在其中，在耕作过程中，由于生物的降解、植物的吸收以及风化作用，使得固体废物污染指数逐渐达到土地背景程度的方法。

土地耕作的基本原理是基于土壤的离子交换、吸收、吸附、生物降解等综合作用的过程。当土壤中加入可生物降解的有机物后，通过微生物的分解、浸出、沥滤、挥发等生物化学过程，一部分便结合到土壤底质中，一部分碳转化成为二氧化碳，挥发进入大气中；当土壤中含有适当的氮和磷酸盐时，碳可被微生物吸收，最后使得有机废物被固定在土壤中，这样，既改善了土壤结构，又增加了土壤的肥力；没有被生物降解的组分，则永远储存在土壤耕作区，因此，土地耕作实际上是对有机物净化，对无机物储存的综合性处置方法。

土地耕作具有明显的优点：工艺简单、操作方便、投资少、对分解影响小、而且工艺确实起到改善某些土壤结构和提高肥效的作用，特别是对于农业秸秆、人畜粪便、沼气泥渣、一般工业污泥等，被环境工作者和农民广为接受。

生产实践中，影响固体废物土地耕作的影响因素主要有：废物成分、耕作深度、废物的破碎程度、气温、土壤的 pH 等。

2. 土地填埋

土地填埋分卫生土地填埋和安全土地填埋两种。

固体废物的卫生土地填埋要用来处置城市垃圾，通常是每天把运到土地填埋场地的废物在限定的区域内铺散成 0.40 ～ 0.75 mm 的薄层，然后压实以减少废物的体积，并在每天操作之后用一层厚 0.15 ～ 0.30 mm 的土壤覆盖、压实。废物层和土壤层共同构成一个单元，即填筑单元；具有同样高度的一系列相互衔接的填筑单元构成一个升层；完成的卫生土地填埋场是由一个或多个升层组成的；当土地填埋达到最终的设计高度之后，再在填埋层之上覆盖一层 0.90 ～ 1.20 mm 的土壤，压实后就得到一个完整的卫生土地填埋场。

卫生土地填埋主要分厌氧、好氧和准好氧三种。好氧填埋实际上类似高温堆肥，其主要优点是能够减少填埋过程中由于垃圾降解所产生的垃圾渗滤液的数量，同时具有分解速度快，能够产生高温（可达 60℃），有利于消灭大肠杆菌等致病细菌。但由于好氧填埋存在结构设计复杂、施工困难、投资和运行费用高等问题，在大中型卫生填埋场中推广应用很少。准好氧填埋介于厌氧和好氧填埋之间，也同样存在类似问题，但准好氧填埋的造价比好氧填埋低，在实际中应用也很少，厌氧填埋具有结构简单、操作方便、施工相对简单、投资和运行费用低、可回收甲烷气体等优点，目前在世界上得到广泛的采用。

固体废物的安全土地填埋其本质是改进的卫生土地填埋，填埋场的结构和安全措施比卫生土地填埋要求更严格，主要是用于处置危险固体废物，其选址应该是远离城市和居民密集的地区，同时填埋场必须有严格的天然或者人造衬里，下层土壤或土壤同衬里的结合部渗透率应该小于 $8 \sim 10$ cm/s，填埋场最低层应在地下水之上，要求采取适当的措施控制和引出地表水；要配置严格的渗滤液收集、处理及监测系统；设置完善的气体排放和监测系统；记录所处位置废物的来源、性质及数量，把不相容的废物分开处置；如果危险废物治安处置前进行稳定化处理，填埋后会更安全。

安全土地填埋的特点是：工艺简单、成本较低、适于处置多种类型的废物而为世界许多国家所采用。虽然，目前对土地填埋是否作为固体废物的永久处置方法尚存有争议，但在目前乃至将来，至少是在新的可行处置方法研制出来之前，安全土地填埋仍是一个较好的危险废物处置方法。

安全土地填埋的处置对象：从理论上讲，如果处置前对废物进行稳态化预处理，则安全地填埋可以处置所有的有害废物和无害废物。从环境保护的要求来看，实际上安全土地填埋应尽量避免处置易燃性、反应性、挥发性等废物，除非经过特别的处理，采用严格的防护措施，认为不会发生爆炸，释出有毒、有害气体方可进行安全土地填埋处置。

3. 浅地层填埋

固体废物的浅地层填埋是指地表或地下的、具有防护覆盖层的、有工程屏障或没有工程屏障的浅埋处置，主要用于处置容器盛装的中低放固体废物，埋藏深度一般在地面下 0.50 m 以内；浅地层填埋场由壕沟之类的处置单元及周围缓冲区构成。通常将废物容器置于处置单元之中，容器间的空隙用砂子或其他适宜的土壤回填，压实后再覆盖多层土壤，形成完整的填埋结构。这种处置方法借助上部土壤覆盖层，既可屏蔽来自填埋废物的射线，又可防止天然降水渗入。如果有放射性核素泄漏释出，可通过缓冲区的土壤吸附加以截留，浅地层填埋处置适于处置中低放固体废物。由于其投资较少，容易实施，是处置中低放废物的较好方法，在国内外解决低放废物处置问题上应用较广。

适用于浅地层填埋处理的固体废物为适于浅地层处置的废物，所属核元素及其物理性质、化学性质和外包装必须满足以下要求：①半衰期大于 5 a，小于或等于 30 a 放射性核素的废物，比活度不大于 3.7×10^{10} Bq/kg；②半衰期大于 5 a，小于或等于 30 a 放射性核隶的废物，比活度不限；③在 $300 \sim 500$ a 内，比活度能降低到非放射性固体废物水平的其他废物；④废物应是固体形态，其中游离液体不得超过废物体积的 1%；⑤废物应有足够的化学、生物、热和辐射稳定性；⑥比表面积小，弥散性低，且放射性核素的浸出率低；⑦废物不得产生有毒有害气体；⑧废物包装材料必须有足够的机械强度，以满足运输和处置操作的要求；⑨包装体表面的剂量当量率应小于 2 msv/h；⑩废物不得含有易燃、易爆、易生物降解及病原菌等物质。

要使所处置的放射性固体废物满足上述要求，必须根据废物的特点在处置前进行预处理，预处理方法主要有：去污、包装、切割、压缩、焚烧、固化等。

浅地层埋藏处置场的设计原则：浅地层埋藏处置场的处置对象是中低放废物，其目的是避免废物对人类造成不可接受的危害，把废物中的放射性核素限制在处置场范围内。

因此，处置场的设计，除了要考虑废物处置前的预处理、浸出液的收集、地表径流的控制外，还要考虑辐射屏蔽防护问题。处置场的设计原则为：

（1）处置场的设计必须保证在正常操作和事故情况下，对操作人员和公众的辐射防护符合辐射保护规定的要求；

（2）避免处置场关闭后返修补救；

（3）尽可能减少水的渗入；

（4）保证排出地表径流水；

（5）尽可能减少填埋废物容器之间的空隙；

（6）处置单元的布置做到优化合理；

（7）废物之上要覆盖 2 m 以上的土壤。

浅地层埋藏处置设施主要分为简易沟结构式和混凝土结构式两种。其设计规划内容、程序与安全土地填埋基本一致。

4. 深井灌注

固体废物的深井灌注是将固体废物液化，形成真溶液或乳浊液，用强制性措施注入到地下与饮用水和矿脉层隔开的可渗透性岩层中，从而达到固体物的最终处置。

深井灌注处置系统要求适宜的地层条件，并要求废物同建筑材料、岩层间的液体以及岩层本身具有相容性；在石灰岩或白云岩层处置，容纳废液的主要条件是岩层具有空穴型孔隙，以及断裂层和裂缝；在砂石岩层处置，废液的容纳主要依靠存在于穿过密实砂床的内部相连的间隙。

适于深井灌注处置的废物可分为有机和无机两大类。它们可以是液体、气体或固体，在进行深井灌注时，将这些气体和固体都溶解在液体里，形成溶液、乳浊液或液－固混合体。深井灌注方法主要是用来处置那些实践证明难以破坏、难以转化、不能采用其他方法处理处置，或者采用其他方法费用昂贵的废物。

目前采用深井灌注得最多的是石油、化学工业和制药工业，其次是炼油厂和天然气厂，然后是金属公司，再是食品加工、造纸业也占有一定的比例。

（二）固体废物的海洋处置

固体废物的海洋处置是指利用海洋巨大的分解容量和自净能力处置固体废物的一种方法。按照处置方式，海洋处置分为海洋倾倒和远洋焚烧两类。海洋倾倒实际上是选择距离和深度适宜的处置场，把废物直接倒入海洋；远洋焚烧是用焚烧船在远海对废物进行焚烧破坏，主要用来处置卤化废物，冷凝液及焚烧残渣直接排入海中。

对于海洋处置存在两种看法：一种观点认为，海洋具有无限的容量，是处置多种工业废物的理想场所，处置场的海底越深，处置就越有效；对于远洋焚烧则认为，即便不是一种理想的方法，也是可以接受的；另一种观点认为，如果海洋处置不加以控制，会造成海洋污染，杀死鱼类，破坏海洋生态平衡。生态问题是一个长期才显现变化的问题，虽然在短期内对海洋处置所造成的污染及生态问题很难作出确切结论，但也必须充分考虑。

由于海洋是国际资源和重要的食物来源，还会影响气候和大气中的氧与二氧化碳的平衡，并为地球提供水的循环，因此不适当地利用海洋作为处置废物的场所，会损害这一资源并严重地破坏生态平衡。基于对环境问题的关注，为了加强对固体废物海洋处置的管理，许多工业发达国家都制定了有关法规，签定了国际公约，我国 1985 年颁布了《中华人民共和国海洋倾废管理条例》，对海洋处置申请的顺序、处置区的选择、倾倒废物的种类、倾倒区的封闭提出了明确的规定。国际上，通过了国际合作颁布的用于不同海域的公约——伦敦公约：即为"防止由于倾倒废物和其他物质而污染海洋的国际公约"，已有 61 个国家和地区加入该公约，国际海洋组织（IMO）是其秘书处。

第四节　土壤污染防治与保护

一、土壤的构型与特性

土壤作为独立的自然体，是指位于地区陆地地表，包括浅层水地区的具有肥力、能生长植物的疏松层。所谓土壤环境也对这一位于陆地地表的土壤圈层而言的。土壤是由矿物质、有机质、水分和空气等物质组成的是一个非常复杂的系统。

土壤环境地面垂直往下，是由不同土层构成的，此土壤垂直断面称为土壤剖面构型。不同的土壤类型有着不同的剖面构型。一般来说，土壤是由腐殖质表层，淀积层和母质层构成的。这些土层的物质组成和性质都有很大的差异。由土壤剖面构型可以说明土壤环境在垂直方向上就是一个非均匀物质体系。

各土层是由不同的固、液、气态三相物质组成的复杂体系。土壤固相物质包括无机矿物和有机矿物两大部分。有机物又可分为有机质和活性有机体。有机质主要为大分子有机物 - 腐殖质。主要集中分布在土壤表层（及 A 层），其数量比例虽不大，但它是土壤环境的重要物质成分。其他还有处于未分解或半分解状态的有机残体和可溶性简单有机化合物；活性有机体是指种类繁多，数量巨大的土壤微生物和土壤动物。土壤无机物即土壤矿物质是土壤物质组成的主体部分，主要包括原生矿物和次生矿物。原生矿物是指直接来源于岩矿物，如各种矿物盐类，铁，铝氧化物类以及次生粘土矿物类。次生粘土矿物，如伊利石类，蒙脱石类，高岭石类都是土壤环境矿物质组成中重要的矿物成分。不同土壤类型，或同一土壤的不同土层中，上述固相物质的组成种类，数量比列都是不同的。而土壤环境中的土壤溶液（液相）和土壤空气（气相）状况则决定于土壤团具体结构和土壤质地。

土壤作为人类社会赖以生存的重要自然资源，其最特性之一就是具有肥力。所谓土壤肥力是指具有连续不断的供应植物生长所需要的水分和营养元素。以及协调土壤空气和温度等环境条件的能力。依照产生的原因土壤肥力可分为自然肥力和人工肥力（或经济肥力）。土壤的自然肥力是在自然成土因素，如生物（植物和微生物），气候，岩石（母岩或母质），地形地貌，水文和时间等共同作用下，由自然成土过程形成；而人工肥力，则是在人为活动（如种植，耕作，施肥，灌溉和改良土壤措施等）影响下产生的。但对于农业土壤来说，土壤所表现出的肥力水平，实际是自然肥力和人工肥力的综合体现。土壤肥力在合理利用的情况下，是可以维护，更新和不断提高的。因此，土壤属于可更新（或再生性）自然资源。

二、土壤环境背景值和土壤环境容量

土壤环境元素背景值或简称土壤环境背景值，是指未受或尽少受人类活动，特别是人为污染影响的土壤化学元素的自然含量。土壤环境背景值是在自然成土因素综合作用下，成土过程的产物。因此，它不仅是自然成土因素，也是土壤形成过程的函数。因而无论是空间上的区域差异，或是在时间上处于不同形成发育阶段的不同土壤类型的土壤环境背景值的差异都较大，故土壤环境背景值是统计性的范围值、平均值或中位值，而不是一个简单的确定值。同时还必须指出，目前在全球已难以再找到绝对不受人类活动影响的地区和土壤。因而现在所获得的土壤环境背景值，仅代表远离污染源的、尽可能少受人类活动污染影响的具有相对意义的一个数值。尽管如此，土壤环境背景值仍然是我们研究土壤环境污染和土壤生态，进行土壤环境质量评价和管理，确定土壤环境容量、环境基准、制定土壤环境标准时的重要参考标准或本底值。

我国土壤环境学家提出，所谓土壤环境容量是在人类生存和自然生态不致受害的前提下，土壤环境所能容纳的污染物最大负荷量。为表达的更加具体和明确，可将其进一步定义为：一定的土壤环境单元，在一定的时限内，遵循环境质量标准，既维持土壤生态系统的正常结构与功能，保证农产品生物学的产量和质量，也不使环境系统污染时，土壤环境所能容纳污染物的最大负荷量。土壤环境容量是制定有关土壤环境标准的重要依据。

三、土壤环境污染

（一）土壤环境污染及其影响因素

1. 土壤环境的特点

土壤环境污染或简称土壤污染，是指人类活动产生的污染物，通过不同的途径输入土壤环境中，其数量和速度超过了土壤的净化能力，从而使土壤污染物的累积过程逐渐占居优势，土壤的生态平衡受破坏，正常功能失调，导致环境质量下降，影响作物的正常生长发育，作物产品的质量随之下降，并产生一定的环境效应（水体或大气发生次生污染），最终将危及人体健康，以至人类生存和发展的现象，称之为土壤污染。

土壤污染有以下几个特点：

（1）隐蔽性和潜伏性。土壤污染是污染物在土壤中长期积累的过程，一般要通过对土壤污染物、植物产品质量分析监测，植物生态效应，植物产品产量，以及环境效应监测。其后果要通过长期摄食由污染土壤生长的植物产品的人体和动物的健康状况才能反映出来。因此，土壤污染具有隐蔽性和潜伏性，不像大气和水体污染那样易为人们所察觉。

（2）不可逆性和长期性。污染物进入土壤环境后，便与复杂的土壤组成物质发生一系列的迁移转化作用。其中，许多污染作用为不可逆过程，污染物最终形成难溶化合物沉积在土壤中。因而，土壤一旦遭受污染，极难恢复。如，我国沈阳抚顺污水灌溉区土壤污染后，采用了施加改良剂、深翻、清水灌溉和种植特殊作物等各种措施，经十多年的努力，付出大量劳动与代价，但收效甚微。

2. 土壤污染的类型

按土壤污染源和污染途径，可分为：

（1）水质污染型。主要是工业废水、城市生活污水和受污染的地表水，经由污灌而造成的土壤污染。此类污染约占污染面积的80%。其特点是污染物集中于土壤表层，但随着污灌时间的延长，某些可溶性污染物可由表层逐渐向新土层，底土层扩展，甚至通过渗透到达地下潜水层。污染土壤一般沿河流、灌溉干、支渠呈树枝状、火片状分布。

（2）大气污染型。大气污染物通过干、湿沉降过程污染土壤。如，大气气溶胶的重金属、放射性元素、酸性物质等土壤的污染作用。其特点是污染土壤以大气污染源为中心呈扇形、椭圆形或条带状分布，长轴沿主风向伸长，其污染面积和扩散距离，取决于污染物的性质，排放量和排放形式。大气型土壤污染主要集中于土壤表层。

（3）固体废物污染型。固体废物包括工矿业废弃物（矿渣、煤矿石、粉煤灰等）、城市生活垃圾、污泥等。固体废物的堆积、掩埋、处理不仅直接占用大量耕地，而且通过大气迁移、扩散、沉降，或降水淋溶、地表径流等污染周围地区的土壤。属点源型土壤污染，其污染物的性质比较复杂。且随着工业化和城市化的发展，有日渐扩大之势。

（4）农业污染型。是指由于农业生产需要，在化肥、农业、垃圾堆肥、污泥长期施用过程中造成的的土壤污染。主要污染物为化学农业、重金属，以及 N、P 富营养化等。属面源污染，污染物集中于耕作表层。

（5）综合污染型。土壤污染往往是多污染源和污染途径同时造成的，即某地区的土壤污染可能受到大气、水体、农药、化肥和污泥施用的综合影响所致。其中以某一或两种污染源污染为主。

按土壤污染物的属性可分为：

（1）化学型。化学型污染包括有机污染型和无机污染型。有机污染型主要指农药（如有机氯类、有机磷类、苯氧羧酸和苯酰胺类）、酚、氰化物、3，4 - 苯并芘、石油、有机洗涤剂、塑料薄膜等物质的污染；无机物污染型包括重金属、酸、碱和盐类等物质的污染。

（2）放射污染型。是指人类活动排放出的放射性污染物，是土壤放射性水平高于自然本底值。如，核爆炸产生的放射性物质的沉降、放射性废水排放、放射性固体废物的土地处理、核电站或其他设施的核泄漏（如前苏联诺尔切贝利克电站泄漏事件）等都有可能造成后果严重的土壤放射性污染。

（3）生物污染型。是指外源性有害生物种群侵入土壤环境，并大量繁殖，使土壤生态平衡遭受破坏，对土壤生态系统和人体健康造成不良影响的污染。如，由于施用未经处理的粪便、垃圾、城市污水和污泥等都有可能造成土壤生物污染。有些病原体可长期存活于土壤中危害植物，影响植物产品的质量和产量。

（二）土壤污染程度量化指标

土壤污染程度的确定是以土壤环境背景值、作物和土壤生物的生态效益、土壤环境效应、土壤环境基准或环境标准为重要依据。由于土壤污染的复杂性，目前尚没有一个统一的标准。但一般认为，土壤中污染物累积总量，达到环境背景值的 2 倍或 3 倍标准差时，说明土壤中该污染元素的化合物含量已属异常现象，它是土壤污染的起始值，此时已属土壤轻度污染；而当土壤污染物含量达到或超过土壤环境基准或环境标准时，说明该污染物的输入、富集的速度和强度，已超过土壤环境的净化和缓冲能力（或消纳量），应属重度土壤污染；而中度土壤污染则参照上述量化指标，据土壤中污染物含量水平和作物生态效应相关性再具体确定。

（三）污染物在土壤环境中的迁移转化

污染物在土壤环境中的迁移转化过程可分为物理过程、化学过程、物理化学过程和生物过程。

1. 物理过程

由于土壤是一个多相的疏松多孔体系，因而，污染物质在土壤中可产生挥发扩散、稀释和浓集等反应，从而降低其在土壤中的浓度。影响该过程的因素主要是土壤的温度、含水量，以及土壤的结构和质地。

2. 化学工程

（1）溶解和沉淀。主要指土壤溶液中重金属化合物的溶解和沉淀作用。它是土壤环境中重金属化学迁移的重要形式。溶解和沉淀一般为可逆反应，当反应向溶解方向进行，则增强了重金属化合物的活性或毒性；相反，当反应向沉淀方向则可降低或减缓重金属的活性或毒性。

（2）络合－螯合作用。土壤环境中存在许多天然的无机和有机配位体。无机配位体较重要的有羟基、氯离子；有机配位体有腐植酸、有机酸和酶等。此外，还有人工合成的有机配位体。如农药和其他有机污染物等。因而土壤中的络合和螯合作用具有普遍性，并且日益受到重视。因络合和螯合作用是影响土壤污染物，特别是重金属和农药的迁移转化的重要途径。如羟基、氯离子和重金属的络合作用生成重金属的羟基的络合物和水溶性氯络离子可大大提高重金属化合物的溶解度；重金属与富里酸形成稳定的可溶性螯合物，而与胡敏酸则形成难溶的螯合物。

（3）中和作用。土壤环境中的酸性物质包括土壤溶液中无机酸（如 H_2CO_3）、有机酸化合物，以及土壤胶体上吸附的 H^+、AL^{3+}，碱性物质主要有碳酸盐和其他碱性盐类，溶液中的碱土或碱金属离子、OH^- 等。而土壤酸碱度（pH）的高低，则取决于上述土壤中酸性物质和碱性物质之间的化学平衡反应。按 1∶5 土水比浸提液可测定土壤溶液的酸碱度，称为活性酸；用中性盐浸提液测定土壤酸碱度，称潜在酸度（包括活性酸度和胶体上吸附的 H^+ 和 Al^{3+} 的酸度）。两者可相互转化。一般根据土壤 pH 的高低，将土壤分为酸性（pH < 6.5）、中性（pH = 6.5 ～ 7.5）和碱性（pH > 7.5）土壤。由于土壤的上述性质，使土壤环境对外源酸性或碱性物质具有一定的抵御能力，称为土壤的缓冲性能，可以于某些酸碱污染物发生中和反应，以减少其对土壤的影响。

3. 物理化学过程

（1）吸附与解吸。包括物理和物理化学吸附与解吸，主要指土壤胶体表面对离子或分子化合物的吸附和解吸作用。土壤胶体具有巨大的表面，依据范德华力对污染分子化合物的吸附，称物理吸附。而土壤环境中最为重要的是带有正负电荷的土壤胶体对存在于土壤溶液中带相反电荷符号的离子的吸附交换作用。因土壤胶体一般带负电荷，因而土壤中主要进行的是对阳离子的吸附与解吸作用。土壤胶体对阳离子的吸附交换量，称为土壤阳离子交换量（或代换量），以单位 mg/kg 表示。其交换量的大小与土壤胶体的负电荷数量有关。土壤胶体的负电荷数量与土壤胶体的种类和数量有关。一般土壤有机胶体（腐殖质）> 无机胶体；有机胶体中胡敏酸 > 富里酸；无机胶体中 2∶1 型粘土矿物蒙脱石 > 伊利石 > 1∶1 型粘土矿物高岭石。土壤胶体的可变性负电荷量与 pH 有关，可变性负电荷一般随土壤 pH 增高而增加，因而土壤阳离子交换量亦随 pH 升高而增加。土壤环境的阴离子除盐基离子外，尚有 H^+ 和 Al^{3+} 等酸性离子，土壤盐基离子数量占阳离子吸附交换量的百分比，称盐基饱和度，盐基饱和度的大小是影响土壤耐酸缓冲性能大小的重要因素。相应的，带正电荷的土壤胶体对土壤溶液中的阴离子也同样可进行阴离子的吸附交换作用，其吸附交换量称阴离子交换量。

离子的吸附交换能力大小与该离子的电荷大小和浓度有关。其吸附交换能力大小顺序为：三价阳离子 > 二价阳离子 > 一价阳离子。吸附交换能力较小的阳离子，当其浓度高时，可吸附交换能力大的其他阳离子。

土壤环境中除离子吸附交换作用（有时也称为非专性吸附作用）外，还存在所谓的专性吸附。其吸附机理及其在土壤重金属和农药污染物迁移转化中的作用，已受到土壤环境学家的重视与关注。

（2）氧化－还原作用：土壤环境中的氧化剂主要为土壤空气中的游离氧（O_2）、高价金属化合物和 NO^{3-} 等；还原剂主要为土壤有机质、低价金属化合物。土壤中氧化－还原作用会影响有机污染物降解速度和强度，重金属的存在形态、迁移转化，活性或毒性。反映这一作用过程性质的指标是土壤环境的氧化还原点位（E_h）。影响这一作用的因素主要是土壤有机质含量，矿物组成和土壤的通气状况，以及与之有关的土壤结构、质地和水分含量。

4. 生物过程

土壤环境中的生物迁移转化，主要表现为两个方面：一是高等绿色植物和土壤生物对生命必需元素的选择性吸收，以维持生物的正常生命活动和土壤的功能。二是绿色高等植物和土壤生物对污染元素和化合物的被动吸收，其结果是土壤的正常功能和生态平衡遭到破坏、生物污染以致使植物产品的数量和质量下降。

四、土壤污染治理

（一）土壤重金属污染与治理

土壤重金属污染是指由人类活动使重金属在土壤中的累积量，明显高于土壤环境背景值，致使土壤环境质量下降和生态恶化的现象。其中，尤其受人们关注的是毒害性较大的 Hg、Cd、Pb、Cr 以及金属 As。重金属污染物之所以对人体健康威胁较大，是由于它不仅不能被土壤微生物所降解，还可以通过食物链不断地在生物体内富集，甚至可将其转化为毒害性更大的甲基化合物，对食物链中某些生物达到有害水平，最终在人体内蓄积而危害人体健康。同时，土壤环境一旦遭受重金属污染，便难以彻底消除。因此，土壤重金属污染的控制与防治具有特别重要的意义。

土壤环境中重金属的自然含量及其空间分布，主要于土壤的母岩和母质类型，岩石风化过程和成土作用中的生物小循环有关。此外，与火山活动、大气降尘、土壤侵蚀等作用的影响也密切相关。重金属的采掘、冶炼、矿物燃烧、化肥的生产和施用是土壤重金属污染的主要污染源。

1. 土壤重金属污染防治的基本原则

土壤重金属污染的防治包括两方面的任务：一方面是"防"，与水体的重金属污染相比，尽可能的防止土壤环境重金属污染显得更为重要；另一方面是对已被重金属污染的土壤进行改造、治理，以消除污染或调控以限制其危害。具体原则如下：

（1）切断污染源。切断污染源就是采取有效措施以削减、控制和消除污染源，尽可能避免工矿企业重金属污染物的任意排放，尽量避免重金属输入土壤环境。这是防止土壤环境遭受重金属污染的最根本的也是最重要的原则。但是，在现有的科学技术水平条件下，要想完全切断土壤环境的重金属污染源，还是做不到的。因此，切断污染源是土壤重金属污染防治工作的具有战略意义和指导性的基本原则。如何更有效地削减、控制和消除重金属污染源仍是世界各国环境保护科学工作者们过去、现在和今后致力于研究的重要课题。

（2）提高土壤环境容量。土壤环境具有一定的缓冲作用和强大的自然净化作用，在调控与防治土壤污染时应充分利用这一特点。可采取有效措施以增强土壤环境的缓冲作用和自净能力，并同时提高土壤环境容量。当输入土壤环境中的重金属污染物的数量和速度不大，或土壤已遭受重金属的轻度污染时、采取措施提高土壤环境容量，对于防止土壤污染的发生或减轻重金属对作物的污染危害是有效的。因此，提高土壤环境容量是调控与防治土壤重金属污染的基本原则之一。

（3）控制或切断重金属进入食物链。土壤环境中的重金属污染物主要是通过植物的吸收累积，并进而通过食物链才造成对人类健康危害的。因此，采取措施以控制植物的吸收，减少重金属在植物体内特别是可食部分的累积量；或者利用非食用植物如树木、绿化用草等来吸收去除土壤中的重金属，从而达到控制或切断重金属进入食物链的目的，这是调控与防治土壤重金属污染的又一基本原则。

（4）避免二次污染。避免二次污染或次生污染是所有环境污染防治措施必须共同遵守的基本原则，土壤环境也不例外。

2. 土壤重金属污染的调控与防治措施

（1）发展清洁工艺。发展清洁工艺，加强"三废"治理，是削减、控制和消除重金属污染源的最有效措施。1984 年在巴黎召开的世界工业管理大会上，国际环保组织首先提倡在工业上采用少废、无废的清洁技术。1992 年在厦门举行了较大规模的清洁工艺国际大会。所谓清洁工艺就是不断地、全面地采用环境保护的战略以降低生产过程和生产产品对人类和环境的危害。清洁工艺技术包括节约原料、能量，消除有毒原料，减少所有排放物的数量和毒性。清洁工艺的战略主要是在从原料到产品最终处置的全过程中减少"三废"的排放量，以减轻对环境的影响。例如，发展闭路循环革除某些重金属的使用；改用隔膜电解法或离子膜法制烧碱；采用无汞催化剂生产氯乙烯单体，以及为了防治铅的污染，现在已经研究出新的汽油抗震剂 MTBE（叔丁基甲醚）以代替四乙基铅的使用，生产出了无铅汽油等等，都是清洁工艺研究的重大成果。至于"三废"的治理，特别是废气、废渣和污泥中重金属的回收、综合利用和防止对土壤环境的二次污染，虽然已取得初步成效，但是，其难度是相当大的，有许多理论与技术问题需要今后作进一步深入研究。

（2）严格执行污灌水质和污泥施用标准。一切灌溉用水必须符合标准才能用于农田灌溉，这是污水灌溉的前提，是防止土壤环境遭受重金属污染的极其重要的管理措施。为控制污灌水质，1979 年我国颁布了《农田灌溉用水质标准》（试行），并于 1985 年 4 月 25 日经国家环保局批准《农田灌溉水质标准》为正式标准，同年 10 月 1 日实施。在执行该标准的同时，还得控制一定的灌溉量，并注意防止渗漏。防止土壤环境的重金属污染，同时还必须严格控制农田施用污泥中的重金属含量和施用量。我国由农牧渔业部环保科研监测所、北京农大等单位共同研究编制的《农用污泥中污染物控制标准》，已经被批准为国家标准。该标准的制定和实施，为我国日益增多的污泥资源化和农业利用，保护土壤环境，化害为利，提供了科学的依据。

（3）提高土壤的缓冲性和自净能力。对于重金属轻度污染的土壤，可以采取增施绿肥、厩肥、堆肥、腐殖酸类物质等有机肥，以增加土壤有机肥体的含量；或砂掺粘，以改良砂性土壤；在非石灰性土壤中增施碳酸钙等，都是以提高土壤的缓冲性和自净能力，并增加了土壤环境容量，减小土壤溶液中重金属离子的浓（活）度，从而降低了重金属的危害。但需要指出的是，施用有机肥料，增施碳酸钙、砂掺粘，或加入人造沸石等，其量都是有一定限度的，应针对不同土类、不同作物、不同重金属污染，通过试验选择最佳用量。

（4）加强土壤水分管理。土壤 E_h 在很大程度上控制着水田土壤中重金属的行为，而土壤 E_h 与土壤水分状况有密切关系，因而可以通过调节土壤水分来控制土壤中重金属的行为。据有关资料说明，生长在氧化条件下（不淹水）的水稻，含镉量比生长在还原条件下（淹水）的高得多。我国有关学者对水稻抽穗一周后不同土壤 E_h 条件下的糙米含镉量进行了测定，氧化还原电位 416 mV 时糙米含镉量为 168 mV 时的 12.5 倍。在湿润和淹水条件下种植水稻，湿润条件下根的含镉量为淹水条件的 2 倍，茎叶为 5 倍，糙米为 6 倍。

从上述几个例子可知，土壤 E_h 与水稻杆实含镉量呈一定正相关。这是因为：在淹水时，土壤处于还原状态，土壤中的 Fe^{3+} 还原成 Fe^{2+}，MnO 还原成 Mn^{2+}，SO_4^{2-} 还原成 S^{2-}，结果生成 FeS、MnS 不溶物与 CdS 共沉淀，使镉成为难吸收状态。当土壤处于氧化状态时，S^{2+} 被氧化为 SO_4^{2+}，土壤 pH 降低，在这种情况下镉进入土壤溶液，转化为易吸收状态。

不仅镉在还原条件下可生成 CdS 沉淀，铜、锌等金属元素也都与 S^{2-} 反应，产生硫化物沉淀，这是采用此法应该充分考虑的一点，应避免导致作物出现缺锌、缺铜症。

在砷污染的土壤中，氧化还原条件的影响有所不同。在氧化条件下，砷酸根（AsO_4^{3+}）是稳定态，在还原条件下，转化为亚砷酸根（AsO_4^{2+}）。而亚砷酸根对植物的毒性要比砷酸根大得多。

所以当土壤环境被重金属与砷复合污染时，采取调控土壤水分状况的办法将是无效的。据研究，为防治砷和重金属的复合污染，向土壤中施入磷酸盐物质可能是有效的。

（5）施用改良剂。施用改良剂是指向土壤中添加化学物质，以降低重金属的活性，减少重金属向植物体内的迁移，即控制重金属进入食物链，这在重金属轻度污染的土壤上使用是有效的。常用的改良剂有石灰、碳酸钙、磷酸盐、硅酸钙炉渣和促进还原作用的有机物质，如胡敏酸、堆肥、鸡粪等。施用石灰或碳酸钙以提高土壤 pH，可促使 Cd、Cu、Hg、Zn 等形成氢氧化物沉淀；或碳酸盐结合态沉淀。例如，当土壤 pH > 6.5 时，汞就能形成氢氧化物和碳酸盐沉淀；Cu 在土壤 pH 为 5～7 时，其活性最小，当 pH > 7.5 时，铜的溶出量反而增大，这是由于形成了铜的羟基络合物而增大了溶解度的缘故。但是，要使氢氧化镉完全沉淀则要求较高的 pH，一般需要达到 10 以上，显然不能将土壤 pH 调节到这样高的程度。而在非石灰性土壤中施用碳酸钙，对抑制植物对镉的吸收是有明显效果的。

在使用石灰以沉淀重金属时，需针对不同的对象调节不同的 pH，而且必须控制在正常土壤所允许的范围内（一般为 6.0～8.5）。这里需要特别注意的是，施用石灰后可能伴随出现某些作物生长必需的微量营养元素的缺乏病。因此，在施用石灰的同时，需适当补充那些不足的营养元素。

关于施用磷酸盐类物质的作用，一般认为是可使土壤中某些重金属呈难溶性的磷酸盐沉淀。例如，在水田条件下，土壤中的镉可以磷酸镉的形式沉淀。此外，磷酸汞的溶解度也很小。因此，施加磷酸盐物质，对消除或减轻土壤重金属的危害程度有重要意义，特别是重金属与砷复合污染时，显得更为重要。施用硅酸钙炉渣的作用与施用磷酸盐相似。

向土壤中施加促进还原作用的有机物，可促使重金属以硫化物的形式沉淀，可使 Cr^{6+} 转化为 Cr^{3+}，降低毒性。此外，加入的有机物可促使土壤溶液中的重金属离子形成络合物、螯合物，以降低其活性；或由于改善了土壤结构状况，而增大了土壤对重金属离子的吸附能力，从而减轻重金属离子对作物的危害。

（6）客土法、换土法和水洗法。客土法是在被污染的土壤上覆盖上非污染土壤；换土法是部分或全部挖除污染土壤而换上非污染土壤。实践证明，这是治理农田重金属严重污染的切实有效的方法。在一般情况下，换土厚度愈大，降低作物中重金属含量的效果愈显著。但是，此法必须注意以下两点：一是用作客土的非污染土壤的 pH 值等性质最好与原污染土壤相一致，以免由于环境因子的改变而引起污染土壤中重金属活性的增大。例如，如果使用了酸性客土，可引起整个土壤强度增大，使下层土壤中重金属活性增大，结果是适得其反。因此，为了安全起见、原则上要使换土的厚度大于耕作层的厚度；其二是，应妥善处理被挖出的污染土壤，使其不致引起次生污染。在有些情况下也可不挖除污染土壤，而将其深翻至耕层以下，这对于防止作物受害也有一定效果，但效果不如换土法。

客土法和换土法的不足之处是需花费大量的人力与财力，因此，只适用于小面积严重污染土壤的治理。

水洗法是采用清水灌溉稀释或洗去重金属离子，使重金属离子迁移至较深土层中，以减少表土中重金属离子的浓度；或者将含重金属离子的水排出田外。但采用此法也应遵守防止次生污染的原则，要将毒水排入一定的贮水池或特制的净化装置中，进行净化处理，切忌直接排入江河或鱼塘中。此法也只适用于小面积严重污染土壤的治理。

（7）电化法。电化法是美国路易斯安那州立大学研究出的一种净化土壤污染的新方法。该法是在饱和的粘土中通过低强度直流电（$1 \sim 5 \, mA$），采用的电极最好用石墨，电极的多少、间距及深度可根据需要而定。在外加直流电场的作用下，金属阳离子流向阴极处，然后采取措施从土壤中取出，并可回收多种重金属。

（8）利用植物吸收去除重金属。选育与栽培有较强吸收土壤重金属能力的植物，以降低或消除土壤的重金属污染，是近年来研究较多的一种好方法。例如，羊齿类铁角蕨属的植物，对土壤中镉的吸收率可达10%，连种多年，即可降低土壤中镉量。又如，黄颔蛇草对重金属的吸收量，可以高达水稻吸收量的10倍，将这些植物连种多年，即可达到治理的目的。

我国有关研究者于1978～1985年，针对沈阳张士镉污染地区，根据农业生态学原理，采取繁育水稻、玉米良种，建立苗木（如杨树）、绿化草皮繁育基地，以及试种高粱等农业生态工程措施，达到了改良严重镉污染农田的良好效果。它切断了镉进入人体的食物链，获得了较好的经济效益、社会效益和环境效益。这为我国重金属污染土壤的治理，开辟了新的途径。实践证明，利用农业生态工程系统改造重金属污染农田具有广泛实用价值。

（9）加强土壤环境及其生物产品的监测。为了及时掌握土壤环境及其生物产品中的重金属含量是否超过允许标准，并为污染防治提供参考和依据，必须加强对土壤环境及其生物产品的监测。这项工作的开展也是土壤重金属污染调控与防治工作的前提和最终结果的检验。

（二）土壤化学农药的防治

化学农药是指能防治植物病虫害、消灭杂草和调节植物生长的化学药剂。目前世界生产的化学农药品种达1300余种，农业上常用的有250种以上。按其主要用途可分为：杀虫、杀菌、除草、杀螨、杀鼠、杀线虫剂以及植物生长剂和土壤处理剂等。按其化学成分可分为有机氯、有机磷、氨基甲酸酯类、拟除虫菊酯、有机汞和有机砷农药等。

化学农药对防病治虫害，消灭杂草，提高粮、棉、油、果的产量，以及有关林、牧、副业生产中的重要作用是不可质疑的。但是，由于长期、广泛和大量地使用化学农药，导致农药残留于土壤，污染环境的问题，已危及到动植物的生长和人类的健康。化学农药在土壤中的残留期与其种类有关，难降解物质的残留期甚至长达几十年。有些化学农药本生或与其他物质反应后具有致癌、致畸、致突变的作用，它可富集于植物体内，通过食物链危害到上一级消费者。此外，因施化学农药还给生态系统造成了危害。例如，使用六六六、1605防治稻螟，在消灭稻螟的同时，也杀死了黑尾叶蝉的天敌——蜘蛛和牧场利椿象；再如，草原地区使用剧毒杀鼠灭鼠时，也造成鼠类的天敌猫头鹰、黄鼠狼及蛇的大量死亡。土壤化学污染也是大气、特别是水体环境次生农药污染的重要污染源。因此，研究和了解化学农药在土壤中的迁移转化、残留、土壤对化学农药的净化，对控制和预测土壤与环境农药污染都具有重要意义。

1. 化学农药在土壤环境中的迁移转化

化学农药在土壤中的迁移转化途径主要有：通过挥发随空气迁移；经淋溶随水扩散迁移；被土壤中微生物降解；被土壤吸附而残留于土壤中等。

（1）化学农药随空气和水体迁移。农药在土壤中迁移的速度和方式，决定于化学农药的性质，以及土壤的湿度、温度和土壤的孔隙状况。有人将化学农药在等体积水和空气中的溶解量的比值作为衡量各中农药扩散性能的指标，提出当比值小于 1×10^4 时，化学农药主要以气体挥发和扩散作用为主；而当比值大于 3×10^4 时，则以水迁移扩散为主。据此，DDT、林丹……以及一般的熏蒸剂主要是以气体扩散为主；敌草隆等则以水扩散为主。但化学农药的水扩散作用较大气体扩散的速度要低约 1×10 倍。化学农药的迁移扩散，虽可促使土壤净化，但却导致大气、水体和生物等环境要素的次生环境污染。

（2）化学农药的降解。化学农药在土壤中的降解作用包括光化学降解、化学降解和生物降解等。光化学降解是指土壤表层受太阳辐射而引起的农药分解。大部分除草剂、DDT 都能发生光化学降解。化学降解可分为催化反应和非催化反应。非催化反应包括农药的水解、氧化、异构化、离子化等，其中以水解和氧化作用最重要。而农药的生物降解作用使有机农药最终分解为 CO_2 而消失，因而生物降解是土壤中农药的最重要的降解过程。土壤微生物的种类繁多、生理特性复杂，各种农药在不同的土壤环境条件下，降解的形式和过程也不同，主要有氧化、还原过程、脱烃过程、水解过程，脱卤过程、芳环羟基化和异构化过程。

（3）化学农药的吸附。土壤对化学农药的吸附交换作用有物理吸附和物理化学吸附。其中主要以物理化学吸附或离子交换吸附。对于带正电的离子型农药来说，土壤胶体对其吸附能力的大小顺序一般是：有机胶体 > 蛭石 > 蒙脱石 > 伊利石 > 绿泥石 > 高岭土。如有机胶体对马拉磷酸的吸附力较蒙脱石大 70 倍。土壤胶体的阳离子组成，可对化学农药的吸附交换有一定影响。如被钠离子饱和的蛭石对农药的吸附力比钙离子饱和的蛭石要大。化学农药的物质成分和性质也对吸附交换很大影响。如带有 NH_2^- 官能团的农药都有较大的吸附能力。化学农药有时也可解离为阴离子，被带正电荷的土壤胶体所吸附，这在富铁铝土纲等酸性土壤中较普遍。化学农药被土壤吸附后，其迁移能力和生理毒性也随之发生改变。一般当其土壤吸附后，其毒性和活性都有所降低，因而在某种意义上就是土壤对某些农药的缓冲和净化解毒作用。并对生物降解争取到缓冲时间；而当被吸附的农药又被其他阳离子交换重新回到土壤溶液中时，则恢复其原有的活性和毒性。因此，吸附交换，只在一定条件下起到净化解毒作用，当加入土壤中的化学农药量超过土壤的吸附交换量时，土壤就失去对化学农药的净化效果，使化学农药在土壤环境中逐渐积累。

2. 化学农药的防治

当前世界各国为控制和减轻化学农药污染采取的主要措施有以下几项：

（1）加强管理。土壤环境保护主要靠管理，而管理能否顺利进行又主要靠立法。

化学农药管理法是以防止化学农药污染为主要目的对策之法。应包括：建立化学农药登记注册制度，规定禁用或服用的剧毒、高残留性化学农药品种，规定化学农药的安全使用标准，明确土壤残留性化学农药的使用规则，规定化学农药在农产品（包括食品）中的容许残留限量（即最大允许含量），以及制定施用状药的安全间隔期等。

建立化学农药登记注册制度。化学农药登记注册制度是由国家制定的一项重要的农药管理法规之一。在这个法规中，规定生产出售农药品种及制剂，必须事先申请注册，凡未经注册许可的农药，禁止生产出售。我国于 1982 年 4 月颁布了《农药登记规定》。该《规定》中要求：在我国用的农药应符合高效、安全、经济的原则。凡国内生产农药新产品（包括原药和制剂），投产前必须进行申请登记，未经批准登记注册的农药不得生产、销售和使用。凡经施用后，发现与申请时提供的试验资料不同，确已证实对环境、人、畜和其他有益生物有严重危害的农药，应撤消原登记或限制使用范围。《规定》颁布前已生产的农药，要求补办登记手续，否则应限期停产。此外，外国厂商向我国销售农药，也必须进行登记，否则不准进口。外国农药在我国进行田间药效试验和示范试验，须经审查批准后才能进行。

制定化学农药的禁用和限用范围。20 世纪 60 年代后，国外禁用和限用的化学农药主要有两类：急性毒性过大和高残留性的化学农药。属于第一类的，如有机磷制剂中的 1059、1605、特普（TEPP）等；属于第二类的主要是指有机汞、有机氯制剂等。各国根据本国化学农药的应用历史和具体情况，作出了不同的禁用和限用规定。例如，日本从 1968 年明确规定：凡新合成的化学农药属于剧毒类（LD < 30 mg/kg），一律不予登记注册，同时还决定不许用直升飞机大量喷洒施用已经指定为剧毒类型的农药。

制定农产品（包括食品）中化学农药的最大允许残留量。制定化学农药在农产品中的最大允许残留限量，是控制化学农药对人类健康产生危害的有效措施。化学农药的最大允许残留量也称化学农药残留限度是指化学农药在农副产品中允许存在的最高限度的残留量。小于这个限度的，就可被认为在长期食用的情况下，仍可保证食用者的健康。因此，化学农药的食品允许残留量，实际上是衡量农副产品是否适合人们食用的数值，即化学农药的食品卫生标准。

为了制定食品中化学农药的最大允许残留量，必须首先制定人体对某种化学农药的"最大一日容许摄入量"，此值又称为 ADI 值，单位以每千克体重每日允许摄入的毫克数表示，但是，确定 ADI 是一项艰巨的工作，它需要经过大量的、长时间的动物试验，求取化学农药对试验动物的最大无作用量（最大安全量），然后再乘以安全系数（一般为 1/100 ～ 1/3000）即可。

合理施用化学农药。合理施用化学农药，制定施用化学农药的安全间隔期，是防止农产品中化学农药残留量超过允许残留限量的重要保证。各国规定的化学农药施用安全间隔期不完全相同。例如，敌百虫在蔬菜上施用，奥地利规定为 4 天，德国规定为 7 天，瑞士规定为 14 天。我国农业部于 1981 年颁发了《农药安全使用标准》，其中既规定了常用化学农药的合理施用原则，又规定了在不同作物上使用的安全间隔期。只要我们能严格按照化学农药的安全使用标准来施药，那么，由于化学农药的使用而引起的土壤环境污染和食品污染是完全可以防止的。

（2）大力开发高效、低毒、安全性农药。为取代剧毒类和高残留性农药，我国和世界各国一样，正在大力发展高效、低毒、低残留、无污染的农药。除一些仍有前途的老品种如 DDV$_P$、敌百虫、杀螟松、马拉硫磷、倍硫磷、车硫磷、双硫磷、乐果、氧化乐果、灭蚜松、西维因、稻瘟净、多菌灵等继续生产使用外，还积极进行了新农药品种的研制工作。开发污染危险性小的高度安全性农药，是防止农药污染的新技术之一。今后的高度安全性农药，除要求急性毒性低外，还要考虑不能有慢性毒性、致癌性、致畸性等。现在有一种新的提法是，要致力于"无公害农药"的开发与研究。所谓"无公害农药"，至少应具备以下两个条件：一是选择性地抑制昆虫、微生物、植物等持有的酶系统，对人或高等动物无害；二是易被阳光或微生物分解，大量使用也不会污染环境。

（3）采用综合防治措施防治病虫害。综合防治法就是有计划地、协调地应用各种各样的技术，把有害生物的危害压低到经济损失允许的最小程度，并控制在这个范围内。正如所说的综合防治，是以生态学原理为指导的全盘考虑的多种因素的防治体系，实际上是个系统工程，而不是化学防治与生物防治的简单加和。它要综合考虑化学农药的合理应用，当地天敌的保护和外地大敌的引进，寄生生物的使用，抗病品种的培育，自然环境条件和气候的变化，以及农业管理技术等因素，并要研究如何有机地、协调地配合利用这些因素。

（4）改进农药制剂的剂型及喷洒技术。为了防止农药施用中由于挥发、飘移等造成的环境污染，以及为了使高毒农药低毒化，延长残效，提高防治效果，减少用药量，从而减轻环境污染，当前，世界各国都十分重视农药剂型的研究。现已出现了一些较好的剂型，如防飘移粉剂（DL 粉剂）、流动粉剂（FD 粉剂或称微粉剂）和流动剂（flowable）等。前两者可使药粉不易飘移而能集中在目标物上，节省用药量；后者其药效能充分发挥，便于低容量喷雾。此外，微囊剂、包衣粒剂以及各种混合剂型均有较快的发展。

（5）其他治理方法。土壤环境农药污染的防治，其主要是"防"，即应以"预防为主"。如果土壤已经遭受某种农药的严重污染，则应首先中断污染源，停止使用该种农药，随着时间的推移，土壤中残留的农药总会逐渐降解的，因此，一般可不必采取什么特别的方法进行治理。为了增强土壤环境的自净能力或加速某种农药的降解，一般可采取以下几个方法：

增加土壤中有机、无机胶体的含量，以增加土壤的环境容量；或施入吸附剂以增加土壤对农药的吸附，减轻农药对作物的污染；调节土壤水分、土壤 pH、E_h 值，以增加农药的降解速度。某些金属离子或其与某些整合剂相整合时，具有催化作用。因此，可采取施加该类催化剂的方法，以提高土壤的催化化学降解作用。

选育活性较高的能够分解某种农药的土壤微生物或土壤动物，以增加土壤的生物降解作用。例如，根固氮菌可将对硫磷迅速地还原为氨基对硫磷；枯草杆菌可将螟松转化为无毒的代谢物——氨基衍生物和占甲基衍生物，但不能转化为有毒的氧式代谢物。

（三）土壤其他物质的防治

1. 石油污染的防治

为了防止土壤遭受石油污染，最主要的措施是加强含矿物油污水的治理和严格控制农田灌溉用水质，以及施用含矿物油污泥、垃圾时严格控制其中矿物油的浓度和施用量。我国的农田灌溉水质标准规定其中矿物油含量不得超过 10 mg/L。在水稻田施用含油污泥时，一般每公顷隔年施用应小于 30000 kg，其浓度不能超过 5000 mg/Kg。若每年施用，其浓度不能超过 3000 mg/Kg。此外，防止输油管道的渗漏，也是防止土壤石油污染的重要措施。

2. 其他有机物的防治

天然有机物在土壤微生物作用下较易分解，特别是在通气性良好，pH 偏中性至弱碱性，以及土壤水分适宜和较高温度（30℃左右）的条件下，由于好气性微生物活动旺盛，故分解速度较快。因此，对于已经被天然有机物污染的土壤，首先必须中断污染源，暂时停止施用有机肥料，然后开沟排水、晒田，调节适宜的土壤环境条件，加速有机物的分解。对于受纤维素、淀粉等含碳量较高的物质污染的土壤，还可采取适当补充氮源的方法，以调节适宜的 C/N 比例，从而加速分解。

对于人工合成的难分解的有毒有机物，一旦污染了土壤，则就较难以消除，因此应把重点放在"预防"上。值得一提的是，有些有机物本身对农作物的毒性并不算大，但是，在土壤中可以在土壤微生物的作用下，逐渐转化为毒性较大，且有一定残留期的有机物。

3. 土壤中氟污染防治

防治土壤的氟污染，其主要方面应立足于"防"，要加强含氟废气、废水、废渣的治理。在工业布局上，要考虑到应尽量避免在养蚕区、茶叶区、放牧区建立氟污染严重的工厂。此外，在磷肥生产中应尽可能地将其中的氟排除并回收利用，以降低肥料中的含氟量。当土壤环境已经遭受氟污染时，对于酸性土壤可以施用适量石灰；对于碱性土壤可以施用适量石膏，以减轻污染的危害。此外，棉花是耐氟的经济作物，对氟有很强的吸收能力，而且氟可在棉株中累积。因此，在氟污染的土壤中，可以考虑改种棉花，以减轻污染危害，并降低土壤中的氟含量。

4. 土壤中放射性防治

加强对放射性废物的治理。安全、有效、经济地处理和处置放射性废物是环境保护和辐射防护的重要措施。放射性废物的处理一般难以破坏其中的放射性元素，也无法加速放射性衰变，因而主要是将其转化为更安全的形式贮存或稀释排放。例如，对于高放射性的强酸性废液，常采取蒸发浓缩，然后贮存于埋在地下的不锈钢和混凝土建造的贮存池内，但是，这种方法易发生泄漏事故，且所需费用较高；另一种方法是固化法，即将废液加到陶瓷或玻璃原料中熔制成陶瓷或玻璃等固体形式，再将其贮存于地下。这种方法较为安全、经济，运输也方便。对于中、低水平放射性废液，常用的方法有化学沉淀法和离子交换法。但是，这些方法中产生的污泥、残渣和废离子交换剂，需进一步处理，常用沥青、水泥固化，然后深埋于地下。对于放射性废气的治理，与一般废气的治理方法基本相同，只是要求净化效率更高。

全面禁止核试验与防止核泄漏事故。核试验与核泄漏事故是目前土壤环境放射性污染的主要污染源。因此，全面禁止核试验，尽可能的防止核泄漏事故的发生，是防止放射性污染的最根本与最重要的措施。核聚变能的研究和开发应用是今后核能发展的方向，减少放射性物质对环境的污染。

5. 土壤生物污染防治

土壤环境中除了许多天然存在的土壤微生物、土壤动物以外，还有大量来自人、畜排泄物中的微生物。人类中的微生物主要是细菌，而动物粪便内除细菌外，还有大量的放线菌和真菌。此外，人、畜粪便中部可能含有大量的寄生虫卵。因此，造成土壤生物污染的主要来源是：人畜粪便未经彻底无害地处理而施入农田、日常生活污水、工业废水、医院污水、以及含有病原休的废弃物、城市垃圾等，未经处理而进行农田灌溉或利用底泥、垃圾施肥；病畜尸体处理不当，或未经深埋而引起的土壤环境污染。

土壤环境生物污染的防治，目前所采取的主要措施如下。

（1）加强对人、畜粪便的管理，采取堆肥制沼气、消毒等措施，对粪便、厩肥、垃圾进行无害化处理；

（2）直接对土壤施药、杀菌、消毒。

思 考 题

一、名词解释

固体废物　三化　压缩比　破碎　筛分　重力分选　磁力分选　电力分选　捕收剂　起泡剂　热解　堆肥　土地耕作　危险废物

二、问答题

1. 固体废物的危害是怎样的？

2. 固体废物处理、处置与利用的原则是什么？

3. 污泥中的水分有哪些形式？这些水分又是怎样去除的？

4. 焚烧工艺有哪些？

5. 叙述厌氧发酵的三个阶段？

6. 固体废物最终处置应该满足哪些条件？

7. 土地卫生填埋与安全填埋有何不同？

8. 如何对危险废物进行稳定化处理？

9. 简述城市垃圾的资源化利用途径？

10. 土壤污染物有何特点？污染途径有哪些。

11. 请谈谈土壤中重金属污染的调控与防治措施是怎样的。

第十章 物理性污染及其防治

第一节 噪声污染及其防治技术

一、噪声污染的特点与噪声源分类

人类生存的空间是一个有声世界，大自然中有风声、雨声、虫鸣、鸟叫，社会生活中有语言交流、美妙音乐，人们在生活中不但要适应这个有声环境，也需要一定的声音满足身心的支撑。但如果声音超过了人们的需要和忍受力就会使人感到厌烦，所以噪声可定义为对人而言不需要的声音。需要与否是由主观评价确定的，不但取决于声音的物理性质而且和人类的生理、心理因素有关。例如，听音乐会时，除演员和乐队的声音外，其他都是噪声；但当睡眠时，再悦耳的音乐也是噪声。

（一）噪声污染的主要特点

噪声污染与水、气、固废等物质的污染相比，具有以下显著特点：

（1）环境噪声是感觉公害。噪声是由不同振幅和不同频率组成的无调嘈杂声。但有调或好听的音乐声，在它影响人们的工作和休息，并使人感到厌烦时，也认为是噪声。环境噪声标准也要根据不同的时间、不同的地区和人所处的不同行为状态来制定。

（2）环境噪声是局限性和分散性的公害。一般的噪声源只能影响它周围的一定区域，而不会像大气污染能飘散到很远的地方，

（3）环境噪声具有能量性。环境噪声是能量的污染，它不具备物质的累计性。噪声是由发声物体的振动向外界辐射的一种声能。若声源停止振动发声，声能就失去补充，噪声污染随之终止，危害即消除。

（4）环境噪声具有波动性和难避性。声能是以波动的形式传播的，因此噪声特别是低频噪声具有很强的绕射能力，可以说是"无孔不入"。突发的噪声是难以逃避的，"迅雷不及掩耳"就是这个意思。

（5）噪声具有危害潜伏性。有人认为，噪声污染不会死人。因而不重视噪声的防治。大多数暴露在90分贝左右噪声条件下的职工，也认为能够忍受，实际上这种"忍受"是以听力偏移为代价的。噪声的危害不可低估。

（二）声源及其分类

通常我们把能够发声的物体称为声源。噪声源可分为自然噪声源和人为噪声源两大类。目前人们尚无法控制自然噪声，所以噪声的防治主要指人为噪声的防治。人为噪声按声源发生的场所，一般分为交通噪声、工业噪声、建筑施工噪声和社会生活噪声。

1. 交通噪声

包括飞机、火车、轮船、各种机动车辆等交通运输工具产生的噪声。其中以飞机的噪声强度最大。

交通噪声是活动的噪声源，对环境影响范围极大。尤其是汽车和摩托车，它们量大、面广，几乎影响每一个城市居民。有资料表明，城市环境噪声的70%来自于交通噪声。在车流量最高峰期，市内大街上的噪声可高达90 dB。遇到交通堵塞时，噪声甚至可达100 dB以上，以致有的国家出现警察戴耳塞指挥交通的情况。一些交通工具对环境产生的噪声污染情况见表10-1。

表10-1　典型机动车辆噪声级范围

车辆类型	加速时噪声级（dB）（A计权）	匀速时噪声级（dB）（A计权）
重型货车	89～93	84～89
中型货车	85～91	79～85
轻型货车	82～90	76～84
公共汽车	82～89	80～85
中型汽车	83～86	73～77
小轿车	78～84	69～74
摩托车	81～90	75～83
拖拉机	83～90	79～88

机动车辆噪声的主要来源是喇叭声（电喇叭90～95 dB、汽喇叭105～110 dB）、发动机声、进气和排气声、启动和制动声、轮胎与地面的摩擦声等。汽车超载、加速和制动、路面粗糙不平都会增加噪声。

2. 工业噪声

工业噪声主要是机器运转产生的噪声，如空气机、通风机、纺织机、金属加工机床等，还有机器振动产生的噪声，如冲床、锻锤等。一些典型机械设备的噪声级范围见表10-2。工业噪声强度大，是造成职业性耳聋的主要原因，它不仅给生产工人带来危害，而且厂区附近的居民也深受其害。但是，工业噪声一般是有局限性的，噪声源是固定不变的。因此，污染范围比交通噪声要小得多，防治措施也相对容易些。

表10-2　一些机械设备产生的噪声

设备名称	噪声级（dB）（A计权）	设备名称	噪声级（dB）（A计权）
轧钢机	92～107	柴油机	110～125
切管机	100～105	汽油机	95～110
气锤	95～105	球磨机	100～120
鼓风机	95～115	织布机	100～105
空压床	85～95	纺纱机	90～100
车床	82～87	印刷机	80～95
电锯	100～105	蒸汽机	75～80
电刨	100～120	超声波清洗机	90～100

3. 建筑施工噪声

建筑施工噪声包括打桩机、混凝土搅拌机、推土机等产生的噪声。它们虽然是暂时性的，但随着城市建设的发展，兴建和维修工程的工程量及范围不断扩大，影响越来越广泛。此外，施工现场多在居民区，有时施工在夜间进行，严重影响周围居民的睡眠和休息。施工机械噪声级范围见表10-3。

表 10-3　建筑施工机械级范围

机械名称	距声源15 m处噪声级（dB）（A 计权）	机 械 名 称	距声源15 m处噪声级（dB）（A 计权）
打桩机	95～105	推土机	80～95
挖土机	70～95	铺路机	80～90
混凝土搅拌机	75～90	凿岩机	80～100
固定式起重机	80～90	风镐	80～100

4. 社会生活噪声

主要指社会活动和家庭生活设施产生的噪声，如娱乐场所、商业活动中心、运动场、高音喇叭、家用机械、电器设备等产生的噪声。表 10-4 所示是一些典型家庭用具噪声级的范围。

社会生活噪声一般在 80 dB 以下，虽然对人体没有直接危害，但却能干扰人们的工作、学习和休息。

表 10-4　家庭噪声来源及噪声级范围

设备名称	噪声级（dB）（A 计权）	设备名称	噪声级（dB）（A 计权）
洗衣机	50～80	电视机	60～83
吸尘器	60～80	电风扇	30～65
排风机	45～70	缝纫机	45～75
抽水马桶	60～80	电冰箱	35～45

二、噪声的危害

噪声污染已成为当代世界性的问题，是一种危害人类健康的环境公害。噪声的危害主要表现在以下几个方面：

（一）听觉器官损伤

人们短期在强噪声环境中，感到声音刺耳、不适、耳鸣，出现一时听力下降，但只要离开噪声环境休息一段时间，人的听觉就会逐渐恢复原状，这种现象称为暂时性听力偏移，也叫听觉疲劳。它只是暂时性的生理现象，听觉器官没有受到损害。若长时间受到过强噪声刺激，会引起内耳感音性器官的退行性变化，受到器质性损伤，这种听力下降称为噪声性听力下降。一般说来，85 dB 以下的噪声不至于危害听觉，而超过 85 dB 则可能发生危险。表 10-5 列出了在不同噪声级下长期工作时耳聋发病率的统计情况。由表中可见，噪声达到 90 dB 时，耳聋发病率明显增加。但是，即使高至 90 dB 的噪声，也只是产生暂时性的病患，休息后即可恢复。因此噪声的危害，关键在于它的长期作用。

表 10-5　工作 40 年后噪声性耳聋发病率

噪声级/dB（A 计权）	国际统计/%	美国统计/%
80	0	0
85	10	8
90	21	18
95	29	28
100	41	40

（二）干扰睡眠和正常交谈

1. 干扰睡眠

睡眠对人是极为重要的，它能够调节人的新陈代谢，使人的大脑得到休息，从而使人恢复体力，消除疲劳。保证睡眠是人体健康的重要因素。噪声会影响人的睡眠质量和时间长短。连续声可以加快熟睡到轻睡的回转，缩短人的熟睡时间；突然的噪声使人惊醒。一般情况下，40 dB 的连续噪声可使 10% 的人受影响，70 dB 时可使 50% 的人受影响；突然噪声达 40 dB 时，可使 10% 的人惊醒，60 dB 时，可使 70% 的人惊醒。对睡眠和休息来说，噪声最大允许值为 50 dB，理想值为 30 dB。

2. 干扰交谈和思考

噪声对交谈的干扰情况见表 10-6。

表 10-6　噪声对交谈影响

噪声/dB	主观反映	保证正常讲话距离/m	通信质量
45	安静	10	很好
55	稍吵	3.5	好
65	吵	1.2	较困难
75	很吵	0.3	困难
85	太吵	0.1	不可能

（三）引起疾病

噪声对人体健康的危害，除听觉外，还会对神经系统、心血管系统、消化系等有影响。噪声作用于人的中枢神经系统，会引起失眠、多梦、头疼、头昏、记忆力减退、全身疲乏无力等神经衰弱症状。

噪声可使神经紧张，从而引起血管痉挛、心跳加快、心律不齐、血压升高等病症。对一些工业噪声调查的结果表明：长期在强噪声环境中工作的人比在安静环境中工作的人心血管系统的发病率要高。有人认为，20 世纪生活中的噪声是造成心脏病的一个重要因素。

噪声还可使人的胃液分泌减少、胃液酸度降低、胃收缩减退、蠕动无力，从而易患胃溃疡等消化系统疾病。有资料指出，长期置身于强噪声下，溃疡病的发病率要比安静环境下高 5 倍。

噪声还会使儿童的智力发育迟缓，甚至可能会造成胎儿畸形。

（四）杀伤动物

噪声对自然界的生物也是有危害的。如强噪声会使鸟类羽毛脱落，不产蛋，甚至内出血直至死亡。1961 年，美国空军 F-104 喷气战斗机在俄克拉荷马市上空作超音速飞行试验，飞行高

度为 10^4 m，每天飞行 8 次，6 个月内使一个农场的 1 万只鸡被飞机的轰响声杀死 6000 只。实验还证明，170 dB 的噪声可使豚鼠在 5 min 内死亡。

（五）破坏建筑物

20 世纪 50 年代曾有报道，一架以 1.1×10^3 km/h 的速度（亚音速）飞行的飞机，做 60 m 低空飞行时，噪声使地面一幢楼房遭到破坏。在美国统计的 3000 起喷气式飞机使建筑物受损害的事件中，抹灰开裂的占 43%，损坏的占 32%，墙开裂的占 15%，瓦损害的占 6%。1962 年，3 架美国军用飞机以超音速低空掠过日本藤泽市时，导致许多居民住房玻璃被震碎，屋顶瓦被掀起，烟囱倒塌，墙壁裂缝，日光灯掉落。

三、噪声的量度与评价

噪声的描述方法可分为两类：一类是把噪声作为单纯的物理扰动，用描述声波特性的客观物理量来反映，这是对噪声的客观量度；另一类则涉及人耳的听觉特性，根据人们感觉到的刺激程度来描述，因此被称为对噪声的主观评价。现分别陈述如下：

（一）噪声的客观量度

1. 频率与声功率

声音是物体的振动以波的形式在弹性介质（气体、固体、液体）中进行传播的一种物理现象。这种波就是通常所说的声波，频率等于造成该声波的物体振动的频率，其单位为赫兹（Hz）。一个物体每秒的振动次数，就是该物体的振动频率的赫兹数，亦即由此物体引起的声波的频率赫兹数。例如某物体每秒振动 100 次，则该物体的振动频率就是 100 Hz，对应的声波频率也是 100 Hz。声波频率的高低，反映了声调的高低。频率高，声调尖锐；频率低，则声调低沉。人耳能听到的声波的频率范围是 20 ～ 20000 Hz。20 Hz 以下的称为次声，20000 Hz 以上的称为超声。人耳有一个特性，即从 1000 Hz 起，随着频率的减少，听觉会逐渐迟钝。换句话说，人耳对低频率噪声容易忍受，而对高频率噪声则感觉烦躁。

声功率是描述声源在单位时间内向外辐射能量本领的物理量，其单位为瓦（W）。一架大型的喷气式飞机，其声功率为 10kW，一台大型鼓风机的声功率为 0.1 kW。

2. 声强和声强级

为了表示声波的能量以波速沿传播方向传输的情况，定义通过垂直于声波传播方向的单位面积的声功率为声强度，或简称声强，用 I 表示，单位为瓦每平方米（W/m²）。声场中某一位置的声强的量值越大，则穿过垂直于声波传播方向上的单位面积的能量越多。在自由声场中（无障碍物和声波反射体）有一非定向辐射源，其声功率为 W，辐射的声波可视为球面波，在距离声源 r 处，球面的总面积为 $4\pi r^2$，则在球面上垂直于球面方向的声强为：

$$I_n = W/4\pi r^2 \, (W/m^2) \tag{10-1}$$

由式（10-1）可以看出，声强 I_n 以与 r^2 成反比的关系发生变化，即距声源越远声强越小，并且降幅比距离增加更显著。

对于频率为 1000 Hz 的声音，人耳能够感觉到的最小的声强约等于 10^{-12} W/m²。这一量值用 I_0 表示，常作为声波声强的比较基准，即 $I_0 = 10^{-12}$ W/m²，因此又称 I_0 为基准声强。对于频率为 1000 Hz 的声波，正常人的听觉所能忍受的最大声强约为 1 W/m²，这一量值常用 I_m 表示，$I_m = 1$ W/m²。声强超过这一上限时，就会引起耳朵的疼痛，损害人耳的健康。声强小于 I_0，人耳就觉察不到声音了，所以 I_0 又称人耳的听阈，I_m 又称人耳的痛阈。

声强级是描述声波强弱级别的物理量。声强大小固然在客观上反映声波的强弱，但是根据声学实验和心理学实验证明，人耳感觉到的声音的响亮程度，即人耳对感受到的声音的强弱程度的主观判断，并不是简单地和声强 I 成正比，而是近似与声强 I 的对数成正比。又因为能引起正常听觉的声强值的上下限相差悬殊 $I_m/I_0 = 10^{12}$ 倍，如用声强以及它通常使用的能量单位来量度可听声波的强度度极不方便。基于上述两个原因，所以引入声强级作为声波强弱的量度。声强级是这样定义的：将声强 I 与基准声强 I_0 之比的对数值，定义为声强 I 的声强级，声强级以 L_I 表示，即：

$$L_I = \lg I/I_0 \, (\text{B}) \tag{10-2}$$

由于 Bel 单位较大，常取分贝（dB）作声强级单位，其换算关系为 1 B = 10 dB，即

$$L_I = 10 \lg I/I_0 \, (\text{dB}) \tag{10-3}$$

例 1　试计算声强为下列数值的声强级，$I = 0.01 \, \text{W/m}^2$；$I_0 = 10^{-12} \, \text{W/m}^2$；$I_m = 1 \, \text{W/m}^2$。

解：根据 $L_I = 10 \lg I/I_0$

$I = 0.01 \, \text{W/m}^2$ $\qquad\qquad$ $L_I = 10 \lg 0.01/10^{-12} = 100 \, \text{dB}$

$I = 10^{-12} \, \text{W/m}^2$ $\qquad\qquad$ $L_I = 10 \lg 10^{-12}/10^{-12} = 0 \, \text{dB}$

$I = 1 \, \text{W/m}^2$ $\qquad\qquad$ $L_I = 10 \lg 1/10^{-12} = 120 \, \text{dB}$

由题可见：第一，数量差别如此巨大的不同声强用声强级表示，数量上的差别可以缩小，表示较方便；第二，听阈的声强级为 0 dB，0 dB 的声音刚刚能为人们听到，分贝数越大，噪声越强。痛阈的声强级为 120 dB。

3. 声压与声压级

声压是描述声波作用效能的宏观物理量。声波与传感器（如耳膜）作用时，与无声波情况相比较，多出的附加压强称为声波的声压，用 p 表示，单位为帕（Pa），$1 \, \text{Pa} = 1 \, \text{N/m}^2$。当声波的声强为基准声强 I_0 时，其表现的声压约为 $2 \times 10^{-5} \, \text{Pa}$（在空气中），这一量值也常被用做比较声波声压的衡量基准，称为基准声压，记作 p_0，即 $p_0 = 2 \times 10^{-5} \, \text{Pa}$。

理论表明，在自由声场中，在传播方向上声强 I 与声压 p 的关系为

$$I = p^2/\rho c \, (\text{W/m}^2) \tag{10-4}$$

式（10-4）中，p 为媒质密度（kg/m^3），c 为声速（m/s），两者的乘积就是媒质的特性阻抗。在测量中声压比声强容易直接测量，因此，往往根据声压测定的结果间接求出声强。

声压级是描述声压级别大小的物理量，式（10-4）表明声强与声压的平方成正比，即：

$$I_1/I_2 = p_1^2/p_2^2 \tag{10-5}$$

式（10-5）两边取对数，则：

$$\lg(I_1/I_2) = \lg(p_1^2/p_2^2) = 2 \lg(p_1/p_2) \tag{10-6}$$

为了表示声波强弱级别的统一，人们希望无论用声强级或声压级表示同一声波的强弱级别都具有同一量值，特按如下方式定义声压级，即声压级 L_p 等于声压 p 与基准声压 p_0 比值的对数值的 2 倍，即：

$$L_p = 2 \lg(p/p_0) \, (\text{B})$$
$$= 20 \lg(p/p_0) \, (\text{dB}) \tag{10-7}$$

声压与声压级可以互相换算。

例2 强度为 80 dB 的噪声的相应声压为多少?

解: 因为 $L_p = 20 \lg (p/p_0)$

$$\lg p = L_p/20 + \lg p_0 = 80/20 + \lg (2 \times 10^{-5}) = \lg (2 \times 10^{-1})$$

所以 $p = 0.2$ (Pa)

声压和声压级的换算见表 10-7。

表 10-7　声压与声压级的换算值

声压级/dB	0	10	20	30	40	50	60
声压/Pa	2×10^{-5}	$2 \times 10^{-4.5}$	2×10^{-4}	$2 \times 10^{-3.5}$	2×10^{-3}	$2 \times 10^{-2.5}$	2×10^{-2}
声压级/dB	70	80	90	100	110	120	
声压/Pa	$2 \times 10^{-1.5}$	2×10^{-1}	$2 \times 10^{-0.5}$	2	$2 \times 10^{0.5}$	20	

如果有几种声音同时发生,则总的声压级不是各声压级的简单算术和,而是按照能量的迭加规律,即压力的平方进行迭加的。

例3 设有两个噪声,其声压级分别为 L_{p_1} dB 和 L_{p_2} dB,问叠加后的声压级 L 为多少?

解: 由 $L_{p_1} = 20 \lg (p_1/p_0)$ 得 $p_1 = p_0 10^{L_{p1}/20}$

$$L_{p_2} = 20 \lg (p_2/p_0) \quad 得 \quad p_2 = p_0 10^{L_{p2}/20}$$

而 $p_{1+2}^2 = p_1^2 + p_2^2 = p_0^2 (10^{L_{p1}/10} + 10^{L_{p2}/10})$

或 $(p_{1+2}/p_0)^2 10^{L_{p1}/10} + 10^{L_{p2}/10}$

所以总的声压级 $L_{p_{1+2}} = 20 \lg (p_{1+2}/p_0) = 10 \lg (p_{1+2}/p_0)^2$

即 $L_{p_{1+2}} = 10 \lg(10^{L_{p1}/10} + 10^{L_{p2}/10})$

由计算总声压级 $L_{p_{1+2}}$ 的公式可见:

① 当 $L_{p_1} = L_{p_2}$ 或 $L_{p_1} - L_{p_2} = 0$ 时,有:

$$L_{p_{1+2}} = L_{p_1} + 10 \lg 2 = L_{p_1} + 3 \text{ (dB)}$$

即增大 3 dB。同理,三个相同声音迭加时,其声压级增大 $10 \lg 3$;若 N 个相同声音迭加时,其声压级增大 $10 \lg N$。

② 两个不同的声音迭加时,其计算式如下:

$$L_{1+2} = L_1 + 10 \lg [1 + 10^{-0.1(L_1 - L_2)}] \tag{10-8}$$

式中,$L_1 - L_2$ 为两个声压级之差(以大减小)。

根据式(10-8)可画出分贝和的增值图,如图 10-1 所示。从分贝增值图查得对应 ($L_1 - L_2$) 的 ΔL 值,加到较大的一个声压级下,即为和声压级。对于几个共存声音,可以按下列步骤进行。例如,84、87、90、95、96、91 六个分贝数相加,即:

也可以用分贝和的增值表 10-8 来计算任意两种声压级不等的声音共存时的总声压级。即将增值加在声压级中较大的一方。

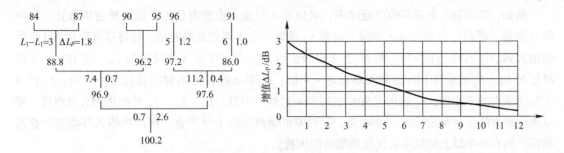

图 10-1 分贝和的增值图

表 10-8 分贝和的增值表

声压级差 $L_1 - L_2$/dB	0	1	2	3	4	5	6	7	8	9	10
增值 ΔL/dB	3.0	2.5	2.1	1.8	1.5	1.2	1.0	0.8	0.6	0.5	0.4

如有几种声音同时出现，总的声压级必须由大而小地将每两个声压级逐一相加而得。例如声压级分别为 85 dB、82 dB、78 dB 的四种声音共存时，其总声压级为 89 dB。

表 10-9 列出了几种典型环境噪声源的声压级的数据。

表 10-9 几种典型环境噪声源的声压级

几种典型环境噪声源	声压级/dB	几种典型环境噪声源	声压级/dB
喷气式飞机的喷气口附近	150	繁华街道上	70
喷气式飞机附近	140	普通讲话	60
锻锤、铆钉操作位置	130	微电机附近	50
大型球磨机旁	120	安静房间	40
8-18 型鼓风机附近	110	轻声耳语	30
纺织车间	100	树叶落下的沙沙声	20
4-72 型风机附近	90	农村静夜	10
公共汽车内	80	人耳刚能听到	0

（二）噪声的主观评价

1. A 声级

声压级只是反映了人们对声音强度的感觉，并不能反映人们对频率的感觉，而且由于人耳对高频声音比对低频声音较为敏感，因此声压级和频率不同的声音听起来很可能一样响。因此，要表示噪声的强弱，就必须同时考虑声压级和频率对人的作用，这种共同作用的强弱称为噪声级。噪声级可用噪声计测量，它能把声音转变为电压，经处理后用电表指示出分贝数。噪声计设有 A、B、C 三种特性网络。其中 A 网络可将声音的低频大部分过滤掉，能较好地模拟人耳的听觉特性。由 A 网络测出的噪声级称为 A 声级，其单位也为分贝（dB）。A 声级越高，人们越觉得吵闹。因此现在大都采用 A 声级来衡量噪声的强弱。

2. 统计声级

统计声级是用来评价不稳定噪声的方法。例如，在道路两旁的噪声，当有车辆通过时 A 声级大，当没有车辆通过时 A 声级就小，这时就可以等时间间隔地采集 A 声级数据，并对这些数据用统计的方法进行分析，以表示噪声水平。

例如，要测量一条道路的交通噪声，可以在人行道上设置测量点，运用精密声级计，将声级计调到"慢档"位置读取 A 声级。每隔 5 s 读取一个 A 声级的瞬时值，将连续读取的 200 个数值由大到小排列成一个数列，第 21 个 A 声级记为 L_{10}，第 101 个 A 声级记为 L_{50}，第 181 个 A 声级记为 L_{90}。L_{10} 表示有 10% 的时间超过这一声级；L_{50} 表示有 50% 的时间超过这一声级，L_{50} 相当于交通噪声的平均值；L_{90} 表示有 90% 的时间超过这一声级，L_{10}、L_{50}、L_{90} 等也称为百分声级，可以用这种方法评价交通噪声。1990 年，我国城市噪声污染十分严重，城市功能区环境噪声普遍超标，约有一半以上的城市居民受到噪声的困扰。

3. 其他噪声评价方法

其他噪声评价方法：如昼夜等效声级、感觉噪声级等。

（三）噪声的评价方法

在城市区域环境质量评价和工程建设项目环境影响评价中，环境噪声污染往往是评价工作的内容之一，在交通工程建设项目中，噪声影响评价直接涉及到居民搬迁和噪声防治工程措施。环境噪声影响评价的具体工作程序如下。

1. 拟定评价大纲

评价大纲是开展环境影响评价工作的依据。它包括了建设项目工程概况；污染源的识别与分析；确定评价范围；环保目标（这里主要指噪声敏感点）；噪声敏感点的地理位置及其环境条件，评价标准；评价工作实施方案；评价工作费用。

2. 收集基础资料

基础资料包括建设项目中噪声污染源源强与参数；噪声源与敏感点的分布位置图，并注明相对距离和高度；声传播的环境条件（如建、构建物屏障等）。

3. 进行现状调查

主要是噪声敏感点的背景噪声的调查。

4. 选定预测模式

根据噪声源类别，如车间，道路机动车及其流量、速度，飞机的类型架次、飞机程序，声传播的衰减修正等，按点、线声源特征选定预测模式。可以根据各建设行业有关环境评价规范来选定。

5. 噪声影响评价

根据预测评价量与采用的评价标准，给出各敏感点超标分贝值及评价结果。

6. 提出噪声治理措施

敏感点超标值达到 3 dB 或以上时，应考虑噪声治理措施。具体措施应给出技术、经济和环境效益的技术论证，以便为工程设计与施工，以及日常管理提供依据。

四、噪声的控制

（一）噪声标准与立法

1. 环境噪声标准

控制噪声污染已成为当务之急，而噪声标准是噪声控制的基本依据。毫无疑问，制定噪声标准时，应以保护人体健康为依据，以经济合理、技术上可行为原则。同时，还应从实际出发，因人、因时、因地不同而有所区别。此外，噪声标准并不是固定不变的，它将随着国家经济、科学技术的发展而不断提高。我国由于立法工作的加快，已制定了若干有关噪声控制的国家标准，见表10-10。

表10-10　我国城市区域环境噪声标准

适用区域	昼间噪声级 /dB（A 计权）	夜间噪声级 /dB（A 计权）	备　　注
特殊住宅区	45	35	特别需要安静的住宅区，如医院、疗养院、宾馆等
居民文教区	50	40	指居民和文教、机关区
一类混合区	55	45	指一般商业与居民混合区，如小商店、手工作坊与居民混合区
二类混合区、商业中心区	60	50	指工业、商业、少量交通和居民混合区；商业集中的繁华地区
工业集中区	65	55	指城市或区域规划明确规定的工业区
交通干线道路两旁	70	55	指车流量 100 辆/h 以上的道路两旁

2. 立法

噪声立法是一种法律措施。为了保证已制定的环境噪声标准的实施，必须从法律上保证人民群众在适宜的声音环境中生活与工作，消除人为噪声对环境的污染。

国际噪声立法活动从 20 世纪初期就已经开始。早在 1914 年瑞士就有了第一个机动车辆法规，规定机动车必须装配有效的消声设备。20 世纪 50 年代以后，许多国家的政府都陆续制定和颁布了全国性的、比较完整的控制法，这些法律的制定对噪声污染的控制起了很大作用。不仅使噪声环境有了较大改善，而且促进了噪声控制和环境声学的发展。

我国 1989 年颁布了国家环境噪声污染防治条例，基本内容包括交通噪声、施工噪声、社会生活噪声污染等。

（二）噪声控制的一般原则

声是一种波动现象，它在传播过程中遇到障碍物会发生反射、干涉和衍射现象。在不均匀媒质中或从某媒质进入另一种媒质时，会发生透射和折射现象。声波在媒质中传播时，由于媒质的吸收和波束的扩散作用，声波强度会随着距离的增加发生衰减。对于声波的这些认识是控制噪声的理论基础。在噪声控制中，首先是降低声源的辐射功率。工业和交通运输业可选用低噪声生产设备和生产工艺，或者改变噪声源的运动方式（如用阻尼、隔振等措施降低固体发声体的振动；用减少涡流、降低流速等措施降低液体和气体的声源辐射）。其次是控制噪声的传播，改变噪声传播的途径，如采用隔声和吸声的方法降噪。再次是对岗位工作人员的直接防护，如采用耳塞、耳罩、头盔等护耳器具，以减轻噪声对人员的损害。

（三）噪声控制的技术措施

1. 声源控制

声源是噪声系统中最关键的组成部分，噪声产生的能量集中在声源处。所以对声源从设计、技术、行政管理等方面加以控制，是减弱或消除噪声的基本方法和最有效的手段。

改进机械设计：在设计和制造机械设备时，选用发声小的材料、结构型式和传动方式。例如，用减振合金（如锰－铜－锌合金）代替45号钢，可使噪声降低27 dB；将风机叶片由直片形改成后弯形，可降低噪声10 dB；用皮带传动代替直齿轮传动可降低噪声16 dB；用电气机车代替蒸汽机车可使列车降低噪声50 dB；对高压、高速气流降低压差和流速或改变气流喷嘴形状都可以降低噪声。

改进生产工艺：如用液压代替冲压，用焊接代替铆接、用斜齿轮代替直齿轮等。

提高加工精度和装配质量：如提高传动齿轮的加工精度，可减小齿轮的啮合摩擦；若将轴承滚珠加工精度提高一级，则轴承噪声可降低 10 dB；设备安装得好，可消除机械零部件因不稳或平衡不良引起的振动和摩擦，从而达到降低噪声的效果。

加强行政管理：用行政管理手段，对噪声源的使用加以限制。例如，建筑施工机械或其他在居民区附近使用的设备，夜间必须停止操作。市区内汽车限速行驶、禁鸣喇叭等。

2. 传播途径控制

由于条件的限制，从声源上降低噪声难以实现时，就需要在噪声传播途径上采取以下措施加以控制。

（1）闹静分开、增大距离：利用噪声的自然衰减作用，将声源布置在离工作、学习、休息场所较远的地方。无论是城市规划，还是工厂总体设计，都应注意合理布局，尽可能缩小噪声污染面。

（2）改变方向：利用声源的指向性（方向不同，其声级也不同），将噪声源指向无人的地方。如高压炉、高压容器的排气口朝向天空或野外，比朝向生活区降低噪声 10 dB，如图 10-2 所示。

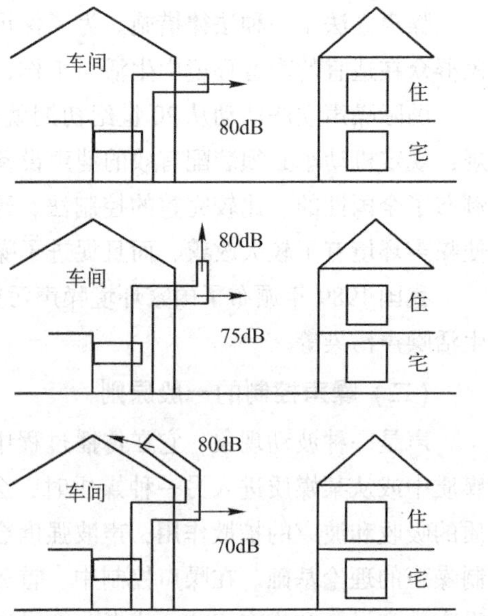

（3）设置屏障：在噪声源和接受者之间设置声音传播的屏障，可有效的防止噪声的传播，达到控制噪声的目的。有数据表明，40 m 宽的林带能降低噪声 10 ～ 15 dB，绿化的街道比没有绿化的街道降低噪声 8 ～ 10 dB。设置屏障，除了用林带、砖墙、土坡、山岗外，主要指采用声学控制方法。常用的几种声学控制方法如下。

（4）吸声：主要利用吸声材料或吸声结构来吸收声能，常用于会议室、办公室、剧场等室内空间。由于吸声材料只是降低反射的噪声，故它在噪声控制中的效果是有限的。

图 10-2　声源的指向性

（5）隔声：用隔声材料阻挡或减弱在大气中传播的噪声，多用于控制机械噪声。典型的隔声装置有将声源封闭，使噪声不外逸的隔声罩（降噪 20 ～ 30 dB），有防止外界噪声侵入的隔声室（降噪 20 ～ 40 dB），还有用于露天场合的隔声屏。

（6）消声：利用消声器（一种既允许气流通过而又能衰减或阻碍声音传播的装置）控制空气动力性噪声，简便而又有效。例如，在通风机、鼓风机、压缩机、内燃机等设备的进出口管道中安装合适的消声器，可降噪 20 ～ 40 dB。

（7）阻尼减振：当噪声是由金属薄板结构振动引起时，常用阻尼材料减振。如将阻尼材料涂在产生振动的金属板材上，当金属薄板弯曲振动时，其振动能量迅速传递给阻尼材料，由于阻尼材料的内损耗、内摩擦大，使相当一部分振动能量转化为热能而损耗散掉。这样就减小了振动噪声。常用的阻尼材料有沥青类、软橡胶类和高分子涂料。

（8）隔振：由机器设备振动产生的噪声，可使用橡胶、软木、毛毡、弹簧、气垫等隔振材料或装置，隔绝或减弱振动能量的传递，从而达到降噪的目的。

3. 接受者的防护

这是对噪声控制的最后一道防线。实际上，在许多场合，采取个人防护是最有效、最经济的办法。但是个人防护措施在实际使用中也存在问题，如听不到报警信号，容易出事故。因此立法机构规定，只能在没有其他办法可用时，才能把个人防护作为最后的手段暂时使用。

个人防护用品有耳塞、耳罩、防声棉、防声头盔等。表 10-11 列出的是几种常用个人防护用具及防噪效果。

表 10-11 几种防声用具及效果

种 类		质量/g	降噪/dB（A 计权）
干棉花		1～5	5～10
涂蜡棉花		1～5	10～20
耳塞	软塑料、软橡胶	1～5	15～30
	乙烯套充蜡	3～5	20～30
耳罩		250～300	20～40
防声头盔		1500	30～50

控制噪声除上述几种方法外，搞好城市道路交通规划和区域建设规划、科学布局城市建筑物、合理分流噪声源、加强宣传教育工作等措施，都能取得控制噪声污染的良好效果。

4. 噪声的利用

噪声是一种污染，这是它有害的一面；此外，噪声也有许多有用的方面。人们在控制噪声污染的同时，也可将其化害为利，利用噪声为人类服务。另外，噪声是能量的一种表现形式，因此，有人试图利用噪声做一些有益的工作，使其转害为利。

噪声可用作工业生产中的安全信号。煤矿中为了防止塌方、瓦斯爆炸带来的危害，研制出了煤矿声报警器。当煤矿冒顶、瓦斯喷出之前，会发出一种特有的声音，煤矿声报警器记录到这种声音后就会立即发出警报，提醒人们离开现场或采取安全措施以防止事故的发生和蔓延。强噪声还可作为防盗手段，有人发明了一种电子警犬防盗装置，电子警犬处于工作状态时，能发出肉眼看不见的红外光，只要有人进入监视范围，电子警犬就会立即发出令人丧胆落魄的噪声。目前各种防盗柜也安装了这种防盗发声装置。

噪声还有很多其他方面的可利用性，如可用在农业上，提高作物的结果率和除杂草，也可用于干燥食物等。噪声是一种有待开发的新能源，化害为利，变废为宝是解决污染问题的最好途径。相信随着人类科学技术的发展，不仅是噪声，还有其他的各种污染，人类都可以解决，并能利用它们来为人类服务。

第二节 电磁辐射污染及防治

一、电磁辐射污染与危害

（一）电磁辐射污染

电磁辐射污染是指各种天然的和人为的电磁波干扰和对人体有害的电磁辐射。

电磁波是电磁和磁场周期性变化产生波动通过空间传播的一种能量，也称作电磁辐射。利用这种辐射可以造福人类，如无线通信、广播、电视信号的发射以及在工业、科研、医疗系统中的应用。但是 电磁波又同时给环境带来了不利的影响，起着"电子烟雾"的作用。在环境保护研究中认定，点射频电磁场打到足够强度时，会对人体机能产生一定的破坏作用。因此，涉及各行各业的电磁辐射已经成为继大气污染、水污染、固体废物污染和噪声污染后的又一重要污染。

（二）电磁辐射污染的传播途径

电磁辐射所造成的环境污染，主要通过以下三个途径进行传播：

1. 空间辐射

当电子设备或电气装置在工作时，相当于一个多向发射天线不断的向空间辐射电磁能量。这些发射出来的电磁能，在距场源不同距离的范围内以不同的方式传播并作用于受体。近场区（距场源一个波长范围内）传播的电磁能以电磁感应的方式作用于受体，如何使日光灯自动发光；在远场区（距场源一个波长的范围之外），电磁能是以空间放射方式传播并作用于受体。

2. 导线传播

当视频设备与其他设备共用一个电源时，或他们之间有电气连接时，通过电磁耦合，电磁能便通过导线传播；另外，信号的输出输入电路和控制电路也会在强电磁场中"拾取"信号，并将所拾取的信号进行再传播。

3. 复合传播

当空间辐射和导线传播所造成的电磁辐射污染同时存在时称为复合传播。

（三）电磁辐射的危害

电磁辐射污染是一种能量流污染，看不见，摸不着，但却实实在在存在着。它不仅直接危害人类健康，还不断地"滋生"电磁辐射干扰事端，进而威胁人类生命。

1. 恶劣的电磁环境会严重干扰航空导航、水上通信、天文观测等

移动电话的工作频率会干扰飞机与地面的通信信号和飞机仪器的正常工作，引起飞机导航系统偏向，对飞行安全带来隐患，因此在飞机上要关闭移动电话、电脑和游戏机。移动电话和通信卫星所发射的电磁波若闯入了天文望远镜使用的频带，将严重干扰天文观测。这些已引起各国政府及制造商的重视。目前要求移动电话或无线寻呼台的工作频率必须严格符合我国的《无线电频率划分规定》。

2. 危害人类健康

科学家从 20 世纪 70 年代就开始研究电磁辐射对人类的危害。科学家认为电磁辐射的生物效应对人体确实有害。当生物体暴露在电磁场中时，大部分电磁能量可穿透肌体，少部分能量被肌体吸收。由于生物肌体内有导电液体，能与电磁场相互作用，可产生电磁场生物效应。

电磁场的生物效应分热效应和非热效应。其热效应是由高频电磁波直接对生物肌体细胞产生加热作用引起的。电磁波穿透生物表层直接对内部组织"加热"，而生物体内部组织散热又困难，所以往往肌体表面看似正常，而内部组织已严重"烧伤"。不同的人，或同一人的不同器官对热效应的承受能力不一样。老人、儿童、孕妇属于敏感人群，心脏眼睛和生殖系统属于敏感器官。非热效应是电磁辐射长期作用而导致人体某些体征的改变。如出现中枢神经系统机能障碍的症状，头疼头晕，失眠多梦，记忆力衰退等；非热效应还会影响心血管系统，影响人体的

循环系统、免疫系统、生殖和代谢功能，严重的甚至会诱发癌症。

电磁辐射对人体的危害程度与电磁波波长有关。按对人体危害程度由大到小排列，依次是微波、超短波、短波、中波、长波。波长愈短，危害愈大，而且微波对肌体的危害具有积累性，使伤害不易恢复。微波会伤及胎儿，极易引起胎儿畸形、弱智、免疫功能低下等；会引起眼睛的白内障和角膜损害、德国 Essen 大学的科学家在 2011 年 1 月声称，经常使用手机的人患上鼻咽癌的可能性是较少打手机的人的 3 倍。这是科学家第一次发表手机辐射可致癌的正式声明。微波还会破坏脑细胞，使大脑皮质细胞活动能力减弱。所以科学家呼吁尽量减少手机的使用率

(四) 电磁辐射防护标准

电磁场的生物效应如果控制得好，可对人体产生良好的作用，如用理疗机治病。但当它超过一定范围时，就会破坏人体的热平衡，对人体产生危害。

电磁辐射防护标准经历了较长时间的探讨，至今全世界仍没有统一的标准，各国各行其是。1984 年，国际非电离辐射委员会与世界卫生组织的环境卫生部联合推荐的电磁防护标准在最敏感段公众的标准为 $200 \mu W/cm^2$。我国 1988 年发布的《电磁辐射防护规定》（GB 8702—1988）中给出的最敏感段照射功率密度限值，职业照射是 $20 \mu W/cm^2$，公众为 $40 \mu W/cm^2$。

(五) 电磁辐射现状及防护的重要性

现在，由于无线电广播、电视以及微波技术、微波通信等应用迅速普及，射频设备的功率成倍提高，地面上的电磁波密度大幅增加，已直接威胁到人的身心健康。因此，对电磁辐射所造成的环境污染必须予以重视并加强防护技术的研究和应用，处理好经济发展与环境保护，做到可持续发展。

我国自 20 世纪 60 年代以来，在这方面已做了大量的工作，研制了一些测量设备，制定了有关高频电磁辐射安全卫生标准及微波辐射卫生标准，在防护技术水平上也有了很大提高，取得了良好的成效。由于政府重视，我国目前的电磁辐射环境污染情况，虽然已有苗头出现，但远未到严重的地步。1998 年初我国开始全国电磁辐射污染源的调查，历时 1 年 4 个月，摸清了全国电磁辐射污染源的基本情况。"北京中央广播电视塔""上海东方明珠塔""天津广播电视塔"这三个高度超过了 400 m、规划设计功率超过 200 kW 的大型广播电视塔辐射环境验收达标。

二、电磁污染源

影响人类生活的电磁污染源可分为天然污染源和人为污染源两种。

(一) 天然污染源

天然的电磁污染源是某些自然现象引起的。

(1) 雷电，最常见。除了对电气设备、飞机、建筑物、人类造成直接危害外，还可以从几百赫到几千兆赫的极宽频率范围内对广大地区产生严重的电磁干扰；

(2) 火山喷发，地震；

(3) 太阳黑子活动引起的磁暴，新星爆发，宇宙射线等。对短波通信的干扰特别严重。

(二) 人为污染源

人为污染源指人工制造的各种系统、电气和电子设备产生的电磁辐射，可能危害环境。主要有脉冲放电、工频交变电磁场、射频电磁辐射等，其中射频电磁辐射已经成为电磁污染环境的主要因素。

三、电磁辐射污染的防护

电磁辐射污染的防护须采取综合防治的办法，这样才能取得更好的效果。防护原则是：首先是减少电磁泄漏，这是解决污染源的问题。其次是通过合理的工业布局，使电磁污染源远离居民稠密区，尽量减少受体遭受污染危害的可能。对于已经进入到环境中的电磁辐射，采取一定的技术防护手段（包括个人防护），以减少对人及环境的危害。

对变电站、高压线等与生活密切的常见电磁辐射源的防护，最重要的是保持安全间距，只要能保证一定距离，就能安全有效避免电磁辐射危害的影响。有关部门正在起草《变电站环境保护设计规程》，将对安全间距等做出明确规定。

具体的电磁辐射污染防护方法如下。

（一）区域控制与绿化

区域控制大体分四类：自然干净区、轻度污染区、广播辐射区和工业干扰区。依据这样的区域划分标准，合理进行城市、工业等布局，可以减少电磁辐射对环境的污染。同时，由于绿色植物对电磁辐射有较好的吸收作用，因此加强绿化是防治电磁污染的有效措施之一。

（二）屏蔽防护

1. 屏蔽防护的作用与原理

采用某种能抑制电磁辐射能的材料——屏蔽材料，将电磁场源与其环境隔离开来，使电磁辐射能被限制在某一范围内，达到防治电磁污染的目的。这种技术称为屏蔽防护。

当电磁辐射作用于屏蔽体时，因电磁感应，屏蔽体产生与场源电流方向相反的感应电流而生成反向电磁线，可以与场源磁力线相抵消，达到屏蔽效果。若使屏蔽体接地，还可达到对电厂的屏蔽。

2. 屏蔽的分类

根据场源与屏蔽体的相对位置，屏蔽方式分为两类：

主动场屏蔽（有源场屏蔽）。主动场屏蔽是将场源至于屏蔽体内部，作用是将电磁场限定在某一范围内，使其不对此范围以外的生物肌体或仪器设备产生影响。主动场屏蔽时场源与屏蔽体间距小，结构严密，可以屏蔽电磁辐射强度很大的辐射源。屏蔽壳必须良好接地。

被动场屏蔽（无源场屏蔽）。被动场屏蔽是将场源放置于屏蔽体之外，使场源对限定范围内的生物体及仪器设备不产生影响。其特点是屏蔽体与场源间距大，屏蔽体可以不接地。

3. 屏蔽材料与结构

屏蔽材料可选用铜、铁、铝，涂有导电涂料或金属镀层的绝缘材料。电场屏蔽选用铜材为好，磁场屏蔽选用铁材。

屏蔽体的结构形式有板结构和网结构两种，网结构的屏蔽效率一般高于板结构。对于板结构，在高频段，由于趋附效应，厚度不需过多增加也能获得良好的屏蔽效果。对于网结构，网孔大小（目数）的选择要根据电磁场性质及频段决定。对中短波，屏蔽网目数小些（网孔大）就可保证足够的屏蔽效果；对于超短波、微波，目数要大些（网孔小），尤其对磁场屏蔽，要求目数越大越好。网层数的选择，双层金属网的屏蔽效果一般大于单层网。当网与网的间距在 5 ~ 10 cm 时，双层的衰减量约为单层的两倍。

总的要求是要保证整个屏蔽体的整体性，对壳体上的空洞、缝隙要进行屏蔽处理，用焊接、弹簧片接触、蒙金属网方法实现。屏蔽体的集合形状最好为圆柱形结构，以避免产生尖端效应。

（三）接地防护

将辐射的屏蔽部分或屏蔽体通过感应产生的高频电流导入大地，以避免屏蔽体本身再成为二次辐射源。

高频设备进行屏蔽体接地处理时，由于高频电流的集肤效应，它的接地要求与普通电气设备安全接地不同。接地线的表面积应大些，一般多选用宽 10 cm、厚 0.15 cm 的扁铜带；接地线的长度力求缩短，最好小于波长的 1/20，以降低接地的高频感抗。接地极多采用面积约 1 m²、有一定厚度的铜板，并将其埋于低下 1.5～2 m 深的土壤中。

接地防护的效果与接地极的电阻值有关，接地的电阻越低，其导电效果越好。

（四）吸收防护

采用对某种辐射能力具有强烈吸收作用的材料，敷设于场源外围，使敷设场强度大幅度衰减下来，达到防护目的。吸收防护主要用于微波防护。

常用的吸收材料有谐振型吸收材料和匹配型吸收材料。前者是利用某些材料有谐振特性做成的吸收材料，特点是材料厚度小，只对频率范围很窄的微波辐射具有良好的吸收率。后者利用某些材料和自由空间的阻抗匹配特性来吸收微波辐射能（吸波材料），其特点是适用于吸收频率范围很宽的微波辐射。

（五）个人防护

个人防护的对象是个体的微波作业人员。当工作需要，操作人员必须进入微波辐射源的近场区作业时，或因某些原因不能对辐射源采取有效的屏蔽或吸收等措施时，必须采用个人防护措施以保护作业人员的安全。

个人防护措施主要有穿防护服，戴防护头盔和防护眼镜等。这些个人防护装备同样也应用了屏蔽、吸收等原理，是用相应的材料做成的。

第三节 放射性污染及其防治

一、放射性辐射源

作用于人类的放射性可分为天然放射性和人工放射性，因此有两种放射性辐射源。我们讨论的重点是由人类活动而引入环境的人工放射性源。

（一）天然辐射源

天然辐射源是自然界中天然存在的辐射源，人和其他生物体受到天然辐射源的照射（天然本底辐射）可分为外照射和内照射。外照射主要来自宇宙射线以及地面上天然放射性核素发射的 γ 射线和 β 射线对人体的外照射，内照射则是通过呼吸道和消化道进入人体内的以及人体组织内本身存在的天然放射性核素造成的辐照。这种情况从人类诞生起就已如此，人类适应这种辐射。

天然辐射源所产生的总辐射水平称为天然放射性本底，它是环境是否受到放射性污染的基本标准。

环境中天然本辐射底主要由宇宙射线、宇宙放射性核素和原生放射性核素发射的辐射这三种部分组成。

（1）宇宙射线主要来源于地球的外表层空间，有外层空间射到地球大气层的高能粒子称为初级宇宙射线，主要由高能质子组成，具有极大的动能，这些粒子与大气中的氧、氮原子核产生了次级宇宙射线粒子。

（2）宇宙放射性核素是高能初级宇宙射线与大气的原子核发生核反应时产生的放射性核素，种类不少，但在空气中含量很低，对环境辐射的实质贡献不大。

（3）原生放射性核素是从地球形成开始，迄今还存在于地壳中的那些放射性核素，其中最重要的是铀（U）、钍（Th）以及钾（K）、碳（C）和氚（H）等。

（二）人工辐射源

人工辐射源是指由生产、研究和使用放射性物质的单位所排放出的放射性废物和核武器试验所产生的的放射性物质，是对环境造成放射性污染的主要来源。

1. 核爆炸的沉降物

核武器是全球性放射性污染的主要来源。核爆炸的一瞬间能产生穿透性很强的核辐射，主要是中子和 γ 射线。爆炸后还会留下很多继续放射 α、β、γ 射线的放射性污染物，通常称为放射性沉降物，又叫落下灰。排入大气的放射性污染物与大气中的飘尘相结合，甚至可达平流层并随大气环流流动，经很长时间（可达数年）才落回到对流层。放射性沉降物播散的范围很大，往往可以沉降到整个地球表面。这些发射是物质中对人体伤害较大、半衰期又相当大的锶（Sr）、铯（Cs）、碘（I）、碳（C）。但据联合国辐射影响问题委员会估计，核试验引起全球性污染而给全世界人口的平均照射剂量，比试验场附近居民的剂量小得多，因而对核试验污染无需过分恐惧。

2. 核工业过程的排放物

核能应用于动力工业，构成了核工业的主体。核污染涉及核燃料的循环过程。它包括核燃料的制备与加工过程，核反应堆的运行过程和辐射后的燃料后处理过程。正常运行时核电站对环境排放的气态和液态放射性废物很少，固态放射性废物又被严格地封装在巨大的钢罐中，不渗入生物链。在放射性废料的处理设施不断完善的情况下，正常运行时对环境不会造成严重的污染。严重的污染往往都是由事故造成的；如 1979 年 3 月美国三里岛事故和 1986 年 4 月原苏联切尔若贝利核电站事故。

3. 医疗照射的放射

随着现代医学的发展，辐射作为诊断、治疗的手段越来越广泛应用。辐照方式除外照射外，还发展了内照射，如诊治肺癌等疾病，就采用内照射方式，使射线集中照射病灶。但这同时也增加了操作人员和病人受到的辐照。因此，医用射线也成为环境中的主要人工污染源之一。

4. 其他方面的污染

某些用于控制、分析、测试的设备用了放射性物质，对职业操作人员会产生辐射危害。某些生活消费品中使用了放射性物质，如夜光表、彩色电视机等，某些建筑材料如含铀、镭量高的花岗岩和钢渣砖等，它们的使用也会增加室内的辐照强度。

二、放射性对人类的危害

(一) 放射性物质进入人体的途径

环境中的放射性物质和宇宙射线不断照射人体，即为外照射。这些物质也可进入人体，使人受到内照射，放射性物质首先是通过食物链经消化道进入人体。其次是放射性尘埃经呼吸道进入人体；通过皮肤吸收的可能性很小。放射性物质进入人体的途径如图 10-3 所示。

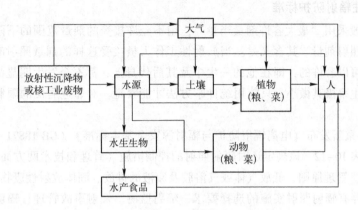

图 10-3　放射性物质进入人体的途径

(二) 放射性对人体的危害

1. 放射性损伤机理

放射性实际是一种能量形式。这种能量被人体组织吸收时，吸收体的原子就发生电离作用，将能量转变为另一种形式，而这种能量在一定阶段又要释放出来并在吸收体内引起其他反应。具体讲有两类损伤作用；一是直接损伤，即辐射直接将肌体物质的原子或分子电离，从而破坏肌体内某些大分子结构，如蛋白质分子、脱氧核糖核酸（DNA）、核糖核酸（RNA）分子等；二是间接损伤，即放射线先将体内的水分子电离，生成具有很强活性的自由基，通过它们的作用影响肌体的组成。由此可见，放射性不仅可干扰、破坏肌体细胞和组织的正常代谢活动，而且能直接破坏它们的结构，从而对人体造成危害。

由于发射线能引起吸收原子电离，因此在国内外许多标准中放射性称为电离辐射。

2. 放射性对人体的危害

放射性污染物所造成的危害，在有些情况下并不即刻显示出来，而是经过一段潜伏期后才显示出来。放射性对人体的危害程度主要取决于所受辐照射剂量的大小。

一次或短期内受到大量剂量照射时，会产生放射性损伤的急性反应，使人出现恶心、呕吐、脱发、食欲减退、腹泻、喉炎、体温升高、睡眠障碍等神经系统和消化系统的症状，严重会造成死亡。例如，在数千拉德（rad，1 rad = 10^{-2} Gy）高剂量照射下，可以在几分钟或几小时内将人致死，受到 600 rad 以上照射时，在两周内的死亡率可达 100%，受照射量在 300 ~ 500 rad 之间时，在四周内死亡率为 50%。

在急性放射病恢复以后，经一段时间或在低剂量照射后的数月、数年、甚至数后代还会产生辐射损伤的远期效应，如致癌、白血病、白内障、寿命缩短、影响生长发育等，甚至对遗传基因产生影响，使后代身上出现某种程度的遗传性疾病。

三、放射性污染的防护和处理

放射性废物不像一般工业废物和垃圾等极容易被发现和预防其危害。它是无色无味的有害物质，只能靠放射性测试仪才能探测到。因此，对放射性的处理与其他工业污染物处理有根本的区别。放射性物质的管理、处理和最终处置必须严格科学地按国际和国家标准进行，把对人类的危害降低到最低水平。

（一）放射性辐射防护标准

目前我国一般采用"最大容许剂量当量"，用不允许接受的剂量范围的下限来限制从事放射性工作人员的照射剂量。其含义是：当放射性工作人员接受这样的剂量照射时，肌体受到的损伤被认为是不可以容许的，即在他的一生中及其后代身上，都不会发生明显的危害，即或有某些效应，其发生率极其微小，只能用统计学方法才能察觉。对邻近居民的限制剂量为职业照射的 1/10。

我国 2002 年重新发布《电离辐射防护与辐射源安全基本标准》（GB 18871—2002）中规定了剂量当量，见表 10-12。该规定还对辐射照射的控制措施（管理和技术两方面）、放射性废物管理（包括分类、管理原则、低放气体或气溶胶及废液的排放、固体放射性废物管理）、放射性物质安全运输、伴有辐射照射实施的选择要求、辐射监测、辐射事故管理、辐射防护评价以及辐射工作人员健康管理均有详细的规定和必要的阐述。

表 10-12 我国电离辐射防护有关剂量当量的规定

剂 量 当 量 限 值 分 类		年有效剂量当量限值 /mSv
职业照射	辐照工作人员：由审管部门决定的连续五年年平均 任何一年中 眼晶体 四肢（手和足）或皮肤	20 50 150 500
	16～18 岁学生、学徒工和怀孕妇女：任何一年中 眼晶体 四肢（手和足）或皮肤	6 50 150
公众照射	公众人员：一年 特殊情况；连续 5 年的年平均剂量不过 1 mSv 眼晶体 皮肤	1 5 15 50
	慰问者和探视人员（在患者诊断或诊治期间）：成人 儿童	5 1

《辐射性废物管理规定》（GB 14500—2002）中规定，含人工放射性核素比活度大于 2×10^4 Bq/kg，或含天然放射性核素比活度大于 7.4×10^4 Bq/kg 的污染物，应作为放射性废物看待，小于此水平的放射性也应妥善处理。

（二）放射性辐射防护方法

辐射防护的目的主要是为了减少辐线对人体的照射，具体方法如下：

（1）时间防护。人体受照射的时间越长，则接受的照射量也越多。因此要求工作人员操作准确敏捷以减少受照时间；也可以增配人员轮流操作以减少每个人的照射时间。

（2）距离防护。人距辐射源越近，则受照量越大。因此必须远离操作以减少受照量。

（3）屏蔽防护。辐射源越强，受照时间越长，距辐射源越近，则受照量越大，为了尽量减少射线对人体的照射，可以采用屏蔽的方法，在辐射与人之间放置一种合适的屏蔽材料，利用屏蔽材料对射线的吸收减少受照射量。

α射线的防护。α射线射程短，穿透力弱，在空气中易被吸收，用几张纸或薄的铝膜即可将其屏蔽。但其电离能力强，进入人体后会因内照射造成较大的伤害。

β射线的防护。β是带负电的电流，穿透物质的能力较强，因此对屏蔽β射线的材料可采用有机玻璃、烯基塑料、普通玻璃和铝板等。

γ射线的防护。γ射线是波长很短的电磁波，穿透能力很强，危害也最大，常用具有足够厚度的铝、铁、钢、混凝土等屏蔽材料屏蔽γ射线。

另外，为了防止人们受到不必要的照射，在有放射性物质和射线的地方应设置明显的危险标记。

（三）放射性废物的处理处置

1. 处理处置技术的特点

放射性废物所含的放射性核素不能用化学或生化方法来消除，只能依靠放射性核素自身的衰变来消除；

处理时的操作需要在严密的防护屏蔽条件下进行，所用设备的材料应为耐腐蚀、耐辐射的合金材质；

对大多数放射性废物应做深度处理，尽量不复用，减少排放；在处理过程中所产生的二次废物应纳入后续处理系统进一步处理和处置。

2. 放射性废气的处理

根据废气中放射性的存在形态的不同，采用不同的处理方法。

对挥发性废气用吸附法和扩散稀释法处理。如放射性碘可用活性炭吸附达到净化目的。溶度较低的放射性废气可由高烟囱稀释排放。

对以放射性气溶胶形式存在的废气可通过除尘技术达到净化。先经过机械除尘器、湿式洗涤除尘器进行预处理，除去气溶胶中粒径较大的固态或液态颗粒；然后进入中效过滤，除去大部分中等粒径的颗粒；第三步是高效过滤，几乎可以全部滤去粒径大于 $0.3\ \mu m$ 的颗粒，使气溶胶得到完全净化。

但中效和高效过滤器使用过的滤料应作为放射性固体废物加以处理。

3. 放射性废液的处理处置

基本方法是稀释排放、浓缩存储和回收利用。对不同浓度放射性废液的处理方法不同。

低放废液（放射性强度小于 $10^{-3}\ \mu Ci/mL$，$1\ Ci = 3.7 \times 10^{10}\ Bq$）。对清洁的低放废液可直接采用离子交换、蒸发和膜分离法处理，处理后清水可返回用，浓缩液送至中放废液处理系统再处理。混性放射废液可用化学混凝沉淀—过滤—离子交换处理工艺。沉渣和废过滤料、废交换树脂作为放射性废物作进一步处置。上述处理过程除对设备材料要求较高外，其他与常规的废水处理相同。

中放废液（放射性强度为 $10^2 \sim 10^3\ \mu Ci/mL$）。中放废液的处理手段是蒸发浓缩，减少体积，使之达到高放废液的水平，然后进一步处置。蒸发过程产生的二次废物可按低放废物的处理方法进一步处理。

高放废液（放射性强度大于 10^3 μCi/mL）。多数国家采用固化技术进行最终安全处置。常用的方法有水泥固化、水玻璃固化、沥青固化、人工合成树脂固化等。固化处理后的固化体最终还需送入统一管理的安全存储库处理。

4. 放射性固体废物的处理处置

放射性固体废物指铀矿石提取铀后的废矿渣，被放射性物质沾污而不能用的各种器物和废液处理过程中的残渣、滤渣和固化体。对铀矿渣一般用土地堆放或回填矿井的方法，虽然这不能根本解决污染问题，但是目前无更有效的方法。对可燃性放射性固体废物最好不用焚烧法，焚烧产生的废气和气溶胶物质需严加控制，灰烬要收集并掺入固化物中。不可燃性放射性固体废物主要以受污染的设备、部件为主，因此应先进行拆卸和破碎处理，然后在煅烧处理，减少其体积，以利于最终包封存储；或采用去污，如溶剂洗涤、机械刮削喷镀、熔化等手段，降低污染程度，达到可接受的水平。

5. 最终处置

放射性废物的最终处置是为了确保废物中的有害物质对人类不产生危害。基本方法是埋入能与生物圈有效隔离的最终存储库中。

最终储存库的选址及地质条件应比有毒有害废物处置地的选择更加严格，并远离人类活动区，如选择在沙漠或谷地中。需要最终储存的废物应封装于不锈钢容器中，然后再放到储存库中。储存库应设立三道屏障：内层的储存库采用不锈钢覆面的钢筋混凝土结构；中间的工程屏障为一整套地下水抽提系统，以维持库外区域有较低的地下水位，有时为了加固深层地质，还要设置混凝土墙或金属板结构；外层为天然屏障，主要指地质介质，地质介质有多种，如盐矿层的盐具有塑性变形和再结晶性质，导热性好，热容量高，机械性能好，且矿床常位于低地震区，床层内无循环地下水，有不透水层与地下水隔绝，是理想的储存库选择地，有可靠的安全性。

第四节　热污染及其防治

一、热污染的含义

在能源消耗和能量转换过程中有大量化学物质（如 CO_2 等）及热蒸汽排入环境，使局部环境或全球环境发生增温，并可能对人类和生态系统产生直接或间接的潜在危害，这种现象称为"热污染"或"环境热污染"。

当前，随着世界能源消费的不断增加，热污染问题也日趋严重，须引起人们的重视。产生热污染形成的原因主要有三个方面。

（1）热直接向环境，特别是水体排放。发电、冶金、化工和其他的工业生产通过燃料燃烧和化学反应等过程产生的热量，一部分转化为产品形式，一部分以废热的形式直接排入环境。转化为产品形式的热量，在消费过程中最终也要通过不同的途径释放到环境中（如加热、燃烧等方式），而且各种生产和生活过程排放的废热大部分转入到水中，使水升温。这些温度较高的水排进水体，形成对水体的热污染。电力工业是排放温热水最多的行业。据统计，排进水体的热量，有 80% 来自电厂。

（2）大气组成的改变。人类的生产和生活活动向大气大量排放温室气体，引起大气增温；

同时消耗臭氧层物质的排放，破坏了大气臭氧层，导致太阳辐射的增强。

（3）地表状态的改变。主要是改变了地面反射率，影响了地表和大气间的换热等。如城市中的热岛效应。另外由于农牧业的发展，森林改变成农田、草场，很多地区更由于开垦不当而形成沙漠，这样就大面积的改变了地面反射率，改变了环境的热平衡，形成热污染。

二、热污染的危害

热污染主要表现在对全球性的或区域性的自然环境热平衡的影响，使热平衡遭到破坏。目前尚不能定量的处理由热污染所造成的环境破坏和长远影响，但已可证实由于热污染使大气和水体产生了增温效应，对生命界会产生危害。热污染主要有以下几种。

1. 大气热污染

向大气排放含热废气的蒸汽，导致大气温度升高而影响气象条件，称为大气热污染。大气热污染给人类带来了各种不良影响，如城市热岛效应的存在，会加重工业区或城镇的环境污染，带来异常天气现象，如暴雨、飓风、酷热、暖冬等；局部大气增温也将影响大气循环过程，容易形成干旱。这些都将直接或间接危害人类。

2. 水体热污染

由于向水体中排放热废水、冷却水，导致水体在局部范围内水温升高，并使水质恶化，影响水生物圈和人类的生产生活活动的，称为水体热污染。主要表现为以下几点。

（1）水质变坏。水温上升，黏度下降，水中溶解氧减少。当淡水温度从 $10℃$ 升至 $30℃$ 时溶解氧会从 $11\,mg/L$ 降至 $8\,mg/L$ 左右。同时，水体的生物化学反应加快，水中原有的氰化物、重金属离子等污染物毒性将随之增加。

（2）影响水生生物的生长。水温升高，鱼的发育受阻，严重时将导致死亡；在水温较高的条件下，鱼及水中动物新陈代谢率增高，需要更多的溶解氧，此时溶解氧减少，而重金属污染物毒性增加，势必对鱼类生存造成更大的威胁。

（3）引起藻类及湖草的大量繁殖。水温增高会增加水体中 N、P 含量，促使藻类与湖草的大量繁殖，进一步消耗了水中溶解氧，影响鱼类生存。另外，在水温较高时产生的一些藻类，如蓝藻，可引起水的味道异常，并可使人畜中毒。

三、热污染的防治

（1）减少热量的排出。首先是改进热能利用技术，提高热能利用率，这样既节约能源又减少废热的排放。其次要加强废热的综合利用，基本出发点是把废热（如动力装置系统的散热、排放的热烟和温水等热能）作为宝贵的资源和能源来对待。在某一处排放的废热，可做另一处的能源。如高温废气，可用来预热冷的原料气，或利用废锅炉把冷水或冷空气加入，用于淋浴或取暖。至于温热的冻结水，可用于水产养殖，冬季灌溉农田，或用于调节港口水域的水温，防止港口冻结。

（2）开发和利用无污染或少污染的新能源，如太阳能、风能、海洋能及地热能等。

（3）植树绿化，扩大森林面积。森林对环境有重要的调节和控制作用。研究证明，夏季林区气温比无林区低 $1.4 \sim 2℃$，林地比林外相对湿度高 $4\% \sim 6\%$，林带年平均风速比无林区低 $0.2 \sim 0.85\,m/s$。并且林区水分蒸发量比无林区低，而降雨量比无林区高。这均能明显地减弱大气热污染。

人类对热污染的研究还属初级阶段，许多问题还在探索，对于有些问题人们的看法也有分歧。例如，电厂排放的温水废热利用问题，不仅仅是一个单纯的技术问题，还涉及土地使用、生态环境保护、农业生产，只有把经济、社会和环境三方面的效益统一起来，才能形成共识，作出符合当地实际情况的决定。

第五节　光污染及其防护

一、光污染

人类活动产生的过量光辐射对人类生活和环境造成不良影响的现象称为光污染。

光对人类的居住环境、生产和生活至关重要。然而，光污染是社会和经济的进步带来的一种新污染，它对人的健康的影响不容忽视。首先带来视觉的偏差，损害人们的视力；其次，会带来过量的紫外线，红外线，使人们患眼疾、皮肤病、心血管病等疾病的概率增加；最后，若人们长期处于光污染环境中，并超过一定的限度，就会使人体正常的"生物钟"被扰乱，使大脑中枢神经受到损害。

二、光污染性质和危害

科学上认为，光污染主要体现在波长在 $100\,nm \sim 1\,mm$ 之间的光辐射污染，即紫外光（UV）污染、可见光污染和红外光（IR）污染。

（一）可见光污染

（1）强光污染。电焊时产生的强烈眩光，在无防护情况下会对人眼造成伤害；汽车头灯的强烈灯光，会使人视线极度不清，造成事故；长期工作在强光条件下，视觉受损；光源闪烁，如闪动的信号灯，电视中快速切换的画面，不仅使人们眼睛感到疲劳，还会引起偏头痛以及心跳过速等。

（2）灯光污染。城市夜间灯光不加控制，使夜空亮度增加，影响天文观测；路灯控制不当或工地聚光灯照进住宅，影响居民休息。另外，我们每天用的人工光源——灯，也会损伤眼睛。研究表明，普通白炽灯红外光谱多，易使眼睛中晶状体内晶液混浊，导致白内障；日光灯紫外光成分多，易引起角膜炎，加上日光灯是低频闪光源，容易造成屈光不正常，引起近视。

（3）激光污染。激光具有指向性好、能量集中、颜色纯正的特点，在科学研究各领域中得到广泛应用。当激光通过人眼晶状体聚焦到达眼底时，其光强度可增大数百至数万倍，对眼睛产生较大伤害。大功率的激光能危害人体深层组织和神级系统。所以激光污染已越来越受到重视。

其他可见光污染。随着城市建设的发展，大面积的建筑物玻璃幕墙造成了一种新的光污染，它的危害表现为：在阳光或强烈灯光照射下的反光扰乱驾驶员或行人的视觉，成为交通事故的隐患；同时玻璃幕墙将阳光反射进附近居民的房内，造成光污染和热污染。

（二）红外光污染

红外光辐射又称热辐射。自然界中以太阳的红外辐射最强。红外光穿透大气和云雾的能力比可见光强，因此在军事、科研、工业、卫生等方面（还有安全防盗装置）的应用日益广泛。

另外在电焊、弧光灯、氧乙炔焊操作中也辐射红外线。

红外线是通过高温灼伤人的皮肤，还可透过眼角膜对视网膜造成伤害；波长较长的红外线还能损害人的眼角膜；长期的红外线照射可以引起白内障。

（三）紫外线污染

自然界中的紫外线来自太阳辐射，人工紫外线是由电弧和气体放电产生的。其中波长为 $250 \sim 320\ mm$ 的紫外光对人具有伤害作用，轻者引起红斑反应，重者的主要伤害表现为角膜损伤、皮肤癌、眼部烧灼等。当紫外线作用于排入大气的污染物 NO_2 和碳氢化合物等时，会发生光化学反应、形成具有毒性的光化学污染物。此外，核爆炸、电弧等发出的强光辐射也是一种严重的光污染。

三、光污染的防护

在工业生产中，对光污染的防护措施包括：在有红外线及紫外线产生的工作场所，应采用可移动屏障将操作区围住，防止非操作者受到有害光源的直接照射。对操作人员的个人防护，最有效的措施是佩戴护目镜和防护面罩以保护眼部和裸露皮肤不受光辐射的影响。

在城市中，市政当局需完善立法来加强灯火管制，避免光污染的产生；同时应限制或禁止在建筑物表面使用玻璃幕墙。《玻璃幕墙光学性能国家标准》已于 2000 年 10 月 1 日正式实施。该标准对玻璃幕墙的设置做出了限制性规定。

室内环境的光污染也日益引起人们的关注。要求对室内灯光进行科学合理的布置，注意色彩协调，避免灯光直射人眼，避免眩光；同时要大力提倡和开发绿色照明，即对眼睛没有伤害的光照。它首先要求是全色光，光谱成分均匀无明显色差；其次光色温贴近自然光（在自然光下视觉灵敏度比人工高 20% 以上）；最后必须是无频闪光。

光对环境的污染是实际存在的，但由于缺少相应的污染标准立法，因而不能形成较完整的环境质量要求与防范措施，今后需要在这些方面进一步探索。

思　考　题

1. 什么是噪声？其主要来源有哪些？
2. 噪声污染的危害主要表现在哪些方面？
3. 简述主要的噪声控制技术。
4. 什么是电磁辐射污染？其主要来源有哪些？
5. 电磁辐射污染有哪些传播途径？其危害有哪些？
6. 放射性污染有哪些危害？
7. 放射性污染可以采取哪些综合防治策略？
8. 什么是热污染？其来源和危害分别有哪些？
9. 举例说明日常生活中的光污染现象。

第十一章　环境保护法与环境管理

第一节　环境保护法概述

一、环境保护法的概念和特点

（一）环境保护法的定义

环境保护法是国家制定或认可，并由国家强制保证执行的关于保护环境和自然资源、防治污染和其他公害的法律的总称。

这个定义主要含义为：

（1）表明环境保护法是由国家制定或认可，并由国家保证执行的法律规范。

（2）环境保护法的目的是通过防止自然环境破坏和环境污染来保护人类的生存环境和生态平衡，协调人类同自然的关系。

（3）环境保护法所调整的是社会关系的特定领域，即人们（包括组织）在生产、生活或其他活动中所产生的同保护和改善环境有关的各种社会关系。

（二）环境保护法的特征

环境保护法区别于一般法律的主要特征，有如下几点：

1. 综合性

保护对象的广泛性和保护方法的多样性决定了环境保护法是一个极其综合的法律部门。环境保护的范围和对象，从空间和地域上说，比任何法律部门都更加广泛。它所调整的社会关系十分复杂，涉及生产、流通和生活的各个领域，并同开发、利用、保护环境和资金源的广泛社会活动有关。这就决定了需要多种法律规范、多种方法，从各个方面对环境法律关系进行调整。环境法的立法体系，不仅包括大量的专门环境法规，而且包括宪法、民法、刑法、劳动法和经济法等多种法律部门中有关环境保护的规范。环境保护法所采取的措施涉及经济、技术、行政、教育等多个方面。

2. 技术性

从宏观上说，环境保护法不是单纯调整人与环境之间的社会关系，而是通过调整一定领域的社会关系来协调人同自然的关系。这就决定了环境保护法必须体现自然规律特别是生态学规律的要求，因而具有很强的自然科学特性。

具体来说，环境保护需要采取各种工程的、技术的措施，环境保护法必须把大量的技术规范、操作规范、环境标准、控制污染的各种工艺技术要求包括在法律体系之中。这就使环境保护法成为一个技术性极强的法律部门。

3. 社会性

从环境保护法保护对象和任务来看，它不直接反映阶级利益的对立和冲突，而主要是解决人类同自然的矛盾。环境保护的利益同社会的利益是一致的。从这个角度说，环境保护法具有广泛的社会性和公益性，最明显地体现了法律的社会职能的一面。

4. 共同性

人类生存的地球环境是一个整体。当代的环境问题已不是局部地区的问题，有的已经超越国界甚至为全球性问题。污染是没有国界的，一国的环境污染会给别国带来危害。因此，环境问题是人类共同面监的问题，尤其是全球性环境问题的解决，需要各国的合作与交流。在环境保护法所调整的社会关系中，也较多涉及到经济发展、生产管理、资源管理、资源利用和科学技术等方面的问题。同其他的法律相比，各国的环境保护法有较多可以相互借鉴的地方。

（三）环境保护法的目的和任务

《环境保护法》第一条规定："为保护和改善生活环境与生态环境，防治污染和其他危害，保障人体健康，促进社会主义现代化建设的发展，制定本法。"

这个规定包含三项任务。

（1）合理地利用环境与资源，防治环境污染和生态破坏。

（2）建设一个清洁适宜的环境，保护人民健康。

（3）协调环境与经济的关系，促进现代化建设的发展。

第一项任务即保护环境，是环境保护法的直接目的，这是不言而喻的。第二项任务是保护人民健康，是环境保护法的根本任务，是环境保护法的出发点和归宿。第三项任务是促进经济增长，这是因为环境保护与经济发展有内在的相互制约和依存关系。立法上要完成环境保护的任务，就必须协调它同经济发展的关系。

二、环境保护法的产生与发展

环境保护法是随着环境问题的产生而产生和发展的。最早出现于一些文明国家的环境保护法规主要是为了防止农业、牧业和手工业的生产活动对森林、水源、动植物等自然资源和环境的破坏。

18世纪出现了以蒸汽机使用为标志的产业革命，工业污染随即出现。因而一些工业发达的国家，开始制定防治大气污染和水质污染的专门法律。如这一时期英国制定了《制碱法》《河流污染法》；美国制定了《煤烟法》等。

西方国家早期的环境保护法，主要针对当时的环境污染，即大气和水的污染，防治范围比较狭窄；具体措施是限制性地规定或采用治理技术，较少涉及国家对环境的管理。

从20世纪初至50年代，随着石油化工、电力、汽车、飞机等新的工业部门相继出现，内燃机代替了蒸汽机，石油天然气的大量使用引起了更多的社会性公害。一些国家开始制定一些新的单行环境法规。如这一时期英国制定《公共卫生（食品）法》《水法》；法国制定了《1937年5月4日法令》《1937年11月9日法令》等。

这一时期的环境保护法有两个重要特点。

（1）由于环境问题的严重化和国家加强环境管理的迫切需要，许多国家加快了环境立法的步伐，制定了大量环境保护的专门法规，从数量上说，远远超过其他部门法。

（2）除水污染防治法和大气污染法外，又制定了一些新的环境法规，如噪音防治，固体废物处理，放射性物质、农药、有毒化学品的污染防治等，使环境保护法调整的对象和范围更加广泛。

20 世纪 60 年代以后，现代化大工业迅猛发展，城市人口高度集中，农业向大型机械化和化学化方向发展，各种新的合成品不断出现。很多国家开始进一步对环境保护采取法律措施，先后公布了大量的环境法规。如这一时期日本制定了《环境六法》；英国制定了《1947 年污染控制法》等。

这一时期的环境立法有如下特点。

（1）把环境保护规定为国家的一项基本职能。

（2）环境立法从局部到整体、从个别到一般的发展趋势，也反映了各国从单项环境要素的保护向全面环境管理、综合防治的方向发展，这是环境法向完备阶段发展的重要标志。

（3）在立法上引进了旨在贯彻、预防为主的各个法律制度。

（4）把环境保护从污染防治扩大到对整个自然环境的保护，加强自然资源与环境保护的立法。

（5）法律"生态化"的观点在国家立法中受到重视并向其他部门渗透。

（6）环境法从传统法律部门分离出来，形成了一个独立的法律部门。

第二节　环境保护法的基本原则和基本制度

一、环境保护法的基本原则

环境保护法的基本原则是指为我国环境法所确认的，体现环境保护工作基本方针、政策，并为国家环境管理所遵循的基本原则。

（一）协调发展原则

协调发展原则是指经济建设、社会发展和环境保护要统筹兼顾、有机结合、共同改进以实现人类与自然的和谐共存，使经济和社会持续、健康地进行。

经济、社会与环境协调发展是人们在不断的环境保护实践中得出的经验与教训的总结。当前的环境问题主要是人类社会经济和生存繁衍活动对环境产生不良冲击的结果，实质是人的思维、决策和行为的失误。长期以来，在思维上"人是自然的主宰"的观念占据主导地位；在决策上，环境保护被排除于经济、社会发展之外；在行为上，开发利用与增值保护严重脱节。所有这一切导致了人类普遍的滥采乱伐和肆意排放现象，造成了今天的严重环境污染和生态破坏局面。可以说，环境问题是人的问题，其根源在于人的本身。

而人是社会关系与自然关系的统一体，自然关系是社会关系的基础，社会关系是自然关系的延伸、升华和发展，并由此促进自然关系的发展。对人而言，理想的状态应当是自然关系与社会关系，即人的社会性和生物性实现和谐统一、协调的发展。然而，现实并非如此，实际上两者时常处于一种不平衡的状态，处于一种社会关系过分强调夸大，对自然关系忽视甚至否定，并使两者处于对立状态。由于人类的不和谐，社会关系中存在众多矛盾，加剧了这种忽视、否定和对立状态。环境问题的产生，正是这种人的社会性过度超越、压制生物性的结果，近十年来人们在付出了惨痛的代价后，对这一现象进行了深刻的反思，终于认识到，必须进行人的革命，找出人、社会及环境相互调整的途径，走协调发展的道路。环境法作为调整人与环境社会关系的行为规范体系，当然要将协调发展作为自己贯彻始终的指导思想和基本准则。国家实施环境保护法制管理，也必须贯彻这一指导思想，正如《环境保护法》第四条规定的："国家制定的环境保护规划必须纳入国民经济和社会发展计划，国家采取有利于环境保护的经济、技术政策和措施，使环境保护工作同经济建设和社会发展相协调。"

协调发展的原则是经济、社会与环境发展的一项总原则，是解决环境问题，建立人类——环境和谐关系的唯一途径。无论是以牺牲环境为代价而换取经济畸形发展还是以"零增长"来避免人口和经济增长所带来的环境危机，都不能使经济和社会持续、稳定地发展。因此，只有将经济建设与环境保护相协调，实现经济效益、社会效益与环境效益的统一，才能走上持续发展的道路。

协调发展原则的内容十分广泛，它首先要求人们树立正确的环境观，要求人们在所有的立法活动、宏观决策和计划、具体的管理活动和管理制度中体现协调发展的指导思想。其次，要求人们采取各种措施，实现经济效益、社会效益和环境效益的统一。因为在这三种效益关系中，环境卫生效益是基础，经济效益是手段，社会效益是目的。没有环境效益，就不能产生或长期产生经济效益，没经济效益也就没有社会效益，而没有经济效益也使生态效益的实现失去了物质手段。所以，经济效益、社会效益、环境效益三者的统一，是协调发展的必然结果。

（二）预防为主的原则

预防为主的原则是预防为主、防治结合、综合整治原则的统称，其含义是指国家在环境保护工作中采取各种措施，防止开发和建设活动中产生新的环境污染和破坏；而对已经造成的环境污染和破坏要积极治理。

环境问题的产生都是与经济和社会发展相伴随的，西方国家在走过了一段"先污染后治理"的弯路以后才逐步认识到，环境问题是在经济发展过程中忽视自然规律的结果。如果在发展过程中注意统筹兼顾、预防为主，环境问题是可以防止的，即使出现一些环境问题，也可以运用各种手段进行治理和管理，更重要的还是要防止产生新的环境污染和破坏，如果只治不防，其结果是治不胜防。困此，必须采取预防为主、防治结合的综合措施，才能以较小的经济代价取得较高的环境效益。环境法在调整人们的行为时，必须将预防为主、防治结合、综合整治的指导思想贯彻始终，才能保证人们开发和利用环境的行为不至于对环境产生危害，因此，它是环境法必不可少的一个基本原则。

预防为主、防治结合、综合整治原则的内容十分丰富。主要包括：将环境保护纳入国民经济计划和社会发展计划，为治理污染、防止新污染的产生提供物质保证；实行城市环境综合整治；严格控制新的污染和破坏，对建设项目切实加强环境管理，实行全面规划，合理布局，严格实施环境影响评价制度、"三同时"制度、限期治理制度、许可证制度、监督检查制度等。

值得指出的是，预防为主、防止结合、综合整治原则并不是意味着削弱或忽视"治"，而是要求在切实做到"防"的前提下，控制新的污染和破坏的发生，以便集中力量治理老的污染。因为环境问题的产生和发展，具有污染容易治理难、破坏容易恢复难的特点。从环境法的功能来看，也必须是立足于"防"，在"防"的基础上，根据环境问题的特点和自然规律，综合整治，改变过去那种单纯治理、单项治理的方法，强化环境管理手段和措施，真正的解决问题，实现协调发展。

（三）环境责任负责

环境责任原则是指法律关系的主题在生产和其他活动中造成污染和破坏的，应承担治理污染、恢复生态环境的责任。在此，责任是指广义的法律责任。有的学者将这一原则称之为"谁污染谁治理，是开发谁保护"的原则。

环境问题是人们在经济和社会活动中长期忽视环境保护的结果，环境污染和破坏问题的日益加剧，必将影响到人类的生命健康和经济建设的顺利进行；而经济主体在其生产经营活动中利用环境获得了一定的利益，这些利益中的一部分是以污染和破坏环境为代价的。因此，必须明确污染者和破坏环境者的环境责任，要求他们承担治理和恢复生态环境的义务。在过去相当长的时期内，人们只享有任意污染和破坏环境的权利，却无治理和恢复生态环境的义务，将环境责任轻易地推给了政府和社会，其结果是污染和破坏愈演愈烈，政府则包袱沉重，治不胜治。20 世纪 70 年代初期，联合国经济合作发展组织提出了"污染者承担"原则，要求明确环境责任。以法律的强制性和规范性，明确环境责任。这一原则迅速为国内立法所接受并加以引申和发展，形成了环境责任原则。它以法律的强制性和规范性，明确规定污染者和破坏者的责任，要求将环境保护与人们的经济利益和其他利益相结合，以保护环境保护的顺利进行。

环境责任原则的核心内容是"谁污染谁治理，谁开发谁保护"，具体体现为：结合技术改造防治工业污染，对工业污染实行限期治理；实行征收排污费制度和资源有偿使用制度；明确开发利用者的业务和责任等。

实行谁污染谁治理，谁开发谁保护，目的在于强化人们的环境保护责任感并解决环境保护的资金渠道问题，它并不排除污染者和破坏者及其上级主管部门或者有关部门在保护和改善环境、防止污染方面的责任。也不与各级人民政府承担的对全面环境质量负责的责任相悖。治理、保护仅仅是污染者、破坏环境者所承担的一项法律义务，并不能因为免除其参加区域环境综合整治的义务以及应当承担的其他法律责任；其他有关部门也并不能因为污染破坏环境者承担了治理保护责任就可以不履行自己在环境保护方面的职责。任何部门和机关都必须依法履行保护和改善环境的职责，搞好本地区、本部门的环境保护工作。

（四）公众参与原则

公众参与原则是指在环境保护中，任何公民都有保护环境的权利和义务，全民族都应该积极自觉的参与环境保护事业。如果说环境保护原则着重于公民和社会组织的环境保护义务，那么公众参与原则主要是强调公民和社会组织的环境保护权利。

环境质量的好坏，直接关系到每个人的生活质量，关系到一个民族的生存和发展；保持清洁、舒适、优美的环境，既是人们的愿望，也符合人们的利益。人们既应享有在良好的环境中生活的权利、依法参与环境管理的权利、对污染和破坏环境的行为进行监督的权利，同时，也有保护环境和改善环境的义务。这种权利和义务，是公民基本权利和义务的一部分，人人都应该为保护环境和改善环境做出应有的贡献。

环境保护事业是千千万万人的事业，环境法制建设需要每一位社会成员的自觉努力。为此，必须动员全社会的力量，充分发挥人民群众的主动性、积极性和创造性。在环境法上将公众参与作为一项基本原则，就是要在环境法制建设过程中充分注意环境保护的广泛性特征，在各项法律制度的制定、执行及实施过程中注重发挥人民群众的作用，赋予公民参与环境保护的各项权利，形成公众与参与环境保护的机制，将环境保护事业建立在公众广泛参与、支持、监督的基础上，这也是我国社会主义民主建设的一个重要组成部分。

在环境保护取得成功的国家，为改善环境质量，调节因环境问题而引起的各种矛盾，均巧妙地利用了公众在环境保护方面特有的积极性，法律上不仅规定了公民在环境保护方面广泛的权利和义务，而且为公民参与环境保护提供了各种途经和方式。应该从这些经验中吸取适合我国国情的手段和方式，在公众参与方面加大力度，没有公众参与的环境保护事业很难是成功的事业。

在我国目前的情形下，实施公众参与原则除了要加快立法的步伐外；更为重要的是要提高全民族的环境意识，加强环境法制宣传教育，提高人民的环境法制观念，使人民能够真正自觉地参与环境保护活动。树立保护和改善环境及对环境违法行为人人谴责的社会风气，吸引全社会都来关心和参与环境保护。

二、环境保护法的基本制度

1. 土地的利用规划制度

土地利用规划制度是指国家根据各地区的自然条件、资源状况和经济的发展需用，通过制定土地的全面规划，对城镇设置、工农业布局、交通设施等进行具体的安排，以保证国家的经济发展、防止环境污染和生态破坏。

任何建设、开发和规划活动都需要在一定的空间和地区上进行，因而都要占用一定的土地。通过土地利用规划，特别是控制土地使用权，就能从总体上控制各项活动，做到全面规划、合理布局。西方国家总结环境污染被动治理的教训后认识到，通过国土利用规划来实现合理布局，是贯彻"预防为主"的方针、改变被动治理的极好方法。对于环境管理来说，它是一种积极的、治本的措施，也是一项综合的先进管理制度。20 世纪 70 年代以后，已迅速被许多国家采用。

对国土的规划和控制，一般是通过国土规划法来实现的，各种规划的、要求、制度、程序都在法律上做出了规定。规划法的种类有土地利用规划法、城市规划法、区域规划法等。我国已颁布执行的有土地管理、城市规划、县镇规划和村镇规划等法规，国土整治法正在起草中。

2. 环境影响评价制度

对可能影响环境的工程建设、开发活动和各种规划，预先进行调查、预测和评价，提出环境影响及防治方案的报告，经主管当局批准才能进行建设，这就是环境影响评价制度。它不是指通过评价，一般地了解环境状况，而是要求可能对环境有影响的建设开发者必须事先通过调查、预测和评价，对项目的选址、周围环境产生的影响以及应采取的防范措施等写成环境影响报告书，经过审查批准后，才能进行开发和建设。是一项决定项目能否进行的具有强制性的法律制度。

环境评价制度是对传统经济发展方式的改革，它可以把经济建设和环境保护协调起来；是贯彻"预防为主"和合理布局的重要法律制度；是民事侵权法律原则在环境法中的应用。

3. "三同时"制度

"三同时"是指一切新建、改建和扩建的基本建设项目（包括小型建设项目）、技术改造项目、自然开发项目以及可能对环境造成损害的工程建设，其防治污染和其他公害的建设及其他环境保护措施，必须与主体工程同时设计、同时施工、同时投产。

"三同时"是我国首创的，它是总结我国环境管理的实践经验，为我国法律所确认的一项重要的控制污染的法律制度。我国对环境污染的控制，包括两方面：一方面是对原有老企业污染的治理，另一方面是对新建项目产生的新污染的防治。"三同时"制度的实施应该和环境影响评价制度结合起来，成为贯彻"预防为主"方针的完整的环境管理制度。因为只有"三同时"而没有环境评价，会造成选址不当，只能减轻污染危害，而不能防止环境隐患，而且投资巨大。

把"三同时"和环境评价结合起来，才能做到合理布局，最大限度的消除和减轻污染，真正做到防患于未然。

4. 许可证制度

凡是对环境有不良影响的各种规划、开发、建设项目、排污措施或经营活动，其建设者或经营者，都需事先提出申请，经主管部门批准，颁发许可证后才能从事该项活动，这就是许可证制度。

许可证制度，是国家为加强环境管理而采用的一种卓有成效的行政管理制度。在国外，有人把环境法分为预防法和规章法两大类，许可证制度在规章法中占有重要地位，它被称为污染控制法的"支柱"，在环境法中被广泛采用。

许可证制度以其以下优点而在环境管理中发挥显著作用。

（1）便于把影响环境的各种开发、建设、排污活动纳入国家统一管理的轨道，把各种影响环境的排污活动严格限制在国家规定的范围内，使国家能有效地进行管理。

（2）便于主管机关针对不同情况，采取灵活的管理办法，规定具体的限制条件和特殊要求。这样，就可以使各种法规、标准和措施的执行更加具体化、合理化，更加实用。

（3）便于主管机关及时掌握各方面的情况，及时制止不当规划、不当开发及其各种损害环境的活动，及时发现违法者，从而加强国家环境管理部门的监督、检查职能的行使，促使法律、法规的有效实施。

（4）促进企业加强环境管理，进行技术改造和工艺改造，采取无污染、少污染的工艺。

（5）便于群众参与环境管理，特别是对损坏环境活动的监督。

5. 排污收费制度

排污收费制度又叫征收排污费制度，是指国家环境管理机关依照法律规定对排污者征收一定费用的审查管理措施和制度。排污收费在行为性质上属于国家强制性征收，征收的排污费纳入国家财政预算，作为环境保护专项资金使用。

6. 经济刺激制度

经济刺激制度是指在环境保护领域，利用经济杠杆对人们的坏境行为进行调控的一系列法律规范的总称。这种制度从其实质上探讨，是经济学中成本效益原理在坏境管理中的一种应用。行为人所投放的进行坏境治理和保护的费用是与其本身的经济利益、社会效益密切相关的。

7. 环境标准制度

所谓环境标准，是指为了防治环境污染、维护生态平衡、保护人体健康和社会物质财富，依据国家坏境法的基本原则，对坏境保护工作中需要统一的各项技术规范和技术要求依法定程序所制定的各项规定的总称，又称为环境保护标准。

第三节　环　境　管　理

一、环境管理的概念、原则和范围

（一）环境管理的概念

环境管理的国家采用行政、经济、法律、科学技术、教育等多种影响环境的手段进行规划、调整和监督，目的在于协调经济发展与环境保护的关系，防治环境污染和破坏，维护生态平衡。

（二）环境管理的原则

1. 综合性原则

环境保护的广泛性和综合性特点，决定了环境管理必须采取综合性措施，从管理体制到管理制度、管理措施和管理手段都要贯彻综合性原则。在管理措施手段中，必须采用行政、经济、法律、科学技术、宣传教育等多种形式，尤其是法律和经济手段的综合应用在环境管理中起着关键性的作用。现代环境管理也是管理科学、环境工程交叉渗透的产物，具有高度的综合性。

2. 区域性原则

环境问题具有明显的区域性，这一特点决定了环境管理必须遵循区域性原则。我国幅员广大、地理环境情况复杂、各地区的人口密度、经济发展水平、资源发布、管理水平等都有差别。这种状况决定了环境管理必须根据不同地区的不同情况，因地制宜地采取不同措施。

3. 预测工作的重要性

国家要对环境实行有效的管理，首先必须掌握环境状况和环境变化趋势，这就需要经常进行科学预测。可靠的预测是科学的环境管理和决策的基础和前提。因此，调查、监测、评价情报交流、综合研究等一系列工作，就成为环境管理不可缺少的重要内容。

4. 规划和协调

各国环境管理的经验都说明，制定环境规划是环境管理的重要内容，也是实行有效的环境管理的重要方式，全面的、综合的管理措施都体现在环境规划中。

（三）环境管理的范围

狭义的环境管理主要是指污染控制。20世纪70年代以前，美、日、联邦德国等工业发达国家对环境管理的主要任务限于对大气污染、水污染、土壤污染和噪声污染的控制。当时我国的地方环保机构称为"三废办公室"，也主要限于对污染的防治。即使在目前，仍有一些国家的关键管理机构主要负责防治工作。

广义的环境管理，把污染防治和自然保护结合起来，包括资源、文物古迹、风景名胜、自然保护区和野生动植物的保护。有的国家甚至把环境管理扩大到其他相关方面，认为协调环境与经济发展、土地利用规划、生产力的布局、水土保持、森林植被管理、自然资源养护等也是环境管理的组成部分。

二、环境管理是国家的一项基本职能

环境问题一直是伴随着人类的社会活动（主要是经济活动）存在和发展。但是，把环境管理上升到国家的一项基本职能，则是在20世纪70年代环境问题成为严重的社会公害之后。

直到20世纪70年代初，人们仍然把环境问题仅仅看成是由于工农业生产带来的污染问题，把环境保护工作看成是遵守一定工艺条件，治理污染的技术问题，国家对环境的管理充其量是动用一定技术和资金，加上一定的法律和行政的保证来治理污染。1972年的人类环境会议是一个转折点。这次会议指出，环境问题不仅是一个技术问题，也是一个重要的社会经济问题，不能只用科学技术的方法去解决污染，还需要用经济的、法律的、行政的、综合的方法和措施，从其与社会经济发展的联系中心全面解决环境问题。因而，只有把环境管理作为一项国家职能，全面加强国家对环境的管理才能做到全面解决环境问题。

20世纪50年代兴起的环境运动,对推动发达国家的环境管理工作发生过重大影响。50年代和60年代是发达国家经济高速发展的20年,日本的增长率最高达10%,欧洲和北美国家为4%～5%,伴随着高度经济增长的是公害泛滥,许多著名公害事件都发生在这个时期。大量的人生病或死亡,使公众产生一种"危机感",于是游行、示威、抗议等"环境运动"席卷全球。当时,日本反对公害斗争的声势甚至超过了反对军事基地的斗争。这说明,危及人类生存的环境问题不仅引起公众的强烈关注,还会成为社会动荡,政局不稳的导火线。这些严酷的现实使发达国家的政府认识到,环境问题已经成为同政治、经济密切相关的重大社会问题,不把环境管理列为国家的重要职能,便不能应付这些挑战。

1971至1972年的两年里,美、日、英、法、加拿大等国政府分别在中央设立和强化了环境保护专门机构,同时,不少国家相继在宪法里规定了环境管理的原则和对策、公民在环境保护方面的基本权利和义务,把"环境保护是国家的一项职责"规定为宪法原则。

三、环境管理机构

(一)一些国家的环境管理体制

1. 现有的部(局)兼负环境保护职责

有的国家有一个或几个有关的部或局监管环境管理工作的有关方面。这种形式由于把环境管理分割成若干部分,缺乏统一和协调,在环境问题比较突出的国家,已被证明不能适应环境管理工作的需要。

2. 委员会

由有关的各部组成,负责制定政策和协调各部的活动。这种形式只起协调作用,常常在纵向、横向都缺乏实权。如西德在1970年设立由总理和各部长组成的"联邦内阁环境委员会";法国在1970年设立由有关部组成的"最高环境委员会";意大利设有"环境问题部级委员会";澳大利亚设立"环境委员会";日本设立"公害对策特别委员会"等。

3. 新成立的部门机构

由于环境问题日益突出,有的国家把分散于各部的环保工作集中起来,建立环境管理专门机构。如1970年,英国、加拿大分别成立环境部;1971年,丹麦设立环保部,日本设立环境厅;1972年,东德设立环境保护和水体管理部;1974年,西德在联邦政府设立了相应的环保局等。

4. 具有更大权限的独立机构

有些国家设立具有更大权限的、独立的环境权力机构,这种机构的权力超过一般的部,有点国家政府首脑兼任该机构的领导,如日本的环境厅、美国的环保局。这是因为这两个国家的环境问题都非常突出,在管理过程中遇到了种种阻力和复杂情况,使两国政府不得不逐渐地、极大地加强环境管理机构的实权。

5. 几种机构同时并设

有的国家认为,建立专门机构对于环境管理工作固然需要,但是采用集中的单一机构来处理范围极其广泛的环境问题,不一定是最适宜的形式。而统一领导与分工负责相结合,可能更适合环境管理的特点。如英国建立环境管理体制的原则是,由其工作职责受环境影响的部和对污染活动负有责任的部来管理环境。英国为了加强领导和协调工作,1970年把公共建筑、交通、房屋与地方行政三个部门合并,成立了相当庞大的环境部(工作人员达7万人),全面负责污染防治工作和协调各部的工作。同时，中央其他有关部门仍负责本部门的污染防治工作。如农业部、渔业部、食品部负责农药使用、放射性及农田废物处理、食品污染监测、海洋倾废；贸易工业部负责海洋船舶污染、飞机噪声控制；能源部负责原子能设施；内政部负责地方噪音控制及危险品运输；健康及社会安全部负责人体健康。与英国体制相似的有前西德、法国、意大利、比利时、瑞典等国家。

即使建立了强有力的专门机构的国家，如美国和日本，环境管理工作也并非全集中在一个部门。日本虽设环境厅，但仍在一些省（厅）中设有相应的环保机构，如厚生省设有环境卫生局，通产省设有土地公害局，海上保安厅设有海上公害科等。美国的内务部、商业部、卫生教育福利部、运输部等部门也没有相应的环境管理机构。

多数国家都在地方各级行政机构中设立相应环境管理机构。值得提出的是，有的国家（如日本）环境管理机构一直建立到基层工矿企业，特别是较大企业，普遍没有环境管理机构。这些机构负责本企业的环境规划与计划的制定、污染防治与监测以及监督检查。日本法律规定，在企业中设立"法定管理者"与"法定责任者"，他们对执行国家公害法负责。

（二）我国的环境管理机构

建国以来，我国的环境管理机构经历了 4 次调整，逐渐得到加强和完善，已经形成了一个比较适应环境管理需要的完整体系。

（1）建国以后至 70 年代初，我国环境问题尚不突出，环境管理工作由有关部、委兼管。如农业部、卫生部、林业部、水产总局，以及有关的各工业部门分别负责本部门的污染防治与资源保护工作。

（2）1974 年 5 月，国务院建立了由 20 多个有关部、委领导组成的环境保护领导小组，下设办公室。国务院环境保护领导小组是一个主管和协调全国环境工作的机构，日常工作由下属的领导小组办公室负责。

（3）1982 年，在国家机构改革中，根据全国人大常委会《关于国务院部委机构改革实施方案的决议》成立了城乡环境建设保护部，同时撤销了国务院环境保护领导小组。建设部下属的环保局为全国环境保护的主管机构。另外，在国际计划委员会内增设了国土局，负责国土规划与整治工作，这个局的职责也同环境保护有关。

（4）1984 年 5 月，根据《国务院关于环境保护工作的决定》成立了国务院环境保护委员会，负责研究审定环境保护的方针、政策，提出规划要求，领导和组织协调全国的环境保护工作。1984 年 12 月，经国务院批准，城乡建设环境保护下属的环保局改为国际环保局，同时也是国务院环境保护委员会的办事机构，负责全国环境保护的规划、协调、监督和指导工作。

根据国务院的决定，除国务院环境保护委员会、国际环境保护局为中央的环境主管机构外，国家计委、国家建委和国家科委要负责国民经济、社会发展计划和生产建设、科学技术发展中的环境保护综合平衡工作；据此，国务院 19 个有关部委设立了司局级的环保机构。在冶金部、电子工业部和解放军系统还成立了部级的环境保护委员会。

（5）地方机构。根据 1979 年《环境保护法》的规定，省、市各级政府内建立了环境保护专门机构，工业较集中的县，一般也设立了专门机构或由有关部门监管。在较大的工矿企业里，设立环保科、室或专职人员。1984 年，国务院设立环境委员会以后，全国大部分省、市也在省一级设立了环境保护委员会。

第四节　环　境　标　准

一、环境标准体系

目前，世界各国面临"两难"的局面，既要走强国富民之路，又要保护生态环境免遭破坏，使人们能持久地在地球上生存发展下去。如何通过立法或采取切实可行的手段来改善环境质量、恢复生态平衡、减少生存悲剧发生，为子孙后代保持一个洁净的生态环境，显然已成为 21 世纪的重要使命。制定切实可行的环境标准即可维护生态平衡，保障人类的生存条件，又能在一定限度之内促进社会经济持久发展。环境标准是人类行为的准则，它可以为法律部门提供法律依据，为环境管理部门提供监督依据，它是环境质量评价的基础。

环境标准是在以不危害人体健康和不破坏生态环境为准则的前提下，根据各国社会经济发展水平和环境状况而制定的。这个标准制定的太低对环境起不到保护作用，不仅会影响人体健康、破坏环境，也不利于经济发展；标准订的太高，会因投资过大限制国民经济的发展，或因技术问题而难以达到标准，高标准虽好但不切实际而被束之高阁。所以制定出一套可行的环境标准对保护环境、发展经济都具有现实和长远的意义。

（一）环境标准

环境标准（environmental standards）是为了保护人体健康、发展经济及维护生态免遭破坏，根据国家的环境政策和有关法令，在综合分析环境特征、控制环境的技术水平、经济条件和社会要求的基础上，规定环境保护中的污染物或有害因素、污染源排放污染物的数量和溶度等所做的技术规范。

环境标准的作用如下：

（1）环境标准既是环境保护和有关工作的目标，又是环境保护的手段。它是制定环境保护规划和计划的重要依据。

（2）环境标准是判断环境质量和衡量环保工作优劣的准绳。评价一个地区环境质量的优劣，评价一个企业对环境的影响，只有与环境标准相比较才能有意义。

（3）环境标准是执法的依据。不论是环境问题的诉讼，排污费的收取，还是污染治理的目标等，执法的依据都是环境标准。

（4）环境标准是组织现代化生产的重要手段和条件。通过实施标准可以制止任意排污，促使企业对污染进行治理和管理；采用先进的无污染、少污染工艺；促进设备更新，资源和能源的综合利用等。

总之，环境标准是环境管理的技术基础。

环境标准随着环境问题的出现而产生，它是各国政府所制定的强制性或推荐性的环保技术法规。国际标准化组织从 1972 年开始制定一些基础标准和方法标准，以统一各国环保工作中所做的各种规定。由于环境科学的不断发展，保护环境、改善环境质量，有效控制污染排放的呼声越来越高，所依据的环境标准越来越少。许许多多的标准构成了环境标准体系。如环境空气标准体系、水环境（地表水、地下水和海洋）标准体系、土壤环境标准体系、噪声标准等。

（二）环境标准的分级和分类

环境标准按照颁布环境标准的机构分类，可分为国家环境标准、地方环境标准两级。有些国家分三级，如美国有国家、州和市三级；我国有国家、地方和行业三级。国家标准是指导性标准，地方和行业是直接执行标准。国家标准适应于全国范围，凡是颁布了地方标准的地区执行地方标准，未做出地方规定的地区执行国家标准，地方标准一般严于国家标准。国家标准的地方标准分为强制性标准和推荐性标准。凡是环境保护法规、条例办法和标准化方法上规定强制执行的标准为强制性标准，如污染物排放标准、环境方法标准、环境基础标准、环境标准、环境质量标准中的警戒性标准等均属于强制性标准。

按照环境保护的目标和内容分类，环境标准可分成环境质量标准、污染物排放标准、环境方法标准、环境基础标准、环境标准物质标准及环境其他标准，也有的国家还制定污染物报警标准。

1. 环境质量标准

以人类和生态系统对环境质量的综合要求为目标而规定的，环境中各种污染物在一定时间和空间范围内的允许浓度，称环境质量标准。这一标准同时也反映了社会在控制污染上所能达到的技术高度和经济上的承受能力。它是环境质量评价的准则，是制定污染物排放标准的依据。环境质量标准包括空气质量标准、水环境质量标准、土壤环境质量标准、环境噪声标准。

2. 污染物排放标准

以实现环境质量标准为目标，并综合技术上的可靠性和经济上的合理性，而对污染物排放的污染物浓度或数量做出的限制性规定，称为污染物排放标准。污染物排放标准的作用是直接对污染源排除的污染物进行控制，从而达到防止污染、保护环境的目的。各国都根据自己国家的情况制定出不同的污染物排放标准，主要针对废气、废水和固体废物制定的标准。我国还制定了进口废物环境保护的一系列控制标准，以防止洋垃圾对我国环境造成污染。同时做出了污染物排放标准的辅助规定和污染物控制技术标准，结合这一排放标准的要求和生产工艺特点，对必须采取的污染物控制措施加以明确规定。

3. 环境基础标准

环境基础标准是对环保工作中有指导意义的各种符号、代号、因式、量纲、名词术语、标记方法、标准编排方法、原则等所做的规定，是制定其他标准的基础。

4. 环境方法标准

该标准是环境保护中对环境检查、监测、抽样分析、实验操作规程、误差分析、统计、计算等方法所做的规定。如《城市环境噪声测量方法》（GB/T 14263 – 1993）、《水质分析方法标准》（GB 7466 ～ 7494 – 1987）等。

5. 环境标（校）准物质标准

环境标准物质是环境测试中，用来标定仪器、验证测量方法、进行量值传递或质量控制的材料或物质，对这些标准所做的规定就是环境标准物质标准。

除此之外，国外还有一些国家有污染警报标准，它是当环境中污染物浓度达到可能出现污染事故时必须向社会公众发出警报的标准。我国也有环保行业标准（HJ），它是除国家标准外，在环保工作中对仪器设备、技术规模、管理方法等所做的统一规定。在众多的标准中以环境质量标准和污染物排放标准为核心，其他标准多为辅助标准。

二、环境标准制定原则

环境标准制定的宽与严，合理与不合理是至关重要的。那么在制定标准的过程中需要遵循哪些原则呢？以下就按照环境质量标准和污染物排放标准分别进行论述。

（一）制定环境质量标准的原则

（1）保障人体健康和保护生态平衡是制定环境质量标准的首要原则。制定环境质量标准的目的是为人类创造一个生活、工作的优良环境，使人的身体健康不受损害，整个生态系统免遭破坏。为此，首先通过毒理试验、流行病学研究和社会调查的方法，对环境中各种污染物的剂量或浓度进行综合研究，找出污染物对人体或生态不构成危害的最大剂量（无作用剂量）或浓度。在制定有关标准时，污染物浓度就应低于该值。

（2）以符合国家的经济条件和技术水平为原则。"标准制定者的责任，就是在满足环境基准要求与现实技术经济的可行性之间寻找最佳方案"。所以，标准的确定一定要符合国家技术的实际水平，过严与过宽都将失去它的实际意义。为此，需要进行经济损益分析，从而以付出最小的代价，获得较大的收益，达到环境、经济、社会效益的统一。

（3）制定环境质量标准要求考虑地区差异和实际污染水平，因地制宜，切实可行。由于各地的自然环境、地形、地貌、气候条件不同，人群的构成、数量以及生态系统的结构、功能差异很大，使得各地区的环境自净力和环境容量具有很大区别。虽然制定全国统一的标准是十分必要的，但是也要充分认识这一差距。要因地制宜的制定出各地区的环境质量标准。地方标准可根据实际情况略高于国家标准，如风景旅游区和自然保护区的标准应当较高；而对那些污染源集中、环境污染严重的工业区，可根据实际污染水平制定近期标准、短期标准和远期标准。

（4）环境质量标准有时间限制性。环境质量标准是为适应人类的需要而制定的，因此它不会是"一劳永逸"长久不变的。环境质量标准制定之后会在实践中受到检验，不断地进行调整和修正，以到达更科学、更完美和更切合实际的目的。如我国的《地面水环境质量标准》首次发布为 1983 年，1988 年第一次修订，1999 年 7 月又做了第二次修订，改成《地表水环境质量标准》，并于 2000 年 1 月 1 日起执行。

（二）制定污染物排放标准的原则和方法

1. 以环境质量标准为依据，以满足环境质量标准的要求为原则

控制污染物排放量的目的是减少对环境的污染，从而保护人体健康。因此制定污染物排放目标时必然以环境质量标准为参考的依据。

2. 考虑技术水平和经济条件

控制污染物的排放需要一定的经济投入及具有一定的治理技术和措施。因此同制定环境质量标准一样，需要进行技术经济损益分析，以实现控制技术上的可行性和经济上的合理性。

3. 考虑地区和行业差异以及现实污染水平

各地区的范围内污染源分布不同，环境自净力和环境容量也不同，因此制定污染物的排放标准也应有所不同。同时，不同行业受生产工艺和净化装置效率的影响，使得污染物的排除量也存在差异。如果仅用一个排放标准去衡量，会出现宽、严不均的现象。因此，在制定污染物排放标准时，还应考虑地区及行业的差异及显示污染水平。

4. 污染物排放标准具有时间性

也就是说，既要保持相对稳定，又不可一成不变。它应随科学技术的进步、经济的发展和人们对环境的要求而适时地进行修改。

5. 制定污染物排放标准

为了排放标准的落实，还应制定单个设备的排放控制指标、单位产量（或产值）排污指标、原料消耗指标及所用原料的消耗限制等。在实际执行中，根据具体情况，为达到不同标准做出时间上的限制，以便逐步达到环境质量标准的要求。

三、我国主要的环境质量标准

1973 年以后，随着环境科学的发展和人们对环境问题认识的不断提高，颁布了一系列环境质量标准，使我国的环境质量标准形成了一套较完整的体系。同时，随着情况的变化和时间的推移还在不断修正、不断更新，使其更加完整、更加适合我国国情。

（一）环境空气质量标准

我国 1962 年颁布的《工业企业设计卫生标准》中首次对居民区大气中的 12 中有害物质规定了最高允许浓度。1982 年颁布《大气环境质量标准》（GB 3095－1982），1996 年又颁布了《环境空气质量标准》GB 3095－1996（表 11-1）代替了上述的 GB 3095－1982，见表 11-1。

表 11-1 环境空气质量标准 GB3095—1966

污染物名称	取值时间	浓度限值			度单位
		一级标准	二级标准	三级标准	
二氧化硫（SO_2）	年平均	0.02	0.06	0.10	mg/m³ （标准状态）
	日平均	0.05	0.15	0.25	
	一小时平均	0.15	0.50	0.70	
总悬浮颗粒物（TSP）	年平均	0.08	0.20	0.30	
	日平均	0.12	0.30	0.50	
可吸入颗粒物（PM_{10}）	年平均	0.04	0.10	0.15	
	日平均	0.05	0.15	0.25	
氮氧化物	年平均	0.05	0.05	0.10	
	日平均	0.10	0.10	0.15	
	一小时平均	0.15	0.15	0.30	
二氧化氮	年平均	0.04	0.04	0.08	
	日平均	0.08	0.08	0.12	
	一小时平均	0.12	0.12	0.24	
一氧化碳	日平均	4.00	4.00	6.00	
	一小时平均	10.00	10.00	20.00	
臭氧	一小时平均	0.12	0.16	0.20	
铅	季平均		1.50		μg/m³ （标准状态）
	年平均		1.00		
苯并［α］芘	日平均		0.01		
氟化物	日平均		7		
	一小时平均		20		
	月平均	1.8	3.0		μg/（dm²·d）
	植物生长季平均	1.2	2.0		

1. 环境空气质量标准中有关功能区分类

一类区为自然保护区、风景名胜区和其他需要特殊保护的地区；二类为城镇规划中确定的居住区、商业交通居民混合区、文化区、一般工业区和农村地区；三类为特定工业区。

2. 环境空气质量标准分级

一类区执行一级标准；二类区执行二级标准；三类区执行三级标准。

（二）水环境质量标准

我国水环境质量标准包括地表水、海水及地下水的质量标准系列。主要有《地表水环境质量标准》（GHZB 1 – 1999）、《海水水质标准》（GB 3097 – 1982）、《农田灌溉水质标准》（GB 5084 – 1992）、《渔业水质标准》（GB 1607 – 1989）、《地下水质标准》（GB/T 14848 – 1993）。

地表水环境质量标准是所有水环境质量标准中最重要也是应用最普遍的一个。它适用于我国江河、湖泊、运河、渠道、水库等具有使用功能的地表水域。地表水环境质量标准基本项目标准限值见表 11–2。

表 11–2　地表水环境质量标准基本项目标准限值（GB 3838 – 2002）

序号	标准值项目 \ 分类	I	II	III	IV	V
1	水温/℃	人为造成的坏境水温变化应限制在：周平均最大温升≤1 周平均最大温降≤2				
2	PH 值	6～9				
3	溶解度≥	饱和率90%（或 7.5）	6	5	3	2
4	高锰酸盐指数≤	2	4	6	10	15
5	化学需氧量（COD）≤	15	15	20	30	40
6	五日生化需氧量（BOD$_5$）≤	3	3	4	6	10
7	氨氮≤	0.15	0.5	1.0	1.5	2.0
8	总磷（以 P 计）≤	0.02	0.1	0.2	0.3	0.4
9	总氮（湖、库以 N 计）≤	0.2（湖、库0.01）	0.5（湖、库0.025）	1.0（湖、库0.05）	1.5（湖、库0.1）	2.0（湖、库0.2）
10	铜≤	0.01	1.0	1.0	1.0	1.0
11	锌≤	0.01	1.0	1.0	2.0	2.0
12	氟化物（以 F－计）≤	1.0	1.0	1.0	1.5	1.5
13	硒≤	0.01	0.01	0.01	0.02	0.02
14	砷≤	0.05	0.05	0.05	0.1	0.1
15	汞≤	0.000 05	0.000 05	0.000 1	0.000 1	0.000 1
16	镉≤	0.001	0.005	0.005	0.005	0.01
17	铬（六价）≤	0.01	0.05	0.05	0.05	0.1
18	铅≤	0.01	0.01	0.05	0.05	0.1
19	氰化物≤	0.005	0.05	0.2	0.2	0.2
20	挥发酚≤	0.002	0.002	0.005	0.01	0.1
21	石油类≤	0.05	0.05	0.05	0.5	1.0
22	阴离子表面活性剂≤	0.2	0.2	0.2	0.3	0.3
23	硫化物≤	0.05	0.1	0.2	0.5	1.0
24	粪大肠菌群/（个/L）≤	200	2 000	10 000	20 000	40 000

根据地表水域使用目的和保护目标将水域功能划分为五类：Ⅰ类主要适用于源头水、国家自然保护区；Ⅱ类主要适用于集中式生活饮用水水源地区、一级保护区、珍贵鱼类保护区、鱼虾产卵场等；Ⅲ类主要适用于集中式生活饮用水水源地区、二级保护区、一般鱼类保护区及旅游区；Ⅳ类主要适用于一般工业区及人体非直接的娱乐用水区；Ⅴ类主要适用于农业用水区及一般景观要求水域。对同一水域兼有多种功能的依照最高类别功能划分。

（三）环境噪声标准

我国的环境噪声标准以《声环境质量标准》（GB 3096 - 2008）为主要的环境噪声标准。除此之外还对一些特殊环境区域制定了一系列的标准，如对飞机场周围，铁路、公路两侧，建筑施工场，船舶，车辆等都制定了具体的噪声限制规定。下面以城市区域环境噪声标准为主，具体介绍见表11-3。

表11-3　城市区域环境噪声标准（GB3096 - 2008）

类　别		昼　间	夜　间
0		50	40
1		55	45
3		60	50
3		65	55
4	4a	70	55
	4b	70	60

该标准适用于城市区域，标准中规定了城市中五大类区域的区域噪声最高限值。

（1）0类声环境功能区：指康复疗养区等需要安静的区域；

（2）1类声环境功能区：指以居民住宅、医疗卫生、文化教育、科研设计、行政办公为主要功能，需要保持安静的区域；

（3）2类声环境功能区：指以商业金融、集市贸易为主要功能，或者居住、商业、工业混杂，需要维护住宅安静的区域；

（4）3类声环境功能区：指以工业生产、仓储物流为主要功能，需要防止工业噪声对周围环境产生严重影响的区域；

（5）4类声环境功能区：指以交通干线两侧一定距离之内，需要防止交通噪声对环境产生严重影响的区域。4a类为高速公路、一级公路、二级公路、城市快速路、城市主干路、城市次干路、城市轨道交通（地面段）、内河航道两侧区域；4b类为铁路干线两侧区域。

（四）土壤环境质量标准

1995年为防止土壤污染，保护生态环境，制定《土壤环境质量标准》（GB15618 - 1995）。该标准适用于农田、蔬菜、菜园、果园、牧场、林地和自然保护区等土地的土壤。

根据土壤应用功能和保护目标，土壤环境质量分为三类：Ⅰ类主要适用于国家的自然保护区（原有背景重金属含量高的除外）、集中式生活饮用水源地、茶园、牧场等土壤，土壤质量基本上保持自然背景水平；Ⅱ类主要适用于一般农田、蔬菜地、茶园、牧场等土壤，土壤质量基本上对植物和环境不造成危害和污染；Ⅲ类主要适用于林地土壤及污染物容量较大的高背景值土壤和矿厂附近的农田土壤（蔬菜地除外）。土壤质量基本上分三级：一级为保护自然生态，维持自然背景的土壤质量的限制值，Ⅰ类土壤环境执行一级标准；二级为保障农业生产，维持身体健康的土壤限制，Ⅱ类土壤环境执行二级标准；三级为保障农业和植物正常生长的土壤临界值，Ⅲ类土壤环境执行三级标准。

思 考 题

1. 阐述我中环境法在其环境保护工作中的重要作用。

2. 我国环境保护法由哪些部分组成？

3. 简述环境管理的基本方法和主要手段。

4. 论述我国环境管理的基本政策、方针和制度。

5. 什么是总量控制？总量控制包括哪几种类型？我国实施总量控制的污染物指标确定原则是什么？

6. 环境标准的内涵、特点及其作用是什么？

第十二章　环境监测与环境影响评价

第一节　环境监测

一、环境监测的概念和分类

（一）环境监测的概念

环境监测就是运用现代科学技术手段，对代表环境污染和环境质量的各种环境要素（环境污染物）的监视、监控和测定，从而科学评价环境质量及其变化趋势的操作过程。环境监测在对污染物监测的同时，已扩展延伸为对生物、生态变化的大环境监测，环境监测机构按照规定的程序和有关标准、法规，全方位、多角度连续地获得各种监测信息，实现信息的捕获、传递、解析综合及控制。环境监测是环境保护、环境质量管理和评价的科学依据，亦是环境科学的一个重要组成部分。

（二）环境监测分类

1. 按监测目的分类

（1）监视性监测。监视性监测又称例行监测或常规监测，是对指定的有关项目进行定期的、长时间的监测，以确定环境质量及污染源状况、评价控制措施的效果、衡量环境标准实施情况和环境保护工作的进展。这是监测工作中量最大、面最广的工作，是监测站第一位的主体工作。监视性监测包括对污染源的监督监测（污染物浓度、排放总量、污染趋势等）和环境质量监测（所在地区的空气、水质、噪声、固体废物等监督监测）。

（2）特定目的监测。按特定目的监测又称特例监测或应急监测，是监测站第二位的工作，按目的不同分为以下几种。

① 污染事故监测，在发生污染事故时进行应急监测，以确定污染物扩散方向、速度和危及范围，为控制污染提供依据。这类监测常采用流动监测（车、船等）、简易监测、低空航测、遥感等手段；

② 仲裁监测，主要针对污染事故纠纷、环境法执行过程中所产生的矛盾进行监测。仲裁监测应由国家指定的具有权威的部门进行，以提供具有法律责任的数据（公正数据），供执行部门、司法部门仲裁；

③ 考核验证监测，包括人员考核、方法验证和污染治理项目竣工时的验收监测；

④ 咨询服务监测，为政府部门、科研机构、生产单位所提供的服务性监测。例如建设新企业应进行环境影响评价，需要按评价要求进行监测。

（3）研究性监测。研究性监测是针对特定目的的科学研究而进行的监测，属于高层次、高水平、技术比较复杂的一种监测。这类研究通常由多个部门、多个学科协作共同完成。其任务是研究污染物或新污染物自污染源排出后，迁移变化的趋势和规律，以及污染物对人体和生物体的危害及影响程度，包括标法研制监测、污染规律研究监测、背景调查监测、综评研究监测。

2. 按监测介质对象分类

可分为水质监测、空气监测、土壤监测、固体废物监测、生物监测、噪声和振动监测、电磁辐射监测、放射性监测、热监测、光监测、卫生（病原体、病毒、寄生虫等）监测等。

二、环境监测的目的

环境监测是环境保护的"眼睛"，其目的是以下4个方面。

（1）根据环境质量标准，评价环境质量。执行有关环境保护法规和卫生法规，通过监测检验和判别工业排放物浓度或排放量是否符合国家标准，检验和判别环境质量是否达到国家标准的要求。

（2）根据污染分布情况，追踪寻找污染源，为实现监督管理、控制污染提供依据。加强企业管理，提高环保设施能力，通过监测明确环保设施运行效果，以便采取措施和管理对策，达到减少污染、保护环境的目的。

（3）收集本底数据，积累长期监测资料，为研究环境容量、实施总量控制、目标管理、预测预报环境质量提供数据。

（4）为保护人类健康、保护环境、合理使用自然资源，以及制定环境法规、标准、规划等服务。为开展科学研究或为环境质量评价提供依据。开展环境科学的研究或进行环境质量评价都需要通过环境监测提供必要的数据，来掌握污染物运动的规律性，探索自然、人类、社会之间的奥秘。

三、环境监测的程序和技术

（一）环境监测程序

环境监测程序包括以下几点。

（1）现场调查与资料收集。环境污染随时间、空间变化，受气象、季节、地形地貌等因素的影响，应根据监测区域呈现的特点，进行周密的现场调查和资料收集工作，主要调查各种污染源及其排放情况和自然与社会环境特征，包括地理位置、地形地貌、气象气候、土地利用情况以及社会经济发展状况。

（2）确定监测项目。应根据国家规定的环境质量标准，结合本地区主要污染源及其主要排放物的特点来选择，同时还要测定气象及水文项目。

（3）确定监测点布置及采样时间和方式。采样点布设得是否合理，是能否获得有代表性样品的前提，应予以充分重视。

（4）选择和确定环境样品的保存方法。

（5）环境样品的分析测试。

（6）数据处理与结果上报。

（二）环境监测技术

环境监测技术包括采样技术、测试技术和数据处理技术等。本节仅介绍污染物的常用分析测试技术。

1. 化学分析法

化学分析法是以化学反应为基础的分析方法，分为重量分析法和容量分析法（滴定分析法）两种。

（1）重量分析法。重量分析法是用适当方法先将试样中的待测组分与其他组分分离，转化为一定的称量形式，用称量的方法测定该组分的含量。重量分析法主要用于环境空气中总悬浮颗粒物、PM_{10}、降尘、烟尘、生产性粉尘以及废水中悬浮固体、残渣、油类等项目的测定。

（2）容量分析法。容量分析法是将一种已知准确浓度的溶液（标准溶液），滴加到含有被测物质的溶液中，根据化学反应计算定量反应完全时消耗标准溶液的体积和浓度，计算出被测组分的含量。根据化学反应类型的不同，容量分析法分为酸碱滴定法、配位滴定法、沉淀滴定法和氧化还原反应滴定法 4 种。容量分析法主要用于水中酸碱度、氨氮、化学需氧量、生化需氧量、溶解氧、S^{2-}、Cr^{6+}、氰化物、氯化物、硬度、酚及废气中铅的测定。

2. 仪器分析法

仪器分析法是利用被测物质的物理或物理化学性质来进行分析的方法。例如，利用物质的光学性质、电化学性质进行分析。由于这类分析方法一般需要使用精密仪器，因此称为仪器分析法。

（1）光谱法。光谱法是根据物质发射、吸收辐射能，通过测定辐射能的变化，确定物质的组成和结构的分析方法。光谱法主要有以下几种。

① 可见和紫外吸收分光光度法。可见和紫外吸收分光光度法是根据具有某种颜色的溶液对特定波长的单色光（可见光或紫外光）具有选择性吸收，且溶液对该波长光的吸收能力（吸光度）与溶液的色泽深浅（待测物质的含量）成正比，即符合朗伯 – 比尔定律。在环境监测中可用可见和紫外吸收分光光度法测定许多污染物。如砷、铬、镉、铅、汞、锌、铜、酚、硒、氟化物、硫化物、氰化物、二氧化硫、二氧化氮等。尽管近年来各种新的分析方法不断出现，但可见和紫外吸收分光光度法仍与原子吸收分光光度法、气相色谱法和电化学分析法成为环境监测中的四大主要分析方法。

② 原子吸收分光光度法（AAS）。原子吸收分光光度法是利用处于基态待测物质原子的蒸气，对光源辐射出的特征谱线进行选择性吸收，其光强减弱的程度与待测物质的含量符合朗伯 – 比尔定律。该法能满足微量分析和痕量分析的要求，在环境空气、水、土壤、固体废物的监测中被广泛应用。到目前为止可以测定 70 多种元素，如工业废水和地表水中的镉、砷、铅、锰、钴、铬、铜、锌、铁、铝、锶、钒、镁等，大气粉尘中钒、铍、镉、铅、锰、汞、锌、铜等，土壤中的钾、钠镁、铁、锌、铍等。

③ 原子发射光谱法（AES）。原子发射光谱法是根据气态原子受激发时发射出该元素原子所固有的辐射光谱，根据测定的波长谱线和谱线的强度对元素进行定性和定量分析的一种方法。由于近年来等离子体新光源的应用，使等离子体发射光谱法（ICP – AES）发展很快，已用于清洁水、废水、底质、生物样品中多元素的同时测定。

④ 原子荧光光谱法（AFS）。原子荧光光谱法是根据气态原子吸收辐射能，从基态跃迁至激发态，再返回基态时产生紫外、可见荧光，通过测量荧光强度对待测元素进行定性、定量分析的一种方法。原子荧光分析对锌、镉、镁等具有很高的灵敏度。

⑤ 红外吸收光谱法。红外吸收光谱法是以物质对红外区域辐射的选择吸收，对物质进行定

性、定量分析的方法。应用该原理已制成了 CO、CO_2、油类等专用监测仪器。

⑥ 分子荧光光谱法。分子荧光光谱法是根据物质的分子吸收紫外、可见光后所发射的荧光进行定性、定量分析的方法。通过测量荧光强度可以对许多恒量有机和无机组分进行定量测定。在环境分析中主要用于强致癌物质基础——苯并 [a] 芘、硒、铵、油类、沥青烟的测定。

（2）电化学分析方法。电化学分析方法利用物质的电化学性质，通过电极作为转换器，将被测物质的浓度转化成电化学参数（电导、电流、电位等），再加以测量的分析方法。

① 电导分析法。电导分析法是通过测量溶液的电导（电阻）来确定被测物质含量的方法，如水质监测电导率的测定。

② 电位分析法。电位分析法是将指示电极和参比电极与试液组成化学电池，通过测定电池电动势（或指示电极电位），利用能斯特公式直接求出待测物质浓（活）度。电位分析已广泛应用于水质中 pH 值、氟化物、氰化物、氨氮、溶解氧等项目的测定。

③ 库仑分析法。库仑分析法是通过测定电解过程中消耗的电量（库仑数），求出被测物质含量的分析方法。可用于测定空气中二氧化硫、氮氧化物以及水质中化学耗氧量和生化需氧量。

④ 伏安和极谱法。伏安和极谱法是用微电极电解被测物质的溶液，根据所得到的电流—电压（可电极电位）极化曲线来测定物质含量的方法。可用于测定水质中铜、锌、镉、铅等重金属离子。

（3）色谱分析法。色谱分析法是一种多组分混合物的分离、分析方法。它根据混合物在互不相溶的两相（固定相与流动相）中分配系数的不同，利用混合物中的各组分在两相中溶解 – 挥发、吸附脱附性能的差异，达到分离的目的。

① 气相色谱分析。气相色谱是采用气体作为流动相的色谱法。环境监测中常用于苯、二甲苯、多氯联苯、多环芳烃、酚类、有机氯农药、有机磷农药等有机污染物的分析。

② 液相色谱分析。液相色谱是采用液体作为流动相的色谱法。可用于高沸点、难气化、热不稳定的物质的分析，如多环芳烃、农药、苯并 [a] 芘等。

③ 离子色谱分析。离子色谱分析是近年来发展起来的新技术。它是离子交换分离、洗提液消除干扰、电导法进行监测的联合分离分析方法。此法可用于大气、水等领域中多种物质的测定。一次进样可同时测定多种成分：阴离子如 F^-、Cl^-、Br^-、NO_2^-、N_3^-、SO_3^{2-}、SO_4^{2-}、$H_2PO_4^-$；阳离子如 K^+、Na^+、NH_4^{+}、Ca^{2+}、Mg^{2+} 等。

3. 生物技术

在环境监测中，利用植物和动物在污染环境中所产生的各种反映信息来判断环境质量的方法、即生物监测，这是一种最直接也是一种综合的方法。生物监测以包括生物体内污染物含量的测定、观察生物在环境中受伤害症状、生物的生理生化反应、生物群落结构和种类变化等手段来判断环境质量。例如，利用某些对特定污染物敏感的植物或动物（指示生物）在环境中受伤害的症状，可以对空气或水的污染做出定性和定量的判断。

传统的生物监测方法是仅对水生生物群落、动物分布状况等进行调查，以此反应环境质量状况。目前，生物监测主要是利用对环境状况变化比较敏感的植物或动物，对它们进行培育，并通过对它们的监测和研究来反映环境质量的变化。例如，植物树叶生长、结果、发育等情况；鱼类在水中的活动、呼吸和繁殖等情况，均能不同程度地反映出大气、水体等环境质量的变化。另外，在污染物监测方面，生物监测技术也已经成为监测、控制和监督管理有毒工业废水排放的有力手段。

（三）分析方法的选择

环境样品试样数量大，试样组成复杂而且污染物含量差别很大。因此，在环境监测中，要根据样品特点和待测组分的情况，权衡各种因素，有针对性地选择最适宜的测定方法，一般来说可从以下几个方面加以注意。

（1）为了使分析结果具有可比性，应尽可能采用国家现行环境监测的标准。每个监测项目都有几种分析方法，可根据具体条件选用。

（2）根据样品待测物浓度的大小分别选择化学分析法或仪器分析法。一般情况下，含量大的污染物选择准确度高的容量法测定；含量低的污染物可根据现有条件选择适宜的仪器分析法。

（3）在条件许可的情况下，对某些项尽可能采用具有专属性的单项成分测定仪。

（4）在多组分的测定中，如有可能应选用同时兼有分离和测定的分析方法。如水中阴离予 F^-、Cl^-、NO_2^- 等，可选择离子色谱法；有机物的测定，可选气相分析法或高效液相色谱法等。

（5）在经常性的测定中，尽可能利用连续性自动测定仪。

（四）环境监测的发展

1. 污染监测阶段或被动监测阶段

随着工业的发展，工业发达国家相继发生了震惊世界的公害事件，而这些都是化学污染物作用的结果，以确定化学污染物的组成、含量的环境分析应运而生。环境分析以间歇采样，现场或实验室分析为主要工作方式，对象是水、空气、土壤、生物等环境要素中的各种化学污染物。因此环境分析是分析化学的发展，是环境监测的一部分。

2. 环境监测阶段或主动监测、目的监测阶段

由于环境体系相当复杂，污染要素众多，除化学因素外，还有物理因素（如噪声、震动、电磁波、放射性、热污染等）和生物因素（如生物量测定、细菌鉴定和计数等）等，环境质量是诸多因素共同作用的结果。监测亦由点到面，而且扩展到空间范围（区域、甚至全球），在时间上亦出现间歇到连续直至长期监测，在监测内容上对所有影响环境质量的要素进行分别监测，从而综合评价环境质量，此阶段为环境监测成熟阶段。

3. 污染防治监测阶段或自动监测阶段

尽管环境监测已能通过综合各环境因素来评价环境质量，但还不能及时地监视环境质量变化，预测变化趋势，更不能根据监测结果发布采取应急措施的指令。人们需要在极短的时间内观察到环境因素的变化，预测预报未来环境质量，当污染程度接近或超过环境标准时即可采取保护措施。基于此，在环境监测中建立了自动连续监测系统，使用遥感遥测技术，监测仪器用计算机遥控并传送到中心控制室以显示污染态势，真正实现了监测的实时性、连续性和完整性。

四、环境监测质量保证

（一）质量保证

质量保证是一个比较大的概念，它是指对整个监测过程的全面质量管理，因此质量保证也就必然体现在环境监测过程的每一个工作环节中。如何保证每一个步骤都准确无误，一旦出现错误又能及时发现并予以纠正，这就是一个管理者应当重视和考虑的问题。

为了保证监测数据的质量，应注意监测数据的代表性、精确性、可比性。代表性是指监测数据在具有代表性的时间、地点及符合规定条件下采样而取得的。精确性是指监测数据具有良好的重现性，尽可能接近真实值。可比性是指采集样品、测量方法、计量单位等都在可比之列。在监测工作的整个过程中，每一个步骤都应保证质量。从程序上看有如下几个方面：

（1）采样。从采样点的设置、采样时间的选择、采样仪器、设备和试剂的使用都应符合规定的要求。

（2）样品的运送和储存。运送和储存样品要使样品不变质、变量，保持原来的状态。

（3）化验与分析。对样品的化验和分析要采用统一的化验分析方法，力求分析数据重复性好，测定值与其值差别小。

（4）符合监测报告的规定要求。数据的有效性、准确性，符合环境监测报告的规定和要求。同时，要书写整齐，表达正确。

（二）质量控制

质量控制包括实验室内部质量控制和外部质量控制两个部分。实验室内部质量控制，是实验室自我控制质量的常规程序，它能反映分析质的稳定性如何，以便及时发现分析中的异常情况，随时采取相应的校正措施。其内容包括空白试验、校准曲线核查、仪器设备的定期标定、平行样分析、加标样分析、密码样分析和编制质量控制图等；外部质量控制通常是由上级监测站或环境管理部门委派有经验的人员对监测站的工作进行考核及评估，以便对数据质量进行独立评价，各实验室可以从中发现所存在的系统误差等问题，以便及时校正、提高监测质量。通常采用的方法是由检查人员下发考核样品（标准样品或密码样品），监测站对此进行分析，以此对实验室的工作进行评价。

（三）质量保证体系构成

质量保证体系是对环境监测全过程进行全面质量管理的一个大的系统，其功能就是要使监测工作的各个环节和步骤都能充分体现并满足"代表性、完整性、可比性、准确性、精密性"的要求，从而保证监测数据的可靠性。

质量保证体系主要由六个关键系统构成：布点系统、采样系统、运储系统、分析测试系统、数据处理系统和综合评价系统。

质量保证体系是环境监测管理的核心，是对监测工作全过程进行科学管理和监督的有力保障。质量保证体系是在长期的监测工作实践中、无数成功的经验和失败的教训中不断总结发展而形成的，它的实施为环境监测质量保证奠定了坚实的基础。

第二节　环境质量评价

一、环境质量评价及其分类

环境质量评价是按照一定评价标准和评价方法对一定区域范围内的环境质量加以调查研究并在此基础上作出科学、客观和定量的评价、预测。

按评价时序，环境质量评价有环境质量回顾评价和环境质量现状评价。环境回顾评价是根据某一地区历年积累的环境资料对该地区过去一段时间的环境质量进行评价。通过回顾评价可以揭示出该区域环境污染的发展变化过程，推测今后的发展趋势。环境质量现状评价一般是根据近几年的环境资料对某一地区的环境质量的变化及现状进行评价。通过这种形式的评价，可以阐明环境质量的现状，为进行区域环境污染综合治理、区域环境规划等提供科学依据。

根据评价要素，环境质量评价可以分为单要素评价、多要素评价和综合评价。就某一环境要素进行评价称为单要素评价，如大气质量评价、水质评价、土壤质量评价等。对两个或多个要素进行评价，称为多要素评价。对所有要素进行评价，则称为环境质量综合评价，进行这种评价工作量较大，有一定难度。

根据评价区域的不同，环境质量评价又可以分为城市环境质量评价、农村环境质量评价、海洋环境质量评价和交通环境质量评价等。

二、环境质量现状评价

环境质量现状评价的工作内容很多，因每个评价项目的评价目的、要求及评价要素不同，在具体做法上，不同评价项目可能略有差异。但从总体上来讲，不同的评价都是把污染源——环境影响作为一个统一的整体来进行调查和研究。由此观点，环境质量现状评价的基本程序如下。

1. 准备阶段

首先要确定评价目的、范围、方法、评价的深度和广度，制订出评价工作计划。组织各专业部门分工协作，充分利用各专业部门积累的资料，并对已掌握的有关资料作初步分析，初步确定出主要污染源和主要污染因子。做好评价工作的人员、资源及物资的准备。

2. 监测阶段

在准备工作的基础上，根据确定的主要污染因子和主要污染项目，开展环境质量现状监测工作。在监测工作中，定区、定点、定时间很重要，应当一年按不同季节监测几次；至少要在冬季、夏季监测两次。如果需要应重复监测几年，这样才能获得比较可靠的资料。在监测工作中，要注意监测资料的代表性、可比性和准确性。具体监测方法应按国家规定标准进行。有条件的地方，监测工作可从不同学科角度进行。如除进行环境污染物的监测外，还可进行环境生物学监测和环境医学监测，由不同专业来评价环境污染状况，这样可能更全面地反应环境的实际情况。

3. 评价和分析阶段

评价就是选用适当方法，根据环境监测资料、生物学监测资料和环境医学监测资料，对不同地区和地点、不同季节和时间的环境污染程度进行定量、定性的判断和描述，得到不同地区、不同时间，环境质量如何的概念，并分析说明造成环境污染的原因、重污染发生的条件，以及这种污染对人、植物、动物的影响程度。

4. 成果应用阶段。

通过评价得到的结论就是重要的成果。这一成果对于环境管理部门、规划部门都是很有意义的基础资料。据此，可以制定出控制和减轻一个地区的环境污染程度的具体措施。对一些主要环境问题，可以通过调整工业布局、调整产业结构、进行污染技术治理、制定合理的国民经济发展计划等措施来加以解决。所以，评价结果是进行环境管理和决策的重要依据。

三、环境质量现状评价的方法

我国最常用的环境质量现状评价的方法是指数法。通过调查和原始的监侧数据，运用数学方法进行归纳整理，一般采用指数方法来表示污染程度。这种方法只能表示静态环境的污染情况，给人以直观简明的数量概念。

（一）环境质量评价方法的基本要素

（1）监测数据，采用任何一种环境质量评价方法都必须具备准确、足够而有代表性的监测数据，这是环境质量评价的基础资料。

（2）评价参数，即监测指标，实际工作中可选最常见、有代表性、常规监侧的污染物项目作为评价参数。此外，针对评价区域的污染源和污染物的排放实际情况，增加某些污染物项目作为环境质量的评价参数。

（3）评价标准，通常采用环境卫生标准或环境质量标准作为评价标准。

（4）评价权重，在评价中需要对各评价参数或环境要素给予不同的权重以体现其在环境质量中的重要性。

（5）环境质量的分级，根据环境质量的数值及其对应的效应作为质量等级划分环境质量数值的含义。

（二）指数评价法

指数评价法是最早用于环境评价的一种方法，应用也最广泛。它具有一定的客观性和可比性。

1. 单因子评价指数

单因子评价是环境评价最简单的表达方式，也是其他各种评价方法的基础。单因子评价指数的表达式为

$$I_i = C_i/S_i$$

式中：I_i——第 i 种污染物的环境质量指数；

C_i——第 i 种污染物在环境中的浓度；

S_i——第 i 种污染物的环境质量评价标准。

环境质量指数是无量纲量，它表示某种污染物在环境中的浓度超过评价标准的程度。

在大气环境评价中，常用的评价参数有颗粒物、SO_2、CO、NO_x 等；在水环境评价中，一般多选用 PH 值、悬浮物、溶解氧、COD、BOD、油类、大肠杆菌、有毒金属等作为评价参数。

一个具体的环境评价问题往往涉及的不仅仅是单因子问题。当多个参数因子参与评价时，用多因子环境质量指数；当参与评价的是多个环境要素时，用环境质量综合指数。

2. 多因子评价指数

多因子环境质量评价指数有均值型、计权型和几何均值型等。

（1）均值型多因子环境质量评价指数。均值型指数的基本出发点是各种因子对环境质量的影响是等同的，其计算公式为

$$I = \frac{1}{n}\sum_{i=1}^{n} I_i$$

式中：n——参与评价的因子数目。

（2）计权型多因子环境质量评价指数。计权型多因子环境质量评价指数的基础是各种因子对环境的影响是不同的，具体体现为各因子的影响权重。计权型指数的计算公式为

$$I = \sum_{i=1}^{n} W_i I_i$$

式中：W_i——第 i 个因子的权重。

计权型指数的关键是要科学、合理地确定各因子的权重值。

（3）几何均值型多因子环境质量评价指数。均值型指数是一种突出最大值型的环境质量指数，其计算公式为

$$I = \sqrt{(I_i) \text{ 最大} (I_i) \text{ 平均}}$$

式中：(I_i) 最大——参与评价的最大的单因子参数；

(I_i) 平均——参与评价的单因子指数的均值。

均值型指数既考虑了主要污染因素，又避免了确定权重的主观影响，是目前应用较多的一种多因子环境质量评价指数。

3. 环境质量综合指数

环境质量综合指数是对多个环境要素进行总体评价。例如，对一个地区的大气环境、水环境、土壤环境等进行总体评价。环境质量综合指数常采用两种方法计算：均权平均综合指数和加权综合指数。

均权平均综合指数的计算公式为

$$Q = \frac{1}{n} \sum_{k=1}^{n} I_k$$

式中：Q——多环境要素的综合质量指数；

n——参与评价的环境要素的数目；

I_k——第 k 个环境要素的多因子环境质量指数。

加权综合指数的计算公式为

$$Q = \sum_{k=1}^{n} W_k I_k$$

式中：W_k——第 k 个环境要素在环境质量综合评价中的权重值。

4. 环境质量分级

采用环境质量指数评价方法时，一般按计算数值的大小划分几个范围或级别来表达其质量的优劣。常用的环境质量分级方法有 M 值法、W 值法和模糊聚类法。下面仅就应用 M 值法和 W 值法进行环境质量分级作简单介绍。

（1）M 值法。M 值法又称为积分值法。该方法是根据每个污染因子的浓度，按照给定评价标准确定一个评价分值，根据各因子的总评分值进行环境质量评价。设参与评价的因子数有 n 个，假定全部满足一级评价标准的评分为 100 分，则每个因子的评分为 $100/n$；全部因子都介于一级、二级评价标准之间的评分为 80 分，则每个因子的评分为 $80/n$；其余依次类推。相对于环境质量标准的 Ⅰ、Ⅱ、Ⅲ、Ⅳ、Ⅴ级，给定单因子的评分为 $100/n$、$80/n$、$60/n$、$40/n$ 和 $20/n$。若每个因子的评分为 ai，则全部因子的总积分值为

$$M = \sum_{i=1}^{n} ai$$

根据 M 值就可按表 12–1 确定环境质量的级别。

表 12–1 M 值法的环境质量分级

环境质量等级	理想	良好	污染	重污染	严重污染
分级标准	$M \geqslant 96$	$96 > M \geqslant 76$	$76 > M \geqslant 60$	$60 > M \geqslant 40$	$M < 40$

M 值法简单易行，但在计算积分值时采用简单的评分值叠加法，不能反应各因子的相对重要性。

（2）W 值法。W 值法弥补了 M 值法的不足，充分考虑主要污染物的影响。如果规定凡符合 I、II、III、IV、V 级环境质量标准的环境因子分别可以被评为 10、8、6、4、2 分，对于不能满足最低一级环境质量的因子，则评为 0 分，则对环境质量的描述可以写成下述形式：

$$SN_{10}^{n}N_8^{n}N_6^{n}N_4^{n}N_2^{n}N_0^{n}$$

式中：S——参与评价的环境因子的数目；

N——被评为 10 分、8 分、6 分、4 分、2 分和 0 分的因子的数目。

W 值法突出主要污染因子的作用，以最严重的两个因子的评分值作为依据，表 12-2 给出了按 W 值法进行环境质量分级的标准。

表 12-2　W 值法环境质量分级

环境质量等级	理想	良好	污染	重污染	严重污染
最低两项评分值之和 W	18 或 20	14 或 16	10 或 12	6 或 8	<4

（三）模型预测法

环境影响的预测是建立在了解环境系统运动和变化规律的基础上，应用过去或现在的相关数据，对评价项目在未来影响的范围、程度及其后果进行推测。环境系统模型就是用图像或数字关系式的形式，把所研究的各环境要素或过程以及它们之间的相互联系表示出来。模型预测法的优点是可以给出定量结果，能反应环境影响的动态过程。常用的预测模型有：零维、一维、二维水质模型，$S-P$ 模型，高斯模型等。

（四）模糊综合评判法

由于环境质量评价中存在不确定性，包括认识上的局限性、数据的不允许性和不可靠性、环境质量本身的随机性等，因此有时需要用模糊的语言来表述。模糊数学就是用数学的方法来研究、处理实际中存在的大量不确定的模糊问题。环境质量评价的模糊数学模型主要使用隶属度来刻画环境质量的分界线，而隶属度可用隶属函数来表达。

（五）专家评价法

由于环境评价过程中需要确定某些难以定量化的因素，如社会政治因素、生态服务功能等，对这些因素的估计往往缺乏统计数据，也没有原始资料，这时专家评价法是一种较有效可行的方法。

专家评价法是一种古老的方法，但至今仍有重要的作用。所谓专家，一般是指在该领域从事 10 年以上技术工作的科学技术人员或专业干部。专家组的人数一般在 10～15 人。专家评价法是充分利用专家的创造性思维进行评价的方法，不是利用个别专家，而是依靠专家集体（包括不同领域的专家），可以消除少数专家的局限性。专家评价法中比较有代表性的是特尔斐法，其工作程序是：确定评价主体—编制评价事件一览表—选择专家—环境预测和价值判断过程—结果的处理和表达。

随着公众参与在我国环境评价中的作用日显重要，很多场合下，"公众"也是某一方面的专家，评价时应该重视"公众"的判断。

环境评价方法除了以上几种以外，还有运筹学评价法、类比法、列表清单法、矩阵法和生态图法等，每种方法又可衍生出许多改型的方法以适应不同的对象和不同的评价任务。

第三节　环境影响评价

一、环境影响评价

环境影响评价简称环评，广义的环评是指对拟议中的建设项目、区域开发计划和国家政策实施后可能对环境产生的影响（后果）进行的系统性识别、预测和估计。狭义的环评是指对规划和建设项目实施后可能造成的环境影响进行分析、预测和评估，提出预防或者减轻不良环境影响的对策和措施，进行跟踪监测的方法与制度。通俗的讲就是分析项目建成投产后可能对环境产生的影响，并提出污染防治的对策和措施。环境影响评价的根本目的是鼓励在规划和决策中考虑环境因素，最终达到更具环境相容性的人类活动。

根据目前人类活动的类型及对环境的影响程度，环境影响评价可分为以下三种类型。

（一）单项建设工程的环境影响评价

这种评价是环境影响评价体系的基础，其评价内容和评价结论针对性很强。对工程的选址、生产规模、产品方案、生产工艺、工程对环境的影响以及减少和防范这种影响的措施都有明确的分析、计算和说明，对工程的可行性有明确结论。

（二）区域开发的环境影响评价

与单项工程环境影响评价相比，区域开发环境影响评价更具有战略性。它强调把整个区域作为一个整体来考虑，评价的着眼点在于论证区域的选址、建设性质、开发规划、总体规模是否合理，同时也重视区域内的建设项目的布局、结构、性质、规模，根据周围环境的特点，对区域的排污量进行总量控制。为使区域的开发建设对周围环境的影响控制在最低水平，提出相应的减轻影响的具体措施。

（三）公共政策的环境影响评价

这类环境影响评价主要是指对国家权力机构发布的政策进行影响评价。这是一项战略性极强的环境影响评价。它与前面两种评价的不同之处在于，评价的区域是全国性的或行业性的，识别的影响是潜在的、宏观的，评价的方法多是定性的和半定性的各种综合、判断和分析。总之，公共政策的环境影响评价是在最高层次上进行的环境影响评价，是为高层次的开发建设决策服务的，因此，它在环境保护工作中所起的作用也是巨大的、全局性的。

从评价要素上，可把环境影响评价分为大气环境影响评价、地面水环境影响评价、地下水环境影响评价、海洋环境影响评价、固体废物环境影响评价、环境噪声影响评价、环境健康影响评价等几种类型。

二、环境影响评价程序

我国目前环境影响评价的工作程序是：凡新建或扩建工程，由建设单位将建设计划向各级环境保护部门提出申请，由各级环境保护部门会同有关专家确定该建设项目是否应该进行环境影响评价，如需要进行环境影响评价，则由建设单位委托有关单位承担。

当评价单位在接到评价任务之后，应根据工程的性质和评价区域的环境特点组织技术领导小组，并尽快熟悉拟建工程的有关情况，接着赴建设地点全面收集当地自然环境、社会环境方面的资料。在此基础上，分析、识别工程的环境影响及主要影响敏感点，并编写环境影响评价大纲，经审查通过后，即可开展评价工作，编制环境影响报告书。

（一）建设项目的工程分析

建设项目的工程分析包括工程种类、性质、规模、工艺流程（采用工艺先进程度）、"三废"排放情况、对拟采用的环境保护措施的评价等。其中重要环节是统计建设项目的污染物排放量。对于新建项目要求算清工程项目自身的污染物设计排放量、按治理规划和评价措施实施后能够实现的污染物削减量，两者之差才是评价需要的污染物最终排放量；对于改扩建项目和技术改造项目的污染物排放量统计则要求算清该项目现有的污染物实际排放量，按计划实施后的项目污染物排放量及其实施治理规划后能够实现的污染物削减量，三者之代数和可作为评价所需要的最终排放量。

（二）环境影响识别

环境影响识别是指通过一定的方法找出建设项目影响的主要方面，定性地说明影响的性质、程度及范围。环境影响可分为直接影响和间接影响、有利影响和不利影响、可逆影响与不可逆影响。

进行环境影响识别可通过环境影响识别表进行。在表上设计了一般建设项目可能对环境产生影响的方面。当进行环境影响识别时，用识别表中的各项内容逐一对建设项目提出询问，

判断建设项目对其是否产生影响。对识别表中的各项目逐一识别后，对有影响的各项目统一分析，找出主要的环境影响和次要环境影响，据此确定环境影响预测和评价的重点。不同的建设项目应有内容不同的环境影响识别表。

建设项目的环境影响识别可使环境影响预测有的放矢，减少盲目性，使提出的减缓污染的防治措施具体、实际、有针对性。

对某一建设项目，如新建一个钢铁企业，应根据它对各环境因素可能波及的地区确定其评价范围。在评价范围内，筛选主要评价因子，其大气污染因子包括 SO_2、TSP（总悬浮颗粒物）、NO_x、F 及 BaP 等，可选 SO_2 及 TSP 作为主要评价因子。但如钢铁企业位于人口密集区，为了揭示它对人体健康的影响，不能忽视 F、Bap 的作用，需要时可将其作为第二位的污染物进行评价。

（三）环境影响预测

1. 环境影响预测的原则

（1）对建设项目的环境影响进行预测，是指对能代表评价区环境质量的各种环境因子变化的预测，分析、预测和评价的范围、时段、内容及方法均应根据其评价工作等级、工程与环境特性、当地的环境保护要求而定。

（2）预测和评价的环境因子应包括反映评价区一般质量状况的常规因子和反映建设项目特征的特性因子两类。

（3）须考虑环境质量背景与已建的和在建的建设项目同类污染物环境影响的叠加。

（4）对于环境质量不符合环境功能要求的，应结合当地环境整治计划进行环境质量变化预测。

2. 环境影响预测的方法及特点

预测环境影响应尽量选用通用、成熟、简便并能满足准确度要求的方法。目前使用较多的

预测方法有：数学模式法、物理模型法、类比分析法和专业判断法等。

（1）数学模式法。能给出定量的预测结果，但需一定的计算条件和输入必要的参数、数据。一般情况下此方法比较简便，应首先考虑。选用数学模式时要注意模式的应用条件，如实际情况下不能很好满足模式的应用条件而又拟用时，要对模式进行修正并验证。

（2）物理模型法。定量化程度较高，再现性好，能反映比较复杂的环境特征，但需要有合适的试验条件和必要的基础数据，且制作复杂的环境模型需要较多的人力、物力和时间。在无法利用数学模式法预测而又要求预测结果定量精度较高时，应选用此方法。

（3）类比分析法。预测结果属于半定量性质。如由于评价工作时间较短等原因，无法取得足够的参数、数据，不能采用前述两种方法进行预测时，可选用此方法。生态环境影响评价中常用此方法。

（4）专业判断法。是定性地反映建设项目的环境影响。建设项目的某些环境影响很难定量估测，如对人文遗迹、自然遗迹或"珍贵"景观的环境影响等，或由于评价时间过短等无法采用以上三种方法时可选用此方法。生态影响预测采用的生态机理分析法、景观生态分析法等属此类方法。

3. 环境影响时期划分及环境影响预测段

建设项目的环境影响，按项目实施的不同阶段，可以划分建设阶段的环境影响、生产运行阶段的环境影响和服务期满后的环境影响三种。生产运行阶段可分为运行初期和运行中后期。

所有建设项目均应预测生产运行阶段，正常排放和不正常排放两种情况的环境影响。大型建设项目，当其建设附件噪声振动、地面水、大气、土壤等的影响程度较重，且影响时间较长时，应进行建设阶段的影响预测。矿山开发等建设项目应预测服务期满后的环境影响。

在进行环境影响预测时，应考虑环境对污染影响的承载能力。一般情况，应考虑两个时段，污染影响到的承载能力最差的时段即对污染来说就是环境净化能力最低的时段和污染影响的承载能力一般的时段。如果评价时间较短，评价工作等级又较低时，可只预测环境对污染影响承载能力最差的时段。

（四）环境影响预测的范围和内容

1. 环境影响预测的范围

环境影响预测范围的大小、形状等取决于评价工作的等级、工程特点和环境特性及敏感保护目标分布等情况，同时在预测范围内应布设适当的预测点或断面，通过预测这些点或断面所受的环境影响，由点及面反映该范围所受的环境影响。预测点的数量与布置，因工程和环境的特点、敏感保护区目标的保护要求、当地的环保要求及评价作的等级不同。具体的预测范围和预测点、断面设置，因环境要素的不同而不同：如大气环境的影响预测范围以边长和面积表示，预测点以相距污染源的方位和距离表述；河流水环境的影响预测范围以河流上下游距离和预测断面表示。具体规定在各单项的环境影响评价技术导则中确定。

2. 环境影响预测的内容

对建设项目环境影响进行的预测，是指对能代表评价区的各种环境质量参数变化的预测。环境质量参数包括两类：一类是常规参数，一类是特征参数。前者反映该评价项目的一般质量状况，后者反映该评价项目与建设项目有联系点的环境质量状况。各评价项目应预测环境质量参数的类别和数目，与评价工作等级、工程和环境特性及当地的环保要求有关，在各单项影响评价的技术导则中做出具体规定。

预测应给出具体结果，预测值未包括环境质量现状值即背景值时，评价时应注意叠加环境质量现状值。建设项目所造成的环境影响如不能满足环境质量要求，应在计算环境容量的基础上，对建设项目污染物排放量或区域削减量提出要求，并给出对建设项目进行环境影响控制、实施环保措施和区域削减计划后的预测结果。

如要进行多个厂址或选线方案时，应对每个厂址或选线方案进行影响预测。

生态环境影响预测一般包括生态系统整体性及其功能的变化预测和敏感生态问题预测，如野生生物物种及其生态环境影响预测，自然资源、农业生态、城市生态、海洋生态影响预测，区域生态环境影响预测，施工期环境影响预测，水土流失预测，移民影响预测等。

（五）环境经济损益分析

对建设项目的环境影响进行经济损益分析，便于进行利弊比较，可为环境决策服务。资源核算的研究表明，环境资源是有限的，对环境资源应该计价，建设项目里造成环境资源的损失，可以尝试着用货币来计算，并将与建设项目的经济效益进行比较，可为环保主管部门决策服务。

环境经济损益分析的方法包括：指标计算法及简易分析法。前者是把环境经济损益首先分解成费用指标、损失指标和效益指标，然后再进行静态或动态分析；费用指标是为了治理污染所需的费用，它包括污染治理费用及辅助费用构成（即为充分发挥治理方案的效益所需要的管理、科研、监测及办公等费用）；损失指标是指环境污染与生态破坏的损失；效益指标包括直接经济效益及间接经济效益，前者是指环境保护措施直接提供的产品价值，后者是指环保措施实施后的社会效益。

在缺乏环境经济影响评价基本参数的情况下，也可进行简易分析。

思 考 题

1. 论述环境监测的原则和方法。
2. 简述环境监测技术。
3. 什么是环境监测的质量保证，其目的是什么？
4. 简述环境质量评价的发展过程和现状。
5. 论述环境影响评价在环境评价的重要性和关键性作用。
6. 为有效保证环境监测工作的质量，可以采取哪些措施？
7. 什么是环境质量评价？
8. 环境质量评价的方法有哪些？

附录 A 中华人民共和国环境保护法

（1989 年 12 月 26 日第七届全国人民代表大会常务委员会第十一次会议通过，1989 年 12 月 26 日中华人民共和国主席令第二十二号公布）

第一章 总 则

第一条 为保护和改善生活环境与生态环境，防治污染和其他公害，保障人体健康，促进社会主义现代化建设的发展，制定本法。

第二条 本法所称环境，是指影响人类生存和发展的各种天然的和经过人工改造的自然因素的总体，包括大气、水、海洋、土地、矿藏、森林、草原、野生生物、自然遗迹、人文遗迹、自然保护区、风景名胜区、城市和乡村等。

第三条 本法适用于中华人民共和国领域和中华人民共和国管辖的其他海域。

第四条 国家制定的环境保护规划必须纳入国民经济和社会发展计划，国家采取有利于环境保护的经济、技术政策和措施，使环境保护工作同经济建设和社会发展相协调。

第五条 国家鼓励环境保护科学教育事业的发展，加强环境保护科学技术的研究和开发，提高环境保护科学技术水平，普及环境保护的科学知识。

第六条 一切单位和个人都有保护环境的义务，并有权对污染和破坏环境的单位和个人进行检举和控告。

第七条 国务院环境保护行政主管部门，对全国环境保护工作实施统一监督管理。

县级以上地方人民政府环境保护行政主管部门，对本辖区的环境保护工作实施统一监督管理。

国家海洋行政主管部门、港务监督、渔政渔港监督、军队环境保护部门和各级公安、交通、铁道、民航管理部门，依照有关法律的规定对环境污染防治实施监督管理。

县级以上人民政府的土地、矿产、林业、农业、水利行政主管部门，依照有关法律的规定对资源的保护实施监督管理。

第八条 对保护和改善环境有显著成绩的单位和个人，由人民政府给予奖励。

第二章 环境监督管理

第九条 国务院环境保护行政主管部门制定国家环境质量标准

省、自治区、直辖市人民政府对国家环境质量标准中未作规定的项目，可以制定地方环境质量标准，并报国务院环境保护行政主管部门备案。

第十条 国务院环境保护行政主管部门根据国家环境质量标准和国家经济、技术条件，制定国家污染物排放标准。

省、自治区、直辖市人民政府对国家污染物排放标准中未作规定的项目，可以制定地方污染物排放标准；对国家污染物排放标准中已作规定的项目，可以制定严于国家污染物排放标准的地方污染物排放标准。地方污染物排放标准须报国务院环境保护行政主管部门备案。

凡是向已有地方污染物排放标准的区域排放污染物的，应当执行地方污染物排放标准。

第十一条 国务院环境保护行政主管部门建立监测制度，制定监测规范，会同有关部门组织监测网络，加强对环境监测的管理。

国务院和省、自治区、直辖市人民政府的环境保护行政主管部门，应当定期发布环境状况公报。

第十二条 县级以上人民政府环境保护行政主管部门，应当会同有关部门对管辖范围内的环境状况进行调查和评价，拟订环境保护规划，经计划部门综合平衡后，报同级人民政府批准实施。

第十三条 建设污染环境的项目，必须遵守国家有关建设项目环境保护管理的规定。

建设项目的环境影响报告书，必须对建设项目产生的污染和对环境的影响作出评价，规定防治措施，经项目主管部门预审并依照规定的程序报环境保护行政主管部门批准。环境影响报告书经批准后，计划部门方可批准建设项目设计任务书。

第十四条 县级以上人民政府环境保护行政主管部门或者其他依照法律规定行使环境监督管理权的部门，有权对管辖范围内的排污单位进行现场检查。被检查的单位应当如实反映情况，提供必要的资料。检查机关应当为被检查的单位保守技术秘密和业务秘密。

第十五条 跨行政区的环境污染和环境破坏的防治工作，由有关地方人民政府协商解决，或者由上级人民政府协调解决，作出决定。

第三章 保护和改善环境

第十六条 地方各级人民政府，应当对本辖区的环境质量负责，采取措施改善环境质量。

第十七条 各级人民政府对具有代表性的各种类型的自然生态系统区域，珍稀、濒危的野生动植物自然分布区域，重要的水源涵养区域，具有重大科学文化价值的地质构造、著名溶洞和化石分布区、冰川、火山、温泉等自然遗迹，以及人文遗迹、古树名木，应当采取措施加以保护，严禁破坏。

第十八条 在国务院、国务院有关主管部门和省、自治区、直辖市人民政府划定的风景名胜区、自然保护区和其他需要特别保护的区域内，不得建设污染环境的工业生产设施；建设其他设施，其污染物排放不得超过规定的排放标准。已经建成的设施，其污染物排放超过规定的排放标准的，限期治理。

第十九条 开发利用自然资源，必须采取措施保护生态环境。

第二十条 各级人民政府应当加强对农业环境的保护，防治土壤污染、土地沙化、盐渍化、贫瘠化、沼泽化、地面沉降化和防治植被破坏、水土流失、水源枯竭、种源灭绝以及其他生态失调现象的发生和发展，推广植物病虫害的综合防治，合理使用化肥、农药及植物生产激素。

第二十一条 国务院和沿海地方各级人民政府应当加强对海洋环境的保护。向海洋排放污染物、倾倒废弃物，进行海岸工程建设和海洋石油勘探开发，必须依照法律的规定，防止对海洋环境的污染损害。

第二十二条 制定城市规划，应当确定保护和改善环境的目标和任务。

第二十三条 城乡建设应当结合当地自然环境的特点，保护植被、水域和自然景观，加强城市园林、绿地和风景名胜区的建设。

第四章 防治环境污染和其他公害

第二十四条 产生环境污染和其他公害的单位，必须把环境保护工作纳入计划，建立环境保护责任制度；采取有效措施，防治在生产建设或者其他活动中产生的废气、废水、废渣、粉尘、恶臭气体、放射性物质以及噪声、振动、电磁波辐射等对环境的污染和危害。

第二十五条 新建工业企业和现有工业企业的技术改造，应当采用资源利用率高、污染物排放量少的设备和工艺，采用经济合理的废弃物综合利用技术和污染物处理技术。

第二十六条 建设项目中防治污染的设施，必须与主体工程同时设计、同时施工、同时投产使用。防治污染的设施必须经原审批环境影响报告书的环境保护行政主管部门验收合格后，该建设项目方可投入生产或者使用。

防治污染的设施不得擅自拆除或者闲置，确有必要拆除或者闲置的，必须征得所在地的环境保护行政主管部门同意。

第二十七条 排放污染物的企业事业单位，必须依照国务院环境保护行政主管部门的规定申报登记。

第二十八条 排放污染物超过国家或者地方规定的污染物排放标准的企业事业单位，依照国家规定缴纳超标准排污费，并负责治理。水污染防治法另有规定的，依照水污染防治法的规定执行。

征收的超标准排污费必须用于污染的防治，不得挪作他用，具体使用办法由国务院规定。

第二十九条 对造成环境严重污染的企业事业单位，限期治理。中央或者省、自治区、直辖市人民政府直接管辖的企业事业单位的限期治理，由省、自治区、直辖市人民政府决定。市、县或者市、县以下人民政府管辖的企业事业单位的限期治理，由市、县人民政府决定。被限期治理的企业事业单位必须如期完成治理任务。

第三十条 禁止引进不符合我国环境保护规定要求的技术和设备。

第三十一条 因发生事故或者其他突然性事件，造成或者可能造成污染事故的单位，必须立即采取措施处理，及时通报可能受到污染危害的单位和居民，并向当地环境保护行政主管部门和有关部门报告，接受调查处理。

可能发生重大污染事故的企业事业单位，应当采取措施，加强防范。

第三十二条 县级以上地方人民政府环境保护行政主管部门，在环境受到严重污染威胁居民生命财产安全时，必须立即向当地人民政府报告，由人民政府采取有效措施，解除或者减轻危害。

第三十三条 生产、储存、运输、销售、使用有毒化学物品和含有放射性物质的物品，必须遵守国家有关规定，防止污染环境。

第三十四条 任何单位不得将产生严重污染的生产设备转移给没有污染防治能力的单位使用。

第五章 法 律 责 任

第三十五条 违反本法规定，有下列行为之一的，环境保护行政主管部门或者其他依照法律规定行使环境监督管理权的部门可以根据不同情节，给予警告或者处以罚款：

（一）拒绝环境保护行政主管部门或者其他依照法律规定行使环境监督管理权的部门现场检查或者在被检查时弄虚作假的；

（二）拒报或者谎报国务院环境保护行政主管部门规定的有关污染物排放申报事项的；

（三）不按国家规定缴纳超标准排污费的；

（四）引进不符合我国环境保护规定要求的技术和设备的；

（五）将产生严重污染的生产设备转移给没有污染防治能力的单位使用的。

第三十六条 建设项目的防治污染设施没有建成或者没有达到国家规定的要求，投入生产或者使用的，由批准该建设项目的环境影响报告书的环境保护行政主管部门责令停止生产或者使用，可以并处罚款。

第三十七条 未经环境保护行政主管部门同意，擅自拆除或者闲置防治污染的设施，污染物排放超过规定的排放标准的，由环境保护行政主管部门责令重新安装使用，并处罚款。

第三十八条 对违反本法规定，造成环境污染事故的企业事业单位，由环境保护行政主管部门或者其他依照法律规定行使环境监督管理权的部门根据所造成的危害后果处以罚款；情节较重的，对有关责任人员由其所在单位或者政府主管机关给予行政处分。

第三十九条 对经限期治理逾期未完成治理任务的企业事业单位，除依照国家规定加收超标准排污费外，可以根据所造成的危害后果处以罚款，或者责令停业、关闭。

前款规定的罚款由环境保护行政主管部门决定。责令停业、关闭，由作出限期治理决定的人民政府决定；责令中央直接管辖的企业事业单位停业、关闭，须报国务院批准。

第四十条 当事人对行政处罚决定不服的，可以在接到处罚通知之日起十五日内，向作出处罚决定的机关的上一级机关申请复议；对复议决定不服的，可以在接到复议决定之日起十五日内，向人民法院起诉。当事人也可以在接到处罚通知之日起十五日内，直接向人民法院起诉。当事人逾期不申请复议、也不向人民法院起诉、又不履行处罚决定的，由作出处罚决定的机关申请人民法院强制执行。

第四十一条 造成环境污染危害的，有责任排除危害，并对直接受到损害的单位或者个人赔偿损失。

赔偿责任或赔偿金额的纠纷，可以根据当事人的请求，由环境保护行政主管部门或者其他依照法律规定行使环境监督管理权的部门处理；当事人对处理决定不服的，可以向人民法院起诉。当事人也可以直接向人民法院起诉。

完全由于不可抗拒的自然灾害，并经及时采取合理措施，仍然不能避免造成环境污染损害的，免予承担责任。

第四十二条 因环境污染损害赔偿提起诉讼的时效期间为三年，从当事人知道或者应当知道受到污染损害时起计算。

第四十三条 违反本法规定，造成重大环境污染事故，导致公私财产重大损失或者人身伤亡的严重后果的，对直接责任人员依法追究刑事责任。

第四十四条 违反本法规定，造成土地、森林、草原、水、矿产、渔业、野生动植物等资源的破坏的，依照有关法律的规定承担法律责任。

第四十五条 环境保护监督管理人员滥用职权、玩忽职守、徇私舞弊的，由其所在单位或者上级主管机关给予行政处分；构成犯罪的，依法追究刑事责任。

第六章 附 则

第四十六条 中华人民共和国缔结或者参加的与环境保护有关的国际条约，同中华人民共和国的法律有不同规定的，适用国际条约的规定，但中华人民共和国声明保留的条款除外。

第四十七条 本法自公布之日起施行。《中华人民共和国环境保护法（试行）》同时废止。

附录B 污水综合排放标准
（摘自 GB 8978—1996）

表 C1　第一类污染物最高允许排放浓度　　　　　　　单位：mg/L

序号	污染物	最高允许排放浓度	序号	污染物	最高允许排放浓度
1	总汞	0.05	8	总镍	1.0
2	烷基汞	不得检出	9	苯并［a］芘	0.00003
3	总镉	0.1	10	总铍	0.005
4	总铬	1.5	11	总银	0.5
5	六价铬	0.5	12	总α放射性	1Bq/L
6	总砷	0.5	13	总β放射性	10Bq/L
7	总铅	1.0			

注：第一类污染物，不分行业和污水排放方式，也不分受纳水体的功能类别，一律在车间或车间处理设施排放口采样，其最高允许排放浓度必须达到本标准要求（采矿行业的尾矿坝出水口不得视为车间排放口）。

表 C2　第二类污染物最高允许排放浓度

（1997 年 12 月 31 日之前建设的单位）　　　　　　　单位：ng/L

序号	污染物	适用范围	一级标准	二级标准	三级标准
1	pH 值	一切排污单位	6～9	6～9	6～9
2	色度（稀释倍数）	染料工业	50	180	—
		其他排污单位	50	80	—
3	悬浮物（SS）	采矿、选矿、选煤工业	100	300	—
		脉金选矿	100	500	—
		边远地区砂金选矿	100	800	—
		城镇二级污水处理厂	20	30	—
		其他排污单位	70	200	400
4	五日生化需氧量（BOD₅）	甘蔗制糖、苎麻脱胶、湿法纤维板工业	30	100	600
		甜菜制糖、酒精、味精、皮革、化纤浆粕工业	30	150	600
		城镇二级污水处理厂	20	30	—
		其他排污单位	30	60	300
5	化学需氧量（COD）	甜菜制糖、焦化、合成脂肪酸、湿法纤维板、染料、洗毛、有机磷农药工业	100	200	1 000
		味精、酒精、医药原料药、生物制药、苎麻脱胶、皮革、化纤浆粕工业	100	300	1 000
		石油化工工业（包括石油炼制）	100	150	500
		城镇二级污水处理厂	60	120	—
		其他排污单位	100	150	500

续表

序号	污染物	适用范围	一级标准	二级标准	三级标准
6	石油类	一切排污单位	10	10	30
7	动植物油	一切排污单位	20	20	100
8	挥发酚	一切排污单位	0.5	0.5	2.0
9	总氰化合物	电影洗片（铁氰化合物）	0.5	5.0	5.0
		其他排污单位	0.5	0.5	1.0
10	硫化物	一切排污单位	1.0	1.0	2.0
11	氨氮	医药原料药、染料、石油化工工业	15	50	—
		其他排污单位	15	25	—
12	氟化物	黄磷工业	10	20	20
		低氟地区（水体含氟量＜0.5 mg/L）	10	20	30
		其他排污单位	10	10	20
13	磷酸盐（以 P 计）	一切排污单位	0.5	1.0	—
14	甲醛	一切排污单位	1.0	2.0	5.0
15	苯胺类	一切排污单位	1.0	2.0	5.0
16	硝基苯类	一切排污单位	2.0	3.0	5.0
17	阴离子表面活性剂（LAS）	合成洗涤剂工业	5.0	15	20
		其他排污单位	5.0	10	20
18	总铜	一切排污单位	0.5	1.0	2.0
19	总锌	一切排污单位	2.0	5.0	5.0
20	总锰	合成脂肪酸工业	2.0	5.0	5.0
		其他排污单位	2.0	2.0	5.0
21	彩色显影剂	电影洗片	2.0	3.0	5.0
22	显影剂及氧化物总量	电影洗片	3.0	6.0	6.0
23	元素磷	一切排污单位	0.1	0.3	0.3
24	有机磷农药（以 P 计）	一切排污单位	不得检出	0.5	0.5
25	粪大肠菌群数	医院*、兽医院及医疗机构含病原体污水	500 个/L	1 000 个/L	5 000 个/L
		传染病、结核病医院污水	100 个/L	500 个/L	1 000 个/L
26	总余氯（采用氯化消毒的医院污水）	医院①、兽医院及医疗机构含病原体污水	＜0.5②	＞3（接触时间≥1 h）	＞2（接触时间≥1 h）
		传染病结核病医院污水	＜0.5②	＞6.5（接触时间≥1.5 h）	＞5（接触时间≥1.5 h）

注：① 指 50 个床位以上的医院。
② 加氯消毒后须进行脱氯处理，达到本标准。

参 考 文 献

[1] 高廷耀，顾国维．水污染控制工程．北京：高等教育出版社，1999.

[2] 胡亨魁．水污染控制工程．武汉：武汉理工大学出版社，2003.

[3] 赵广超．环境保护概论．芜湖：安徽师范大学出版社，2011.

[4] 中国科学院可持续发展战略研究组．中国可持续发展战略报告——实现绿色的经济转型．北京：科学出版社，2011.

[5] 中国科学院可持续发展战略研究组．中国可持续发展战略报告——绿色发展与创新．北京：科学出版社，2010.

[6] 战友．环境保护概论．北京：化学工业出版社，2010.

[7] 李峰，吕业清．经济转型与低碳经济崛起．北京：国家行政学院出版社，2011.

[8] 李训贵主编．环境与可持续发展．北京：高等教育出版社，2004.

[9] 钱易，唐孝炎．环境保护与可持续发展．北京：高等教育出版社，2000.

[10] 芈振明．固体废物的处理与处置．北京：高等教育出版社，1993.

[11] 何强，井文涌，等．环境学导论．3版．北京：清华大学出版社，2004.

[12] 汪劲．环境法学．北京：北京大学出版社，2006.

[13] 国家环境保护总局行政体制与人事司编．环境保护基础教程．北京：中国环境科学出版社，2004.

[14] 胡筱敏．环境学概论．武汉：华中科技大学出版社，2010.

[15] 盛连喜．现代环境科学导论．2版．北京：化学工业出版社，2011.

[16] 左玉辉．环境学．2版．北京：高等教育出版社，2010.

[17] 林肇信，等．环境保护概论（修订版）．北京：高等教育出版社，1999.

[18] 杨志峰，等．环境科学概论．北京：高等教育出版社，2004.

[19] 关伯仁．环境科学基础教程．北京：中国环境科学出版社，1997.

[20] 赵景联．环境科学导论．北京：机械工业出版社，2007.

[21] 孙儒泳，李庆芬，等．基础生态学．北京：高等教育出版社，2002.

[22] 段昌群．生态科学进展（第一卷）．北京：高等教育出版社，2004.

[23] 杨持．生态学．2版．北京：高等教育出版社，2008.

[24] 张坤民、潘家华、崔大鹏．低碳经济论．北京：中国环境科学出版社，2008.

[25] 黄玉源，钟晓青．生态经济学．北京：中国水利水电出版社，2009.

[26] 唐建荣．生态经济学．北京：化学工业出版社，2005.

[27] 郝吉明、马广大、王书肖．大气污染控制工程．3版．北京：高等教育出版社，2010.

[28] 方德明、陈冰冰．大气污染控制技术及设备．北京：化学工业出版社，2005.

[29] 李连山．大气污染治理技术．2版．北京：武汉理工大学出版社，2009.

[30] 李广超，傅梅绮．大气污染控制技术．2版．北京：化学工业出版社，2011.

[31] 李定龙，常杰云．环境保护概论．北京：中国石化出版社，2006.

[32] 战友．环境保护概论．北京：化学工业出版社，2010.

[33] 程发良，常慧．环境保护基础理．北京：清华大学出版社，2002.

[34] 中国科学院可持续发展战略研究组．中国可持续发展战略报告——实现绿色的经济转型．北京：科学出版社，2011.

[35] 雷鹏．低碳经济发展模式论．上海：上海交通大学出版社，2011.

[36] 金瑞林．环境与资源保护法学．北京：北京大学出版，1999.

[37] 于宏兵．清洁生产教程．北京：化学工业出版社，2012.

[38] 徐小力，杨申仲，刘鹏，等．循环经济与清洁生产．北京：机械工业出版社，2011.

[39] 曲向荣．清洁生产与循环经济．北京：清华大学出版社，2011.

[40] 郭斌，刘恩志．清洁生产概论．北京：化学工业出版社，2010.

[41] 王丽萍．清洁生产理论与工艺．北京：中国矿业大学出版社，2010.

[42] 彭晓春，谢武明．清洁生产与循环经济．北京：化学工业出版社，2009.

[43] 奚旦立．清洁生产与循环经济．北京：化学工业出版社，2009.

[44] 于秀玲．循环经济简明读本．北京：中国环境科学出版社，2008.

[45] 杨永杰．环境保护与清洁生产．2 版．北京：化学工业出版社，2008.

[46] 杨建设．固体废物处理处置与资源化工程．北京：清华大学出版社，2007.

[47] 宁平．固体废物处理与处置．北京：高等教育出版社，2008.

[48] 蒋建国．固体废物处理处置工程．北京：化学工业出版社，2005.

[49] 危险废物管理．2 版．李金惠，主译．北京：清华大学出版社，2010.

[50] 庄伟强．固体废物处理与处置．北京：化学工业出版社，2009.

[51] 沈伯雄．固体废物处理与处置．北京：化学工业出版社，2010.

[52] 牛冬杰．工业固体废物处理与资源化．北京：冶金工业出版社，2007.

[53] 韩宝平．固体废物处理与利用．武汉：华中科技大学出版社，2010.

[54] 杨宏毅．城市生活垃圾的处理和处置．北京：中国环境科学，2006.

[55] 朱蓓丽．环境环境工程概论．2 版．北京：科学出版社，2005.

[56] 王新．环境工程学基础．北京：化学工业出版社，2011.

[57] 孙桂娟，殷晓彦，孙相云．低碳经济概论．济南：山东人民出版社，2010.

[58] 张天柱，石磊，贾小平．清洁生产导论．北京：高等教育出版社，2006.

[59] 魏立安．清洁生产审核与评价．北京：中国环境科学出版社，2005.

[60] 史永纯．环境监测．上海：华东理工大学出版社，2011.

[61] 王怀宇．环境监测．北京：科学出版社，2011.

[62] 陈玲．环境监测．北京：化学工业出版社，2011.

[63] 奚旦立，孙裕生．环境监测．4 版．北京：高等教育出版社，2010.

[64] 王英，杨永红．环境监测．2 版．北京：化学工业出版社，2009.

[65] 肖长来，梁秀娟．水环境监测与评价．北京：清华大学出版社，2008.

[66] 王怀宇，姚运先．环境监测．高等教育出版社，2007.

[67] 但德忠．环境监测．北京：高等教育出版社，2006.

[68] 王罗春．环境影响评价．北京：冶金工业出版社，2012.

[69] 田子贵，顾玲环境影响评价. 2 版. 北京：化学工业出版社，2011.

[70] 李淑芹，孟宪林. 环境影响评价. 北京：化学工业出版社，2011.

[71] 徐新阳. 环境评价教程. 2 版. 北京：化学工业出版社，2010.

[72] 李海波，赵锦慧. 环境影响评价实用教程. 北京：中国地质大学出版社，2010.

[73] 马太玲，张江山. 环境影响评价. 武汉：华中科技大学出版社，2009.

[74] 何德文，李铌，柴立元. 环境影响评价. 北京：科学出版社，2008.

[75] 严立冬，刘加林，郭晓川. 循环经济的生态创新. 北京：中国财政经济出版社，2011.

[76] 薛进军，赵忠秀. 中国低碳经济发展报告（2012 版）. 北京：社会科学文献出版社，2011.

[77] 穆献中. 中国低碳经济与产业化发展. 北京：石油工业出版社，2011.

[78] 薛进军. 低碳经济学. 北京：社会科学文献出版社，2011.

[79] 宋晓华. 中国绿色低碳经济区域布局研究. 北京：煤炭工业出版社，2011.

[80] 徐玖平，卢毅. 低碳经济引论. 北京：科学出版社，2011.

[81] 马建立等. 绿色冶金与清洁生产. 北京：冶金工业出版社，2007.

[82] 王英健等. 环境保护概论. 北京：中国劳动社会保障出版社，2009.

[83] 李定龙，常杰云. 环境保护概论. 北京：中国石化出版社，2010.

[84] 莫祥银. 环境科学概. 北京：化学工业出版社，2009.